普通高等院校“十二五”规划教材

CAD/CAM原理与技术

王学文 主 编

姚平喜 李娟莉 杜 娟 白艳艳 张瑞亮 副主编

闫献国 主 审

中国铁道出版社
CHINA RAILWAY PUBLISHING HOUSE

内 容 简 介

本书从原理和技术角度介绍了CAD/CAM的基本原理、概念、方法、技术及其在机械行业中的应用。全书共分9章，内容包括CAD/CAM的基本概念与基本知识、数据处理、图形处理、几何建模、计算机辅助工程、计算机辅助工艺过程设计、计算机辅助制造、CAD/CAE/CAPP/CAM集成技术、CAD/CAM领域新技术等。

本书注重理论与实践相结合，将CAD/CAM基本原理与CAD/CAM领域常用软件应用结合在一起，力求培养机械类专业学生分析和解决工程实际问题的能力。本书内容重点突出，难度适中，知识面较宽，反映了新科技发展概况，是教学改革的一次尝试。

本书适合作为普通高等院校机械设计制造及自动化专业本科和研究生的教学用书，也可供相关工程技术人员参考使用。

图书在版编目(CIP)数据

CAD/CAM原理与技术/王学文主编．—北京:中国铁道出版社,2014.8

普通高等院校“十二五”规划教材

ISBN 978-7-113-18392-9

Ⅰ．①C… Ⅱ．①王… Ⅲ．①计算机辅助设计—高等学校—教材 Ⅳ．①TP391.72

中国版本图书馆CIP数据核字(2014)第153825号

书　　名：**CAD/CAM原理与技术**
作　　者：王学文　主　编

策　　划：许　璐　　　读者热线：400-668-0820
责任编辑：潘星泉
编辑助理：雷晓玲
封面设计：付　巍
封面制作：白　雪
责任校对：汤淑梅
责任印制：李　佳

出版发行：中国铁道出版社（100054，北京市西城区右安门西街8号）
网　　址：http://www.51eds.com
印　　刷：北京新魏印刷厂
版　　次：2014年8月第1版　　2014年8月第1次印刷
开　　本：787 mm×1 092 mm　1/16　印张：17　字数：445千
书　　号：ISBN 978-7-113-18392-9
定　　价：33.00元

前　言

CAD/CAM 技术是随着计算机技术和信息技术的发展而产生并逐步走向成熟的一门新技术，广泛应用于机械、车辆、建筑、电子、航空航天、船舶、纺织、轻工等领域，产品设计和制造的整个过程都可以由计算机辅助完成，其应用水平已成为衡量一个国家制造技术发展水平及工业现代化水平的重要标志。因此，随着 CAD/CAM 技术的推广应用和数字化集成设计与制造技术的发展，CAD/CAM 技术已成为未来工程技术人员必须掌握的基本工具。

CAD/CAM 技术涉及的内容十分广泛，本书以机械设计制造及其自动化专业的学生为教学对象，在学生已掌握计算机基本知识、计算机编程基本技能、计算机辅助绘图及工艺基本知识的基础上，系统学习 CAD/CAM 技术的基本原理与应用。本书共分 9 章，第 1 章从总体上介绍了 CAD/CAM 的基本概念、基本功能、主要任务、支撑环境和发展应用；第 2、3 章分别围绕数据处理技术和图形处理技术等基本原理进行了介绍；第 4、5、6、7 章分别针对 CAD、CAE、CAPP 和 CAM 等技术展开，介绍了各 CAx 系统的基本原理、方法和技术，并针对各系统典型应用软件 SolidWorks、Pro/E、ANSYS、KMCAPP 和 SolidCAM 等进行了实例分析；第 8 章介绍了 CAD/CAE/CAPP/CAM 集成技术和典型数据管理系统；第 9 章针对 CAD/CAM 领域的各种新技术（参数化设计、虚拟样机技术、虚拟现实、协同 CAE、逆向工程与快速成型、云制造、网络化制造、虚拟制造），介绍了其基本概念、基本原理、技术特征、技术应用和发展状况等，以拓宽学生的知识面。

本书由太原理工大学的王学文任主编，太原理工大学的姚平喜、李娟莉、白艳艳、张瑞亮和太原科技大学的杜娟任副主编，中北大学的张纪平、宋胜涛参编，太原科技大学闫献国任主审。其中，第 1 章和第 9.4 节由王学文编写，第 2 章和第 9.6 节由李娟莉编写，第 3 章和第 9.8 节由白艳艳编写，第 4 章和第 9.1 节由张瑞亮编写，第 5 章和第 9.5 节由张纪平编写，第 6 章和第 9.2 节由杜娟编写，第 7 章和第 9.7 节由姚平喜编写，第 8 章和第 9.3 节由宋胜涛编写。全书大纲由王学文和姚平喜拟定，王学文和李娟莉对全书进行了统稿。

由于编者水平所限，书中如有不足之处敬请读者批评指正，以便修订时改进。如读者在使用本书的过程中有其他意见或建议，恳请向编者（wangxuewen@tyut.edu.cn）提出宝贵意见。

编　者

2014 年 5 月

目　　录

第1章 概　述

【教学目标】

通过本章的学习掌握CAD/CAM的基本概念；认识CAD/CAM系统的基本组成和支撑环境；了解CAD/CAM技术的产生、发展过程；了解CAD/CAM技术的应用领域和发展前景；理解CAD/CAM系统的工作过程和主要任务；了解硬件的类型、配置形式；熟悉软件的种类、功能；掌握CAD/CAM系统的选用原则；能够根据工作性质为一个具体部门配置一个相对完整的CAD/CAM系统。

【本章提要】

CAD/CAM系统包括计算机辅助设计（Computer Aided Design，CAD）、计算机辅助工程（Computer Aided Engineering，CAE）、计算机辅助工艺过程设计（Computer Aided Process Planning，CAPP）和计算机辅助制造（Computer Aided Manufacturing，CAM）等技术。CAD/CAM系统可完成的任务：几何造型、辅助绘图、辅助分析、模拟仿真、辅助工艺设计、自动编程和工程数据库管理等。

CAD/CAM系统的功能：图形处理、输入/输出、信息存储与管理、人机接口与人机交互等。

1.1　CAD/CAM基本概念

自1946年世界上第一台电子计算机在美国问世后，人们就不断地将计算机技术引入机械设计、制造领域。正是由于计算机技术的发展，使得设计和生产的方法都在发生着显著变化。以前一直只能靠手工完成的简单作业，逐渐通过计算机实现了高效化和高精度化，并逐渐出现了计算机辅助设计、计算机辅助工艺过程设计及计算机辅助制造等一系列概念。这些新技术的发展和应用，使得传统的产品设计方法与生产组织运作模式发生了深刻的变化，给古老的工程设计和制造学科增添了新的动力，促进了企业生产力的提升，产生了巨大的社会和经济效益，而CAD/CAM技术正是先进制造体系的重要组成部分。

计算机辅助设计与计算机辅助制造（CAD/CAM），是指以计算机作为主要技术手段，处理各种数字信息与图形信息，辅助完成产品设计和制造中各项活动的技术。其主要包含计算机辅助设计（CAD）、计算机辅助工程（CAE）、计算机辅助工艺过程设计（CAPP）和计算机辅助制造（CAM）。

1.1.1　CAD技术

CAD即计算机辅助设计。狭义的计算机辅助设计（CAD）是指采用计算机开展机械产品设计的技术，主要应用于计算机辅助绘图（Computer Aided Drafting），广义的计算机辅助设计指借助计算机进行设计、分析、绘图等工作，包括几何建模、装配及干涉分析 DFA、制造性分析 DM、产品模型的计算机辅助分析 CAE 等。

CAD 技术是一项集计算机图形学、数据库、网络通信等计算机及其他学科于一体的高新技术，也是提高设计水平、缩短产品开发周期、增强行业竞争能力的关键技术。CAD 技术在机械制造行业的应用最早，也最为广泛，采用 CAD 技术进行产品设计不但可以使设计人员“甩掉图板”，更新传统的设计思想，实现设计自动化，降低产品的成本，提高企业及其产品在市场上的竞争能力，还可以使企业由原来的串行式作业转变为并行式作业，建立一种全新的设计和生产管理体制，缩短产品的开发周期，提高劳动生产率。

CAD 本质上是一个设计过程，它在计算机环境下完成产品的创造、分析、设计和修改，以达到预期规划目标的过程。目前 CAD 技术可实现的功能包括：设计人员在进行产品概念设计的基础上从事产品的几何造型分析；完成产品几何建模；抽取模型中的有关数据进行工程分析和计算（例如有限元分析、模拟仿真等）；根据计算结果决定是否对设计结果进行修改；修改满意后编辑全部设计文档；输出工程图。以上过程可以看出，CAD 技术也是一项产品建模技术，它将产品的物理模型转化为产品的数据模型，并把建立的数据模型存储在计算机内供后续的计算机辅助技术共享，驱动产品生命周期的全过程。

一般认为，CAD 系统的功能可归纳为几何建模、工程分析、模拟仿真、自动绘图等四大功能。实现这些功能的一个完备的 CAD 系统应该由科学计算系统、图形系统和工程数据库等组成。科学计算包括有限元分析、可靠性分析、动态分析、优化设计以及产品的常规计算分析等内容；图形系统用于几何造型、自动绘图（二维工程图、三维实体图）、动态仿真等设计过程；工程数据库则对设计过程中使用或产生的数据、图形、文档等信息进行存储和管理。

随着现代设计技术的快速发展，现代 CAD 系统逐步加入了人工智能和专家系统技术，让计算机模拟人类专家解决问题的思路和方法进行推理和决策，大大提高了设计自动化水平，并可实现对产品进行功能设计、总体方案设计等产品的概念设计过程，从而对产品设计过程提供支持。

一般而言，现代 CAD 技术是指在复杂的大系统环境（CIMS、并行工程、敏捷制造等）下，支持产品自动化设计的设计理论和方法、设计环境、设计工具等各相关技术的总称，其功能目标是使设计工作实现集成化、网络化和智能化，以达到提高产品设计质量、降低产品成本和缩短设计周期的目的。

1.1.2 CAE 技术

在设计过程中，利用计算机作为工具，帮助工程师模拟产品及零件的工况，对零件和产品进行工程校验、有限元分析、优化设计和计算机仿真，以及进行计算机辅助设计过程管理等一切实用技术的总和，称为计算机辅助工程（CAE）。它是计算力学、计算数学、工程分析技术、数字仿真技术、工程管理学与计算机技术相结合而形成的一种综合性、知识密集型技术。

CAE 的核心技术是有限单元数值计算方法。有限单元的基本思想是将物体（即连续的求解域）离散成有限个简单单元的组合，用有限个容易分析的单元来表示复杂的对象，用它们的集合来模拟或逼近原来的物体，从而将一个连续的无限自由度问题简化为离散的有限自由度问题。

图 1-1 所示为现代 CAE 软件的基本结构，可以看到，系统包含前处理模块、分析模块、后处理模块、用户界面模块、数据管理系统和数据库模块以及共享知识库等。

在前后处理、用户界面、单元库、材料库和数据管理等方面，一些大型的CAE软件开发商为了满足市场需求和适应计算机软、硬件技术的快速发展，通过并购CAD软件、突破与CAD软件的接口技术，尽可能靠近无缝集成，或者广泛使用面向对象设计软件自行开发等手段取得了巨大的进步；通过与CAD/CAM/CAPP/PDM和ERP等技术和软件的相互渗透和集成（见图1-1），一些著名的CAE软件在可用性和运行环境的适应性方面有了大幅提升，极大地提升了用户的使用方便性、使用效率和使用兴趣。

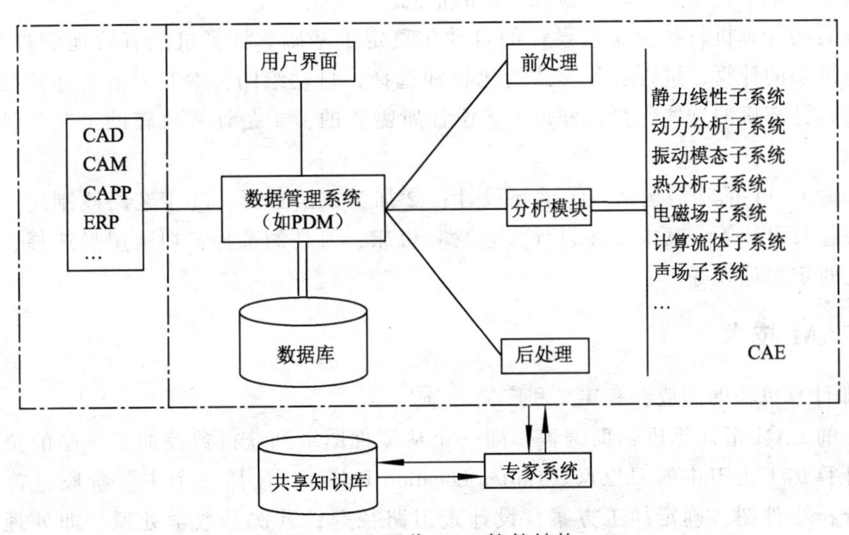

图1-1 现代CAE软件结构

同时，CAE软件在提升使用性和运行环境的同时，在应用功能、分析与模拟能力、可靠性等方面也在不断进步。CAE软件的分析能力主要取决于单元库和材料库的丰富和完善程度，目前，知名的CAE软件一般都至少拥有上百种单元，并拥有一个比较完善的材料库，使其对工程和产品的物理、力学行为具有较强的分析模拟能力；CAE软件的计算效率和计算精度，主要取决于解法库，解法库包含了不同种类的高性能求解算法，可对不同类型、不同规模的问题快速度、高精度响应结果。最近十几年，各主流CAE软件开发商都对单元库、材料库和求解器进行了改造、扩充和完善，分析能力大大提升。目前，各大型CAE软件已经可以对工程和产品进行以下性能分析、预报和运行行为模拟：静力和拟静力线性与非线性分析，如各种单一和复杂结构的弹性、弹塑形 、塑形、蠕变、膨胀、几何大变形、大应变、疲劳、断裂、损伤、接触等；线性与非线性动力分析，如交变荷载、爆炸冲击荷载、随机地震荷载以及各种运动荷载作用下的振动模态分析、谱分析、屈曲模态分析、动力时程分析、谐波响应分析和随机振动分析等；稳态与瞬态热分析，如传导、对流和辐射状态下的热分析、相变分析和热/结构耦合分析等；静态和交变态电磁场与电流分析，如电磁场分析、电流分析、压电行为分析和电磁/结构耦合分析等；流体计算，如层流、湍流、热/流耦合和流/固耦合等；声场与波的传播分析，如静动态声场、噪声计算，固体、流体和空气中波的传播分析等。

1.1.3 CAPP技术

CAPP即计算机辅助工艺过程设计，是指在人和计算机组成的系统中，根据产品设计阶段给出的信息，人机交互或自动地完成产品加工方法的选择和工艺过程的设计。

工艺设计是生产技术准备工作的第一步，也是连接产品设计与产品制造之间的桥梁，衔接了 CAD 和 CAM 技术。工艺规程是进行工装设计制造和决定零件加工方法与加工路线的主要依据，它对组织生产、保证产品质量、提高劳动生产率、降低成本、缩短生产周期及改善劳动条件等都有着直接的影响，因此是生产中的关键工作。

工艺设计必须分析和处理大量信息，既要考虑产品设计图上有关结构形状、尺寸公差、材料、热处理以及批量等方面的信息，又要了解加工制造中有关加工方法、加工设备、生产条件、加工成本及工时定额，甚至传统习惯等方面的信息。

高速发展的计算机科技为工艺设计的自动化奠定了基础。计算机能有效地管理大量数据，进行快速、准确的计算，进行各种形式的比较和选择，自动绘图，编制表格文件和提供便利的编辑手段等。计算机的这些优势正好是工艺设计所需要的，于是计算机辅助工艺设计（CAPP）便应运而生。

一般认为 CAPP 的功能包括：①毛坯设计；②加工方法选择；③工艺路线制定；④工序设计；⑤刀夹量具设计等。其中工序设计又包含：机床、刀具的选择，切削用量选择，加工余量分配以及工时定额计算等。

1.1.4 CAM 技术

CAM 即计算机辅助制造，有狭义和广义之分。

狭义上的 CAM 指计算机辅助编程，即一个从零件图纸到获得数控加工程序的全过程，主要任务是计算加工走刀中的刀位点（Cutter Location Point），包括三个主要阶段：首先是工艺处理，即分析零件图，确定加工方案，设计走刀路径等；其次是数学处理，即处理、计算刀具路径上全部坐标数据；最后是自动编制出加工程序，即按数控机床配置的数控系统的指令格式编制出全部程序。

广义上的 CAM 包括狭义 CAM 的各项任务，同时还包括计算机辅助质量控制（Computer Aided Quality，CAQ）和计算机辅助生产管理（Computer Aided Production Management，CAPM）。CAQ 分为试制与批量质量管理，试制质量管理注重产品零部件的加工质量，排除产品试生产阶段性能的不确定性；批量生产过程的质量控制强调降低废品率。CAPM 是针对生产管理的任务和目标，及时、准确地采集、存储、更新、管理与生产有关的产品信息、制造资源信息、生产活动信息等，并进行及时的信息分析、统计处理和反馈，为生产系统的管理决策提供快捷、准确的信息资料、数据和参考方案。内容包括工厂生产计划、车间作业计划和物料供应计划的制订与管理，以及库存管理、销售管理、财务管理、人事管理和技术管理等。

1.1.5 CAx 系统集成技术

所谓计算机信息集成，是指不同计算机及其功能模块之间的信息自动交换与共享，其目的是最大限度地减少数据的反复人工输入与输出，减少失误，提高工作效率，保证信息的正确性和一致性。因此，集成化地使用计算机，实现信息共享，也是当代计算机应用的基本理念。

CAx 系统集成实质上是指在各 CAx 系统之间形成相关信息的自动传递与转换。集成的 CAx 系统借助公共的工程数据库、网络通信技术以及标准格式的中性文件接口，把分散于机型各异的计算机中的 CAD/CAM 模块高效地集成起来，实现软、硬件资源共享，保证系统内信息的流动畅通无阻。

随着信息技术的不断发展，为使计算机辅助技术给企业带来更大的效益，人们又提出了要将企业内分散的信息系统进行集成，不仅包含生产信息，还包括生产管理过程所需的全部信息，从而构成一个计算机集成制造系统（Computer Integrated Manufacturing System，CIMS），而CAx系统集成技术则是计算机集成制造系统的一项核心技术。

可以说CAx系统集成技术是信息技术发展所导致的必然结果，也是相关设计、计算、生产制造人员在实际生产中的愿望。随着CAD/CAM技术的不断发展，制造业将真正实现产品设计制造过程的一体化和自动化。

1.2　CAD/CAM发展概况

20世纪50年代，美国麻省理工学院（MIT）首次成功研制出了数控机床，通过数控程序可对零件进行加工。后来，MIT又成功研制出了名为“旋风”的计算机，该计算机采用阴极射线管（CRT）作为图形终端，加之后来研制成功的光笔，为交互式计算机图形学奠定了基础，也为CAD/CAM技术的出现和发展铺平了道路。在计算机图形终端上直接描述零件，标志着CAD的开始。MIT用计算机制作数控纸带，实现NC编程的自动化，标志着CAM的开始。整个20世纪50年代，CAD/CAM技术都处在酝酿、准备的发展初期。

1962年，美国学者E. Sutherland发表了《人机对话图形通信系统》的论文，首次提出了计算机图形学、交互式技术等理论和概念，并研制出Sketchpad系统，第一次实现了人机交互的设计方法，使用户可以在屏幕上进行图形的设计与修改，从而为交互式计算机图形学理论及CAD技术奠定了基础。此后，随着交互式计算机图形显示技术和CAD/CAM技术的迅速发展，美国许多大公司都认识到了这一技术的先进性和重要性，看到了它的应用前景，纷纷投以巨资，研制和开发了一些早期的CAD系统。例如，IBM公司开发出具有绘图、数控编程和强度分析等功能的基于大型计算机的SLT/MST系统；1964年，美国通用汽车公司研制了用于汽车设计的DAC-1系统；1965年，美国洛克希德飞机公司推出了CADAM系统；贝尔电话公司推出的GRAPHIC-1系统，等等。在制造领域，1962年，在数控技术的基础上研制成功了世界上第一台机器人，实现了物料搬运自动化；1966年，出现了用大型通用计算机直接控制多台数控机床的DNC系统，初步形成了CAD/CAM产业。

20世纪70年代，交互式计算机图形学及计算机绘图技术日趋成熟，并得到了广泛的应用。随着计算机硬件的发展，以小型机、超小型机为主机的通用CAD系统，以及针对某些特定问题的专用CAD系统开始进入市场。这些CAD系统大多以16位的小型机为主机，配置图形输入/输出设备，如绘图机等其他外围设备，与相应的应用软件进行配套，形成了所谓的交钥匙系统（Turnkey System）。在此期间，三维几何造型软件也发展起来了，出现了一些面向中小企业的CAD/CAM商品软件系统。在制造方面，美国辛辛那提公司研制了一条柔性制造系统（FMS），将CAD/CAM技术推向了一个新阶段。受到计算机硬件的限制，该技术中的软件只是二维绘图系统及三维线框系统，所能解决的问题也只是一些比较简单的问题。

20世纪80年代，CAD/CAM技术及应用系统得到了迅速的发展，促进这一发展的因素很多，主要是计算机硬件性能的大幅度提高，自产的工作站及计算机的性能已达到甚至超过了过去的小型机及中型机；计算机外围设备（如彩色高分辨率的图形显示器、大型数字化仪、大型自动绘图机、彩色打印机等）性能大幅度提高，而且品种繁多，已经形成了系列产品；计算机网络技术得到广泛应用，为将CAD/CAM技术推向更高水平提供了必要的条件。此外，企业界已普遍认识到CAD/CAM技术对企业的生产和发展具有的巨大促进作用，在CAD/CAM软件功能方面也对销售商提出了更高的要求，需要将数据库、有限元分析优化及网络技术应用于 CAD/CAM 系统中，使 CAD/CAM 不仅能够绘制工程图，而且能够进行三维造型、自由曲面设计、有限元分析、机构及机器人分析与仿真、注塑模设计制造等各种工程应用。与此同时，还出现和发展了与产品设计制造过程相关的计算机辅助技术，如计算机辅助工艺过程设计（CAPP）、计算机辅助质量控制（CAQ）等。

20 世纪 80 年代后期，在各种计算机辅助技术的基础上，人们为了解决“信息孤岛”问题，开始强调信息集成，出现了计算机集成制造系统（CIMS），将 CAD/CAM 技术推向了一个更高的层次。

20 世纪 90 年代，CAD/CAM 技术已走出了它的初级阶段，进一步向标准化、集成化、智能化及自动化方向发展。为了实现系统集成，更加强调信息集成和资源共享，强调产品生产与组织管理的自动化，从而出现了数据标准和数据交换问题，随之出现了产品数据管理（PDM）软件系统。在这个时期，国外许多 CAD/CAM 软件系统更趋于成熟，商品化程度大幅度提高，如美国洛克希德飞机公司研制的 CADAM 系统、法国 tatllS 公司研制开发的 CATIA 系统、法国 Mhtra Datuviston 公司开发的 EUCLro 系统、美国 SDRC 公司开发的 I - DEAS 系统、美国 PTC 公司推出的 Pro/E 系统及美国 UNIGRAPHICS 公司研制的 UG11 系统等，这些系统大都运行在 IBM、DEC、SUN SGI 等大中型机及工作站上。

进入 21 世纪，CAD/CAM 技术更加注重其在工程中的实际运用，把系统集成的焦点集中在新的设计与制造理念上，如基于知识工程的 CAD/CAM 技术、面向制造与装配的 CAD/CAM 技术等，使得 CAD/CAM 技术更贴近工程实际和工程技术人员的需要。同时，CAD/CAM 技术一方面与 CAE/CAPP 更紧密地集成，另一方面向逆向工程、快速成型等技术延伸，使得 CAD/CAM 技术在机械行业中的地位日趋巩固。

1.2.1 CAD 的发展

CAD 技术的发展和形成至今有 50 多年的历史，自 20 世纪 50 年代在美国诞生了第一个计算机绘图系统，开始出现具有简单绘图输出功能的被动式的计算机辅助设计技术，即 CAD 技术。到目前，CAD 的发展经历了四次技术革命。

第一次 CAD 技术革命——曲面造型系统，在 20 世纪 60 年代出现的三维 CAD 系统只是极为简单的线框式系统，它只能表达基本的几何信息，不能有效表达几何数据间的拓扑关系。进入 70 年代，只能采用多截面视图、特征纬线的方式来近似表达所设计的自由曲面。随着计算机的发展，当三维曲面造型系统出现时，标志着计算机辅助设计技术从单纯模仿工程图纸的三视图模式中解放出来，首次实现以计算机完整描述产品零件的主要信息，促使了第一次 CAD 技术革命的发生。

第二次 CAD 技术革命——实体造型技术，从 20 世纪 70 年代末到 20 世纪 80 年代初，随着计算机技术的前进，同时在 CAD 技术方面也进行了许多开拓，1979 年世界上出现了第一个完全基于实体造型技术的大型 CAD 软件——I - DEAS。由于实体造型技术能够精确表达零件的全部属性，在理论上有助于 CAD 的模型表达，给设计带来了惊人的方便性。它代表着未来 CAD 技术的发展方向。

第三次 CAD 技术革命——参数化技术，随着实体造型技术逐渐普及，CAD 技术的研究又有了重大进展。在 20 世纪 80 年代中期，人们提出了参数化实体造型的方法。进入 20 世纪 90 年代，参数化技术变得比较成熟起来，充分体现出其在许多通用件、零部件设计上存在的简便易行的优势。

第四次CAD技术革命——变量化技术，计算机技术的不断成熟使得现在的CAD技术和系统都具有良好的开放性，图形接口、图形功能日趋标准化。在CAD系统中，综合应用正文、图形、图像、语音等多媒体技术和人工智能、专家系统等技术大大提高了自动化设计的程度，出现了智能CAD新学科。智能CAD把工程数据库及其管理系统、知识库及其专家系统、拟人化用户接口管理系统集于一体。在CAD发展历史中可以看到其技术一直处于不断的发展与探索之中，促使了CAD技术的繁荣。

目前，CAD技术仍在不断发展，未来的CAD技术将为产品设计提供一个综合性的环境支持系统，它能全面支持异地的、数字化的设计，可采用不同的设计哲理与方法来设计工作。

CAD系统既可以按系统的功能分类，也可以按系统中使用的计算机的性能和类型分类。目前，CAD已在电子和电气、科学研究、机械设计、软件开发、机器人、服装业、出版业、工厂自动化、土木建筑、地质、计算机艺术等各个领域得到广泛应用。

1.2.2 CAE的发展

CAE起源于20世纪40年代，1943年数学家Courant尝试用定义在三角形区域上的分片连续函数的最小位能原理来求解St. Venant扭转问题，此后，一些应用数学家、物理学家和工程师便开始频频涉足有限元的概念。

20世纪60年代，随着计算机的广泛应用和发展，有限元技术依靠数值计算方法，迅速发展起来，但这一时期的有限元技术仍然处于发展阶段，研究方向主要集中在结构力学，特别是飞机结构，因此，此时的CAE属于探索发展时期。

20世纪70年代到80年代是CAE的独立蓬勃发展时期，这一时期有限元技术在结构分析和场分析领域获得了巨大的成功，从力学模型开始拓展到各类物理场（如温度场、电磁场、声波场等）分析，从线性分析扩展到非线性分析（材料非线性、几何非线性和状态非线性分析等），从单一场分析扩展到耦合场分析，这一时期出现了很多著名的CAE分析软件，如ANSYS，NASTRAN、ABAQUS等。

20世纪90年代是CAE的发展壮大与成熟时期，这一时期，CAE与CAD相辅相成，共同发展。

20世纪末期到现在，CAE技术有了新的发展和应用，这一时期，虚拟样机技术（VP）、协同仿真技术、云计算与云仿真等CAE技术在各科研机构被广泛讨论，获得了许多学术成果，并在工程中应用。

1.2.3 CAPP的发展

CAPP技术也是在历史上较早尝试自动化的项目之一。1969年，挪威已经成功地开发出了最早的、真正意义的工艺设计自动化系统AUTOPROS。但是，工艺设计中究竟应该进行哪些处理并不明确。因此，工艺设计自动化系统的发展很缓慢，它是CAD/CAM技术中发展最缓慢的部分。

CAPP是在20世纪60年代后期出现的。第一个CAPP系统是挪威在1969年推出的AUTOPROS系统，它是根据成组技术原理，利用零件的相似性去检索和修改标准工艺来制定相应的零件规程，1973年正式推出商品化AUTOPROS系统。美国是20世纪60年代末70年代初开始研究CAPP的，并于1976年由CAM-I公司推出颇具有影响力的CAM-I'S Automated Process Planning系统，成为CAPP发展史的里程碑。以上早期的CAPP软件采用的都是所谓的“标准工艺法”，即派生式（Variant）CAPP系统，图1-2所示为派生式系统工作原理图。

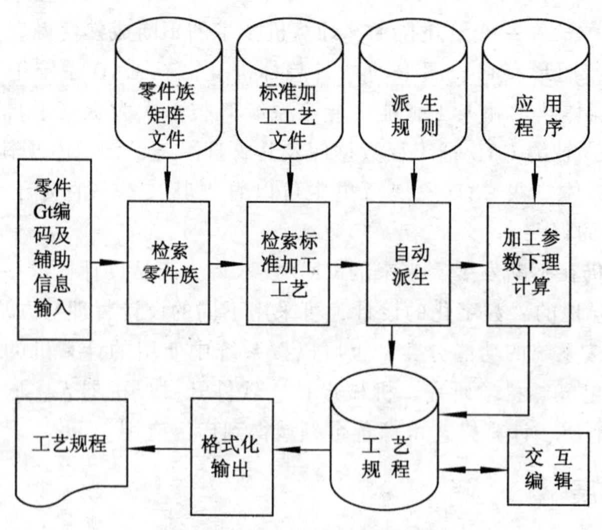

图 1-2　派生式系统工作原理

20 世纪 70 年代中期开始了创成式（Generative）系统的研究和开发，而且很快被认为是最有前途的方法，图 1-3 所示为创成式系统工作原理图。理想的创成式 CAPP 系统是通过决策逻辑效仿人的思维，在无须人工干预的情况下自动生成工艺。1977 年，Wysk 首次提出了一个创成式 CAPP 系统 APPAS。可是经过多年的努力，这种理想的 CAPP 系统也未能达到真正意义上的创成式。因此，有人提出了半创成式系统，即综合派生式和创成式，在多数情况下使用派生式，在没有典型工艺的情况下使用创成法生成工艺。这种半创成式系统目前被认为是最有前途的发展方向之一。

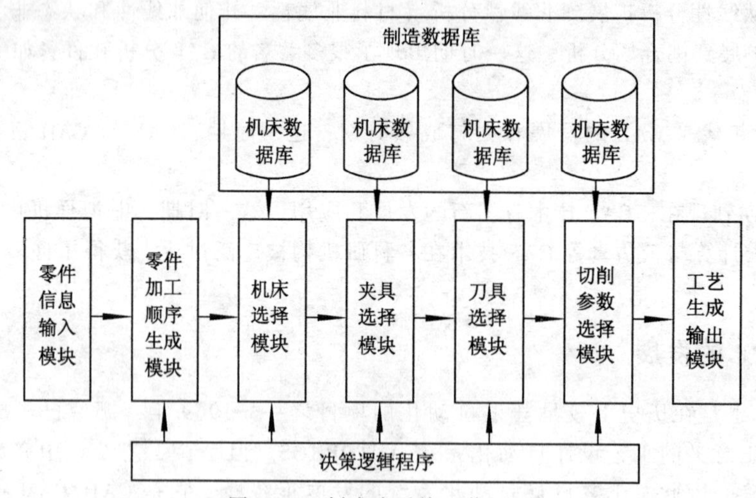

图 1-3　创成式系统工作原理

我国对 CAPP 的研究始于 20 世纪 80 年代初，1982 年上海同济大学正式推出了我国第一个 CAPP 系统——TOJICAP。在此之后，国内掀起了研究 CAPP 的热潮。特别在“九五”期间随着机械设计“甩图板”工程和计算机辅助技术的应用，企业对 CAPP 的需求更加迫切。近几年来，我国市场上出现了几种有代表性的 CAPP 软件，包括武汉开发 CAPP 软件，上海思普 SIPM/CAPP 软件系统和清华天河 CAPP 软件系统等，在一定程度上满足了国内企业的需求。CAPP 研究的发展历程如图 1-4 所示。

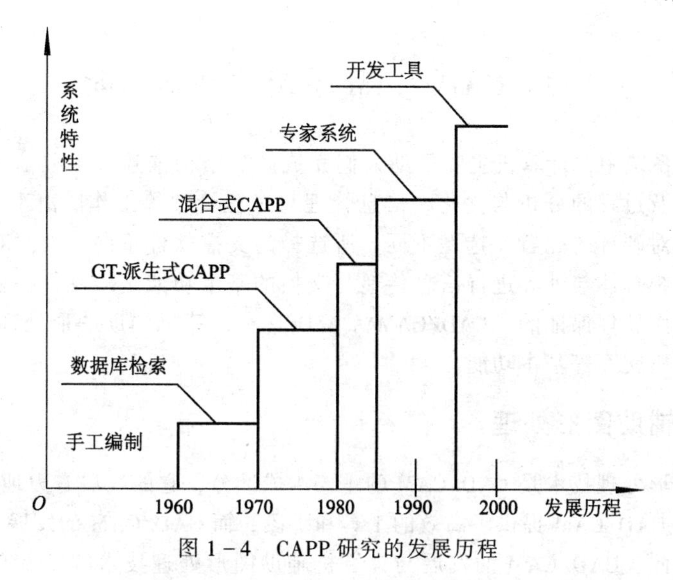

图1-4 CAPP研究的发展历程

1.2.4 CAM的发展

虽然从实际生产角度来看CAD是整个生产过程的第一步，但是在探究CAD/CAM发展时无疑应该从CAM技术开始，因为CAD/CAM的发展历史正是从CAM开始的。

CAM技术从产生发展到现在，无论是在硬件平台，还是在系统结构上，CAM在其功能和特点上都发生了较大的变化。从CAM的发展历程看，CAM在其基本处理方式与目标对象上可分为两个主要发展阶段：

第一阶段的CAM：APT。20世纪60年代CAM以大型机为主，在专业系统上开发的编程机及部分编程软件如：FANOC、Semems编程机，系统结构为专机形式，基本的处理方式是以人工或计算机辅助式直接计算数控刀路为主，而编程目标与对象也都是直接数控刀路。因此，其缺点是功能相对比较差，而且操作困难，只能专机专用。

第二阶段的CAM：曲面CAM系统。在第一阶段缺陷的基础上，人们又不断完善，创造出了曲面CAM系统。系统结构一般是CAD/CAM混合系统，较好地利用了CAD模型，以几何信息作为最终的结果，自动生成加工刀路。在此基础上，自动化、智能化程度取得了较大幅度的提高，具有代表性的是UG、DUCT、Cimatron、MarsterCAM等。其基本特点是面向局部曲面的加工方式，表现为编程的难易程度与零件的复杂程度直接相关，而与产品的工艺特征、工艺复杂程度等没有直接的关系。

科技在不断的发展，因此CAM技术也是一个不断发展的过程。通过提高CAM的技术，其自动化、智能化水平也不断提高。由于第二阶段的CAM存在一定的缺陷性，人们正在酝酿最新一代的CAM。可以认为是第三阶段的CAM：不仅可继承并智能化判断工艺特征，而且具有模型对比、残余模型分析与判断功能，使刀具路径更优化，效率更高。同时面向整体模型的形式也具有对工件包括夹具的防过切、防碰撞修理功能，提高操作的安全性，更符合高速加工的工艺要求，并开放工艺相关联的工艺库、知识库、材料库和刀具库，使工艺知识积累、学习、运用成为可能。

1.3 CAD/CAM 系统的基本功能

在 CAD/CAM 系统中，计算机主要帮助人们完成产品结构描述、工程信息表达、工程信息传输与转化、结构及过程的分析与优化、信息管理与过程管理等工作。由于 CAD/CAM 系统所处理的对象不同，对硬件的配置、选型不同，所选择的支撑软件不同，因此对系统功能的要求也会有所不同，系统总体与外界进行信息传递与交换的基本功能是靠硬件提供的，而系统所能解决的具体问题是由软件保证的。CAD/CAM 系统应具有计算机辅助图形处理、输入/输出、信息存储和管理及人机交互等基本功能。

1.3.1 计算机辅助图形处理

计算机辅助图形处理技术是 CAD/CAM 的重要组成部分，它的发展有力地推动了 CAD/CAM 的研究和发展，为 CAD/CAM 提供了高效的工具和手段，而 CAD/CAM 的发展又不断对其提出新的要求和设想，因此，CAD/CAM 的发展与计算机辅助图形处理技术的发展有着密不可分的关系。计算机辅助图形处理就是利用计算机存储、生成、处理和显示图形，并在计算机控制下，把过去由人工一笔一画完成的绘图工作由自动绘图机等图形输出设备来完成。CAD/CAM 是一个人机交互的过程，从产品的造型、构思、方案的确定、结构分析到加工过程的仿真，系统随时保证用户能够观察、修改中间结果，实时编辑处理。用户的每一次操作，都能从显示器上及时得到反馈，直到取得最佳的设计结果。图形显示功能不仅能够对二维平面图形进行显示控制，还应当包含三维实体的处理。在机械产品设计中，涉及大量的图形图像处理任务，如图形坐标的变换、裁剪、渲染、消隐处理等，无论是 CAD、CAPP、CAM，都需要用到这项功能，是 CAD/CAM 系统所必备的。

1.3.2 输入/输出功能

在 CAD/CAM 系统运行中，用户需不断地将有关设计的要求、各步骤的具体数据等输入计算机内，通过计算机的处理，能够输出系统处理的结果，且输入/输出的信息既可以是数值的，也可以是非数值的（例如图形数据、文本、字符等）。

在 CAD/CAM 系统中，大量的信息是以人机交互方式输入系统的，但也有许多情况是以计算机自动采集方式输入的，如车间的运输与控制系统、质量保证系统、以反求工程为基础的造型系统等，因此 CAD/CAM 系统应具备自动信息输入功能。

CAD/CAM 系统的信息输出包括各种信息在显示器上的显示、工程图的输出、各种文档的输出和控制命令输出等。图形和各种信息的显示是实现人机交互的基础；工程图的输出是 CAD/CAM 系统的基本要求，尽管在某些场合实现了无图加工，但在工程设计中，二维图形依然是表达工程信息最直观的手段，在很多场合均需要输出二维图纸，加人工审图、CAPP 中的工艺图、复杂的加工信息标注等；文档的输出种类繁多，如设计文档、工艺文档、数控程序、程序检验报告、各类调用单、质检单等；控制命令包括设备驱动命令等。

1.3.3 信息存储与管理功能

由于 CAD/CAM 系统运行时数据量很大，有很多算法都能生成大量的中间数据，尤其是对图形的操作、交互式的设计以及结构分析中的网格划分等。为了保证系统能够正常的运行，CAD/CAM 系统必须配置容量较大的存储设备，支持数据在模块运行时的正确流通。另外，工程数据库系统的运行也必须有存贮空间的保障。

由于 CAD/CAM 系统中数据种类繁多，既有几何图形数据，又有属性语义数据；既有产品定义数据，又有生产控制数据；既有静态标准数据，又有动态过程数据，且结构相当复杂。因此，CAD/CAM 系统应提供有效的管理手段，支持设计与制造全过程的信息流动与交换。通常，CAD/CAM 系统采用工程数据系统作为统一的数据环境，实现各种工程数据的管理。

1.3.4 人机接口与人机交互

在 CAD/CAM 系统中，人机接口是用户与系统连接的桥梁。友好的用户界面，是保证用户直接、有效地完成复杂设计任务的必要条件，除软件中界面设计外，还必须有交互设备实现人与计算机之间的不断通信。

任何设计都有需要注意的问题和需要遵循的原则，这是保证设计成功的必要前提，交互设计的原则如下：

1. 一致性与规格化设计

将所开发系统的交互功能设计成统一的模式和语义，以相同的命令语法和操作步骤工作，显示同样的屏幕状态格式。整个系统前后一致、规格统一。只要用户掌握了一个方面或一个模块的交互要求，就能举一反三，推广到系统的其他方面和模块，便于理解和掌握，避免因界面不统一带给用户的陌生感及由此给用户带来的学习工作量和难度的增加。

2. 反馈信息

所谓人机交互，就是在人将信息输入计算机后，计算机能有所反馈。人机交互的特点就在于所有计算机的反馈信息都是由人预先根据各种可能的输入而准备好存入计算机的。它告诉用户计算机是否接受了输入、输入前计算机正在做什么、操作的结果是什么、命令格式对不对、问题出在哪里、下一步怎样进行等，反馈信息应及时、明确，以免用户茫然不知所措。

3. 防错和改错功能

系统内部应设计完整性、合理性约束，具有较好的容错性。

4. 提示和帮助信息

一个 CAD/CAM 系统的运行是十分复杂的，它有一系列定义、描述手段，有各种操作规则、命令语法，有许多可能出现的问题和状况，因此一个良好的在线帮助功能是必不可少的。

5. 用户记忆量最小

交互式 CAD 系统是要找到人和机的最佳结合点，既利用计算机高精度、高速度、大容量的特点，又充分发挥人的聪明智慧，使设计达到高质、高效。但如果系统的使用命令数量多、格式烦琐，则不利于操作人员集中精力进行创造性工作，还容易出错，影响系统的推广和应用。因此，尽量使用户减小记忆负担、避免出错是交互设计的原则之一。其措施有合理设计菜单结构，使菜单的功能命令包容面为百分之百；增加中文提示；设置在线帮助和手册；统一交互模式和操作方式。

1.4 CAD/CAM 的主要任务

CAD/CAM 系统需要对产品设计、制造全过程的信息进行处理，包括设计、制造中的数值计算、分析、绘图、工程数据库的管理、工艺设计、模拟仿真等各个方面。

1.4.1 几何造型

在 CAD/CAM 系统中，对产品信息及相关过程信息的描述是一切工作的基础。对机械 CAD/

CAM 系统来说，几何造型是其核心技术，能够描述基本几何实体（如大小）及实体间的关系(如几何信息)，能够进行图形图像的技术处理。几何建模技术是 CAD/CAM 系统的核心，它为产品的设计、制造提供基本数据和原始信息。

在机械产品设计制造过程中，必然要涉及大量结构体的描述与表达，如在设计阶段，需要应用几何造型系统来表达产品结构形状、大小、装配关系等；在有限元分析中，要对几何模型进行网格划分等；在数控编程中，要应用几何模型来完成刀具轨迹定义和加工参数输入等，几何造型是产品设计的基本工具。

1.4.2 计算机绘图

计算机绘图是 CAD 系统的重要环节，是产品最终结果的表达方式。CAD/CAM 系统有处理二维图形的能力，包括基本图元的生成、尺寸标注、图形编辑（比例变换、平移、拷贝、删除等)，除此之外，系统还应具备从几何造型的三维图形直接向二维图形转换的功能。

绘图是工业生产、尤其是机械行业中不可缺少的重要环节。计算机绘图不仅可以形象地产生和复制各种类型的图形，如二维的平面曲线、二维的曲面和立体图，以及机械零件图、部件装配图、传动系统图等，还可方便地对图形进行存储、调用、编辑和修改，完善之后通过绘图机输出。由于计算机运算速度快、数据精度高，再配上绘图机本身的高速度和高精度，能迅速地绘制高精度、高复杂程度的图形，可以大大提高绘图的质量和效率，减少人工工作量。因此，计算机绘图在改革传统的工程制图技术方面有其重要的作用。计算机绘图系统由硬件和软件组成，硬件部分由计算机主机、外存储器（硬盘、光盘等)、输入设备（键盘、数字化仪、鼠标等）和输出设备（图形显示器、绘图机等）组成，软件部分由图形软件、应用数据库及图形库、应用程序组成。

1.4.3 计算机辅助分析

在实际工程问题中，大都存在有多个参数和因素间的相互影响和相互作用，依据科学理论，建立反映这些参数和因素间的相互影响和相互作用的关系式并进行求解，称为工程分析。现代设计理论要求采用尽可能符合真实条件的计算模型进行分析计算，其内容包括静、动态分析计算，计算工作量非常大，往往无法由手工完成。计算机辅助分析就是采用计算机技术进行工程分析，计算机系统提供了进行辅助分析计算的支撑环境和工具。分析内容包括几何特征（如体积、表面积、质量、重心位置、转动惯量等）和物理特征（如应力、温度、位移等）的计算分析，如图形处理中变换矩阵的运算，几何造型中体素之间的交、并、差运算，工艺规程设计中工序尺寸、工艺参数的计算，结构分析中应力、温度、位移等物理量的计算等，为系统进行工程分析和数值计算提供必要的基本参数。因此，要求 CAD/CAM 系统对各类计算分析的算法要正确、全面，而且要有较高的计算精度。典型的计算机辅助分析工作如：

(1) 对受载荷作用的产品零部件进行强度分析；计算已知零部件尺寸在受载下的应力和变形，或根据已知许用应力和刚度要求计算所需的零件尺寸；如果所受的载荷为变动载荷，还要计算系统的动态响应。

(2) 对做复杂运动的机械和机械人机构等进行运动分析，计算其运动轨迹、速度和加速度。

(3) 对系统的温度场、电磁场、流体场进行分析求解。

(4) 按照给定的条件和准则，寻求产品的最优设计参数，寻求最优的加工规则等。

(5) 在复杂表面的数控加工中，当选定加工刀具后，计算刀具的加工位置，以生成数控加工程序。

（6）对已形成的产品设计方案和加工方案进行仿真分析，即按照方案的数学描述，通过分析计算，模拟实际系统的运行，预测和观察产品的工作性能和加工生产过程。

目前，计算机辅助工程分析已经是 CAD/CAM 系统中的主要组成部分。只有借助计算机辅助分析，才能使设计制造工作建立在科学理论基础之上，满足高效、高速、高精度、低成本等现代设计要求。在 CAD/CAM 系统中的计算机辅助分析，其工作特点是以产品三维实体模型为基础，并能和 CAD/CAM 其他子系统方便地进行数据交换和连接。因此，从方案制定开始，随着 CAD/CAM 的进程，可以和其他 CAD/CAM 子系统联合协同工作，进行分析决策。目前，有一些著名的商品化集成 CAD/CAM 系统，如 I－DEAS、UGII 等都已将工程分析软件集成在其子系统内部。

在上述计算机辅助分析工作中，最主要的分析技术是有限元分析和优化设计。

1. 结构分析（有限元方法）

CAD/CAM 系统中结构分析常用的方法是有限元法，这是一种数值近似求解方法，用来解决结构形状比较复杂零件的静态和动态特性计算，以及强度、振动、热变形、磁场、温度场强度、应力分布状态等计算分析。

有限元方法求解力学问题的基本思想：将一个连续的求解域离散化，即分割成彼此用节点（离散点）互相联系的有限个单元，一个连续弹性体被看作是有限个单元体的组合，根据一定精度要求，用有限个参数来描述各单元体的力学特性，而整个连续体的力学特性就是构成它的全部单元体的力学特性的总和。基于这一原理及各种物理量的平衡关系，建立起弹性体的刚度方程（即一个线性代数方程组），求解该刚度方程，即可得出欲求的参量。有限元方法提供有丰富的单元类型和节点几何状态描述形式来模拟结构，因而能够适应各种复杂的边界形状和边界条件。

有限元分析软件一般由三部分组成：

（1）有限元前处理，包括从构造几何模型、划分有限元网格，到生成、校核、输入计算模型的几何、拓扑、载荷、材料和边界条件数据。

（2）有限元分析，进行单元分析和整体分析，求解位移、应力值等。

（3）有限元后处理，对计算结果进行分析、整理，并以图形方式输出，以便设计人员对设计结果做出直观判断，对设计方案或模型进行实时修改。

有限元方法的最大特点是能够适应各种复杂的边界形状和边界条件，这是因为它可以采用多种单元类型和节点几何状态描述形式来模拟结构。

2. 优化设计

优化设计是在 20 世纪 60 年代发展起来的一门新的学科，建立在数学规划方法和计算机技术的基础上，是一种解决复杂设计问题的有效设计方法，重点研究如何从众多可行的方案中寻找出最佳设计方案，从而提高设计质量和效率。

优化设计主要包括两部分内容：

（1）建立优化设计数学模型。

（2）采用适当的最优化方法，求解数学模型。

CAD/CAM 系统应具有优化求解的功能，也就是在某些条件的限制下，使产品或工程设计中的预定指标达到最优。优化设计包括总体方案的优化、产品零件结构的优化、工艺参数的优化等，是现代设计方法学中的一个重要的组成部分。优化设计的首要任务是从工程设计问题中抽象出数学模型，数学模型包括三部分内容，即设计变量、约束条件、目标函数，称为优化设计的三要素。

1.4.4 模拟仿真

模拟仿真就是根据设计要求，建立一个工程设计的实际系统模型，如机构、机械手、机器人等，然后对所建立的系统模型试验运行，研究一个存在的或设计中的系统，通常有加工轨迹仿真，机构运动学仿真，机器人仿真，工件、机床、刀具、夹具的碰撞、干涉检验等。模拟就是建立系统模型，仿真才是关键，对一个已经存在或尚不存在但正在开发中的系统，为了解系统的内在特性，必须进行一定的试验；由于系统尚不存在或其他一些原因，无法或不便在原系统上直接进行试验，只能设法构造既能反映系统特征又能符合系统试验要求的系统模型，并在该系统模型上进行试验，以达到了解或设计系统的目的，这就是所谓的仿真。因此，系统、系统模型和试验是仿真的基本要素。仿真技术得以发展的主要原因是它带来了重大的经济效益和社会效益，主要体现在以下几方面：

(1) 经济。分析系统时往往要对系统进行试验，直接对系统特别是大型系统进行试验成本极高，采用仿真技术进行试验，可大大降低成本，而且仿真设备可重复使用。

(2) 安全。对尚不可靠或危险性较大的系统，采用仿真方法进行试验，可保证安全。

(3) 优化设计。对尚未存在的系统，要进行系统设计，可先设计出系统模型，用仿真方法反复进行试验，找出最优的系统结构和参数，可实现对系统的优化设计。

(4) 预测。对非工程系统，无法直接进行试验，利用仿真方法可预测系统的发展过程和影响因素，从而制定控制策略。

(5) 训练和教育。这是目前仿真技术应用十分活跃的领域，如利用仿真飞行训练系统对飞行员进行训练，数控编程仿真系统可用于对数控编程人员进行训练等，这对于那些因操作失误会带来重大损失的操作人员来说该训练具有十分重要的意义。

仿真技术已广泛地应用于许多领域，在工程设计中主要体现在以下几方面：

(1) 外形及装配关系仿真。许多 CAD 软件都具有三维实体造型功能，可方便地实现产品设计过程中的外形及装配关系仿真，克服了二维设计中不直观的缺点。

(2) 运动学仿真。在建立仿真模型的基础上，可对运动轨迹、速度、加速度等进行仿真。

(3) 动力学仿真。对系统的动力学响应等进行仿真。

(4) 加工过程仿真。可仿真各种加工参数，如加工过程中消耗的功率、温度等，有些 CAM 软件还可直观地显示加工过程中零件形状的变化。

1.4.5 计算机辅助工艺设计（CAPP）

设计的目的是为了加工制造，而工艺设计是为产品的加工制造提供指导性的文件，因此 CAPP 是 CAD 与 CAM 的中间环节。工艺设计是机械制造生产过程的技术准备工作中一项重要内容，是产品设计与车间生产的纽带，是经验性很强且影响因素很多的决策过程。当前，机械产品市场是多品种小批量生产起主导作用，传统的工艺设计方法已远不能适应机械制造行业发展的需要。随着机械制造生产技术的发展和当今市场对多品种、小批量生产的要求，特别是 CAD/CAM 系统向集成化、智能化方向发展，CAPP 也就日益得到了重视。CAPP 系统应当根据建模后生成的产品信息及制造要求，人机交互或自动决策出加工该产品所采用的加工方法、加工步骤、加工设备及加工参数。CAPP 的设计结果一方面能被生产实际应用，生成工艺卡片文件，另一方面能直接输出信息，为 CAM 中的 NC 自动编程系统接收、识别，直接转换为刀位文件。

用 CAPP 代替传统的工艺设计方法具有重要的意义，主要表现在：

（1）可以将工艺设计人员从烦琐和重复的劳动中解放出来，转而从事新产品及新工艺开发等创造性的工作。

（2）可以大大缩短工艺设计周期，提高产品在市场上的竞争力。

（3）有助于工艺设计人员对宝贵经验进行总结和继承。

（4）有利于工艺设计的最优化和标准化。

（5）为实现 CIMS 创造条件。

1.4.6　自动编程

数控零件加工程序的编制是数控加工的基础。国内外数控加工统计表明，造成数控加工设备空闲等待的原因 20% ～30% 是编程不及时，可见数控编程直接影响数控设备的加工效率。从计算机集成制造系统的角度来看，数控加工程序的编制也是一个关键问题，因为其最终也要产生数控加工程序。自动编程就是利用计算机编制数控加工程序，所以又称为计算机辅助编程或计算机零件程序编制。

自动编程的一般过程：首先，编程人员将被加工零件的几何图形及有关工艺过程用计算机能够识别的形式输入计算机，利用计算机内的数控系统程序对输入信息进行翻译；然后，进行工艺处理（如刀具选择、走刀分配、工艺参数选择等）与刀具运动轨迹的计算，生成一系列的刀具位置数据（包括每一次走刀运动的坐标数据和工艺参数），这一过程称为主信息处理（或前置处理）；最后经过后置处理便能输出适应某一具体数控机床所要求的零件数控加工程序（又称 NC 加工程序）。该加工程序可以通过控制介质送入机床的数控装置（见图 1－5）。在现代的数控机床上，可经通信接口直接将计算机内的加工程序传输给机床的数控系统，免去了制备控制介质的工作，提高了程序信息传递的速度及可靠性。

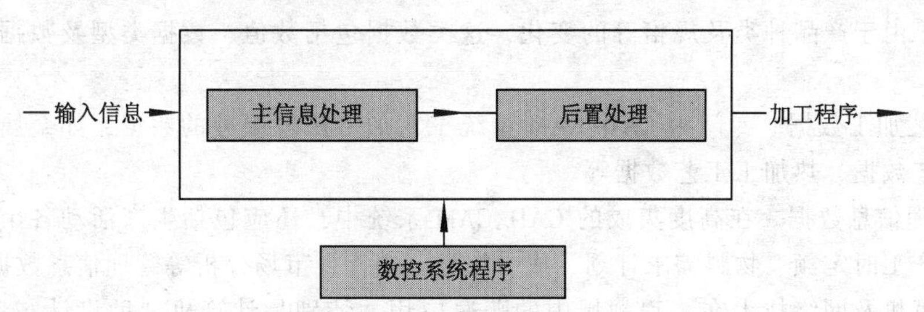

图 1－5　自动编程过程示意图

整个系统处理过程是在数控系统程序（又称系统软件或编译程序）的控制下进行的。数控系统程序包括前置处理程序和后置处理程序两大模块，每个模块又由多个子模块及子处理程序组成，这些程序是系统设计人员根据系统输入信息、输出信息及系统的处理过程，预先用计算机开发的一种高级系统软件。计算机有了这套处理程序，才能识别、转换和处理全过程，它是系统的核心部分。

自动编程根据编程信息的输入与计算机对信息的处理方式不同，可分为以自动编程语言为基础的自动编程方法和以计算机绘图为基础的自动编程方法。

以语言为基础进行自动编程是编程人员依据所用数控语言的编程手册以及零件图样，编写零件源程序，以表达加工的全部内容，然后再把这些内容全部输入到计算机中进行处理，制作出可以直接用于数控加工设备的 NC 加工程序。

以计算机绘图为基础进行自动编程需要编程人员首先对零件图样进行工艺分析，确定构图方案后，利用自动编程软件本身的自动绘图功能，在 CRT 屏幕显示器上以人机对话的方式构建出零件几何图形，然后利用软件的 CAM 功能，制作出 NC 加工程序。这种自动编程方式大多以人机交互的方式进行，所以又称为图形交互式自动编程。

1.4.7 工程数据库的管理

在 CAD/CAM 系统中，人们希望能够利用数据库技术有效地管理工程应用中所涉及的图形、图像、声音等更加自然的信息形式，这是现行商用数据库系统难以适应的，因此，人们提出了工程数据库的概念。所谓工程数据库，是指能满足人们在工程活动中对数据处理要求的数据库。理想的 CAD/CAM 系统，应该是在操作系统支持下，以图形功能为基础，以工程数据库为核心的集成系统，从产品设计、工程分析直到制造过程中所产生的全部数据都应维护在同一个工程数据库环境中。

工程数据库系统与传统的数据库系统有很大差别，主要表现在支持复杂数据类型、复杂数据结构，具有丰富的语义关联、数据模式动态定义与修改、版本管理能力及完善的用户接口等，它不但要能够处理常规的表格数据、曲线数据等，还必须能够处理图形数据。

在工程应用中，要处理的数据非常多，包括文字与图形等。作为支持整个生产过程的工程数据，可分为以下几种类型：

（1）通用型数据。产品设计与制造过程中所用到的各种数据资料，如国家及行业标准、技术规范、产品目录等方面的数据。这些数据的特点是数据结构不变，数据具有一致性，数据之间关系分明，数据相对稳定，即使有所变动，也只是数值的改动。

（2）设计型数据。在生产设计与制造过程中产生的数据，如产品功能要求描述数据、设计参数及分析数据、各种资源描述数据及各种工艺数据等，包括各种工程图形、图表及三维几何造型等数据。由于产品种类及规格等的变化，这类数据包括数值、数据类型及数据结构等都是动态的。

（3）工艺加工数据。专门为 CAD/CAM 系统工艺加工阶段服务的数据，如金属切削工艺数据、磨削工艺数据、热加工工艺数据等。

（4）管理信息数据。在高度集成的 CAD/CAM 系统中，还应包括生产活动各个环节的信息数据，如生产工时定额、物料需求计划、成本核算、销售、市场分析等管理信息数据。

随着计算机及网络技术在工程领域中的普遍应用，特别是计算机辅助设计与制造（CAD/CAM）、计算机辅助分析工程（CAE）及计算机集成制造系统（CIMS）技术的不断发展，工程数据库管理变得非常重要，成为 CAD/CAM 各子系统信息交换与数据共享的核心。

1.5 CAD/CAM 系统支撑环境

1.5.1 硬件系统

CAD/CAM 系统的硬件由主机及其所属外围设备组成，如图 1－6 所示。

组成其硬件的配置与一般计算机系统有所不同，其要求有强大图形处理和人机交互功能，人机交互渠道和快速响应速度，同时需要有相当大的外存储器容量和良好的通信联网功能，既要满足当前所需要的系统功能，还要考虑系统今后发展的可扩充性，一般应选择符合公认标准的开放式系统。

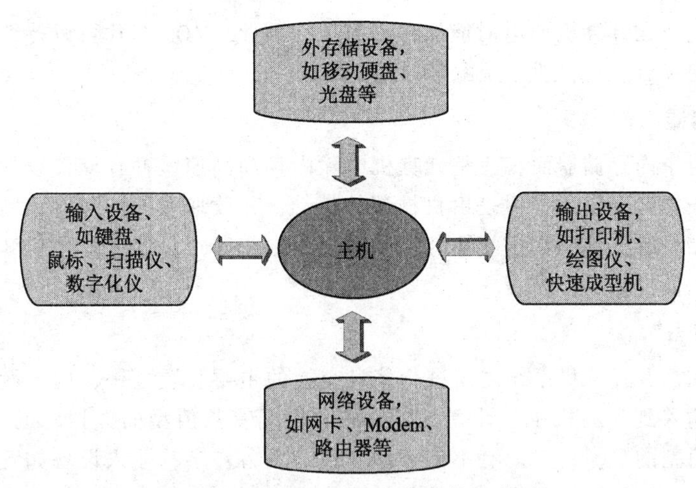

图1-6 CAD/CAM系统硬件组成图

1.5.1.1 主机

主机是硬件系统中用于放置主板和其他主要部件的容器，包括CPU、内存及其连接主板等，是计算机硬件系统的核心。工程实际问题通常比较复杂，对其求解通常需要很大的运算量，因此CAD/CAM系统对主机的性能要求是CPU具有强大的运算处理能力和内存有足够的临时存储能力，使得这类问题能够很好的求解。

1.5.1.2 CPU

CPU即中央处理器，是一块超大规模的集成电路，是一台计算机的运算核心和控制核心，主要包括运算器（ALU）和控制器（CU）两大部件。此外，还包括若干个寄存器和高速缓冲存储器及实现它们之间联系的数据、控制及状态的总线。其基本功能包括数据通信、资源共享、分布式处理、提供系统可靠性。其功能主要是解释计算机指令以及处理计算机软件中的数据，CPU从存储器或高速缓冲存储器中取出指令，放入指令寄存器，并对指令译码，然后执行指令，具体运行过程分为四个阶段：提取（Fetch）、解码（Decode）、执行（Execute）和写回（Writeback）。

1.5.1.3 内存储器

内存储器简称内存，又称为主存储器，是计算机主机中的组成部件，它是相对于外存而言的，主要用来存储CPU工作程序、指令和数据，包括正在使用和随时要使用的程序和数据，内存的质量好坏与容量大小会影响计算机的运行速度。

目前，微型机的内存都采用半导体存储器，半导体存储器从使用功能上分为：

（1）随机存储器（Random Access Memory，RAM），又称读写存储器。其特点：可以读出，也可以写入；读出时并不损坏原来存储的内容，只有写入时才修改原来所存储的内容；断电后，存储内容立即消失，即具有易失性。RAM可分为动态（Dynamic RAM，DRAM）和静态（Static RAM，SRAM）两大类，DRAM的特点是集成度高，主要用于大容量内存储器；SRAM的特点是存取速度快，主要用于高速缓冲存储器。

（2）只读存储器（Read Only Memory，ROM），其特点：只能读出原有的内容，不能由用户再写入新内容；不会因断电而丢失；原有的存储内容是采用掩膜技术由厂家一次性写入的，并能够永久保存。它一般用来存放专用的固定的程序和数据。

（3）CMOS存储器（Complementary Metal Oxide Semiconductor Memory，互补金属氧化物半导体内存），其特点：耗能极少，它只需要极少电量就能存放数据，可以由集成到主板上的一个小电池供电，这种电池在计算机通电时能够自动充电，因此 CMOS 芯片可以持续获得电量，即使在关机后，也能保存有关计算机系统配置的重要数据。

1.5.1.4 外存储器

外存储器相对于内存储器而言，是计算机中除内存和高速缓冲存储器以外的存储器，它能够在无电情况下长期保存信息，但是由机械部件带动，其读取数据的速度比内存慢很多。外存储器主要包括存储系统文件和数据的硬盘、存储数据的光盘、方便携带的 USB 闪存盘、大容量存储的移动硬盘和便携数码产品等。

1.5.1.5 输入设备

输入设备是用户和计算机系统之间进行信息交换的主要装置之一，用于把原始数据和处理这些数据的程序输入到计算机中。计算机接收的数据既有数值型的数据，也有如图形、图像、声音等各种非数值型的数据，对此有不同类型的输入设备：字符输入设备如键盘；图形输入设备如鼠标、操纵杆、光笔等；图像输入设备如摄像机、扫描仪、传真机等；模拟输入设备如语言模数转换识别系统。主要的输入方式有字符输入、图形输入、语音输入、磁带输入、磁盘输入等。

1.5.1.6 输出设备

输出设备是计算机的终端设备，也是人或外部与计算机进行交互的一种装置，它主要用来将内存中计算机处理后的信息以能被人或其他设备所接受的形式输出，如数字、字符、图像、声音等形式。常见的输出设备有显示器、打印机、绘图仪、影像输出系统、语音输出系统、磁记录设备等。

1.5.1.7 网络设备

网络设备是连接到网络中的物理实体，包括网络适配器（如有线网卡、无线网卡）、有线网络传输介质（如双绞线、同轴电缆和光缆）、无线网络传输介质（如无线电波、红外线）、调制解调器、中继器、集线器、网桥、交换机、路由器等其他网络设备。

1.5.2 软件系统

总体来说，计算机的物理实体由硬件组成，但硬件只是用来支撑软件的运行，其各项强大的功能都需要依靠软件来实现，在 CAD/CAM 系统中，软件可分为系统软件、支撑软件及专业性应用软件三类。图 1-7 所示为系统各部分的层次结构关系。

图 1-7 CAD/CAM 软件系统层次结构关系

系统软件主要负责管理硬件资源及各种软件资源，是计算机的公共性底层管理软件，即系统开发平台；支撑软件运行在系统软件之上，是实现 CAD/CAM 各种功能的通用性应用基础软件，是 CAD/CAM 系统专业性应用软件的开发平台；专业性应用软件则是根据用户的具体要求，在支撑软件基础上经过二次开发的应用软件。本书的讲解重点是 CAD/CAM 系统支撑软件，因而对系统软件和专业性应用软件不予介绍，读者有兴趣可以参考相关书籍学习。

根据不同的功能，常用的 CAD/CAM 系统支撑软件有：

1.5.2.1 图形支撑软件

国内常用的商品化的图形支撑软件，在计算机上采用的典型产品有美国 Autodesk 公司的

AutoCAD以及国内自主开发的CAXA电子图板、开目CAD等，这些软件以工程设计图样的绘制、修改为主要应用目标，具有交互性强、操作方便、开放性好等优点。

1. AutoCAD

AutoCAD是由美国Autodesk公司开发的计算机辅助设计软件，是目前世界应用最广的二维绘图软件，它具有良好的用户界面，通过交互菜单或命令的方式便可以进行各种操作，它的多文档设计环境，让非计算机专业人员也能很快地学会使用。用户通过在不断实践的过程中更好地掌握它的各种应用和开发技巧，可以不断地提高工作效率。

AutoCAD具有完善的二维图形绘制功能，包括平面绘图和图形编辑；可以采用多种方式进行二次开发或用户定制，有非常好的可扩展性；可以进行多种图形格式的转换，具有较强的数据交换能力；支持多种硬件设备和操作平台；其通用性和易用性能够满足各类用户。

AutoCAD广泛应用于土木建筑、装饰装潢、城市规划、园林设计、电子电路、机械设计、服装鞋帽、航空航天、轻工化工等诸多领域，针对不同的行业有不同的专业版本和插件，如在机械设计与制造行业中发行了AutoCAD Mechanical版本；在电子电路设计行业中发行了AutoCAD Electrical版本等；对一般没有特殊要求的如服装、机械、电子、建筑等行业则通用AutoCAD Simplified版本。AutoCAD的版本经过多次更新升级，现在各方面功能已经很完善，目前较新版本为Autodesk公司在2013年4月12日发布的套件正式版，有标准、高级、旗舰版。

2. CAXA电子图板

CAXA电子图板是由北京数码大方科技股份有限公司（CAXA）自主研发的一款稳定高效、性能优越的二维CAD软件。它是根据中国工程技术人员的绘图习惯而开发，能够提供符合中国人思维的操作界面和选择工具，除提供了完善的二维绘图软件的图形绘制和编辑功能外，还提供了国家标准和相关行业标准的标准零件库，极大地帮助设计者提高设计效率，节省绘图时间。

CAXA电子图板只是CAXA拥有自主知识产权的产品之一，CAXA还能提供数字化设计、数字化制造以及产品全生命周期管理解决方案和工业云服务。数字化设计解决方案包括二维、三维CAD，工艺CAPP和产品数据管理PDM等软件；数字化制造解决方案包括CAM、网络DNC、MES和MPM等软件；支持企业贯通并优化营销、设计、制造和服务的业务流程，实现产品全生命周期的协同管理；工业云服务提供云设计、云制造、云协同、云资源、云社区五大服务，涵盖了企业设计、制造、营销等产品创新流程所需要的各种工具和服务。

目前CAXA系列软件的较新版本：2012年10月8日发布的CAXA电子图板2013；2012年10月8日发布的CAXA协同管理2013；2012年11月6日发布的CAXA实体设计2013；2012年11月24日发布的CAXA制造工程师2013等。

1.5.2.2 三维造型软件

三维造型即通过计算机辅助设计建立的立体的、有光的、有色的生动画面，虚拟逼真地表达大脑中的产品设计效果，比传统的二维设计更符合人的思维习惯与视觉习惯。三维造型技术从最初的三维CAD已发展到目前专用的基于特征造型的三维软件，常用软件有UG、Pro/E、SolidWorks等，其共同特点是能够建立统一的产品模型，实现完整的几何特征描述，随时提取所需要的信息，支持各个环节工作功能如几何建模、特征建模、物性计算、真实感图形显示等。常用的三维软件简介：

1. UG

Unigraphics NX简称UG，是Siemens PLM Software公司出品的一个产品工程解决方案，它为用户的产品设计及加工过程提供了数字化造型和验证手段，它本身是一个交互式CAD/CAM系统，功能强大，可以轻松实现各种复杂实体及造型的建构，而且能够针对用户的虚拟产品设计和工艺设计的需求，提供经过实践验证的解决方案。

UG 是一个在二维和三维空间无结构网格上使用自适应多重网格方法开发的一个灵活的数值求解偏微分方程的软件工具，其设计思想能够灵活地支持多种离散方案，目标是用最新的数学技术，即自适应局部网格加密、多重网格和并行计算，为复杂应用问题的求解提供一个灵活的可再使用的软件基础。UG 的软件结构具有三个设计层次，即结构设计（Architectural Design）、子系统设计（Subsystem Design）和组件设计（Component Design）。

UG 独特之处是其知识管理基础，它使得工程专业人员能够推动革新以创造出更大的利润，可以管理生产和系统性能知识，根据已知准则来确认每一设计决策。UG 建立在为客户提供无与伦比的解决方案的成功经验基础之上，这些解决方案可以全面地改善设计过程的效率，削减成本，并缩短进入市场的时间。基于跨越整个产品生命周期技术创新的目标使得 UG 通过全范围产品检验应用和过程自动化工具，把产品制造从早期的概念到生产的过程都集成到一个实现数字化管理和协同的框架中。

UG 的突出功能重点体现在工业设计、产品设计、NC 加工和模具设计方面。在工业设计方面，UG 为那些培养创造性和产品技术革新的工业设计和风格提供了强有力的解决方案，利用 UG 建模，工业设计师能够迅速地建立和改进复杂的产品形状，并且使用先进的渲染和可视化工具来最大限度地满足设计概念的审美要求；在产品设计方面，UG 包括了世界上最强大、最广泛的产品设计应用模块，具有专业的管路和线路设计系统、钣金模块、专用塑料件设计模块和其他行业设计所需的专业应用程序，具有高性能的机械设计和制图功能，为制造设计提供了高性能和灵活性的功能，以满足客户设计任何复杂产品的需要；在 NC 加工方面，UG 加工基础模块提供连接 UG 所有加工模块的基础框架，它为 UG 所有加工模块提供一个相同的、界面友好的图形化窗口环境，用户可以在图形方式下观测刀具沿轨迹运动的情况并可对其进行图形化修改，如对刀具轨迹进行延伸、缩短等。该模块交互界面可按用户需求进行灵活的用户化修改和剪裁，并可定义标准化刀具库、加工工艺参数样板库使初加工、半精加工、精加工等操作常用参数标准化，以减少使用培训时间并优化加工工艺。此外，UG 软件所有模块都可在实体模型上直接生成加工程序，并保持与实体模型全相关，UG 的加工后置处理模块使用户可方便地建立自己的加工后置处理程序，该模块适用于目前世界上几乎所有主流 NC 机床和加工中心，实践证明该模块能很好的适用于 2 ~ 5 轴或更多轴的铣削加工、2 ~ 4 轴的车削加工和电火花线切割加工。在模具设计方面，MoldWizard（注塑模向导）是基于 NX 开发的，针对注塑模具设计的专业模块，提供了整个模具设计流程，包括产品装载、排位布局、分型、模架加载、浇注系统、冷却系统以及工程制图等。整个设计过程非常直观、快捷，而且模块中配有常用的模架库和标准件，用户可以根据自己的需要进行调整，这让普通用户也能自主进行简单的模具设计和标准件的自我开发，很大程度上提高了模具设计效率。

UG 软件开发于 1969 年，开发语言是 C 语言，从最初到现在开发了很多版本，从 2002 年整合优化了 Unigraphics 系列，发布了 UG NX1.0 以后，UG NX 系列几乎是每年发布一个新版本，每一个版本都继承了之前版本的优势，同时改进和增加新的功能，目前最新版本是 2013 年 10 月由 Siemens PLM Software 发布的 UG NX9.0，市场上应用比较广泛的是 UG NX6.0 和 UG NX7.5 两个版本。

2. Pro/E

Pro/ENGINNER 操作软件简称 Pro/E，是美国参数技术公司（PTC）旗下的 CAD/CAM/CAE 一体化的三维软件，在目前的三维造型软件领域中占有重要地位，Pro/E 作为当今世界机械 CAD/CAE/CAM 领域新标准而得到业界的认可和推广。

Pro/E 软件以参数化著称，第一个提出参数化设计的概念，并且采用了单一数据库来解决特征的相关性问题，采用了模块方式，包含了零件造型、产品装配、NC加工、模具开发、钣金件设计、外形设计、逆向工程、机构模拟、应力分析等功能模块，具体如表1-1所示。

表1-1 Pro/E软件各个功能模块组成及作用

模 块	功能作用
Pro/ENGINEER	参数化功能定义、实体零件及组装造型，三维上色，实体或线框造型
Pro/ASSEMBLY	参数化组装管理系统，能够实现在组合件内自动零件替换，组装模式下的零件生成，组建特征等
Pro/CABLING	拥有全面的电缆布线功能，包括电缆、导线和电线束铺设，生成三维电缆束布线图等
Pro/CAT	提供Pro/ENGINEER与CATIA的双向数据交换接口
Pro/CDT	为2D工程图提供与Pro/ENGINEER双向数据交换直接接口
Pro/COMPOSITE	用于设计、复合夹层材料的部件
Pro/DEVELO	用户开发工具，包括C语言的副程序库，用于支援Pro/ENGINEER的交接口，以及直接存取Pro/ENGINEER数据库
Pro/DESIGN	可快速方便地生成装配图层次等级，二维平面图布置上的非参数化组装概念设计，二维平面布置上的参数化概念分析，3D部件的平面布置等
Pro/DETAIL	扩展了Pro/ENGINEER建模的基本功能
Pro/DIAGRAM	专门用于将图表上的图块信息制成图表记录及装备成说明图
Pro/DRAFT	功能二维绘图系统，用户可以直接产生和绘制工程图
Pro/ECAD	用来输入参数化印制电路板（PCB）的设计图
Pro/Feature	扩展了在Pro/ENGINEER内的有效特征，包括用户定义的习惯特征等
Pro/HARDNESS - MFG	在电子线体及电缆生产工序上，专用于生成所需的加工制造数据
Pro/INTERFACE	一个完整的工业标准数据传输系统，提供Pro/ENGINEER与其他设计自动化系统之间的各种标准数据交换格式
Pro/LANCUAGE	为Pro/ENGINEER的菜单及求助说明提供语言翻译功能
Pro/LIBRARYACCESS	提供了一个超过2万个通用标准零件和特征的扩展库
Pro/MESH	提供了实体模型和薄壁模型的有限元网格自动生成能力
Pro/MOL DESIGN	用于设计模具部件和模板组装
Pro/MANUFACTURING	产生生产过程规划，刀路轨迹并能根据用户需要产生的生产规划做出时间及价格成本上的估计
Pro/NC - CHECK	用以对铣削加工及钻床加工操作所产生的物料，进行模拟清除
Pro/PLOT	提供了驱动符合工业标准的输入、输出设备能力
Pro/PROJECT	提供一系列数据管理工具用于大规模块复杂设计上的管理系统
Pro/REPORT	提供了一个将字符、图形、表格和数据组合在一起以形成一个动态报告的功能强大的格式环境
Pro/SHEETMETAL	扩展了Pro/ENGINEER的设计功能，提供了通过参照弯板库模型的弯曲和放平能力
Pro/SURFACE	扩展了Pro/ENGINEER的生成、输入和编辑复杂曲面和曲线的功能

Pro/E软件主要特征包括参数化设计、基于特征建模和单一数据库，参数化设计是对于产品而言，将其看成几何模型，分解成有限数量的构成特征，并对每一种构成特征，用有限的参数

完全约束。Pro/E 的基于特征实体模型化系统能够保证工程设计人员采用具有智能特性的基于特征的功能去生成模型，按照要求改变模型，满足工程设计人员在设计上的简易性和灵活性。Pro/ENGINEER 建立在基层的单一数据库上，其工程中的资料全部来自一个库，使得每一个独立用户都在为一件产品造型而工作，在整个设计过程的任何一处发生改动，都可以同步反应在整个设计过程的相关环节上。例如，如果工程样图有改变，NC 工具路径也会自动更新；组装工程图如有任何变动，也完全同样反应在整个三维模型上。

2010 年 10 月 29 日，PTC 公司宣布推出 Creo 设计软件，将 Pro/E 正式更名为 Creo，目前 Pro/E 较高版本为 Creo Parametric 2.0。但在市场应用中，不同的公司还在使用着从 Proe2001 到 WildFire5.0 的各种版本，WildFire 3.0 和 WildFire 5.0 是主流应用版本。

3. SolidWorks

SolidWorks 软件是世界上第一个基于 Windows 开发的三维 CAD 软件，是由 SolidWorks 公司开发，SolidWorks 公司现为法国达索公司（Dassault Systemes S. A）旗下的子公司，专门负责研发与销售机械设计软件的视窗产品。

SolidWorks 有功能强大、易学易用和技术创新三大特点，这使得 SolidWorks 成为领先的、主流的三维 CAD 解决方案，能够提供不同的设计方案、减少设计过程中的错误以及提高产品质量。表 1-2 详细阐述了 SolidWorks 软件的特点。

表 1-2　SolidWorks 软件的特点

项　目	特　点
用户界面	SolidWorks 提供了一整套完整的动态界面和鼠标拖动控制。“全动感的”的用户界面减少设计步骤，减少了多余的对话框，从而避免了界面的零乱。 崭新的属性管理员用来高效地管理整个设计过程和步骤包含的所有设计数据和参数，操作方便，界面直观。 用 SolidWorks 资源管理器可以方便地管理 CAD 文件，并且它是唯一一个和 Windows 资源器类似的 CAD 文件管理器。 特征模板为标准件和标准特征，提供了良好的环境，用户可以直接从特征模板上调用标准的零件和特征，并可共享。 SolidWorks 提供的 AutoCAD 模拟器，使得 AutoCAD 用户可以保持原有的作图习惯，顺利地从二维设计转向三维实体设计
配置管理	涉及零件设计、装配设计和工程图，配置管理使得用户能够在一个 CAD 文档中，通过对不同参数的变换和组合，派生出不同的零件或装配体
协同工作	SolidWorks 提供了技术先进的工具，使用户通过互联网进行协同工作。 通过 eDrawings 方便地共享 CAD 文件。eDrawings 是一种极度压缩的、可通过电子邮件发送的、自行解压和浏览的特殊文件。 通过三维托管网站展示生动的实体模型。三维托管网站是 SolidWorks 提供的一种服务，用户可以在任何时间、任何地点，快速地查看产品结构。 SolidWorks 支持 Web 目录，使用户能够将设计数据存放在互联网上，方便存取。 用 3D Meeting 通过互联网实时地协同工作。3D Meeting 是基于微软 NetMeeting 的技术而开发的专门为 SolidWorks 设计人员提供的协同工作环境
装配设计	在 SolidWorks 中生成新零件时，用户可以直接参考其他零件并保持这种参考关系，在装配的环境里，可以方便地设计和修改零部件。 SolidWorks 可以动态地查看装配体的所有运动，并且可以对运动的零部件进行动态的干涉检查和间隙检测。 用智能零件技术自动完成重复设计。 SolidWorks 的镜像部件技术能够基于已有零部件具有的派生关系或与其他零件的关联关系，产生新的零部件。 SolidWorks 用捕捉配合的智能化装配技术，来加快装配体的总体装配

续表

项　目	特　点
工程图	SolidWorks 是能生成完整的、车间认可的详细工程图的工具。 从三维模型中自动产生工程图，包括视图、尺寸和标注。 增强的详图操作和剖视图，包括生成剖中剖视图、部件的图层支持、熟悉的二维草图功能、以及详图中的属性管理员。 使用 RapidDraft 技术，可以将工程图与三维零件和装配体脱离，进行单独操作，以加快工程图的操作，但保持与三维零件和装配体的全相关。 用交替位置显示视图能够方便地显示零部件的不同的位置，以便了解运动的顺序

由于使用了 Windows OLE 技术、直观式设计技术、先进的 Parasolid 内核以及良好的与第三方软件的集成技术，SolidWorks 成为全球装机量最大、最好用的软件。有数据显示，目前全球发放的 SolidWorks 软件使用许可约 28 万，涉及航空航天、机车、食品、机械、国防、交通、模具、电子通信、医疗器械、娱乐工业、日用品/消费品、离散制造等分布于全球 100 多个国家的约 31 000 千家企业。在教育市场上，每年来自全球 4 300 所教育机构的近 14.5 万名学生通过 SolidWorks 的培训课程。SolidWorks 几乎提供了当今市场上所有 CAD 软件的输入/输出格式转换器，如 IGES、STEP、SAT、VRML、STL、Parosolid 等，由于其出色的技术和市场表现，SolidWorks 已经成为 CAD 行业中新的中坚力量。

SolidWorks 软件版本更新较快，同样几乎以每年一版的速度发布，最新版本为 2013 年 9 月 9 日发布的 SolidWorks 2014。

1.5.2.3　分析软件和优化设计软件

分析软件国内应用最多的是美国 ANSYS 公司的大型通用有限元商业软件 ANSYS，它可以应用于结构力学、结构动力学、热力学、流体力学、电子电路学、电磁学等。此外，虚拟样机分析软件 Admas 和结构有限元分析软件 NASTRAN 也在不同领域广泛应用。

1.5.2.4　工程数据库管理软件

在 CAD/CAM 系统中，要建立工程数据库来实现整个设计过程和工程数据的管理，保证各个用户协调一致地共享数据。目前 CAD/CAM 工程数据库管理系统的开发一般都是在通用关系型数据库管理系统基础上，根据工程特点，对其功能进行适当补充或修改以建立所谓的工程数据库系统。

1.6　CAD/CAM 技术应用与发展趋势

1.6.1　CAD/CAM 技术在工业中的应用现状

从 20 世纪 60 年代初第一个 CAD 系统问世以来，经过 50 多年的发展，CAD/CAM 系统在技术和应用上已日趋成熟，尤其从 80 年代开始，硬件技术的飞速发展使软件在系统中的地位越来越重要，作为商品化的 CAD/CAM 软件，目前市场上 CAD/CAM 软件有很多种，其中 AutoCAD、SolidWorks、UG、Pro/E 在前面已经详细介绍过，此外还有如 CATIA 和 Inventor 应用也较为广泛。随着 CAD/CAM 技术的日趋成熟，其应用将随着计算机技术的高速发展而迅速普及。在工业发达的资本主义国家，CAD/CAM 技术的应用已迅速从最初的军事工业向民用工业扩展，由大型企业向中小企业推广，由高技术领域的应用向日用家电、轻工产品的设计和制造中普及。

CAD/CAM 在国外的应用较早，主要用于产品的设计开发和工程的设计。20 世纪 50 年代第一台数控铣床的应用标志着 CAD 技术应用的开始；20 世纪 60 年代，自动编程语言 APT 的诞生使得 CAD 和 CAM 产生了最初的集成，MIT 人机对话图形通信系统论文的发表，标志着交互式 CAD 的开端；20 世纪 70 年代，进入 CAD/CAM 的早期实用阶段，主要用于机械、建筑以及船舶和电子等大中型企业中，比较著名的系统有英国的 Romuous 系统；20 世纪 80 年代起计算机技术有了大幅度的提高，CAD/CAM 技术向着实体造型和特征建模方向发展，随着工程数据库的发展，商品化的软件也在这时应运而生；到 20 世纪 90 年代，该技术已经向着更加智能化、标准化和集成化的方向发展，并且在各个相关行业中得到了广泛的应用。

我国从 20 世纪 60 年代才开始引进 CAD/CAM 技术，20 世纪 70 年代才开始应用，但是受计算机发展水平的限制，起初该技术仅仅被用来做产品设计时的分析计算，到 20 世纪 90 年代，我国开始自主开发 CAD/CAM 软件，并且得到了快速的发展。近 20 年间，我国的 CAD/CAM 技术就取得了可喜的成就，市场上也出现了越来越多的拥有自主知识产权的 CAD/CAM 软件，如中科院凯思软件集团的 PICAD 系统及系列软件、清华大学的高华 CAD、北京航空航天大学的 CAXA 系列和华中理工大学的开目 CAD 等。但总体上我国 CAD/CAM 技术的研究应用与发达国家相比还有较大差距，主要表现在：CAD/CAM 应用集成度低，很多企业的应用仍停留在绘图、NC 编程等单项技术的应用；CAD/CAM 系统的软、硬件均依靠进口，拥有自主版权的较少；缺少设备和技术力量，二次开发能力弱，其引进先进的软件功能得不到充分发挥。

在当前日益激烈的市场竞争环境下，用户对产品精益求精的追求对制造企业提出了更高的要求。CAD/CAM 的技术发展必须始终与工程实际相结合，使其在发展过程中产生巨大的经济效益和社会效益，其在我国的应用必将对制造企业产生深远的影响，对提高我国制造企业核心竞争力起到举足轻重的作用。因此，我们应结合实际国情，积极主动开展 CAD/CAM 技术的研究与推广工作。

1.6.2 CAD/CAM 技术的发展趋势

随着计算机、外围设备、计算机图形学、数据库等技术的发展，计算机辅助设计技术得到空前提高，使得 CAD/CAM 技术发展的主要趋势进一步朝集成化、并行化、智能化、虚拟化、网络化和标准化等方向迈进。主要体现在以下几个方面：

1.6.2.1 并行工程

并行工程是对产品及其相关过程（包括制造和支持过程）进行集成的并行设计的系统化工作模式。这种模式力图使产品开发人员从设计一开始就考虑到产品生命周期（从概念形成到报废）中的各种因素，包括质量、成本、进度及用户需求。基于并行工程原理的面向产品生命周期的并行产品设计，不能简单地理解为时间上的并发，并行工程的核心是基于分布式并行处理的协同求解，及服务产品整个生命周期各进程活动的产品设计结果的评价体系及方法，在两者支持下，面向产品整个生命周期寻求全局最优决策。

开展并行工程首先要建立并行工程的开发环境：统一的产品模型，保证产品信息的唯一性，并必须有统一的企业知识库，使小组人员能以同一种“语言”进行协同工作；一套高性能的计算机网络，小组人员能在各自的工作站或计算机上进行仿真，或利用各自的系统；一个交互式、良好用户界面的系统集成，有统一的数据库和知识库，使小组人员能同时以不同的角度参与或解决各自的设计问题。

其次要成立并行工程的开发组织机构，包括三个层次：最高层由各功能部门负责人和项目经理组成，管理开发经费、进程和计划；第二层是由主要功能部门经理、功能小组代表构成，定期举行例会；第三层是作业层，由各功能小组构成。

然后是选择开发工具及信息交流方法，其中最重要的就是选择一套合适的产品数据管理（PDM）系统，PDM是集数据管理能力、网络的通信能力与过程控制能力于一体的过程数据管理技术的集成，能够跟踪保存和管理产品设计过程。

最后是确立并行工程的开发实施方案：把产品设计工作过程细分为不同的阶段，当出现多个阶段的工作所需要的资源不可共享时，可以采用并行工程方法，后续阶段的工作必须依赖于前阶段的工作结果作为输入条件，因此需要先对前阶段工作做出假设，二者才可并行。其间必须插入中间协调，并用协调的结果进行验证，其验证的结果与假定符合与否是后续阶段工作调整的依据。

因此，基于并行工程实现成功的新产品开发不再只是研究和开发部门的任务，而是整个机构努力协作和配合的结晶。

1.6.2.2 智能化CAD/CAM系统

随着CAD/CAM技术的发展，除了集成化之外，将人工智能技术、专家系统应用于CAD/CAM系统中，就形成智能的CAD/CAM系统。其最大的特点就是不仅具有海量的知识储备，还具有专家的经验，相当于赋予其智能化的视觉、听觉、语言能力，使其在工作中能够通过推理、联想和判断去解决那些以前必须由人类专家才能解决的概念设计问题，并且同时不断学习、增长经验。这是一个具有重大意义的发展方向，它可以在更高的创造性思维活动层次下，给予设计人员有效的辅助。

1.6.2.3 虚拟产品开发

虚拟产品开发（Virtual Product Development，VPD）是指在不实际生产产品实物的情况下，利用计算机模拟仿真产品生命周期全过程，即在虚拟状态下构思、设计、制造、测试和分析产品，以有效避免在实际生产过程中会出现的问题，提高产品在时间、质量、成本、服务和环境等多目标中的决策水平，达到缩短产品开发周期和一次性开发成功的目的。

实施VPD技术的技术人员完全在计算机上建立产品模型，对模型进行分析，然后改进产品设计方案，用数字模型代替原来的实物原型，进行分析、试验、改进原有的设计。现在VPD技术已在汽车、航天、机车、医疗用品等诸多领域成功地应用，对传统的工业生产结构产生了巨大的冲击，如采用VPD技术后，汽车工业中新车型开发的时间可由36个月缩短到24个月以内，缩短了开发周期，节约了成本，使企业的竞争力显著增强。

实施VPD技术还可以网络通信，将从事产品设计、分析、制造、仿真和支持等设计人员组建成“虚拟”的产品开发小组，并将其与工程师分析专家、供应厂商以及客户联成一体，实现异地合作开发。

企业通过VPD这种新技术把握住产品开发过程，这样的企业就能对客户的需求变化做出快速灵活的反应，并且完全按照规定的时间、成本和质量要求快速地将产品推向市场。

1.6.2.4 网络化设计与制造

网络化制造作为一种全新的制造模式，以数字化、柔性化、敏捷化为基本特征，表现为结构上的快重组、性能上的快响应、过程中的并行性与分布式决策，其优势在于：由金字塔式的多层次管理结构向扁平式的网络管理结构转变，减少层次和中间环节，加快信息的传递速度；并行工作方式将逐渐替代系统的顺序方式，缩短工作周期，提高工作效率；企业将向规模小型化和组织分子化方向发展，即在大型企业中，企业内部的单元对市场需求信息也将拥有快速自主的反应权力和能力；企业可以通过网络组织、虚拟企业等形式建立灵活多样的企业间联盟，实现企业内外资源的灵活有效配置；网络化制造的组成单元由单个企业变成由单个具有一定功能的制造网络。最终随着网络的发展，可针对某一特定产品，将分散在不同地区的现有智力资源和生产设备资源迅速组合，建立动态联盟的制造体系，以适应全球化的发展趋势。

习　题

1. 简述 CAD、CAE、CAPP、CAM 的基本概念以及它们之间的关系与区别。
2. 简述 CAD/CAM 技术的发展概况与发展趋势。
3. 简述 CAD/CAM 系统的基本功能。
4. 简述 CAD/CAM 技术的主要任务。
5. 简述 CAD/CAM 硬件系统的构成和作用。
6. 简述 CAD/CAM 软件系统的构成和作用。
7. 试构造一个完整的机械 CAD/CAM 系统。

第2章　数据处理

【教学目标】

通过本章的学习，了解数据处理的基础知识；熟悉机械产品计算机辅助设计与制造过程中所涉及的工程数据的基本类型；重点掌握工程数据常用的三种计算机处理方法（程序化处理、文件化处理、解析化处理）的基本原理、使用对象和使用方法；了解数据交换标准、工程数据库及其管理系统的相关应用。

【本章提要】

数据与数据结构：数据与数据结构的基本概念；数据库技术：数据库的结构与特点、数据库管理系统的主要功能，数据库技术的特点与数据库系统结构组成、数据模型及其应用；工程数据库及其管理系统：工程数据库技术、工程数据库设计及工程数据库管理系统的应用；工程数据处理：数据程序化、文件化及解析化处理的基本原理、使用对象及使用方法；数据交换标准：数据格式、数据交换标准的类型及其应用。

2.1　概　　述

数据是对事实、概念或指令的一种表达形式，可由人工或自动化装置进行处理。数据的形式可以是数字、文字、图形或声音等。数据经过解释并赋予一定的意义之后，便成为信息。数据处理就是对数据的采集、存储、检索、加工、变换和传输的过程，其基本目的是从大量的、杂乱无章的、难以理解的数据中抽取并推导出对于某些特定的人们来说有价值、有意义的数据，是系统工程和自动控制的基本环节。在机械产品设计过程中，常常需要引用设计规范或设计手册中的一些数据资料，这些工程数据一般多为表格、线图、经验公式等。在计算机辅助设计过程中，需要首先将这些数据转换为计算机能够处理的形式，以便使用过程中通过应用程序进行检索、查寻和调用。利用计算机辅助设计手段对工程数据实施有效的管理不仅可以提高设计的自动化程度和水平，还可以减少设计过程中的错误率，本章将主要介绍工程数据处理的基础知识、基本原理及使用方法，从而实现对工程数据进行有效、合理的管理和应用。

2.2　数据与数据结构

2.2.1　数据

数据是信息的载体，是记录的信息按一定规则排列组合的物理符号，可以是数字、文本、图形、图像、音频、视频，以及所有能输入到计算机中并可被计算机识别和处理的各种符号的集合。

数据的表现形式并不能完全表达其内容，需要经过一定的解释，数据和关于数据的解释是密不可分的。数据的解释是指对数据含义的说明，即数据的语义。例如，1982 是一个数据，可以是一个人的出生年，也可以是一个系的学生人数，还可以是某个人的月工资。具体代表什么样的含义，需要将其置于特定的语境才能表达清楚。

在日常生活中，人们可以直接用自然语言来描述事物。例如可以这样来描述一位某校机械设计系同学的基本情况：张三，男，1994 年 9 月生，汉族，共青团员，机械设计系，机设 1102 班。在计算机中常常这样来描述：（张三，男，199409，汉，共青团员，机械设计系，机设 1102），即把学生的相关信息组织在一起成为一条记录，这里的学生记录就是描述该学生的数据，这样的数据是有结构的。

2.2.2 数据结构

数据结构是计算机存储、组织数据的方式。数据结构是指相互之间存在一种或多种特定关系的数据元素的集合。具体指同一类数据元素中，各元素之间的相互关系，包括三个组成成分，包括数据的逻辑结构、数据的物理结构和数据的运算结构。数据的逻辑结构和物理结构是密切相关的两个方面，一般，一个算法的设计取决于选定的逻辑结构，而算法的实现则依赖于采用的物理结构。数据的运算是数据结构的一个重要方面，讨论任一种数据结构时都离不开对该结构上的数据运算及其实现算法的讨论。

2.2.2.1 数据的逻辑结构

数据的逻辑结构是对数据元素之间逻辑关系的描述，它独立于数据的存储介质，一般我们所说的数据结构指的就是数据的逻辑结构。

根据数据元素间关系的不同特性，通常有下列四类基本的逻辑结构：

（1）集合结构。该结构是一组组合在一起的类似的类型化对象，该结构的数据元素间的关系是“属于同一个集合”。

（2）线性结构。该结构的数据元素之间存在着一对一的关系。如（a1、a2、a3...an），a1 为第一个元素，an 为最后一个元素，此集合即为一个线性结构的集合。

（3）树型结构。该结构的数据元素之间存在着一对多的关系，是一类重要的非线性数据结构。

（4）图形结构。该结构的数据元素之间存在着多对多的关系，也称网状结构，是一种复杂的数据结构，数据元素间的关系是任意的。与上述其他数据结构不同的是，图形结构中任意两个数据元素间均可相关联，而没有明确的条件限制。

从上面所介绍的数据结构的概念中可以知道，一个数据结构有两个要素，一个是数据元素的集合，另一个是数据关系的集合。在形式上，数据结构通常可以采用一个二元组来表示：Data_ Structure =（D，R），其中，D 是数据元素的有限集，R 是 D 上关系的有限集。

2.2.2.2 数据的物理结构

数据的物理结构，也称为数据的存储结构，是指数据的逻辑结构在计算机内部的表示，这种表示不仅包括数据元素的表示，还包括对数据元素间关系的表示。数据元素之间的关系有两种不同的表示方法：顺序映象和非顺序映象，并由此得到两种不同的存储结构：顺序存储结构和链式存储结构。

顺序存储结构：把逻辑上相邻的结点存储在物理位置相邻的存储单元里，结点间的逻辑关系由存储单元的邻接关系来体现，由此得到的存储表示称为顺序存储结构。顺序存储结构是一种最基本的存储表示方法，通常借助程序设计语言中的数组来实现。

链式存储结构：不要求逻辑上相邻的结点在物理位置上亦相邻，结点间的逻辑关系是由附加的指针字段表示的，由此得到的存储表示称为链式存储结构。链式存储结构通常借助程序设计语言中的指针类型来实现。

除上述两种存储结构外，常用的还有索引存储结构和散列存储结构。前者除建立存储结点信息外，还建立附加的索引表来标识结点的地址；而后者则是根据结点的关键字直接计算出该结点的存储地址。

2.2.2.3　数据结构的运算

不同数据结构有其相应的若干运算。数据的运算是在数据的逻辑结构上定义的操作算法，如查找、插入、删除、更新、排序、统计以及简单计算等。

查找：在一些数据元素中，通过一定的方法找出与给定关键字相同的数据元素的过程叫做查找。也就是根据给定的某个值，在查找表中确定一个关键字等于给定值的记录或数据元素。

插入：将一个元素增加到记录集中，形成新的数据集。

删除：从记录集中去除掉要删除的元素，形成新的数据集。

更新：利用新数据更新原有数据集中的整条记录或数据元素。

排序：是计算机内经常进行的一种操作，其目的是将一组“无序”的记录序列调整为“有序”的记录序列，分内部排序和外部排序。若整个排序过程不需要访问外存便能完成，则称此类排序问题为内部排序。反之，若参加排序的记录数量很大，整个序列的排序过程不可能在内存中完成，则称此类排序问题为外部排序。内部排序的过程是一个逐步扩大记录的有序序列长度的过程。

2.3　数据库技术

2.3.1　数据库基础

2.3.1.1　数据库

数据库（Database，DB）指的是以一定方式储存在一起、能为多个用户共享、具有尽可能小的冗余度、与应用程序彼此独立的数据集合。这种数据集合具有如下特点：尽可能不重复，以最优方式为某个特定组织的多种应用服务，其数据结构独立于使用它的应用程序，对数据的增、删、改和检索由统一软件进行管理和控制。从发展的历史看，数据库是数据管理的高级阶段，是由文件管理系统发展起来的。

数据库的基本结构分三个层次，即物理数据层、概念数据层和逻辑数据层，这三个层次反映了观察数据库的三种不同角度、不同层次之间的联系是通过映射进行转换的。

① 物理数据层是数据库的最内层，是物理存贮设备上实际存储的数据的集合。这些数据是原始数据，是用户加工的对象，由内部模式描述的指令操作处理的位串、字符和字组成。

② 概念数据层是数据库的中间一层，是数据库的整体逻辑表示。指出了每个数据的逻辑定义及数据间的逻辑联系，是存贮记录的集合。它所涉及的是数据库所有对象的逻辑关系，而不是它们的物理情况，是数据库管理员概念下的数据库。

③ 逻辑数据层是用户所看到和使用的数据库，表示了一个或一些特定用户使用的数据集合，即逻辑记录的集合。

数据库的主要特点：

（1）实现数据共享。数据共享包含所有用户可同时存取数据库中的数据，也包括用户可以用各种方式通过接口使用数据库，并提供数据共享。

（2）减少数据的冗余度。同文件系统相比，由于数据库实现了数据共享，从而避免了用户各自建立应用文件。减少了大量重复数据，减少了数据冗余，维护了数据的一致性。

（3）数据的独立性。数据的独立性包括逻辑独立性（数据库中数据库的逻辑结构和应用程序相互独立）和物理独立性（数据物理结构的变化不影响数据的逻辑结构）。

（4）数据实现集中控制。利用数据库可对数据进行集中控制和管理，并通过数据模型表示各种数据的组织以及数据间的联系。

（5）数据一致性和可维护性，以确保数据的安全性和可靠性。主要包括：①安全性控制，以防止数据丢失、错误更新和越权使用；②完整性控制，保证数据的正确性、有效性和相容性；③并发控制，使在同一时间周期内，允许对数据实现多路存取，又能防止用户之间的不正常交互作用。

（6）故障恢复。由数据库管理系统提供一套方法，可及时发现故障和修复故障，从而防止数据被破坏。数据库系统能尽快恢复数据库系统运行时出现的故障，可能是物理上或是逻辑上的错误，比如对系统的错误操作造成的数据错误等。

2.3.1.2 数据库管理系统

数据库管理系统（Database Management System，DBMS）是一种操纵和管理数据库的大型软件，用于建立、使用和维护数据库。它对数据库进行统一的管理和控制，以保证数据库的安全性和完整性。用户通过 DBMS 访问数据库中的数据，数据库管理员也通过 DBMS 进行数据库的维护工作。它可使多个应用程序和用户用不同的方法在同时或不同时刻去建立、修改和查询数据库。DBMS 提供数据定义语言 DDL（Data Definition Language）与数据操作语言 DML（Data Manipulation Language），供用户定义数据库的模式结构与权限约束，实现对数据的追加、删除等操作。

数据库管理系统包括以下功能：

（1）数据定义：DBMS 提供的数据定义语言 DDL 可供用户定义数据库的三级模式结构、两级映像以及完整性约束和保密限制等约束。DDL 主要用于建立、修改数据库的库结构。DDL 所描述的库结构仅仅给出了数据库的框架，数据库的框架信息被存放在数据字典（Data Dictionary）中。

（2）数据操作：DBMS 提供的数据操作语言 DML 可供用户实现对数据的追加、删除、更新、查询等操作。

（3）数据库的运行管理：数据库的运行管理功能是 DBMS 的运行控制、管理功能，包括多用户环境下的并发控制、安全性检查和存取限制控制、完整性检查和执行、运行日志的组织管理、事务的管理和自动恢复，即保证事务的原子性。这些功能保证了数据库系统的正常运行。

（4）数据组织、存储与管理：DBMS 要分类组织、存储和管理各种数据，包括数据字典、用户数据、存取路径等，需确定以何种文件结构和存取方式组织这些数据，如何实现数据之间的联系。数据组织和存储的基本目标是提高存储空间的利用率，选择合适的存取方法可提高存取效率。

（5）数据库的保护：数据库中的数据是信息社会的战略资源，所以数据的保护至关重要。DBMS 对数据库的保护通过四个方面来实现：数据库的恢复、数据库的并发控制、数据库的完整性控制、数据库的安全性控制。DBMS 的其他保护功能还有系统缓冲区的管理以及数据存储的某些自适应调节机制等。

(6) 数据库的维护：这一部分包括数据库的数据载入、转换、转储、数据库的重构以及性能监控等功能，这些功能分别由各个使用程序来完成。

(7) 通信：DBMS具有与操作系统的联机处理、分时系统及远程作业输入的相关接口，负责处理数据的传送。对网络环境下的数据库系统，还应该包括DBMS与网络中其他软件系统的通信功能以及数据库之间的互操作功能。

2.3.2 数据库系统结构

数据库系统（Database Systems，DBS）是由数据库及其管理软件组成的系统。它是为适应数据处理的需要而发展起来的一种较为理想的数据处理的核心机构。它是一个实际可运行的可存储、维护和应用系统提供数据的软件系统，是存储介质、处理对象和管理系统的集合体。

模式（Schema）是数据库中全体数据的逻辑结构和特征的描述，它仅仅涉及到类型的描述，而不涉及到具体的值，有时也称为逻辑模式。模式的一个具体值称为模式的一个实例（Instance），同一个模式可以有很多实例。模式是相对稳定的，实例是相对变动的，因为数据库中的数据总在不断地更新。模式反映的是数据的结构及其联系，而实例反映的是数据库某一时刻的状态。

从数据库管理系统的角度看，数据库系统通常采用三级模式结构。即外模式、模式、内模式，这三级构成的，如图2-1所示。

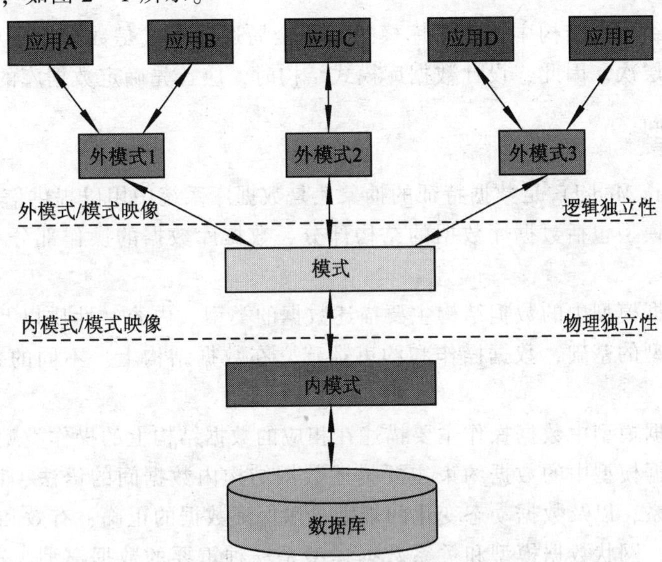

图2-1 数据库系统的三级模式结构

1. 外模式（External Schema）

一个数据库中可以有多个外模式，外模式通常是模式的子集，是保证数据库安全性的一个有力措施，每个用户只能看见和访问到相应的外模式的数据，而看不见数据库中的其余数据。DBMS提供外模式描述语言（外模式DDL）来严格地定义外模式。

2. 内模式（Internal Schema）

模式也称为存储模式，一个数据库只能有一个内模式。它是数据物理结构和存储方式的描述，是数据在数据库内部的表示方式。

DBMS 提供内模式描述语言（内模式 DDL）来严格地定义内模式。

3. 两级映像与数据独立性

数据库系统的三级模式是对数据的三个抽象级别，它把数据的具体组织工作留给了 DBMS 管理，使用户能够从逻辑层面上处理数据，而不必关心数据在计算机中的具体表示方式和存储方式。为了能够在内部实现这三个抽象层次的联系和转换，DBMS 在这个三级模式之间提供了两级映像，即外模式/模式映像和模式/内模式映像，正是这两级映像保证了数据库系统中的数据能够具有较高的逻辑独立性和物理独立性。

（1）外模式/模式映像。模式描述的是数据的全局逻辑结构，外模式描述的是数据的局部逻辑结构。对应于同一个模式可以有任意多个外模式。对于每一个外模式，数据库系统都有一个外模式/模式的映像，它定义了该外模式与模式之间的对应关系。

当模式改变时，由数据库管理员对各个外模式/模式映像做相应的改变，就可以使外模式保持不变。应用程序是依据数据的外模式编写的，从而应用程序不必修改，保证了数据与程序的逻辑独立性，简称为数据的逻辑独立性。

（2）模式/内模式映像。数据库中只有一个模式，也只有一个内模式，所以模式/内模式的映像是唯一的。它定义了数据库全局逻辑结构与物理存储结构之间的对应关系。

当数据库的物理存储结构改变时，由数据库管理员对模式/内模式映像做相应的改变，就可以使模式保持不变，从而应用程序也不必改变。这样就保证了程序与数据的物理独立性，简称为数据的物理独立性。

在数据库的三级模式结构中，数据库模式，即全局逻辑模式是数据库的中心与关键，它独立于数据库的其他层次。因此，设计数据库模式结构时，应首先确定数据库的逻辑模式。

2.3.3 数据模型

数据模型（Data Model）是数据特征的抽象，是数据库系统中用以提供信息表示和操作手段的形式构架。数据模型包括数据库数据的结构部分、数据库数据的操作部分和数据库数据的约束条件。

数据结构：数据模型中的数据结构主要描述数据的类型、内容、性质以及数据间的联系等。数据结构是数据模型的基础，数据操作和约束都建立在数据结构上。不同的数据结构具有不同的操作和约束。

数据操作：数据模型中数据操作主要描述在相应的数据结构上的操作类型和操作方式。

数据约束：数据模型中的数据约束主要描述数据结构内数据间的语法、词义联系、他们之间的制约和依存关系，以及数据动态变化的规则，以保证数据的正确、有效和相容。

层次数据模型、网状数据模型和关系数据模型是三种重要的数据模型。这三种模型是按其数据结构而命名的。前两种采用格式化的结构。在这类结构中实体用记录型表示，而记录型抽象为图的顶点，记录型之间的联系抽象为顶点间的连接弧。整个数据结构与图相对应，对应于树形图的数据模型为层次模型；对应于网状图的数据模型为网状模型。关系模型为非格式化的结构，用单一的二维表的结构表示实体及实体之间的联系。

1. 层次数据模型

层次数据模型是指用树型层次结构表示实体及实体间联系的数据模型，树中每一个结点代表一个记录类型，树状结构表示实体之间的联系。

在一个层次模型中的限制条件：有且只有一个结点，没有双亲结点，这个结点称为树的根结点；非根结点有且只有一个双亲结点。上一层记录类型和下一层记录类型是 1 : N 的关系。记录之间的联系通过指针来实现，查询效率较高。

2. 网状数据模型

用有向图结构表示实体类型及实体间联系的数据结构模型称为网状数据模型。与层次数据模型不同的是，网状数据模型允许一个以上的结点无双亲且一个结点可以有多于一个的双亲，即结点和结点之间是 N : N 的关系。

3. 关系数据模型

关系数据模型是用二维表来表示实体集属性间的关系，以及实体集之间联系的形式模型。它具有简单、易学、易用等特点，使用的数据库系统绝大多数是关系型数据库。

2.4 工程数据处理

2.4.1 工程数据程序化处理

工程数据程序化处理是指在应用程序内部对存储工程数据的数表、线图等进行查询、处理和计算的过程。利用该方法，可以将数据直接写入程序内，程序运行时自动完成程序化处理。程序化适合于需要经常使用而共享度要求不高的情况，例如工程数据中的数表、有公式的线图以及经验公式等。

2.4.1.1 数表的程序化处理

数表的程序化处理就是用程序完整、准确地描述不同函数关系的数表，以便在运行过程中迅速有效地检索和使用数表中的数据。数表一般有数组和文件两种存放方式。

1. 以数组形式存放数表

数表或列表函数已经是结构化了的数据，一维数表、二维数表和多维数表分别与计算机算法中的一维数组、二维数组和多维数组相对应，很容易通过程序进行赋值和调用。这种方法仅适用于数据较少的数表，或仅用于专用程序、共享率很低的数表。采用数组形式存放数表，存在许多缺点：

(1) 占用内存太多。当执行程序时整个数组调入内存，导致暂时不用的数据占据了大量的内存，影响程序运行速度。

(2) 独立性差。若一个数表被多个程序调用，要将此数表编入程序中，使程序间存在大量重复数据。

(3) 数据可修改性差。当要对某个数据进行修改时，则必须修改相应的程序。

2. 以数据文件形式存放数表

以数据文件形式存放数表，可以将数据与程序分开，单独建立数据文件，存放在外部存储器中。当程序需要用有关数据时，可以使用文件操作语句打开文件，将数据读入内存。

【例 2-1】 皮带输送机带宽的确定要考虑所运物料的最大块度，以使输送机能稳定运行。不同带宽使用的物料最大块度可做程序化处理，表 2-1 所示为带宽及实用物料的最大块度。

表 2-1 带宽及实用物料的最大块度

带宽/mm	500	650	800	1 000	1 200	1 400	1 600	1 800	2 000	2 200	2 400
最大块度/mm	150	150	200	300	350	350	350	350	350	350	350

例 2-1 为一维数表，有带宽和最大块度两个参数，对应每一种带宽（自变量），有一确定的物料最大块度值，且二者之间为一对一的关系。对于一维数表，其数据在程序化时常采用一

维数组来标志。对于例 2-1，定义数组 Li 和 Mi（i 的范围为 0~10），数组 Li 和 Mi 分别用来存放带宽 L（i）和物料最大块度 M（i）。若已知带宽尺寸 Li，就可相应地检索到物料最大块度值 Mi。

利用 C 语言程序化如下：

```
#include "stdio.h"
void main ( )
{
    int I, n=10;              /* n为记录数 */
    float P;
    float Li [11] = {500, 650, 800, 1000, 1200, 1400, 1600, 1800, 2000, 2200, 2400};
    float Mi [11] = {150, 150, 200, 300, 350, 350, 350, 350, 350, 350, 350};
                              /* 定义一维数组，并初始化赋值 */
    printf (" please input pitch P:   \n");
    scanf ("% f", &L);         /* 输入带宽值 */
    for (i=0; i<n; i++)
        if ( (L= =Li [i] && (i<=n))
    printf (" The maximum lumpiness of material: % d \ \n", Mi [i]);
                              /* 输出相应的物料最大块度 */
}
```

【例 2-2】托辊间距的布置应保证输送带有合理的垂度，一般输送带在托辊间产生的垂度应小于托辊间距的 2.5%，上托辊的间距如表 2-2 所示，试对该表进行程序化处理。

表 2-2　上托辊间距

带宽/mm	物料特性（松散物料堆积密度 γ/kg·m^{-3}）		
	≤1 000	1 000~2 000	>2 000
<500	1 500	1 400	1 300
500~800	1 400	1 300	1 200
800~1200	1 300	1 200	1 100
1200~1400	1 200	1 100	1 000

从表 2-2 可以看出，决定输送带上托辊间距的自变量有两个，即带宽和物料堆积密度，这可以归结为一个二维数表问题。在对该类数表进行程序化处理时，可将表中的上托辊间距离值记录在一个二维数组中 Distance［4］［3］，将两个自变量带宽和物料堆积密度分别定义为一个一维数组 Width［4］、Density［3］，通过下标引用的方式实现查寻。

利用 C 语言程序化如下：

```
#include "stdio.h"
void main (void)
{
  int i, j;
  float w, d;                                /* 定义用户输入的带宽、物料堆积密度 */
  float Width [4] = {500, 800, 1200, 1400}; /* 定义表中的带宽 (一维数组)，并初始化赋值 */
  float Density [3] = {1000, 2000}; /* 定义表中的物料堆积密度 (一维数组)，并初始化赋值 */
  float Distance [4] [3] = { {1500, 1400, 1300}, {1400, 1300, 1200}, {1300, 1200, 1100},
  {1200, 1100, 1000}};                       /* 定义距离值 (二维数组)，并初始化赋值 */
  printf (" please input width ofconveyer belt: w=  \ \n");
```

```
    scanf ("% f", &w);      /* 输入带宽值 * /
    printf (" please input density of material: d=  \ \n");
    scanf ("% f", &d);      /* 输入物料堆积密度值 * /
    for (i=0; i<4; i++)   if (w <= Width [i])   break;
    for (j=0; j<3; j++)   if (d <= Density [j])   break;
    printf (" The distance between the roller ofconveyer:% f", Distance [i] [j]);
                            /* 输出间距 * /
}
```

【例2-3】在皮带输送机设计过程中，带的型号可根据计算功率 P_c 和小带轮转速 n_1 选取。已知计算功率 $P_c = K_A \cdot P$，其中 P 为名义传动功率，K_A 为工作情况系数，如表2-3所示，试对该表进行程序化处理。

表2-3　皮带输送机工况系数

动力机类型	一天工作时间/h	工作机载荷性质			
		1级（工作平稳）	2级（载荷变动小）	3级（载荷变动较大）	4级（冲击载荷）
1类	≤10	1	1.1	1.2	1.3
	10~16	1.1	1.2	1.3	1.4
	16~24	1.2	1.3	1.4	1.5
2类	≤10	1.1	1.2	1.4	1.5
	10~16	1.2	1.3	1.5	1.6
	16~24	1.3	1.4	1.6	1.8

注：1类——直流电动机、Y系列三相异步电动机、汽轮机、水轮机；
　　2类——交流同步电动机、交流异步滑环电动机、内燃机、蒸汽机。

从表2-3可以看出，皮带输送机工况系数取决于动力机类型、工作机载荷性质和一天工作时间三个变量，这可以归结为一个三维数表问题。在对该类数表进行程序化处理时，可将表中的工况系数 K_A 记录在一个三维数组 kk [2] [3] [4] 中，用一整型变量 dd [2] 来储存动力机类型，用一个一维数组 tt [3] 来储存一天工作时间的上界值，用另一个整型变量 nn [4] 来表示工作机载荷性质等级。

利用C语言程序化如下：

```
#include "stdio.h"
void main (void)
{
    int i, j, k;
    int d, n;                          /* 定义用户输入的动力机类型、工作机载荷特性等级* /
    float t;                           /* 定义用户输入的工作时间* /
    int dd [2] = {1, 2};               /* 定义表格中的动力机类型 (一维数组), 并初始化赋值*
    float tt [3] = {10, 16, 24}; /* 定义表格中的工作时间 (一维数组), 并初始化赋值 * /
    int nn [4] = {1, 2, 3, 4}; /* 定义表格中的工作机载荷特性等级 (一维数组), 并初始化赋值* /
    float kk [2] [3] [4] = { {{1.1, 1.1, 1.2, 1.3}, {1.1, 1.2, 1.3, 1.4}, {1.2,
1.3, 1.4, 1.5}},
                          {{1.1, 1.2, 1.4, 1.5}, {1.2, 1.3, 1.5, 1.6}, {1.3,
1.4, 1.6, 1.8}}}; /* 定义表格中的工作时间 (一维数组), 并初始化赋值 * /
    printf (" please input type of power machine: d=  \ \n");
    scanf ("% f", &d);                 /* 输入动力机类型代号 * /
    printf (" please input grade of load peculiarity ofworking machine: n=  \ \n");
```

```
    scanf ("% f", &n);       /* 输入工作机载荷特性等级 * /
    printf (" please input working time: t =  \ \n");
    scanf ("% f", &t);       /* 输入工作机载荷特性等级 * /
    for (i =0; i <2; i + +)  if (d = = dd [i])   break;
    for (j =0; j <3; j + +)  if (t < = tt [j])   break;
    for (k =0; k <4; k + +)  if ( n = = nn [k])  break;
    printf (" The coefficients in different conditions ofconveyer: % \ \ f", kk [i]
[j] [k]);                        /* 输出皮带输送机工况系数* /
    }
```

2.4.1.2 线图的程序化处理

工程设计中，有些参数之间的函数关系是用直线、折线或各种曲线构成的线图表示的，但线图本身不能直接存储在计算机中被引用。欲得到设计所需的相应数据，必须对线图进行处理或转换后获得，即通过将线图离散化为数表，然后将数表进行程序化处理，供设计时检索调用。基本方法有如下三种：

（1）将线图离散化为数表，然后用上述的数表程序化方法处理。

（2）找到线图的原有公式，将公式采用数值计算方法编入程序。

（3）用曲线拟合的方法求出线图的经验公式，再将公式采用数值计算方法编入程序。

【例 2-4】 图 2-2 所示为弹簧丝直径 d 与拉伸弹性极限 σ 的关系曲线。试对该图进行程序化处理。

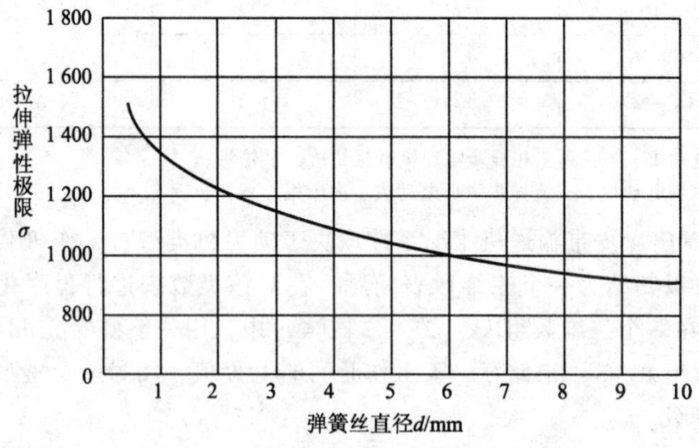

图 2-2　碳素钢弹簧丝拉伸弹性极限

可将此图转换成数表关系，然后进行程序化处理。为将此图转换成相应的数表，可将曲线分割离散（即离散化处理），首先由给出的已知自变量 d 在曲线上找到对应的因变量 σ，形成一组点，然后用这些分割离散点的坐标值列成数表，如表 2-4 所示。可以看出这是一个一维数表，可以采用前述方法进行数表的程序化处理。

表 2-4　碳素钢弹簧丝拉伸弹性极限

弹簧丝直径 d/mm	0.4	1	2	3	4	5	6	7	8	9	10
拉伸弹性极限 σ/mm	1 520	1 390	1 250	1 140	1 090	1 040	1 000	980	975	970	960

根据线图的复杂程度，还可转化为二维、三维等数表格式。

分割点的选取随曲线的形状而异，一般陡峭部分的分割可密集一些，平坦部分的分割可稀疏一些，分割离散点的基本原则是应使各分割点间的函数值不致相差太大。线图的数表化转换简单、直观，缺点是只能表示曲线上有限点处的变量关系，无法查找曲线上任意点的变量值。

2.4.2 工程数据文件化处理

工程数据文件化处理是指将工程数据以一定的格式存放于文件中，在使用时利用程序打开文件并进行查询等操作，文件化处理适用于大型数据或需进行共享的数据。

工程数据文件通常采用两种类型的文件：文本文件和数据文件。文本文件用于存储行文档案资料，如技术报告、专题分析和论证材料等，可利用任何一种计算机文字处理软件建立。数据文件则有自己的固定的存取格式，用于存储数值、短字符串数据，如切削参数、零件尺寸等，可利用字表处理软件建立，通常采用高级语言中的文件管理功能来实现文件的建立、数据的存取。

【例2-5】 表2-5所示为矿用刮板输送机高强度链环的尺寸和质量，图2-3所示为链环尺寸图，试对该数据表进行文件化处理。

表2-5 链环的尺寸和质量（GB/T 12718—2009）

成品链环直边直径 d/mm	节距 P/mm	圆弧半径 r/mm	宽度		焊接处		单位长度质量 m/(kg/m)
			内宽 a/mm	外宽 b/mm	直径 d_1/mm	长度 e/mm	
10	40	15	12	34	10.8	7.1	1.9
14	50	22	17	48	15	10	4.0
18	64	28	21	60	19.5	13	6.6
22	86	34	26	74	23.5	15.5	9.5
24	86	37	28	79	26	17	11.6
26	92	40	30	86	28	18	13.7
30	108	46	34	98	32.5	21	18
34	126	52	38	109	36.5	23.8	22.7
38	137	58	42	121	41	27	29
42	152	64	46	133	45	30	35.5

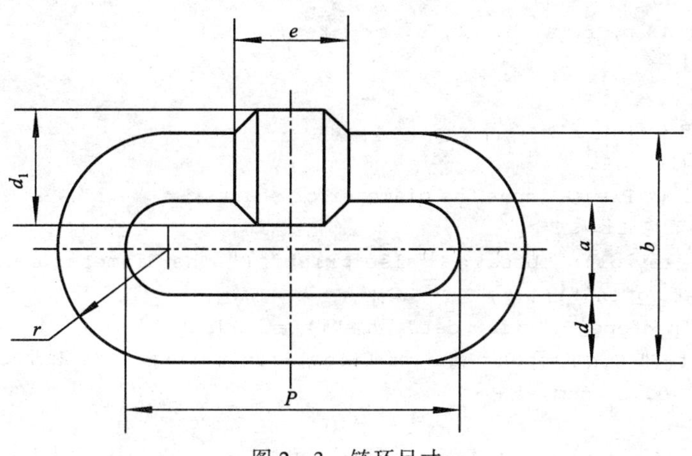

图2-3 链环尺寸

将表 2-5 中的链环尺寸和质量建立数据文件，然后利用所建数据文件，通过设计所给出的成品链环直边直径检索所需的链环其余关键尺寸和质量。

基本过程：按记录将表中的链环尺寸和质量建立数据文件，一行一个记录。链环关键尺寸和质量的检索是根据成品链环直边直径进行的，设计时可将该成品链环直边直径数据连同其他关键尺寸和质量一起存储在数据文件中，这样一个记录将包含有成品链环直边直径 d、节距 P、圆弧半径 r、内宽 a、外宽 b、焊接处直径 d_1、焊接处长度 e、单位长度质量 m 共八个数据项。

```
#include " stdio. h"
#define num = # # #                                    /* ###按实际记录赋值 */
struct key_ GB
{float d, p, r, a, b, d1, e, m; } key;                 /* 定义键元素 (结构体) */
void main ()
{
 int i;
    FILE * fp;
    if ((fp = fopen (" link. dat", " w")) = = NULL)   /* 打开文件 link. dat, 用于写入 */
      {printf (" Can't open the data file");
 exit (); }
      for (i = 0; i < num; i + +)
      {printf (" record/% d: d, p, r, a, b, d1, e, m = ", i);
      scanf ("% f,% f,% f,% f,% f ,% f ", &key. d, &key. p, &key. r, &key. a,
      &key. b, &key. d1, &key. e, &key. m);              /* 输入各记录数据项 */
       fwrite (&key, sizeof (struct key_ GB, 1, fp)     /* 写入各记录数据项于文件中 */
      }
      fclose (fp);
}
```

运行该程序，逐行输入各记录数据项，便在磁盘上建立了名为 link. dat 的数据文件。

利用所建立的数据文件 link. dat，通过设计得到的链环直边直径尺寸检索所需的其他链环关键尺寸及质量，其 C 语言程序如下：

```
#include " stdio. h"
#define num = # # #    /*  ###按实际记录赋值  */
struct key_ GB
     {float d, p, r, a, b, d1, e, m; } key;
void main ()
{
 int i; FILE * fp;
    while (1)
    {printf (" Please input the diameter of shaft: d =  \ \n"); scanf ("% f ", &x);
/* 用户输入链环直边直径尺寸 */
    if (x = key. d1)   break;   else printf (" The diameter d is not in range,
      input again!"); }
    if ( (fp = fopen (" link. dat", " r")) = = NULL)
    {printf (" Can't open the data file"); exit (); }   /* 打开文件 link. dat */
    for (i = 0; i < num; i + +)
    {
     fseek (fp, i* sizeof (struct key_ GB), 0); /* 二进制方式打开文件，移动文件读
       写指针位置. */
     fread (&key'sizeof (struct key_ GB, 1, fp);    /* 读出文件 key. dat 中的数据 */
```

```
        if (x = key.d1)
        {printf (" The key: p =% f, r =% f, a =% f, b =% f, d1 =% f, m =% f",
key.p, key.r key.a, key.b, key.d1, key.m); break;} /* 检索出具体值 * /
        } fclose (fp);
    }
```

对于线图数据，可将线图离散化为数表，然后对数表进行文件化处理。

由于多数工程数据资料并不是简单的表格形式，可能含有组合项、多重嵌套表格，而数据文件不具备支持各种复杂格式的能力，因此需要先对数据资料进行正确的分解和组织，将复杂的表格分解成若干个简单的表格。

2.4.3 数据解析化

由于数据的离散性和数据量的有限性，数表的程序化会给计算结果带来误差。因此，对于数据间有某种联系或函数关系的列表函数，应尽量进行公式化。

数表解析化处理通常采用函数插值和数据拟合两种方法。解析化处理的主要目的是通过数学的方法来实现非离散值数据的查询，并希望尽量减小误差，忠实原始数据。

2.4.3.1 函数插值

函数插值的基本思想是在插值点附近选取几个合适的结点，利用这些结点构造一个函数，使其经过所选取的所有结点，在插值点确定的区间上近似代替原来的函数，那么，插值点的函数值可以用所构造的插值函数的值来代替。即寻找一个函数（曲线），使其最接近于已有数据（点集）的趋势。插值有很多种，最简单的是直线插值，也就是一次插值；再深一点就是二次插值及高次插值，二次以上的就属于曲线插值了。

1. 线性插值

设有一维函数数表如表2-6所示：$y_i = f(x_i)$，$i = 0, 1, 2 \cdots n$，给定一值 x（$x_i < x < x_{i+1}$），求其函数值 y。

表2-6 一维函数数表

x	x_0	x_1	x_2	…	x_i	x_{i+1}	…	x_n
y	y_0	y_1	y_2	…	y_i	y_{i+1}	…	y_n

线性插值也叫两点插值，根据插值点 x 值选取两个相邻的自变量 x_i 与 x_{i+1}，为简便起见，可将这两自变量设定为 x_1 和 x_2，并满足条件 $x_1 \leqslant x \leqslant x_2$。过（$x_1$，$y_1$）、（$x_2$，$y_2$）两点连线的直线 $g(x)$ 代替原来的函数 $f(x)$，如图2-4所示，则插值点函数为：$g_1(x) = f(x_1) + \frac{f(x_2) - f(x_1)}{x_2 - x_1}(x - x_1) = y_1 + \frac{y_2 - y_1}{x_2 - x_1}(x - x_1)$。设：$A_1 = \frac{x - x_2}{x_1 - x_2}$，$A_2 = \frac{x - x_1}{x_2 - x_1}$，上式可改写为：$g_1(x) = A_1 y_1 + A_2 y_2$ 可见，$g_1(x)$ 是两个基本插值多项式 $A_1(x)$ 和 $A_2(x)$ 的线性组合。

2. 二次插值

线性插值计算方便、应用很广，但由于它是用直线去代替曲线，因而一般要求 $[x_0, x_1]$ 比较小，且 $f(x)$ 在 $[x_0, x_1]$ 上变化比较平稳，否则线性插值的误差可能很大。为了克服这一缺点，有时可以用简单的曲线去近似地代替复杂的曲线，最简单的曲线是二次曲线。

设函数 $y = f(x)$ 在给定互异的自变量值 x_1、x_2、x_3 上对应的函数值为 y_1、y_2、y_3，二次插值就是构造一个二次多项式 $y = g_2(x)$，并使其满足

$$g_2(x) = \frac{(x - x_2)(x - x_3)}{(x_1 - x_2)(x_1 - x_3)}y_1 + \frac{(x - x_1)(x - x_3)}{(x_2 - x_1)(x_2 - x_3)}y_2 + \frac{(x - x_1)(x - x_2)}{(x_3 - x_1)(x_3 - x_2)}y_3$$

如图 2－5 所示，它是通过三个点（x_1，y_1）、（x_2，y_2）、（x_3，y_3）的弧线 $y=f(x)$，因此，二次插值又称三点插值。

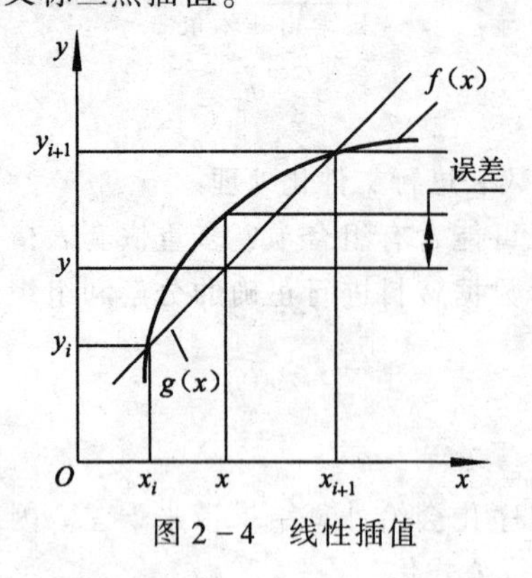

图 2－4　线性插值

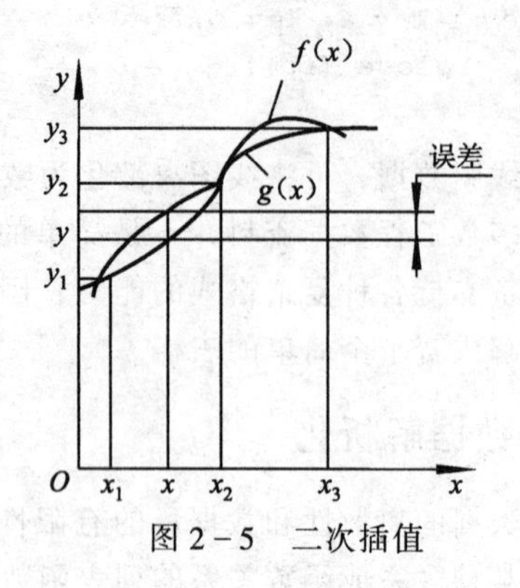

图 2－5　二次插值

3. 拉格朗日插值

若插值曲线通过（x_1，y_1）、（x_2，y_2）…（x_n，y_n）n 个结点，则可构建出 n 个结点的（$n-1$）阶插值多项式

$$g_{n-1}(x) = \sum_{k=1}^{n} \frac{(x-x_1)(x-x_2)\cdots(x-x_{k-1})(x-x_{k+1})\cdots(x-x_n)}{(x_k-x_1)(x_k-x_2)\cdots(x_k-x_{k-1})(x_k-x_{k+1}\cdots(x_k-x_n)} y_k = \sum_{k=1}^{n}\left(\prod_{\substack{i=1\\ j\neq k}} \frac{x-x_j}{x_k-x_j}\right) y_k$$

适当提高插值公式的阶数可以改善插值精度，但阶数太高的插值公式效果并不好。在实际进行插值时，通常采用分段插值方法，将插值范围划分为若干段，在每一分段上采用低阶插值。

用插值的方法将数表解析化存在以下两个主要缺点：①用插值方法建立的公式必然保留了原有误差，这显然是不合理的。②严格通过所有节点的函数是一个次数很高的多项式，求解比较困难，用分段插值虽然可降低插值阶数，但分段后分段曲线的连接点若不能保证曲线的光滑连接，这在某些轮廓设计中是不允许的。

2.4.3.2　曲线拟合

在 CAD 中常采用近似的方法来进行解析化处理，所得函数的曲线如图 2－6 所示。

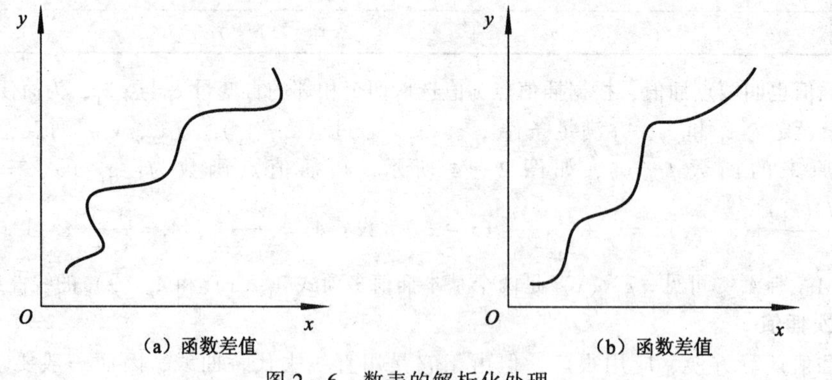

（a）函数差值　　（b）函数差值

图 2－6　数表的解析化处理

此曲线不严格通过所有节点，而是尽可能反映所给数据点的变化趋势，这种方法称为曲线拟合。具体而言，曲线拟合就是将一系列测试数据或统计数据拟合成近似的经验公式，它是一种求近似函数的数值方法。这种方法不要求近似函数在节点处与函数同值，即不要求近似曲线过已知点，只要求它尽可能反映给定数据点的基本趋势，在某种意义下与函数最“逼近”。函数拟合有多种方法，在工程中最常用的方法是最小二乘法。

1. 最小二乘法集合的基本思想

已知：由图线和试验所得 m 个点的值（x_i，y_i）。

设：拟合公式为 $y=f(x)$。

每个节点的残差值：$e_i=f(x_i)-y_i$，（$i=1, 2, 3, 4\cdots m$）。

残差的平方和：$\sum_{i=1}^{m} e_i^2 = \sum_{i=1}^{m} (f(x_i)-y_i)^2$

根据给定的数据组（x_i，y_i）（$i=1, 2, 3, 4\cdots m$），选取近似函数形式，即给定函数类 H，求函数 $f(x_i)$，$f\in H$，使得 $\sum_{i=1}^{m} e_i^2 = \min_{f\in H}\sum_{i=1}^{m} (f(x_i)-y_i)^2$ 为最小。这种求近似函数的方法称为曲线拟合的最小二乘法，函数 $f(x)$ 称为这组数据的最小二乘函数。

最小二乘法基本处理步骤：在坐标纸上标出列表函数各节点数据，并根据其趋势绘出大致曲线，如图2-7所示。根据曲线确定近似的拟合函数类型，拟合函数可分为代数多项式、对数函数、指数函数等，用最小二乘法原理确定函数中的待定系数。

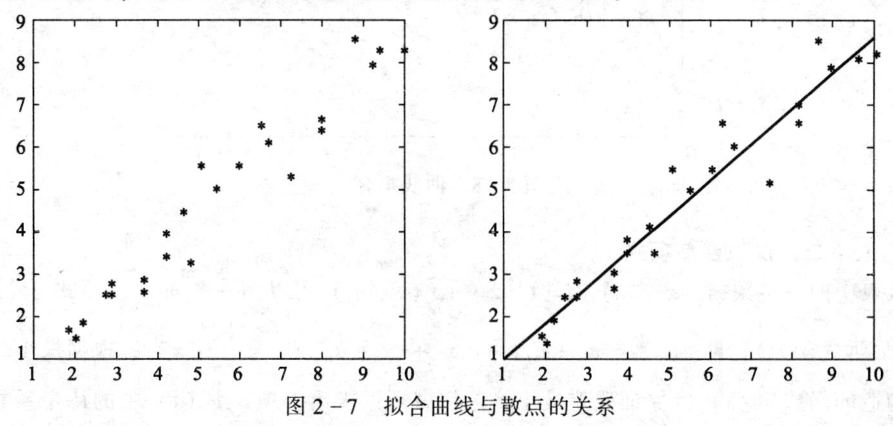

图2-7 拟合曲线与散点的关系

结合最小二乘法的原理，可以使用不同的拟合函数形式。拟合函数的类型通常是初等函数，如线性方程、多项式、对数方程、指数方程等。一般是先将各数据点绘制在坐标纸上，然后根据数据的分布形态确定所采用的函数类型。利用最小二乘法的目的在于确定拟合曲线的待定系数从而得到拟合函数（或者说经验公式）。

2. 用最小二乘法拟合线性方程

对于某一列表函数，若所有节点呈现出一种线性变化规律，则可用直线方程 $f(x)=a+bx$ 进行描述，最小二乘法处理的任务就是要求出直线方程中的待定系数 a 和 b。

由图2-8所示的各节点到所拟合直线偏差的平方和为

$$\varphi = \sum_{i=1}^{n} e_i^2 = \sum_{i=1}^{n} (f(x_i)-y_i)^2 = \sum_{i=1}^{n} (a+bx_i-y_i)^2$$

可见，所拟合函数的偏差平方和 φ 是节点系数 a、b 的函数。如何选取节点系数 a、b，使偏差平方和 φ 最小，这就是最小二乘法的实质。

令 $\frac{\partial\varphi}{\partial a}=0$，$\frac{\partial\varphi}{\partial b}=0$，将 $\varphi = \sum_{i=1}^{n} e_i^2 = \sum_{i=1}^{n} (f(x_i)-y_i)^2 = \sum_{i=1}^{n} (a+bx_i-y_i)^2$ 代入求其偏导数，得

$$\begin{cases} \sum 2(a+bx_i-y_i)=0 \\ \sum 2x_i(a+bx_i-y_i)=0 \end{cases}$$

从而可方便地求得

$$\begin{cases} a = \bar{y} - b\bar{x} \\ b = \dfrac{\sum x_i(y_i - \bar{y})}{\sum x_i(x_i - \bar{x})} \end{cases}$$

其中，$\bar{x}$，$\bar{y}$ 分别为列表函数自变量和因变量的平均值。将求取的数代入直线方程 $f(x) = a + bx$，即可求得最终的拟合函数。

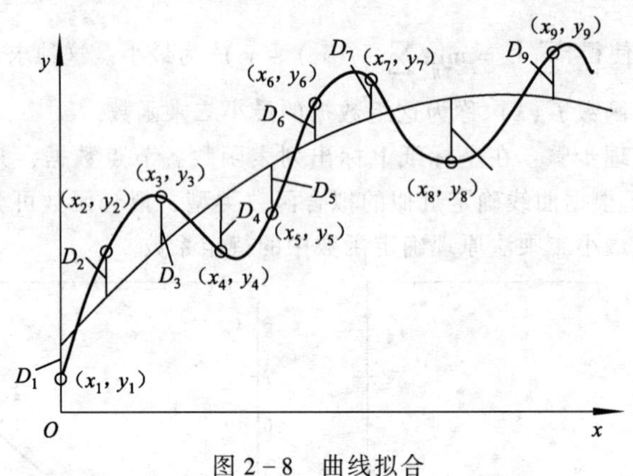

图 2-8　曲线拟合

3. 用最小二乘法拟合多项式

设数表中的一组数据 (x_i, y_i)，$i=1、2\cdots n$，(x_i, y_i) 可以用一个 m 次多项式 $g(x)$ 拟合（其中 n 远远大于 m），即 $g(x) = a_1 + a_2x + a_3x^2 + \cdots + a_{m+1}x^m = \sum\limits_{j=1}^{m+1} a_j x^{j-1}$，根据最小二乘法原理，所构造的函数 $g(x)$ 应保证残差最小，这样就可以求出多项式 $g(x)$ 中的待定系数。设残差平方和为 Q，得

$$Q = \sum_{i=1}^{n} [g(x_i) - y_i]^2 = \sum_{i=1}^{n} \left[\sum_{j=1}^{m+1} a_j x_i^{j-1} - y_i \right]^2$$

令 $\dfrac{\partial Q}{\partial a_k} = 0$ $(k=1, 2\cdots m+1)$

得 $\dfrac{\partial Q}{\partial a_k} = 2\left[\sum\limits_{j=1}^{m+1} a_j \sum\limits_{i=1}^{n} x_i^{j+k-2} - \sum\limits_{i=1}^{n} y_i x_i^{k-1} \right] = 0$，解此方程组即可求得多项式 $g(x)$ 的各系数。

2.5　工程数据库及其管理系统

对于规模较小的工程设计任务，采用数据程序化、文件化等方法对数据进行处理是可行的，在开发 CAD/CAM 系统的过程中，会产生大量的数据，且需要对这些数据进行共享和交叉访问，并要对之进行有效的管理，采用数据库管理方式则更为有效。数据库系统可有效地管理所有产品设计和制造的数据信息，实现数据的共享，保持程序和数据的独立性，保证数据的完整性和安全性。因此，数据库技术是 CAD/CAM 集成系统的关键技术之一。工程数据库系统和传统数据库系统一样，包括工程数据库管理系统和工程数据库设计两方面的内容。

2.5.1　工程数据库

工程数据主要是指 CAD/CAM 涉及的数据，其内容主要分为图形数据和非图形数据两大类。

图形数据中既有绘制工程图的二维数据，又有造型所需要的三维数据。非图形数据中，一部分为标准数据，包括设计规范、标准公差、材料性能和模型标准等；另一部分是管理信息，如产品性能、用户需求、工艺规范和生产计划等。模具加工所用的NC代码也是一种非图形的数据。主要包括产品设计数据、产品模型数据、绘图数据、材料数据、测试数据和各种手册、标准等。其表现形式除了数据文字信息外，还有大量的几何图形信息。

工程数据库，顾名思义它是面向工程应用的，包含了几何的、物理的、技术的（或工艺的）以及其他技术实体的特性和它们之间的关系的数据库。早期的工程数据库又称CAD数据库、设计数据库、技术数据库、设计自动化数据库。也就是说，工程数据库是指适用于计算机辅助设计/制造（CAD/CAM）、计算机集成制造（CIM）、企业资源计划管理（ERP）、地理信息处理（GIS）和军事指挥、控制等工程领域所使用的数据库。

工程数据库是一种能满足工程设计、制造、生产管理和经营决策支持环境的数据库系统。理想的CAD/CAM系统，应该是在操作系统支持下，以图形功能为基础，以工程数据库为核心的集成系统，从产品设计、工程分析直到制造过程中所产生的全部数据都应维护在同一个工程数据库环境中。

工程数据库系统与传统的数据库系统具有很大差别，主要表现在工程数据库支持复杂数据类型、复杂数据结构，具有丰富的语义关联、数据模式动态定义与修改、版本管理能力及用户接口等。它不但要能够处理常规的表格数据、曲线数据等，还必须能够处理图形数据。

2.5.2　工程数据库设计

工程数据库设计是指在工程数据库管理系统的支持下，从工程应用需要出发，为某一类或某个工程项目设计一个结构合理、使用方便、效率较高的工程数据库结构的全过程。

工程数据库设计的过程：首先要对工程应用领域的数据进行需求分析，综合整理出被处理对象的概念。这种概念是独立于工程数据库管理系统的，与具体的工程数据库管理系统无关。完成概念设计后，再根据实际情况进行数据库的具体设计。数据库设计得好，可以使整个应用系统效率高、维护简单、使用容易。即使是最佳的应用程序，也无法弥补数据库设计时的某些缺陷。对作为集成化CAD/CAM系统基础的工程数据库系统的设计，在吸取常规的设计思想同时，还要充分考虑与工程设计环境相关的一些特点，要适应工程数据处理的需要。

2.5.2.1　工程数据库的设计目标

工程数据库设计要达到的基本目标是要有效的为集成化应用提供所需要的工程数据，并且使这些工程数据具有较高的稳定性。具体说，概念设计的目标就是通过对应用系统的信息需求进行描述和综合，从概念上模拟工程应用的信息结构，便于用户理解。逻辑设计要产生一个具有数据独立性高、冗余度低、数据一致性和完整性好等特点的逻辑数据结构，能满足并最小覆盖工程应用的数据需求，能被工程数据库管理系统所处理。物理设计要产生一个可以有效予以实现的数据库的物理结构，以及与系统软件、硬件及其分布情况有关的实现细节的设计。

2.5.2.2　工程数据库的设计方法

为了提高系统资源的利用率，简化软件设计和数据的转换工作，避免系统开发中人力、物力、财力上的浪费，提高系统的生产率，就要考虑到设计系统的实用性。一方面，以满足用户需求作为设计的出发点和归宿，将信息需求贯穿到数据库设计的全过程之中；另一方面，在对数据抽象程度、概念模型级别、数据模式类型以及设计工具等方面，要根据设计环境和目标，着重其实际效果来进行选择和确定。

2.5.2.3 工程数据库设计过程中的一些特点

(1) 层次结构。设计人员开始工程项目或产品的设计时，对设计的产品或项目一层一层地将它们分解，将一个复杂的问题，分成若干个简单问题，从而对它进行求解。如商场 CAD 设计中，也是一种以层次为主的分析设计过程：商场可以分为楼层（又称店堂），在楼层店堂中常包含若干小区，小区又由配套和构件组成。很多实例表明在一个工程或一个产品的设计开发过程中，层次结构化分析是问题求解的基本点。

(2) 逻辑层次结构。随着分层的深入，层次结构会向着一种有向图的形式发展。因为每层上的子图深度是不完全一致的，有的深有的浅，所以在这种层次结构中，上层除了可以调用直接的下一层外，还可以调用其他下层的内容，但是下层结构不允许调用上层，这样的层次结构称之为逻辑层次结构。

(3) 自顶向下与自底向上相结合的设计方法。在设计过程中，经常采用自顶向下逐步求精的设计方法。经过一步一步的分解完善，到最后才能取得较好的效果，满足实际需要。在具体设计过程中还要结合自底向上逐步综合的方法。如在对商场 CAD 设计的工程数据库设计过程中，在逻辑分析阶段中运用了自顶向下的设计方法，而具体设计阶段又采用了自底向上的设计方法，如图 2-9 所示。

基于工程设计过程中的这些特点，在进行工程数据库设计时，要充分发挥和利用这些特点，使工程数据库的设计过程能够与这些特点密切配合，工程数据库的设计应包含需求分析、工程数据库的划分、概念设计、逻辑设计与物理设计等。而贯穿整个设计过程的中心思想是层次分析的方法。

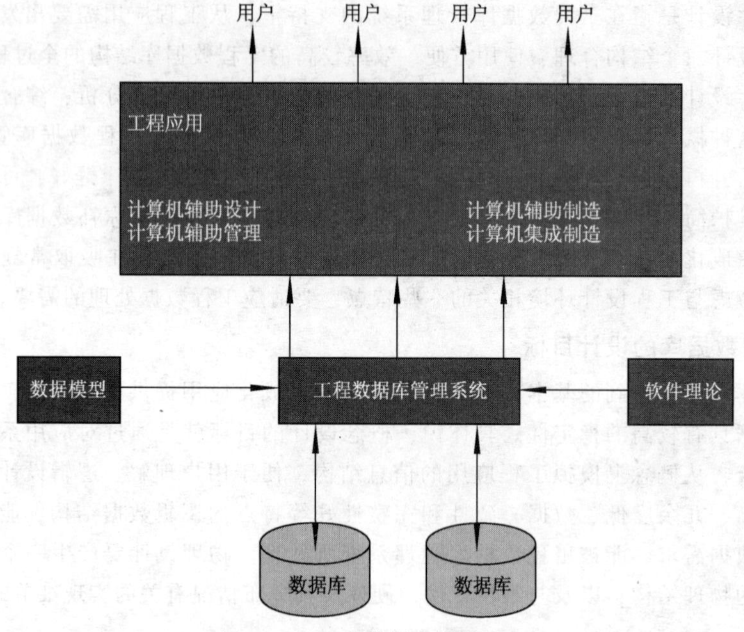

图 2-9　工程数据库设计过程

2.5.3 工程数据库管理系统

随着计算机辅助设计/制造/工艺/管理/集成制造（CAD/CAM/CAPP/ERP/CIMS）等工程领域的飞速发展，大多使用文件系统或以文件为基础的专用数据库管理系统来存储工程数据。这样做对一些小系统或相对独立的工程应用系统是可行的，但随着这类工程系统的规模越来越大，这种以文件为基础的系统不论是系统开发、维护，还是系统的使用都存在来一系列问题，不利于各种工程的集成与管理。工程数据的数据库管理适用于数据量庞大、结构复杂、操作要求高的工程数据。

工程数据库管理系统要满足如下需求：

(1) 支持复杂工程数据的存储和管理。工程数据库中的数据表现形式除了数据文字信息外，还包括大量的几何图形信息，与传统数据库系统中的数据类型相对单一且呈静态相比，工程数据库中的数据具有数据量大、数据结构复杂、动态并支持整个生产过程。因此，要求工程数据库既能支持过程性的设计信息，又能支持描述性的设计信息；要求能够处理工程数据的非结构化数据、支持多媒体信息的集成管理、支持复杂实体的表示及实体间关系的处理、支持超文本数据及动态变长数据的存储和处理。

(2) 支持数据模型的动态修改和扩充。能够动态地对模型进行建立、修改和扩充，以适应工程数据库对反复改进的工程设计的支持；支持反复建立、评价、修改并完善模型的设计过程，满足数值和数据结构经常变动的需要。

(3) 支持工程事务处理和恢复。要求能够进行事物处理，具备数据库的备份和恢复功能，以将数据库发生损坏或对数据库进行的误操作时造成的损失减少到最小。

(4) 支持多库操作和多版本管理。要求具有良好的多版本管理和存储功能，以正确地反映工程设计过程和最终状态，不仅为工程的实施服务，而且为今后的管理和维护服务；支持多用户的工作环境并保证在这种环境下各种数据语义的一致性，实际应用中，各用户均可按照自己的观点理解同一数据结构并进行不同的应用。

(5) 支持智能型号的规则描述和查询处理。要求具有一定的语义识别和推理的能力，能够自动检测和维护设计规则。具有良好的数据库系统环境和支持工具，要求在多用户环境下实现各专业的协同工作，保证各类数据的语义一致性和系统集成性。

(6) 用户操作界面友好。系统应具有良好的人机交互界面，美观、舒适、大方、可操作性强。设计者可以很直观地对其完成操作，且响应速度快速、操作结果准确。

2.6 数据交换标准

随着CAD/CAM（计算机辅助设计/计算机辅助制造）技术快速的发展和在工程领域的广泛应用，越来越多CAD/CAM数据需要在不同的用户之间交流。目前制造业广泛应用的主流CAD/CAM软件有AutoCAD、Pro/ENGINEER、Unigraphics NX、SolidWorks、Inventor、CATIA、Master-CAM、CAXA等。由于各用户之间存在应用软件的差异，需要把他们的数据在不同CAD/CAM软件系统之间交换。由于各CAD/CAM软件开发语言的不同和软件数据记录方式与处理方式的不同，实现CAD/CAM的数据完整转换与共享是企业之间面对的重要问题。为了实现不同系统之间数据的有效转换、共享，国外对数据交换标准做了大量的研制工作并产生了许多标准，如美国的DXF、IGES、ESP、PDES，德国的VDAIS、VDAFS，法国的SET，ISO（国际标准化组织）的STEP等。这些数据转换标准的制定为CAD/CAM技术的推广应用起到了很大的推动作用。

2.6.1 产品数据集成与交换方法

最近几十年，各种计算机辅助设计系统及计算机数控（CNC）机床被广泛用于支持制造企业的生产活动。分布式的计算机控制系统也引入工厂，用于生产规划、生产进度计划和编程以及加工工序的控制和监督，装配领域也受到计算机的光顾。这些先进的计算机辅助技术可用来提高制造过程的生产率和质量，但它们是孤立存在的“自动化孤岛”。当前主要任务是将这些孤立的技术或系统综合成更有效的计算机辅助设计和制造集成系统。制造企业中可能使用不同厂家提供的计算机辅助系统进行产品整体和零部件的设计、制造，需要保证各系统之间能准确完整地交换设计和制造数据，并且能进行有效的并行控制和管理。所以，集成制造有两方面的含义：一是建立 CAD/CAM 各功能模块一体化系统；二是不同系统的协同工作。达到这两个目标的关键是以下两方面的数据交换：①产品设计模型到产品制造模型的转换，也就是 CAD-CAM-CAPP 的信息流动和交换；②不同的设计、制造系统之间的数据交换。

2.6.1.1 产品数据模型集成

产品数据模型集成可定义为与产品有关的所有信息构成的逻辑单元，它不仅包括产品的生命周期内有关的全部信息，而且在结构上还能清楚地表达这些信息的关联。因此研究集成产品数据模型就是研究产品在其生命周期内各个阶段所需信息的内容以及不同阶段之间这些信息的相互约束关系。

结合 CAD/CAM 集成技术，这里重点讨论面向产品生产过程的集成产品数据模型结构。面向生产过程的集成产品数据模型包含设计模型、技术信息模型和规划模型。这是一个由很多局部模型组成的关联模型，它可以满足各生产环节对信息的不同需求。但为将这些局部模型有机集成，对数据的描述和表达应满足如下几点要求：①数据表达完整，无冗余，无二义性。②建立数据之间的关联结构，当一部分数据修改时，与之相关部分数据也能相应变动。③数据结构简单，便于查询、修改和扩充。

随着特征建模技术的发展，基于特征的集成产品数据模型结构由于具有容易表达、处理，能够反映设计师意图及描述信息完备等特点而引起广泛重视。基于特征的集成产品数据模型是一种为设计、分析、加工各环节都能自动理解的全局性模型。另外，它还可以与参数化设计、尺寸驱动等设计思想相结合，为设计者提供一个全新的设计环境。

2.6.1.2 产品数据转换的实现方法

由于不同的系统采用不同的数据结构，用不同的数据模型表达和描述同一个产品，使用不同的数据库系统，要在多个 CAx 系统之间进行产品定义数据的互换使用，就必须建立一套不同的数据模型之间数据相互转换的关系。

不同的 CAx 系统间产品定义数据的交换主要有两种方法：直接转换方法和使用产品数据交换标准。

直接转换方法的基本思想：把需要转换的数据模型通过一种对应关系映射到另一种数据模型上。因此，直接转换方法的关键是找出两种数据模型之间的对应关系，通过软件实现这种对应的转换关系接口。直接转换方法中的转换器完全依赖于对应的两个系统，每当某个系统发生变化时，相应的转换程序也要改变，n 个不同的系统要有 $n(n-1)$ 个前/后转换器。转换器的开发量越大，维护也越困难。直接转换方法的优点是针对性强，程序开发起来比较简单，只需实现直接的映射关系。早期的程序开发使用这种方法较多。

直接转换方法的具体实现有两种技术：①由一个系统的数据结构直接产生另一个系统的数据结构或文件结构，反之亦然。②由一个系统的文件结构直接转换产生另一个系统的数据结构或文件结构。图 2-10 说明了这种转换技术，通过其中的任一对架桥都可以实现两个应用系统之间的数据交换。

数据交换标准是人们总结出来的对产品数据进行组织的方式和存放的格式。这种存放格式，作为不同系统进行数据交换的标准格式是中性的，不依赖于任何特殊的 CAx 系统。使用数据交换标准格式，在不同的 CAx 系统之间交换数据，只需要实现每个 CAx 系统和数据交换标准格式之间的数据交换。所有不同的 CAx 系统都通过数据交换标准格式与其他系统进行集成和交换数据，所以，n 个不同的 CAx 系统，只需要 $2n$ 个前/后处理器。图 2-11 说明了使用数据交换标准格式进行数据交换的几种实现技术，通过其中的任一对架桥都可以实现不同系统之间的数据交换。

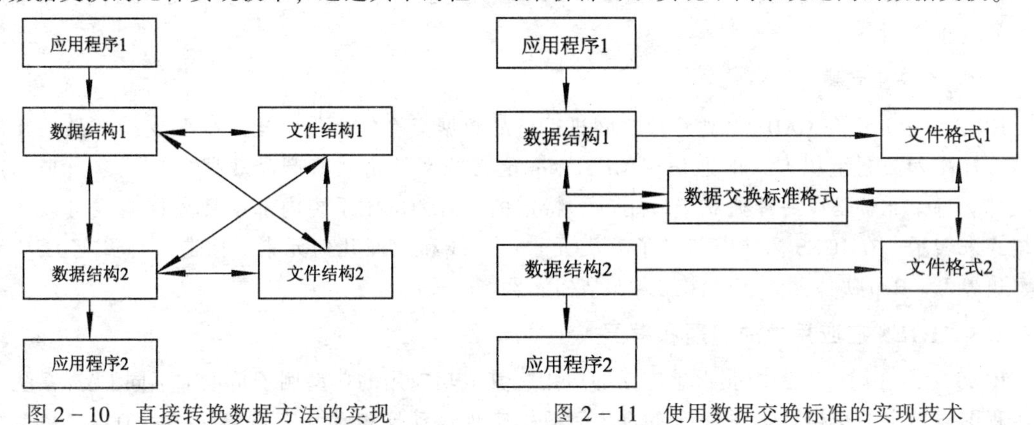

图 2-10 直接转换数据方法的实现

图 2-11 使用数据交换标准的实现技术

2.6.2 图形数据交换标准 IGES

20 世纪 70 年代末 80 年代初，各发达国家在推广应用 CAD/CAM 系统时，都被 CAD/CAM 系统之间的数据交换问题所困扰，于是，各国都开始了自己的数据交换标准的研究。其中 IGES（The Initial Graphics Exchange Specification）标准是美国国家标准，在美国有着广泛的应用。1980 年，由美国国家标准局主持成立了由波音公司和通用电气公司参加的技术委员会，制订了基本图形交换规范 IGES。

最初开发 IGES 是为了能在计算机绘图系统的数据库上进行数据交换。从 1981 年的 IGES 1.0 版本到 1991 年的 IGES 5.1 版本，直至最近的 IGES 5.3 版本，IGES 逐渐成熟，日益丰富，覆盖了 CAD/CAM 数据交换越来越多的应用领域。作为较早颁布的标准，IGES 被许多 CAD/CAM 系统接受，成为应用最广泛的数据交换标准。制订 IGES 标准的目的就是建立一种信息结构，以实现产品定义数据的数字化表示和通信，以及在不同的 CAD/CAM 系统间以兼容的方式交换产品定义数据。

2.6.2.1 IGES 数据文件的总体结构

标准的数据文件格式有 ASCII 码和二进制码两种格式，大多采用可读的 ASCII 码。IGES 数据文件在逻辑上由五段组成：

（1）开始（START）段：代码为 S，该段是为提供一个可读文件的序言，主要记录图形文件的最初来源及生成该 IGES 文件的相同名称。IGES 文件至少有一个开始记录。

（2）全局参数（GLOBAL）段：代码为 G，主要包含前处理器的描述信息及为处理该文件的后处理器所需要的信息。参数以自由格式输入，用逗号分隔参数，用分号结束一个参数。主要参数有文件名、前处理器版本、单位、文件生成日期、作者姓名及单位、IGES 的版本、绘图标准代码等。

（3）目录条目（DIRECTORY ENTRY）段：代码为 D，该段主要为文件提供一个索引，并含有每个实体的属性信息，文件中的每个实体都有一个目录条目，大小一样，由 8 个字符组成一域，共 20 个域，每个条目占用两行。

（4）参数数据（PARAMTER DATA）段：代码为 P，该段主要以自由格式记录与每个实体相连的参数数据，第一个域总是实体类型号。参数行结束于第 64 列，第 65 列为空格，第 66 ~ 72 列为含有本参数数据所属实体的目录条目第一行的序号。

（5）结束（TERMINATE）段：代码为 T，该段只有一个记录，并且是文件的最后一行，它被分成 10 个域，每域 8 列，第 1 ~ 4 域及第 10 域为上述各段所使用的表示段类型的代码及最后的序号（即总行数）。

2.6.2.2 IGES 元素

IGES 元素允许在 CAD/CAM 系统之间进行产品数据交换的文件结构至少要支持产品的几何数据、标注和数据组织方式的通信。IGES 标准定义的文件格式将产品数据看作元素（Entity）的文件。每个元素是以一种独立于应用的、特定的 CAD/CAM 系统内部产品数据格式可以映射的格式来表示。在 IGES 标准中定义了五类元素：曲线和曲面几何元素、构造实体几何 CSG 元素、边界 B - Rep 实体元素、标注元素、结构元素。

2.6.2.3 IGES 在应用中的问题和发展

IGES 标准在国际范围内获得了广泛的应用，其成功应用的典型例子是：①不同 CAD 系统之间工程图样信息的交换；②通过传递的几何数据实现运动模拟和动态试验；③CAD 与 NC 系统之间的连接；④CAD 与 FEM 系统的连接等。其中图形信息的交换应用是最多的。

模型之间进行数据交换的前提条件是保证所有数据都能完整、准确无误地进行传递。然而时至今日，IGES 还不能完全满足这一点。在实际应用中，IGES 还存在一些问题，例如：①元素范围有限，IGES 定义的主要是几何方面的信息，因而无法保证一个 CAD/CAM 系统的所有数据与另一个系统进行交换，有时发生数据丢失现象；②占用的存储空间较大，由于选择了固定的数据格式和存储长度，IGES 数据文件是稀疏的；③时常发生传递错误，错误的产生主要是由于语法上的二义性造成解释上的错误等。

2.6.3 产品数据交换标准 STEP

STEP（Standard for the Exchange of Product Model Data，产品模型数据交互规范）标准是国际标准化组织制定的描述整个产品生命周期内产品信息的标准，STEP 标准是一个正在完善中的“产品数据模型交换标准”。它是由国际标准化组织（ISO）工业自动化与集成技术委员会（TC184）下属的第四分委会（SC4）制订，ISO 正式代号为 ISO - 10303。它提供了一种不依赖于任何具体系统的适合于描述贯穿整个产品生命周期内的产品数据的中性机制，旨在实现产品数据的交换和共享。这种机制的特点使得它不仅适合用于交换文件，也适合作为执行和分享产品数据库和存档的基础。产品信息的表示包括零件和装配体的表示。产品信息的交换包括信息的储存、传输、获取、存档。STEP 把产品信息的表达和用于数据交换的实现方法区分开来。

2.6.3.1 STEP 的技术原理和组成结构

STEP 标准不是一项标准，而是一组标准的总称，STEP 把产品信息的表达和数据交换的实现方法区分成六类，每一类包括若干部分，每部分给以编号。这些类及相应包括的部分编号：

（1）描述方法（Description Methods）：11 ~ 19。

（2）实现方法（Conformance Testing）：21 ~ 29。

（3）集成资源（Implementation Methods）：分一般资源（41 ~ 99）和应用资源（101 ~ 199）。

（4）应用协议（Application Protocols）：201 ~ 1199.

（5）一致性测试方法论和框架（Conformance Testing）：31 ~ 39。

（6）抽象测试集（Abstract Test Suites）：1201～2199，与应用协议的201～1199一一对应；

STEP的体系结构可以看做三层，如图2－12所示。最上层是应用层，包括应用协议和对应的抽象测试集，这是面向具体应用，与应用有关的一个层次。第二层是逻辑层，包括集成资源，是一个完整的产品模型，从实际中抽象出来，并与具体实现无关。最底层是物理层，包括实现方法，给出具体在计算机上的实现形式。

STEP使用了形式化的数据规范语言EXPRESS来描述产品数据的表达。形式语言的使用提高了数据表达的准确性和一致性，有利于计算机处理。

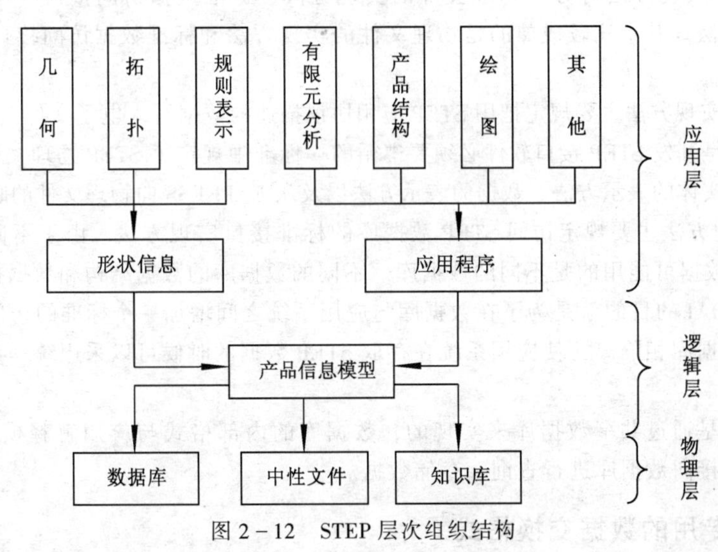

图2－12　STEP层次组织结构

2.6.3.2　STEP的产品模型形式化描述语言EXPRESS

EXPRESS是一种面向对象的非编程语言，用于信息建模，既能为人所理解，又能被计算机处理（通过EXPRESS编译程序）。EXPRESS主要用来描述应用协议或集成资源中的产品数据，使描述规范化，它是STEP中数据模型的形式化描述工具。EXPRESS语言采用模式（Schema）作为描述数据模型的基础。标准中每个应用协议，每种资源构件都由若干个模式组成。每个模式内包含类型（Type）说明、实体（Entity）定义、规则（Rule）、函数（Function）和过程（Procedure）。EXPRESS语言的设计目标：①语言不仅为人所理解，而且能被计算机处理；②语言能区分STEP涉及的复杂内容；③语言重点在实体（Entity）定义上，包括实体属性和约束；④语言与具体实现无关。EXPRESS语言吸收了其他程序设计语言的特点，增加了表达信息模型的能力。但是，它不是一个程序设计语言，不包含输入/输出信息处理和异常处理语言元素。

EXPRESS语言作为信息建模语言，它的主体是模式描述。一个模式就是用EXPRESS语言建立的某一部分现实世界的信息模型。模式中的主要内容是实体类型描述，说明现实世界中的对象。EXPRESS语言通过一些说明语句进行描述，这些说明语句包括：类型说明、实体说明、函数和过程说明、常量说明、规则说明、模式说明、模式的引用和使用。从描述的结构来看，模式说明描述了一个逻辑上独立的、完全的概念模式。模式内包含众多的类型、实体、函数和过程、常量、规则说明。

2.6.3.3　STEP应用协议

应用协议（AP）是STEP标准的另一个重要组成部分，它指定了某种应用领域的内容，包括范围、信息需求以及用来满足这些要求的集成资源。STEP 标准是用来支持广泛领域的产品数据交换的，应该包括任何产品的完整生命周期的所有数据。由于它的广泛性和复杂性，任何一个组织想要完整地实现它都是不可能的。为了保证 STEP 的不同实现之间的一致性，它的子集的构成也必须是标准化的。对于某一具体的应用领域，这一子集就被称为应用协议。这样，若两个系统符合同一个应用协议，则两者的产品数据就应该是可交换的。

2.6.3.4 STEP 的实现方式

STEP 标准的实现方法可分为物理文件的实现方法、标准数据访问接口（SDAI）的方法和数据库的实现方法。其中比较成熟的是物理文件的实现方法和标准数据访问接口（SDAI）的实现方法。

物理文件的实现方法主要规定把用 STEP 应用协议描述的数据写入电子文件（ASCII 文件）的格式。这种格式是开发 STEP 接口软件必须要遵循的。标准中规定了 STEP 物理文件的文件头段和数据段的内容、实体的表示方法、数据的表示方法以及从 EXPRESS 向物理文件的映射方法等。

SDAI 的实现方法主要规定访问 STEP 数据库的标准接口实现方法。由于不同的应用系统存贮和管理 STEP 数据可能用的是不同的数据库。不同的数据库的数据结构和数据操纵方式都是不相同的。采用 SDAI 的目的就是为了在数据库与应用系统之间增加一个标准的访问接口，把应用系统与实际的数据库相隔离，使应用系统在存取 STEP 数据的时候可以采用统一和标准的方法进行操作。

数据库交换是通过共享数据库来实现的，数据库的内部格式与应用解释模型的格式一致，应用系统可以直接向数据库进行查询、存储数据。

2.6.4 其他专用的数据交换格式

自 20 世纪 80 年代以来，除了 IGES 和 STEP 这两种标准，工业发达国家已制定了许多数据交换标准，如法国的航空航天业于 1983 年发表了在 IGES 基础上自行开发的数据交换规范 SET。SET 克服了 IGES 文件太长和数据表达的一些局限，成功地应用于“空中客车”计划和雷诺、标致等汽车公司。德国的汽车制造业鉴于 IGES 的不足，制定了产品数据交换标准 VDAFS，1986 年称成为德国国家标准。

另外，一些专用的 CAD 数据交换格式也出现了，如 Autodesk 公司的 DXF 和 Intergraph 公司的 ISIF，应用于电子设计的 EDIF（Electronic Design Interchange Format）等。

DXF 是 Autodesk 公司开发的用于 AutoCAD 与其他软件之间进行 CAD 数据交换的 CAD 数据文件格式。DXF 是一种开放的矢量数据格式，可以分为两类：ASCⅡ格式和二进制格式；ASCⅡ具有可读性好，但占有空间较大；二进制格式占有空间小、读取速度快。由于 AutoCAD 现在是最流行的 CAD 系统，DXF 也被广泛使用，成为事实上的标准。绝大多数 CAD 系统都能读入或输出 DXF 文件。

除此之外，还有一些常用的数据交换格式 CGM、STL、PARASOLID 等。CGM 是 ANSI 标准格式的二维图像文件，可以被许多绘图软件识别。CGM 很容易在不用的操作系统中迁移。因为是二维图像文件，不能应用于三维图像文件，故其应用范围也受到一点限制。STL 为小平面模型的文件格式，用于快速成型。利用模型的测量点数可以直接转换生成小面模型，然后 UG 可以直接加工这个小面模型，UGNX6 提供了对小面模型的修改和编辑功能。PARASOLID 是 UG 软件建模系统的一种格式标准，是 UG NX6 实体建模的内核。PARASOLID 建模系统支持实体建模、单元建模和自由形状建模。许多软件使用该系统，包括 MasterCAM、PRO/E 等，该格式文件的扩展名为“.x_ t”。

习 题

1. 什么是数据结构？数据的逻辑结构和物理结构有何区别？
2. 数据库的主要特点是什么？
3. 说明数据库管理系统的作用和功能。
4. 何谓数据库系统的数据模型？各种模型有哪些特点？
5. 将表2-7所示的弹簧直径 d 与拉伸弹性极限 σ 的关系程序化。

表 2-7

弹簧丝直径 d/mm	0.4	1	2	3	4	5	6	7	8	9	10
拉伸弹性极限 σ/mm	1520	1390	1250	1140	1090	1040	1000	980	975	970	960

6. 图形数据交换标准的基本结构是什么？
7. 工程数据库管理系统应满足哪些需求？

第3章 图形处理

【教学目标】

了解计算机图形学的概念及其研究内容；掌握齐次坐标技术；了解曲线的表示方法；掌握二维图形的基本变换和组合变换；了解图形相对于窗口裁剪的概念；掌握直线段的裁剪算法；掌握窗口到视区的变换方法；掌握三维图形的基本变换；掌握投影变换中三视图的生成方法；了解透视变换；了解真实感立体图形的显示技术；掌握交互技术的基本概念；了解人机交互界面的设计原则。

【本章提要】

图形处理技术是计算机辅助设计与制造（CAD/CAM）过程中的关键技术。图形处理技术包括图形的生成、变换、显示等技术。其中图形变换包括二、三维图形的基本变换和组合变换、投影变换及透视变换等。真实感立体图形的显示是产品设计结果表达的需要。为了显示立体感强的图形，需要轴测图、透视图等三维实体的二维表示技术，还需要使用消除隐藏线和隐藏面的技术即消隐技术及处理物体表面的明暗效应的光照技术等。当然，上述所有操作的实现离不开人机交互技术。

3.1 概　　述

3.1.1 计算机图形学发展概述

计算机图形学（Computer Graphics，CG）是研究利用计算机输入、表示、处理和显示图形的原理、方法和技术的一门学科。美国电气和电子工程协会（IEEE）把它定义为计算机图形学是借助计算机产生图形图像的艺术和科学。德国专家 Wolfgang K. Giloi 把它定义为计算机图形学 = 数据结构 + 图形算法 + 语言。

计算机图形学的发展始于 20 世纪 50 年代，先后经历了准备阶段、发展阶段、推广应用阶段和系统实用化阶段。

我国的计算机图形学的研究工作始于 20 世纪 70 年代初，虽然起步较晚，然而它的发展却十分迅速。近年来，我国 CAD 技术的开发和应用取得了长足的发展，除对许多国外软件进行了汉化和二次开发以外，还诞生了不少具有独立版权的 CAD 系统，如开目 CAD、PICAD、CAXA、CAX-Ame 等。我国学者的论文从 20 世纪 80 年代后期开始进入国际一流的学术会议和重要的学术刊物，如 SIGGRAPH 和 Eurographics 等，标志着我国在这一领域的研究水平已接近或部分达到国际先进水平。

3.1.2 计算机图形学的研究内容

计算机图形学的研究内容涉及到用计算机对图形数据进行处理的硬件和软件两方面的技术，

以及与图形生成、显示密切相关的基础算法。

计算机图形学按照二维图形和三维图形可归纳为以下几个主要的研究内容：

（1）二维图形中基本图素的生成算法。

（2）二维图形的基本操作和图形处理的算法。

（3）二维图形的输入与输出。

（4）三维几何造型技术。

（5）真实感图形的生成算法。

（6）科学计算可视化技术。

3.1.3　计算机图形学的应用

随着计算机硬件功能的不断增强、系统软件的不断完善和图形软件功能的不断扩充，计算机图形学得到了广泛的应用。目前，计算机图形学主要应用于计算机辅助设计与制造（CAD/CAM）、科学计算可视化、虚拟现实、计算机艺术及用户接口等方面。

3.2　图形学的数学基础

在计算机绘图中，其图形变换、几何造型等与数学中的许多概念有关，如坐标矢量、矩阵、交点计算等，下面分别介绍。

3.2.1　坐标系

为了定量地描述空间物体的几何形状、大小和方位，必须使用坐标系。在计算机图形学中主要使用笛卡儿直角坐标系。在三维情况下，直角坐标系分右手坐标系和左手坐标系，如图3-1所示。

实际使用时，不同的处理场合总是使用不同的坐标系。下面介绍计算机绘图中需要用到的几种坐标系。

（1）世界坐标系（World Coordinates，WC），是右手三维直角坐标系。它一般是用户绘图时所用的坐标系，也称为用户坐标系。它也可以是二维的，如图3-2所示。坐标系的单位可以是微米（μm）、毫米（mm）、千米（km）、英尺或英寸等，一般均使用实数，取值范围并无限制。

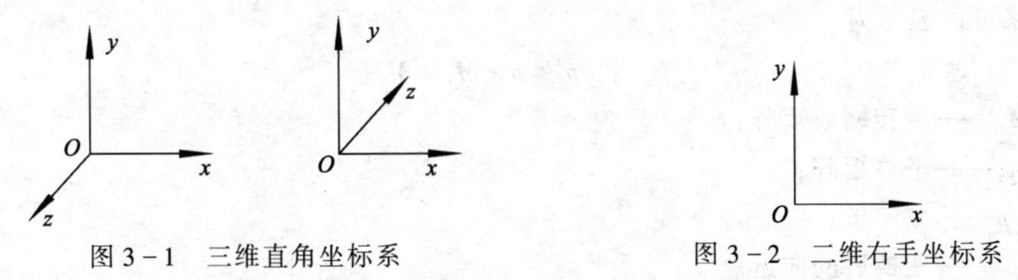

图3-1　三维直角坐标系　　　　图3-2　二维右手坐标系

（2）设备坐标系（Device Coordinates，DC），往往使用在设备这一级，是与设备的物理参数有关的坐标系，如图形显示器使用屏幕坐标系，绘图仪使用绘图坐标系。该坐标系的单位是像素或绘图笔的步长等（也即设备的分辨率），它们都是整数，且有固定的取值范围。

（3）规范化设备坐标系（Normalized Device Coordinates，NDC），使用这种坐标系是为了使图形支撑软件能摆脱对具体物理设备的依赖性，也是为了能在不同应用和不同系统之间交换图形信息，所以规范化设备坐标系是一种中间坐标系，其坐标的取值范围约定在区间［0，1］上。

3.2.2 齐次坐标技术

在前述的坐标系中，我们能定量地描述三维或二维物体的形状、大小和方位，但在计算机图形学中，为了能方便地描述各种图形变换算法，就需要引入几何学中的齐次坐标表示法，齐次坐标在点、线、面的表示和形体的处理等方面都是很有用的工具。

所谓齐次坐标表示法就是用 $n+1$ 维向量表示 n 维向量。n 维空间中点的位置向量具有 n 个坐标分量（P_1，P_2，…，P_n），且是唯一的。若用齐次坐标表示时，此向量有 $n+1$ 个坐标分量（hP_1，hP_2，…，hP_n，h），且不唯一。普通的坐标与齐次坐标的关系为一对多。例如：二维点（x，y）的齐次坐标表示为（hx，hy，h），则（h_1x，h_1y，h_1）、（h_2x，h_2y，h_2）…（h_nx，h_ny，h_n）都表示二维空间的同一点（x，y）的齐次坐标。比如齐次坐标（8，4，2）、（4，2，1）表示的都是二维点（4，2）。当 h 取值为 1 时，则二维点（x，y）的齐次坐标表示为（x，y，1），这时仅有唯一一个对应关系了，把（x，y，1）称为点（x，y）的规范化齐次坐标。

在二维空间里，点（x，y）的坐标可以表示为行向量$(x \quad y]$，那么如果给出点的齐次表达式为$(X \quad Y \quad H]$，就可求得其二维笛卡儿坐标，即

$$(X \quad Y \quad H] \rightarrow \left(\frac{X}{H} \quad \frac{Y}{H} \quad \frac{H}{H}\right] = (x \quad y \quad 1] \tag{3-1}$$

这个过程称为规范化处理。

用规范化齐次坐标（x，y，1）表示二维点（x，y），其几何意义相当于点（x，y）落在 $h=1$ 的平面上。如图 3-3 所示，如果将 xOy 平面内 Δabc 的各顶点表示成齐次坐标（x_i，y_i，1）的形式，就变成 $H=1$ 平面内的 $\Delta a_1b_1c_1$ 各顶点。

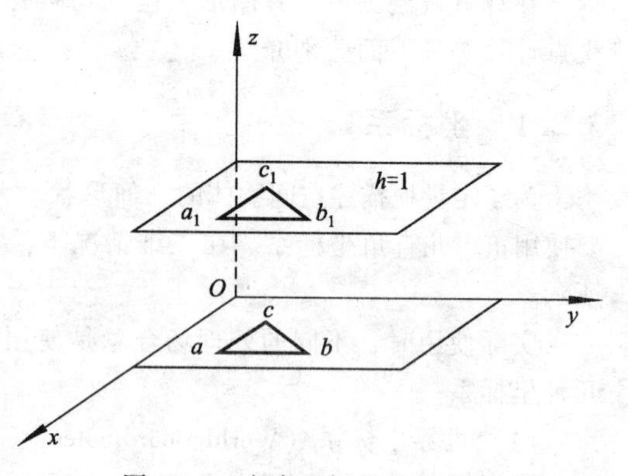

图 3-3　齐次坐标的几何意义

那么引进齐次坐标有什么必要，它有什么优点呢？

许多图形应用涉及到几何变换，主要包括平移、旋转、缩放。以矩阵表达式来计算这些变换时，平移是矩阵相加，旋转和缩放则是矩阵相乘，综合起来可以表示为

$$p' = p \cdot M_1 + M_2 \tag{3-2}$$

式中　M_1——旋转缩放矩阵；

M_2——平移矩阵；

p——原向量；

p'——变换后的向量。

引入齐次坐标的目的主要是合并矩阵运算中的乘法和加法，表示为 $p' = p \cdot M$ 的形式。即它提供了用矩阵运算把二维、三维甚至高维空间中的一个点集从一个坐标系变换到另一个坐标系的有效方法。

此外，它可以表示无穷远的点。$n+1$ 维的齐次坐标中如果 $h=0$，实际上就表示了 n 维空间的一个无穷远点。笛卡儿坐标中的点（1，2），在齐次坐标中就是（1，2，1）。如果这点移动到无限远（∞，∞）处，在齐次坐标中就是（1，2，0），这样我们就避免了用没意义的∞来描述无限远处的点。

3.2.3 交点计算

3.2.3.1 直线与直线相交

设两条直线的方程分别是

$$
\begin{aligned}
a_1x + b_1y + c_1 &= 0 \\
a_2x + b_2y + c_2 &= 0
\end{aligned}
\tag{3-3}
$$

只要此二直线不平行，则它们必定有交点，而判断平行的必要条件是

$$|a_1b_2 - a_2b_1| = 0 \tag{3-4}$$

因此，只要判断此二直线不平行，便可根据以上方程求得交点坐标。

3.2.3.2 直线段与直线段相交

设两直线段的端点分别是（x_1，y_1）、（x_2，y_2）和（x_3，y_3）、（x_4，y_4），则它们的参数方程为

$$
\begin{cases}
x = x_1 + t_1\ (x_2 - x_1) \\
y = y_1 + t_1\ (y_2 - y_1)
\end{cases}
\tag{3-5}
$$

$$
\begin{cases}
x = x_3 + t_2\ (x_4 - x_3) \\
y = y_3 + t_2\ (y_4 - y_3)
\end{cases}
\tag{3-6}
$$

由此方程可求得 t_1，t_2，若它们满足条件

$$0 \leqslant |t_1| \leqslant 1 \text{ 且 } 0 \leqslant |t_2| \leqslant 1 \tag{3-7}$$

则这两条直线段有交点，也可由上面的方程求得交点（x，y），否则，它们的交点无效。

因为在实际问题中，两直线段经常无交点，为了提高效率，可将两直线段外包矩形盒，若两矩形盒分离，则肯定无交点。如图3-4（a）所示，若两矩形盒重叠，如图3-4（b）所示，则可能相交，于是再进一步求交点。

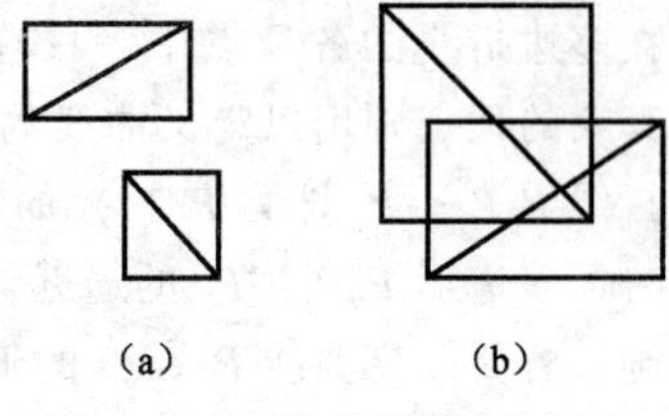

图3-4 两直线段外包矩形盒

3.2.3.3 直线段与圆弧段相交

设直线段的两个端点分别是（x_1，y_1）、（x_2，y_2），设圆弧段的圆心坐标、半径、起始角、圆弧段的圆心角依次是（x_0，y_0）、r、α、β，则直线段与圆弧段的参数方程分别是

$$
\begin{cases}
x = x_1 + t_1\ (x_2 - x_1) \\
y = y_1 + t_1\ (y_2 - y_1)
\end{cases}
\tag{3-8}
$$

$$
\begin{cases}
x = x_0 + r \cdot \cos\ (\alpha + t_2 \cdot \beta) \\
y = y_0 + r \cdot \sin\ (\alpha + t_2 \cdot \beta)
\end{cases}
\tag{3-9}
$$

解方程可求得 t_1、t_2，交点有效的判断条件为

$$0 \leqslant |t_1| \leqslant 1 \quad \text{且} \quad 0 \leqslant |t_2| \leqslant 1 \tag{3-10}$$

为了提高效率，可采用图3-4的办法作出直线段与圆弧段的外包矩形盒，以初步判断是否相交。若相交，则进一步求交点；否则结束求交点计算。

3.2.3.4 圆弧段与圆弧段相交

每个圆弧段的五项参数与前述相同，可以利用前面介绍的圆弧段的参数方程求参数值，交点有效的判断条件也与前面的相同。

这里我们再介绍一种处理方法。首先，按圆的方程求交点，如下式

$$\begin{cases}(x-x_1)^2+(y-y_1)^2=r_1^2\\(x-x_2)^2+(y-y_2)^2=r_2^2\end{cases} \tag{3-11}$$

其中，(x_1, y_1)、(x_2, y_2) 分别是两个圆弧段的圆心坐标，r_1、r_2 分别是两个圆弧段的半径，设求得的交点为 (x_a, y_a)、(x_b, y_b)。然后，判断交点是否在此二圆弧段上。只有既在第一圆弧段上，又在第二圆弧段上的交点才是有效的交点。

判断点在圆弧段上可这样进行：首先，判断点到圆心的距离是否与半径相等；然后，判断点到圆心连线的倾角是否在圆心角的范围内。只要符合这两条才能确认点在圆弧段上。

3.2.4 曲线的表示

曲线的表示是描述物体的外形、建立所绘制图形的数学模型的有力工具。在实际应用中，通常是根据一系列实测数据的有序型值点（控制点），采用拟合或逼近的方法，建立一个数学表达式，使该式能定义一条曲线，此曲线既能反映原型值点所代表的曲线的性质和形状，又能满足实际应用的要求，并便于人们的直观控制。所谓曲线的拟合是指完全通过给定型值点列来构造曲线的方法；而曲线的逼近是指几何形状上与给定型值点列的连线相近似的曲线，这种曲线不必通过型值点列。以下介绍的两种常用的参数曲线：Be′zier 曲线和 B 样条曲线，都是采用曲线逼近的方法生成的曲线。

3.2.4.1 Be′zier 曲线

曲线是通过一组多边折线的各顶点唯一地定义出来的，一般称此折线为曲线的特征多边形。在多边折线的各顶点中，只有第一点和最后一点在曲线上，其余的顶点则用以定义曲线的阶次和形状。如图 3-5 所示，折线 $P_0P_1\cdots P_n$ 即为 $P(t)$ 的特征多边形，曲线 $P(t)$ 是对特征多边形 $P_0P_1\cdots P_n$ 的逼近，$P_0P_1\cdots P_n$ 是 $P(t)$ 的大致勾画。若要改变曲线 $P(t)$ 的形状，只需改变 $P_0P_1\cdots P_n$ 的位置，故特征多边形的顶点也称为控制点。

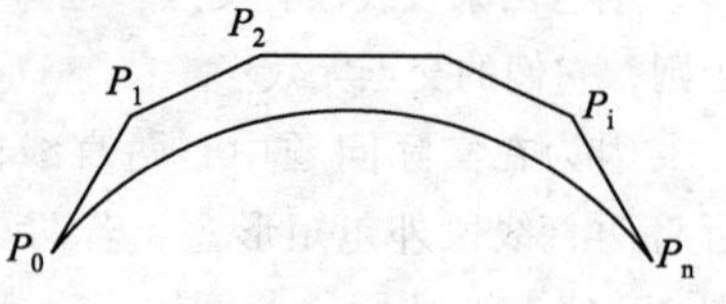

图 3-5 特征多项式及 Be′zier 曲线

通常，将 Be′zier 曲线以参数方程表示为

$$P(t)=\sum_{i=0}^{n}P_iB_{i,n}(t), 0\leqslant t\leqslant 1 \tag{3-12}$$

这是一个 n 次多项式，具有 $n+1$ 项。其中，P_i（$i=0, 1, 2, \cdots, n$）表示特征多边形 $n+1$ 个顶点的位置向量，$B_{i,n}(t)$ 是古典的伯恩斯坦（Berstein）多项式，称为基底函数，也即 Be′zier 多边形各顶点位置向量之间的混合函数。可表示如下：

$$B_{i,n}(t)=c_n^it^i(1-t)^{n-i} \tag{3-13}$$

式中

$$C_n^i=\frac{n!}{i!\,(n-i)!},\ i=0, 1, 2, \cdots, n$$

根据 Be′zier 曲线的表达式可推出三次 Be′zier 曲线的表达式，其矩阵形式为

$$P(t)=(t^3t^2t^11)\begin{pmatrix}-1&3&-3&1\\3&-6&3&0\\-3&3&0&0\\1&0&0&0\end{pmatrix}\begin{pmatrix}P_0\\P_1\\P_2\\P_3\end{pmatrix},\quad 0\leqslant t\leqslant 1 \tag{3-14}$$

若 P_0，P_1，P_2，P_3 分解为二维平面上的 x、y 方向矢量，则有

$$x(t) = (t^3 t^2 t^1 1)\begin{pmatrix} -1 & 3 & -3 & 1 \\ 3 & -6 & 3 & 0 \\ -3 & 3 & 0 & 0 \\ 1 & 0 & 0 & 0 \end{pmatrix}\begin{pmatrix} x_0 \\ x_1 \\ x_2 \\ x_3 \end{pmatrix}, \quad 0 \leqslant t \leqslant 1 \tag{3-15}$$

$$y(t) = (t^3 t^2 t^1 1)\begin{pmatrix} -1 & 3 & -3 & 1 \\ 3 & -6 & 3 & 0 \\ -3 & 3 & 0 & 0 \\ 1 & 0 & 0 & 0 \end{pmatrix}\begin{pmatrix} y_0 \\ y_1 \\ y_2 \\ y_3 \end{pmatrix}, \quad 0 \leqslant t \leqslant 1 \tag{3-16}$$

3.2.4.2 *B* 样条曲线

曲线虽能适合实际应用，但它却不能作局部修改及特征多边形顶点的数量决定了 Be′zier 曲线的阶次，这是不太方便的；二阶导数连续的分段三次 Be′zier 曲线，还需要附加一些条件，也不够灵活。为了克服这些缺点，在 1972 到 1974 年期间，人们拓广了 Be′zier 曲线，用 n 次 B 样条基替换伯恩斯坦基函数，构造出等距节点的 B 样条曲线。后者除保持了 Be′zier 曲线的直观性和凸包性等优点之外，还可局部修改。此外它还具有对特征多边形逼得更近，多项式次数低等特点。因此，B 样条曲线和曲面在国内外得到广泛的应用。

若给定 $m+n+1$ 个顶点 P_i（$i=0, 1, 2, \cdots, m+n$）（m 为最大段号，n 为阶次），则第 i 段（$i=0, 1, 2, \cdots, m+n$）n 次等距分割的 B 样条曲线函数可表示为

$$P_{i,n}(t) = \sum_{k=0}^{n} P_{i+k} B_{k,n}(t),\ k = 0, 1, 2, \cdots, n \tag{3-17}$$

其中，基底函数

$$B_{k,n}(t) = \frac{1}{n!}\sum_{j=0}^{n-k} (-1)^j \mathrm{C}_{n+k}^{j} (t+n-k-j)^n \tag{3-18}$$

式中

$$\mathrm{C}_n^j = \frac{n!}{j!\,(n-j)!}$$

P_{i+k} 为定义第 i 段曲线特征多边形的 $n+1$ 个顶点 P_i，P_{i+1}，$\cdots$，P_{i+n}。

在实际应用中一般使用不高于三次的 B 样条曲线。由定义可以得到第 i 段三次 B 样条曲线的表达式，其矩阵形式为：

$$P_{i,3}(t) = \sum_{k=0}^{3} P_{i+k} B_{k,3}(t) = \frac{1}{6}(t^3 t^2 t^1 1)\begin{pmatrix} -1 & 3 & -3 & 1 \\ 3 & -6 & 3 & 0 \\ -3 & 0 & 3 & 0 \\ 1 & 4 & 1 & 0 \end{pmatrix}\begin{pmatrix} P_i \\ P_{i+1} \\ P_{i+2} \\ P_{i+3} \end{pmatrix}, \quad 0 \leqslant t \leqslant 1 \tag{3-19}$$

3.3 图形变换

图形变换是计算机图形学的基本内容之一。通过图形变换可以将简单图形变换为复杂的图形，可以将三维实体用二维的图样表示。图形变换包括几何变换和非几何变换，几何变换是指改变图形的几何形状和位置，而非几何变换则是改变图形的颜色、线型等非几何属性。通常所说的图形变换是指几何变换，包括把图形平行移动，对图形进行放大、缩小、旋转、透视等

操作。

3.3.1 图形变换的基本原理

我们知道，若用规范化的齐次坐标表示法，则可用一个行向量（$x \quad y \quad 1$）表示一个二维点的坐标。对于一个二维空间的图形可用一个点集来表示，而每一个点对应一个行向量，将这些向量集合成一个 $n \times 3$ 阶矩阵的形式

$$\begin{pmatrix} x_1 & y_1 & 1 \\ x_2 & y_2 & 1 \\ \vdots & \vdots & \vdots \\ x_n & y_n & 1 \end{pmatrix}$$

这样便可以建立二维图形的数学模型，对于三维空间的图形也可以依此类推。

在计算机绘图中，我们常要对图形进行各种变换，如平移、旋转、缩放、投影等，这些图形变换的实质是改变图形的各点坐标。需注意的是，图形变换既可看作是坐标系不动的图形变动，变动后的图形在坐标系中的值发生变化；也可看作是图形不动而坐标系变动，变动后，该图形在新的坐标系下具有新的坐标值。这两种情况其本质是相同的。在本节中所讨论的变换属于前者。

已知二维坐标系中的一个点 P（x，y），要求将它变换到点 P'（x'，y'），则必存在

$$\begin{cases} x' = ax + by + l \\ y' = cx + dy + m \end{cases} \tag{3-20}$$

采用齐次坐标，上式的矩阵表示为

$$(x' \quad y' \quad 1) = (x \quad y \quad 1)\begin{pmatrix} a & c & 0 \\ b & d & 0 \\ l & m & 1 \end{pmatrix} \tag{3-21}$$

由此可见，变换后点的坐标由矩阵 $T = \begin{pmatrix} a & c & 0 \\ b & d & 0 \\ l & m & 1 \end{pmatrix}$ 中的元素 a，b，c，d，l，m 决定。于是，我们称 T 为变换矩阵，T 中元素取值不同，可实现二维图形的基本变换。

3.3.2 二维图形的几何变换

二维图形的几何变换是最简单的几何变换，它也是三维图形几何变换的基础，其所涉及的知识为平面解析几何。

需要注意的是，对于任意图形进行变换需针对图形上的所有点。但特别地，对于一条直线可以只对其两个端点进行变换，对多边形而言也就只需变换其顶点。因此，下面讨论各种变换时，都从点的变换引出图形的变换。

3.3.2.1 二维图形的基本变换

1. 比例变换

比例变换就是要将图形沿 x 轴方向放大或缩小，沿 y 轴方向放大或缩小。如对一个二维点 P（x，y）进行比例变换，则是将该点的坐标在 x 轴方向放大或缩小 S_x 倍，在 y 轴方向放大或缩小 S_y 倍，即有

$$\begin{cases} x' = S_x x \\ y' = S_y y \end{cases}$$

采用齐次坐标技术，其矩阵形式为

$$(x' \quad y' \quad 1) = (x \quad y \quad 1)\begin{pmatrix} S_x & 0 & 0 \\ 0 & S_y & 0 \\ 0 & 0 & 1 \end{pmatrix} = [S_x x \quad S_y y \quad 1] \tag{3-22}$$

于是，取变换矩阵

$$\boldsymbol{T} = \begin{pmatrix} S_x & 0 & 0 \\ 0 & S_y & 0 \\ 0 & 0 & 1 \end{pmatrix} \tag{3-23}$$

(1) 若 $S_x = S_y$，则图形沿 x、y 方向等比放大或缩小。如图3-6所示，ΔOBC 各顶点坐标分别为（0，0）、（1，2）、（2，1），则对应的矩阵为 $\begin{pmatrix} 0 & 0 & 1 \\ 1 & 2 & 1 \\ 2 & 1 & 1 \end{pmatrix}$，若对图形放大一倍，则变换矩阵为 $\boldsymbol{T} = \begin{pmatrix} 2 & 0 & 0 \\ 0 & 2 & 0 \\ 0 & 0 & 1 \end{pmatrix}$，变换后得

$$\begin{pmatrix} 0 & 0 & 1 \\ 1 & 2 & 1 \\ 2 & 1 & 1 \end{pmatrix}\begin{pmatrix} 2 & 0 & 0 \\ 0 & 2 & 0 \\ 0 & 0 & 1 \end{pmatrix} = \begin{pmatrix} 0 & 0 & 1 \\ 2 & 4 & 1 \\ 4 & 2 & 1 \end{pmatrix}$$

于是，变换后的三角形三顶点坐标分别为（0，0）、（2，4）、（4，2）。图3-6中，ΔOBC 为变换前的图形，$\Delta O'B'C'$ 为变换后的图形。

(2) 若 $S_x \neq S_y$，则图形产生畸变。如图3-7所示，若变换矩阵 $\boldsymbol{T} = \begin{pmatrix} 2 & 0 & 0 \\ 0 & 1.5 & 0 \\ 0 & 0 & 1 \end{pmatrix}$，对顶点坐标分别为（0，0）、（1，0）、（1，1）、（0，1）的正方形 $OBCD$ 进行变换得

$$\begin{pmatrix} 0 & 0 & 1 \\ 1 & 0 & 1 \\ 1 & 1 & 1 \\ 0 & 1 & 1 \end{pmatrix}\begin{pmatrix} 2 & 0 & 0 \\ 0 & 1.5 & 0 \\ 0 & 0 & 1 \end{pmatrix} = \begin{pmatrix} 0 & 0 & 1 \\ 2 & 0 & 1 \\ 2 & 1.5 & 1 \\ 0 & 1.5 & 1 \end{pmatrix}$$

正方形 $OBCD$ 经不等比变换后，畸变成了长方形 $OB'C'D'$，四个顶点坐标分别为（0，0）、（2，0）、（2，1.5）、（0，1.5）。

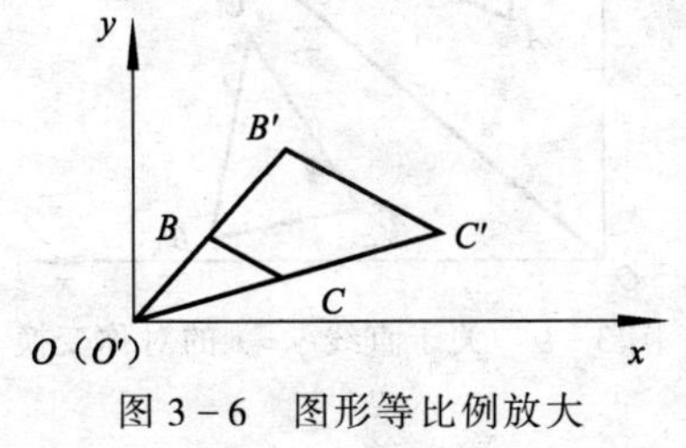

图3-6　图形等比例放大

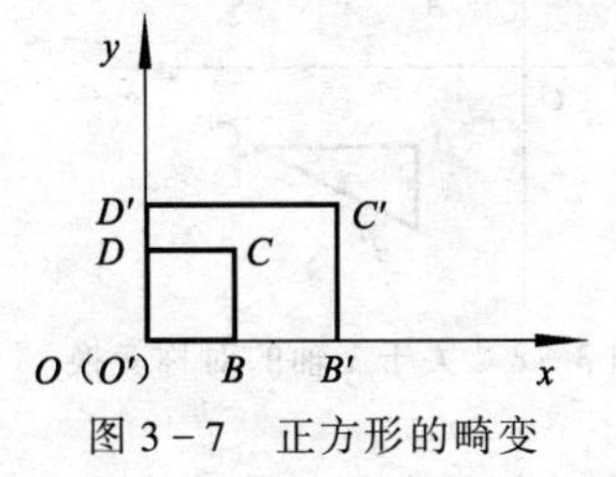

图3-7　正方形的畸变

2. 对称变换

对称变换也称为反射变换。它是将一个图形进行变换后，得到与这个图形关于某一点或某一条直线对称的新图形。

(1) 关于 x 轴的对称变换。这种情况下新点和原来点的坐标之间的关系为 $\begin{cases} x' = x \\ y' = -y \end{cases}$，齐次

坐标表示为

$$(x' \quad y' \quad 1) = (x \quad y \quad 1)\begin{pmatrix}1 & 0 & 0\\0 & -1 & 0\\0 & 0 & 1\end{pmatrix} = (x \quad -y \quad 1) \tag{3-24}$$

于是，点（x，y）对于 x 轴的对称变换矩阵为

$$\boldsymbol{T} = \begin{pmatrix}1 & 0 & 0\\0 & -1 & 0\\0 & 0 & 1\end{pmatrix} \tag{3-25}$$

如图 3－8 所示，对顶点坐标为（2，2）、（2，4）、（5，2）的 ΔABC 进行对称变换得

$$\begin{pmatrix}2 & 2 & 1\\2 & 4 & 1\\5 & 2 & 1\end{pmatrix}\begin{pmatrix}1 & 0 & 0\\0 & -1 & 0\\0 & 0 & 1\end{pmatrix} = \begin{pmatrix}2 & -2 & 1\\2 & -4 & 1\\5 & -2 & 1\end{pmatrix}$$

（2）关于直线 $y=x$ 的对称变换。这种情况下新点和原来点的坐标之间的关系为 $\begin{cases}x'=y\\y'=x\end{cases}$，相应的对于点（$x$，$y$）的对称变换的齐次坐标表示为

$$(x' \quad y' \quad 1) = (x \quad y \quad 1)\begin{pmatrix}0 & 1 & 0\\1 & 0 & 0\\0 & 0 & 1\end{pmatrix} = (y \quad x \quad 1) \tag{3-26}$$

其变换矩阵为

$$\boldsymbol{T} = \begin{pmatrix}0 & 1 & 0\\1 & 0 & 0\\0 & 0 & 1\end{pmatrix} \tag{3-27}$$

如图 3－9 中 ΔABC 的顶点坐标分别为（1，3）、（1，5）、（3，4），将此三角形做关于直线 $y=x$ 的对称变换得

$$\begin{pmatrix}1 & 3 & 1\\1 & 5 & 1\\3 & 4 & 1\end{pmatrix}\begin{pmatrix}0 & 1 & 0\\1 & 0 & 0\\0 & 0 & 1\end{pmatrix} = \begin{pmatrix}3 & 1 & 1\\5 & 1 & 1\\4 & 3 & 1\end{pmatrix}$$

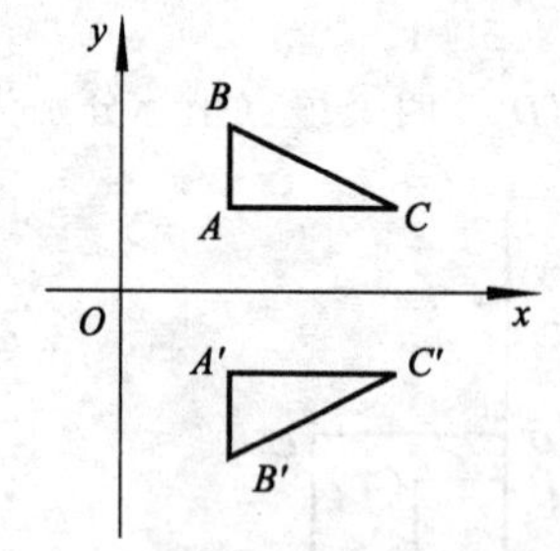

图 3－8　关于 x 轴的对称变换

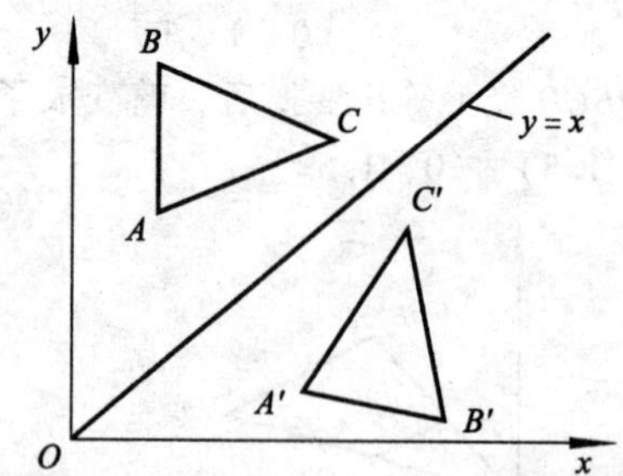

图 3－9　关于直线 $y=x$ 的对称变换

（3）关于坐标原点的对称变换。这种情况下新点和原来点的坐标之间的关系为 $\begin{cases}x'=-x\\y'=-y\end{cases}$，相应的对于点（$x$，$y$）的对称变换的齐次坐标表示为

$$(x' \quad y' \quad 1) = (x \quad y \quad 1)\begin{pmatrix}-1 & 0 & 0\\0 & -1 & 0\\0 & 0 & 1\end{pmatrix} = (-x \quad -y \quad 1) \tag{3-28}$$

其变换矩阵为

$$T=\begin{pmatrix}-1 & 0 & 0\\ 0 & -1 & 0\\ 0 & 0 & 1\end{pmatrix} \tag{3-29}$$

3. 错切变换

错切变换矩阵的特点：变换矩阵中的元素 $a=d=1$，b，c 之一为0。

（1）沿 x 方向错切，其变换矩阵为

$$T=\begin{pmatrix}1 & 0 & 0\\ b & 1 & 0\\ 0 & 0 & 1\end{pmatrix} \tag{3-30}$$

若 $b>0$，则沿 x 轴的正方向错切；若 $b<0$，则沿 x 轴的负方向错切。

设变换矩阵为 $T=\begin{pmatrix}1 & 0 & 0\\ 2 & 1 & 0\\ 0 & 0 & 1\end{pmatrix}$，对图3－10中的顶点坐标分别为（0，－1）、（1，－1）、（1，1）、（0，1）的矩形 $ABCD$ 进行变换得

$$\begin{pmatrix}0 & -1 & 1\\ 1 & -1 & 1\\ 1 & 1 & 1\\ 0 & 1 & 1\end{pmatrix}\begin{pmatrix}1 & 0 & 0\\ 2 & 1 & 0\\ 0 & 0 & 1\end{pmatrix}=\begin{pmatrix}-2 & -1 & 1\\ -1 & -1 & 1\\ 3 & 1 & 1\\ 2 & 1 & 1\end{pmatrix}$$

（2）沿 y 轴方向错切，其变换矩阵为

$$T=\begin{pmatrix}1 & c & 0\\ 0 & 1 & 0\\ 0 & 0 & 1\end{pmatrix} \tag{3-31}$$

若 $c>0$，则沿 y 轴的正方向错切；若 $c<0$，则沿 y 轴的负方向错切。

设变换矩阵为 $T=\begin{pmatrix}1 & -2 & 0\\ 0 & 1 & 0\\ 0 & 0 & 1\end{pmatrix}$，对图3－11中的顶点坐标分别为（－1，0）、（1，0）、（1，1）、（－1，1）的矩形 $ABCD$ 进行变换得

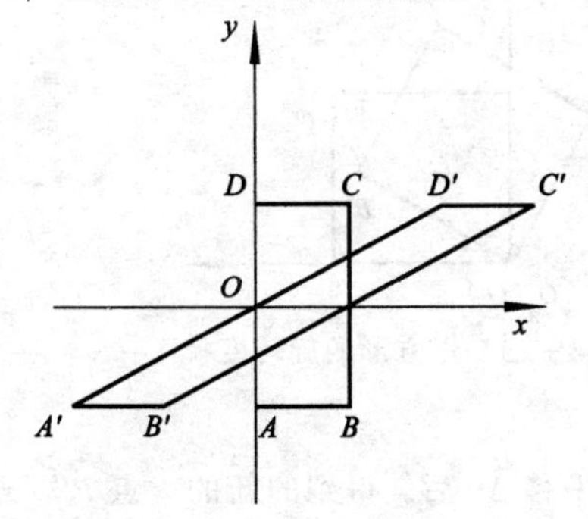

图3－10 沿 x 轴方向的错切变换

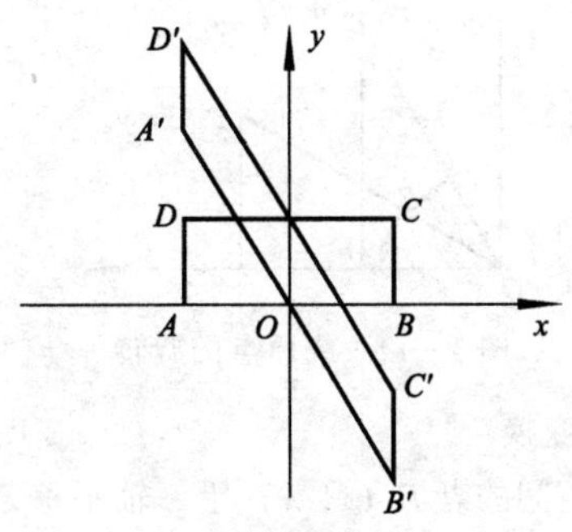

图3－11 沿 y 轴方向的错切变换

$$\begin{pmatrix}-1 & 0 & 1\\ 1 & 0 & 1\\ 1 & 1 & 1\\ -1 & 1 & 1\end{pmatrix}\begin{pmatrix}1 & -2 & 0\\ 0 & 1 & 0\\ 0 & 0 & 1\end{pmatrix}=\begin{pmatrix}-1 & 2 & 1\\ 1 & -2 & 1\\ 1 & -1 & 1\\ -1 & 3 & 1\end{pmatrix}$$

上述两种错切变换，其错切方向是指第一象限的点而言；对其余象限的点，错切方向需作相应的改变。

4. 旋转变换

在二维空间内，图形的旋转是指绕坐标原点旋转 θ 角，并且规定逆时针方向旋转时的 θ 角取正值，顺时针方向旋转时的 θ 角取负值。如图 3－12 所示，设二维空间某点 P（x，y）当绕原点旋转 θ 角时得到新的一点 P'（x'，y'），根据几何关系可知，新点的坐标值为

$$\begin{cases} x' = x\cos\theta - y\sin\theta \\ y' = x\sin\theta + y\cos\theta \end{cases}$$

若用齐次坐标表示二维点，则此公式的矩阵表示为

$$(x' \quad y' \quad 1) = (x \quad y \quad 1)\begin{pmatrix} \cos\theta & \sin\theta & 0 \\ -\sin\theta & \cos\theta & 0 \\ 0 & 0 & 1 \end{pmatrix} \tag{3-32}$$

由此可知，旋转变换的变换矩阵为

$$\boldsymbol{T} = \begin{pmatrix} \cos\theta & \sin\theta & 0 \\ -\sin\theta & \cos\theta & 0 \\ 0 & 0 & 1 \end{pmatrix} \tag{3-33}$$

图 3－13 中顶点坐标分别为（0，0）、（1，0）、（1，1）、（0，1）的正方形 $OBCD$ 绕坐标原点逆时针方向旋转30°，这时的变换矩阵为

$$\boldsymbol{T} = \begin{pmatrix} \cos30^\circ & \sin30^\circ & 0 \\ -\sin30^\circ & \cos30^\circ & 0 \\ 0 & 0 & 1 \end{pmatrix} = \begin{pmatrix} 0.866 & 0.5 & 0 \\ -0.5 & 0.866 & 0 \\ 0 & 0 & 1 \end{pmatrix}$$

变换结果为

$$\begin{pmatrix} 0 & 0 & 1 \\ 1 & 0 & 1 \\ 1 & 1 & 1 \\ 0 & 1 & 1 \end{pmatrix}\begin{pmatrix} 0.866 & 0.5 & 0 \\ -0.5 & 0.866 & 0 \\ 0 & 0 & 1 \end{pmatrix} = \begin{pmatrix} 0 & 0 & 1 \\ 0.866 & 0.5 & 1 \\ 0.366 & 1.366 & 1 \\ -0.5 & 0.866 & 1 \end{pmatrix}$$

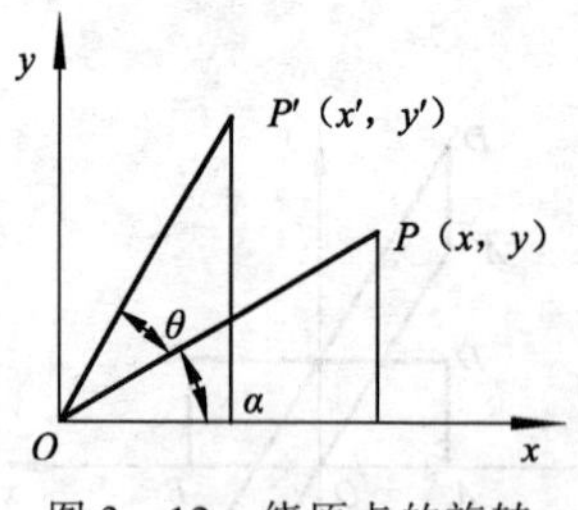

图 3－12　绕原点的旋转

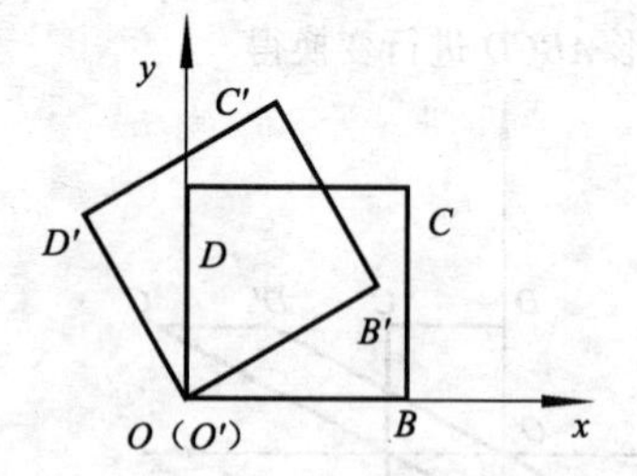

图 3－13　正方形的旋转变换

5. 平移变换

对二维空间的点 P（x，y）沿 x 轴平移 Δx，沿 y 轴平移 Δy 后，得到的新的一点 P'（x'，y'）的坐标满足 $\begin{cases} x' = x + \Delta x \\ y' = x + \Delta y \end{cases}$，若用齐次坐标表示二维空间的点，则此式的矩阵表示为

$$(x' \quad y' \quad 1) = (x \quad y \quad 1) = \begin{pmatrix} 1 & 0 & 0 \\ 0 & 1 & 0 \\ \Delta x & \Delta y & 1 \end{pmatrix} = (x + \Delta x \quad y + \Delta y \quad 1) \tag{3-34}$$

由此可知，平移变换的变换矩阵为

$$T=\begin{pmatrix}1&0&0\\0&1&0\\\Delta x&\Delta y&1\end{pmatrix} \tag{3-35}$$

图3－14中顶点坐标分别为（0，0）、（2，0）、（2，1）、（0，1）的矩形*ABCD*沿*x*轴方向平移1，沿*y*轴方向平移2，则变换矩阵为$T=\begin{pmatrix}1&0&0\\0&1&0\\1&2&1\end{pmatrix}$，进行变换得

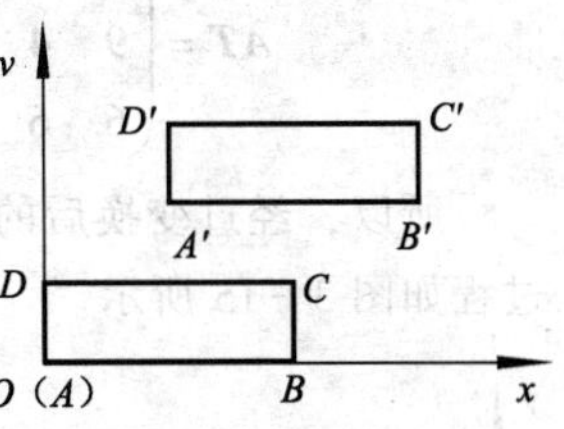

图3－14　矩形的平移变换

$$\begin{pmatrix}0&0&1\\2&0&1\\2&1&1\\0&1&1\end{pmatrix}\begin{pmatrix}1&0&0\\0&1&0\\1&2&1\end{pmatrix}=\begin{pmatrix}1&2&1\\3&2&1\\3&3&1\\1&3&1\end{pmatrix}$$

3.3.2.2　二维图形的组合变换

前面我们已经分别介绍了二维图形的几种基本变换。但在实际的应用中，大部分图形的变换是不能仅由单独的基本变换来实现的，而需要对图形进行连续多次的基本变换才能达到目的。这种由多个基本变换组合而成为复杂变换的过程称为组合变换或称作基本变换的级联，相应的多个基本变换矩阵的级联矩阵称为组合变换矩阵。设各次变换的矩阵分别是$\boldsymbol{T}_1$，$\boldsymbol{T}_2$，…，$\boldsymbol{T}_n$，则组合变换的矩阵$\boldsymbol{T}$是各次变换矩阵的乘积，即

$$\boldsymbol{T}=\boldsymbol{T}_1\boldsymbol{T}_2\cdots\boldsymbol{T}_n \tag{3-36}$$

1. 图形相对于任一点作旋转变换

图形绕任一点（x，y）旋转，可由三种变换组合而成：

（1）将任一点（x，y）平移到坐标系原点（平移）。

（2）然后按要求的角度对图形作旋转变换（旋转）。

（3）将旋转变换后的图形反向平移相同的位移量到原来的位置（平移）。

上述过程可由写成矩阵形式是

$$\boldsymbol{T}=\boldsymbol{T}_1\boldsymbol{T}_2\boldsymbol{T}_3=\begin{pmatrix}1&0&0\\0&1&0\\-x&-y&1\end{pmatrix}\begin{pmatrix}\cos\theta&\sin\theta&0\\-\sin\theta&\cos\theta&0\\0&0&1\end{pmatrix}\begin{pmatrix}1&0&0\\0&1&0\\x&y&1\end{pmatrix}$$

$$=\begin{pmatrix}\cos\theta&\sin\theta&0\\-\sin\theta&\cos\theta&0\\x(1-\cos\theta)+y\sin\theta&-x\sin\theta+y(1-\cos\theta)&1\end{pmatrix}$$

$\boldsymbol{T}$称为组合变换矩阵。

【例3－1】　Δabc各顶点坐标分别是（6，4）、（9，4）、（6，6），求其以点（5，3）为中心旋转90°后的新$\Delta a'b'c'$各顶点坐标。

三角形的矩阵表示为：$\boldsymbol{A}=\begin{pmatrix}6&4&1\\9&4&1\\6&6&1\end{pmatrix}$

组合变换矩阵$\boldsymbol{T}$为：

$$T=T_1T_2T_3=\begin{pmatrix}1&0&0\\0&1&0\\-5&-3&1\end{pmatrix}\begin{pmatrix}0&1&0\\-1&0&0\\0&0&1\end{pmatrix}\begin{pmatrix}1&0&0\\0&1&0\\5&3&1\end{pmatrix}=\begin{pmatrix}0&1&0\\-1&0&0\\8&-2&1\end{pmatrix}$$

$$AT=\begin{pmatrix}6&4&1\\9&4&1\\6&6&1\end{pmatrix}\begin{pmatrix}0&1&0\\-1&0&0\\8&-2&1\end{pmatrix}=\begin{pmatrix}4&4&1\\4&7&1\\2&4&1\end{pmatrix}$$

所以，经过变换后的三角形三顶点坐标分别为 a'（4，4）、b'（4，7）、c'（2，4）。变换的过程如图 3－15 所示。

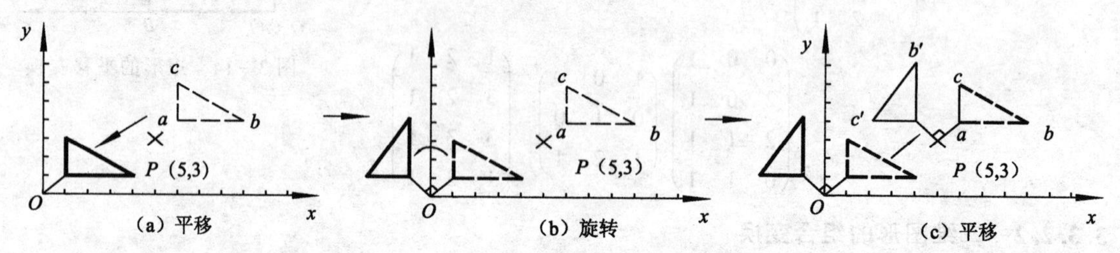

图 3－15　图形绕点 P（5，3）旋转

2. 图形相对于任一点作比例变换

图形相对于任一点（x，y）作比例变换，也可由三种变换组合而成：

（1）将比例中心移到原点（平移）。

（2）按要求进行缩放（比例）。

（3）将缩放后的图形平移回原来的比例中心（平移）。

相应的组合变换矩阵为

$$T=T_1T_2T_3=\begin{pmatrix}1&0&0\\0&1&0\\-x&-y&1\end{pmatrix}\begin{pmatrix}S_x&0&0\\0&S_y&0\\0&0&1\end{pmatrix}\begin{pmatrix}1&0&0\\0&1&0\\x&y&1\end{pmatrix}$$

【例 3－2】　Δabc 各顶点坐标分别是（1，3）、（1，2）、（4，3），求其相对于点（1，3）在 x、y 方向均放大一倍后的图形。

三角形的矩阵表示：$A=\begin{pmatrix}1&3&1\\1&2&1\\4&3&1\end{pmatrix}$

复合变换矩阵 T 为

$$T=T_1T_2T_3=\begin{pmatrix}1&0&0\\0&1&0\\-1&-3&1\end{pmatrix}\begin{pmatrix}2&0&0\\0&2&0\\0&0&1\end{pmatrix}\begin{pmatrix}1&0&0\\0&1&0\\1&3&1\end{pmatrix}=\begin{pmatrix}2&0&0\\0&2&0\\-1&-3&1\end{pmatrix}$$

$$AT=\begin{pmatrix}1&3&1\\1&2&1\\4&3&1\end{pmatrix}\begin{pmatrix}2&0&0\\0&2&0\\-1&-3&1\end{pmatrix}=\begin{pmatrix}1&3&1\\1&1&1\\7&3&1\end{pmatrix}$$

所以，经过变换后的三角形三顶点坐标分别为 a'（1，3）、b'（1，1）、c'（7，3）。变换的过程如图 3－16 所示。

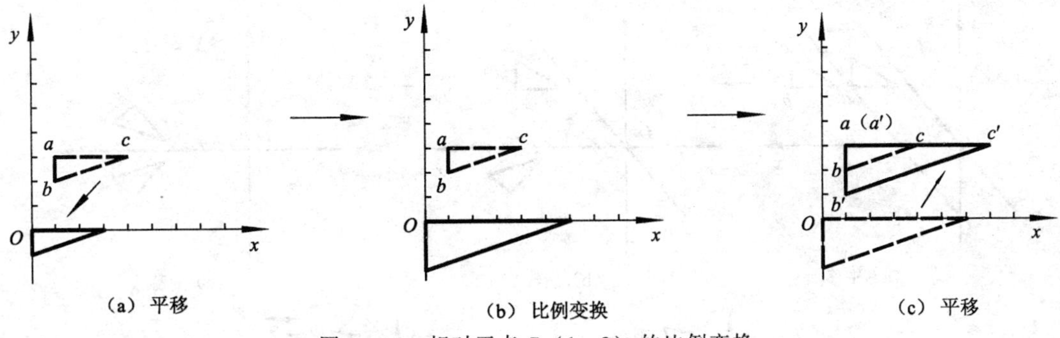

图 3-16 相对于点 P(1，3)的比例变换

3. 图形相对于任意直线作对称变换

设任意直线的方程为 $Ax+By+C=0$，该直线在 x 轴和 y 轴上的截距分别为 $-C/A$ 和 $-C/B$，直线的斜率为 $\tan\alpha=-A/B$。如何作图形关于此直线的对称变换？方法如下：

(1) 将图形连同直线一起，沿 x 轴方向平移 C/A（或沿 y 轴方向平移 C/B），使直线通过坐标原点，直线方程变为 $y=-Ax/B$。变换矩阵为

$$\boldsymbol{T}_1=\begin{pmatrix}1&0&0\\0&1&0\\C/A&0&1\end{pmatrix}\left(\text{或}=\begin{pmatrix}1&0&0\\0&1&0\\0&C/B&1\end{pmatrix}\right)$$

(2) 将图形连同直线 $y=-Ax/B$ 一起，绕原点旋转 $-\alpha$ 角（或 $90^\circ-\alpha$ 角），使直线和 x 轴（或 y 轴）重合。变换矩阵为

$$\boldsymbol{T}_2=\begin{pmatrix}\cos\alpha&\sin\alpha&0\\-\sin\alpha&\cos\alpha&0\\0&0&1\end{pmatrix}\left(\text{或}=\begin{pmatrix}\cos(90^\circ-\alpha)&\sin(90^\circ-\alpha)&0\\-\sin(90^\circ-\alpha)&\cos(90^\circ-\alpha)&0\\0&0&1\end{pmatrix}\right)$$

(3) 作图形关于 x 轴（或 y 轴）的对称变换。变换矩阵为

$$\boldsymbol{T}_3=\begin{pmatrix}1&0&0\\0&-1&0\\0&0&1\end{pmatrix}\left(\text{或}=\begin{pmatrix}-1&0&0\\0&1&0\\0&0&1\end{pmatrix}\right)$$

(4) 将对称变换后的图形连同直线一起，反向旋转到直线 $y=-Ax/B$ 方向。变换矩阵为

$$\boldsymbol{T}_4=\begin{pmatrix}\cos\alpha&-\sin\alpha&0\\\sin\alpha&\cos\alpha&0\\0&0&1\end{pmatrix}\left(\text{或}=\begin{pmatrix}\cos(90^\circ-\alpha)&-\sin(90^\circ-\alpha)&0\\\sin(90^\circ-\alpha)&\cos(90^\circ-\alpha)&0\\0&0&1\end{pmatrix}\right)$$

(5) 将图形连同直线一起反向平移，使直线 $y=-Ax/B$ 平移到直线 $y=-Ax/B-C/B$ 处，对称轴恢复到原来位置。变换矩阵为

$$\boldsymbol{T}_5=\begin{pmatrix}1&0&0\\0&1&0\\-C/A&0&1\end{pmatrix}\left(\text{或}=\begin{pmatrix}1&0&0\\0&1&0\\0&-C/B&1\end{pmatrix}\right)$$

整个图形变换的过程如图 3-17 所示。

4. 组合变换顺序对图形的影响

综上所述，复杂变换是通过基本变换组合而成的。由于矩阵的乘法不满足交换律，故组合顺序一般是不能颠倒的，顺序不同，变换的结果也不同。图 3-18 显示了对三角形 ABC 进行不同顺序的基本变换复合而成的组合变换的结果。

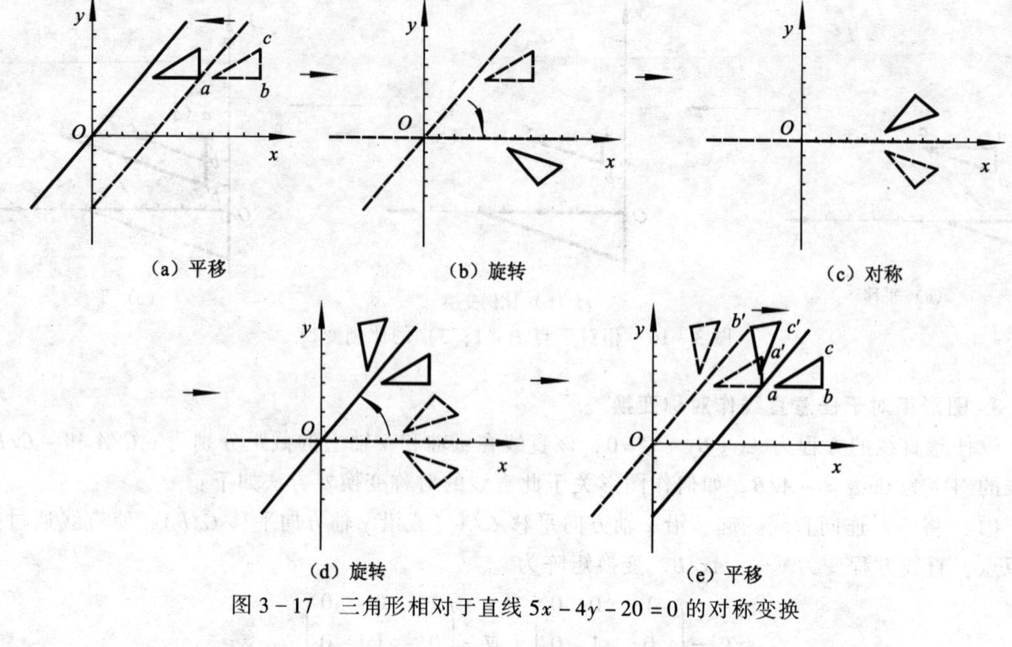

图 3-17　三角形相对于直线 $5x-4y-20=0$ 的对称变换

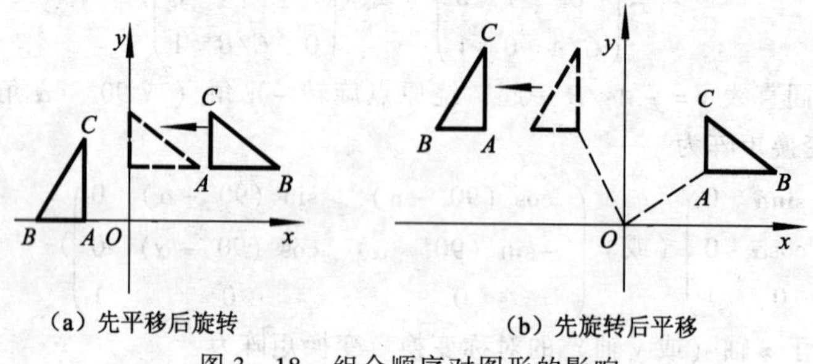

图 3-18　组合顺序对图形的影响

3.3.3　三维图形的几何变换

如前所述讨论二维图形的矩阵变换时，我们采用齐次坐标技术，用行向量 $[x \quad y \quad 1]$ 表示二维点 (x, y)。同样，在讨论三维图形的矩阵变换时，我们用向量 $[x \quad y \quad z \quad 1]$ 表示三维空间的点 (x, y, z)。点 (x, y, z) 经三维图形变换后得到新的一点 (x', y', z')，且

$$(x' \quad y' \quad z' \quad 1) = (x \quad y \quad z \quad 1)\,\boldsymbol{T} \tag{3-37}$$

式中　$\boldsymbol{T}$——三维图形的变换矩阵。

采用齐次坐标后，二维图形的变换矩阵为 3×3 方阵。同样，三维图形的变换矩阵为 4×4 方阵，即

$$\boldsymbol{T}=\begin{pmatrix} a & b & c & p \\ d & e & f & q \\ h & i & j & r \\ l & m & n & s \end{pmatrix} \tag{3-38}$$

下面，讨论几种三维图形的基本变换。

3.3.3.1　比例变换

设三维图形沿 x、y、z 三个方向变换的比例因子分别是 S_x、S_y、S_z，则图形上新点 P'

(x', y', z') 和原来点 $P(x, y, z)$ 之间的关系为 $\begin{cases} x' = S_x x \\ y' = S_y y \\ z' = S_z z \end{cases}$，采用齐次坐标技术的矩阵表达式为

$$(x' \quad y' \quad z' \quad 1) = (x \quad y \quad z \quad 1)\begin{pmatrix} S_x & 0 & 0 & 0 \\ 0 & S_y & 0 & 0 \\ 0 & 0 & S_z & 0 \\ 0 & 0 & 0 & 1 \end{pmatrix} = (S_x \quad S_y \quad S_z \quad 1) \tag{3-39}$$

故比例变换的变换矩阵为

$$\boldsymbol{T} = \begin{pmatrix} S_x & 0 & 0 & 0 \\ 0 & S_y & 0 & 0 \\ 0 & 0 & S_z & 0 \\ 0 & 0 & 0 & 1 \end{pmatrix} \tag{3-40}$$

若 $S_x = S_y = S_z$，则立体图形沿 x、y、z 方向等比例放大或缩小。

若 $S_x \neq S_y \neq S_z$，则各方向放大或缩小比例不同，要产生类似二维图形的畸变。

如图3－19所示，有一单位立方体，设沿 x 方向放大三倍，沿 y、z 方向放大两倍，变换矩阵为 $T = \begin{pmatrix} 3 & 0 & 0 & 0 \\ 0 & 2 & 0 & 0 \\ 0 & 0 & 2 & 0 \\ 0 & 0 & 0 & 1 \end{pmatrix}$，对单位立方体进行变换得

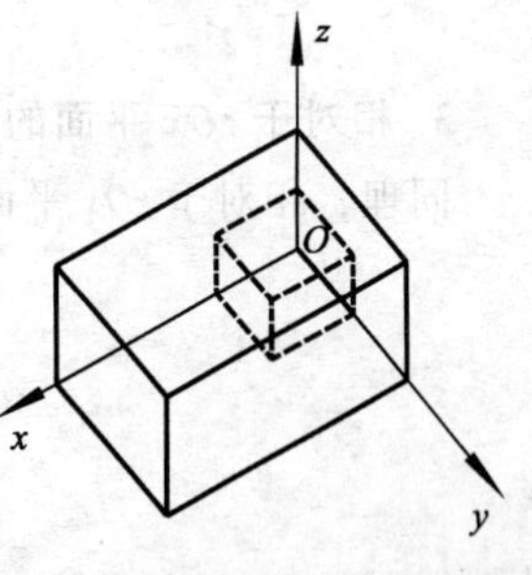

图3－19　立方体的比例变换

$$\begin{pmatrix} 0 & 0 & 0 & 1 \\ 0 & 0 & 1 & 1 \\ 0 & 1 & 0 & 1 \\ 0 & 1 & 1 & 1 \\ 1 & 0 & 0 & 1 \\ 1 & 0 & 1 & 1 \\ 1 & 1 & 0 & 1 \\ 1 & 1 & 1 & 1 \end{pmatrix}\begin{pmatrix} 3 & 0 & 0 & 0 \\ 0 & 2 & 0 & 0 \\ 0 & 0 & 2 & 0 \\ 0 & 0 & 0 & 1 \end{pmatrix} = \begin{pmatrix} 0 & 0 & 0 & 1 \\ 0 & 0 & 2 & 1 \\ 0 & 2 & 0 & 1 \\ 0 & 2 & 2 & 1 \\ 3 & 0 & 0 & 1 \\ 3 & 0 & 2 & 1 \\ 3 & 2 & 0 & 1 \\ 3 & 2 & 2 & 1 \end{pmatrix}$$

由于各方向的比例因子不同，单位立方体产生畸变，即由单位立方体变成了长方体。

3.3.3.2　对称变换

基本的三维对称变换是相对于用户坐标系的三个坐标平面进行的。

1. 相对于 *xOy* 平面的对称变换

三维图形相对于 xOy 平面作对称变换时，只是 z 坐标发生变化，故新点 $P(x', y', z')$ 和原来点 $P(x, y, z)$ 的坐标之间的关系为 $\begin{cases} x' = x \\ y' = y \\ z' = -z \end{cases}$，采用齐次坐标技术写成矩阵表达式即

$$(x' \quad y' \quad z' \quad 1) = (x \quad y \quad z \quad 1)\begin{pmatrix}1 & 0 & 0 & 0\\0 & 1 & 0 & 0\\0 & 0 & -1 & 0\\0 & 0 & 0 & 1\end{pmatrix} = (x \quad y \quad -z \quad 1) \tag{3-41}$$

故图形相对于 xOy 平面对称变换的变换矩阵为

$$T = \begin{pmatrix}1 & 0 & 0 & 0\\0 & 1 & 0 & 0\\0 & 0 & -1 & 0\\0 & 0 & 0 & 1\end{pmatrix} \tag{3-42}$$

2. 相对于 yOz 平面的对称变换

与上述分析类似，可以得出相对于 yOz 平面的对称变换矩阵为

$$T = \begin{pmatrix}-1 & 0 & 0 & 0\\0 & 1 & 0 & 0\\0 & 0 & 1 & 0\\0 & 0 & 0 & 1\end{pmatrix} \tag{3-43}$$

3. 相对于 zOx 平面的对称变换

同理，相对于 zOx 平面的对称变换矩阵为

$$T = \begin{pmatrix}1 & 0 & 0 & 0\\0 & -1 & 0 & 0\\0 & 0 & 1 & 0\\0 & 0 & 0 & 1\end{pmatrix} \tag{3-44}$$

3.3.3.3 错切变换

与二维类似，三维图形错切变换指图形沿 x、y、z 三个方向错切。其变换矩阵为

$$T = \begin{pmatrix}1 & B & C & 0\\D & 1 & F & 0\\H & I & 1 & 0\\0 & 0 & 0 & 1\end{pmatrix} \tag{3-45}$$

可见，主对角线各元素均为 1，第 4 行和第 4 列其他元素均为 0。

当 B、C、D、F、G、H 中元素仅有一个取值不等于零，其余均为零时，可以产生沿 x、y、z 三个方向错切变换，其他取值情况下图形形状不定。

如图 3－20 所示单位立方体，利用变换矩阵 $T = \begin{pmatrix}1 & 0 & 0 & 0\\0.6 & 1 & 0 & 0\\0 & 0 & 1 & 0\\0 & 0 & 0 & 1\end{pmatrix}$，对其进行图形变换。变换的过程为

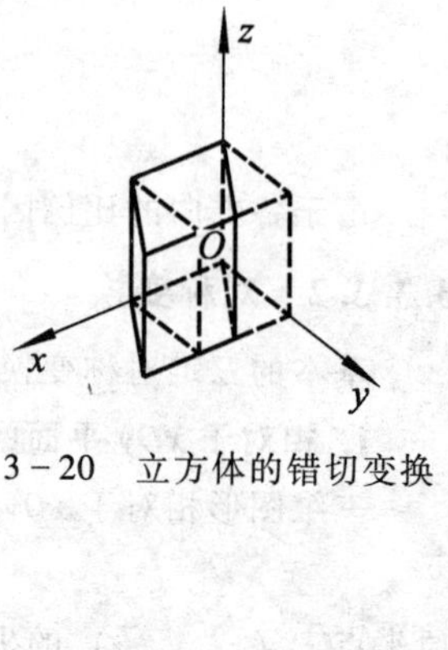

图 3－20　立方体的错切变换

$$\begin{pmatrix}0&0&0&1\\0&0&1&1\\0&1&0&1\\0&1&1&1\\1&0&0&1\\1&0&1&1\\1&1&0&1\\1&1&1&1\end{pmatrix}\begin{pmatrix}1&0&0&0\\0.6&1&0&0\\0&0&1&0\\0&0&0&1\end{pmatrix}=\begin{pmatrix}0&0&0&1\\0&0&1&1\\0.6&1&0&1\\0.6&1&1&1\\1&0&0&1\\1&0&1&1\\1.6&1&0&1\\1.6&1&1&1\end{pmatrix}$$

由图3-20可见，图形沿 x 轴方向发生了错切。

3.3.3.4 旋转变换

三维旋转变换指空间立体绕坐标轴旋转 θ 角，θ 角的正负按右手定则确定。即右手拇指指向坐标轴正向，其余四指指向为旋转正向。

(1) 绕 x 轴旋转 θ 角。空间物体绕 x 轴旋转时，物体上各顶点的 x 轴坐标不变，只是 y、z 坐标改变，变换矩阵为

$$\boldsymbol{T}=\begin{pmatrix}1&0&0&0\\0&\cos\theta&\sin\theta&0\\0&-\sin\theta&\cos\theta&0\\0&0&0&1\end{pmatrix} \tag{3-46}$$

(2) 绕 y 轴旋转 θ 角。空间物体绕 y 轴旋转时，物体上各顶点的 y 轴坐标不变，只是 x、z 坐标改变，变换矩阵为

$$\boldsymbol{T}=\begin{pmatrix}\cos\theta&0&-\sin\theta&0\\0&1&0&0\\\sin\theta&0&\cos\theta&0\\0&0&0&1\end{pmatrix} \tag{3-47}$$

(3) 绕 z 轴旋转 θ 角。空间物体绕 z 轴旋转时，物体上各顶点的 z 轴坐标不变，只是 x，y 坐标改变，变换矩阵为

$$\boldsymbol{T}=\begin{pmatrix}\cos\theta&\sin\theta&0&0\\-\sin\theta&\cos\theta&0&0\\0&0&1&0\\0&0&0&1\end{pmatrix} \tag{3-48}$$

3.3.3.5 平移变换

平移变换的变换矩阵为

$$\boldsymbol{T}=\begin{pmatrix}1&0&0&0\\0&1&0&0\\0&0&1&0\\l&m&n&1\end{pmatrix} \tag{3-49}$$

其中，l、m、n 分别为 x、y、z 三个方向的平移量，它们的正负决定了平移的方向。

【例3-3】 设沿 x、y、z 方向分别平移1、2、3，则平移变换矩为 $\boldsymbol{T}=\begin{pmatrix}1&0&0&0\\0&1&0&0\\0&0&1&0\\1&2&3&1\end{pmatrix}$，对

单位立方体进行变换得

$$\begin{pmatrix}0&0&0&1\\0&0&1&1\\0&1&0&1\\0&1&1&1\\1&0&0&1\\1&0&1&1\\1&1&0&1\\1&1&1&1\end{pmatrix}\begin{pmatrix}1&0&0&0\\0&1&0&0\\0&0&1&0\\1&2&3&1\end{pmatrix}=\begin{pmatrix}1&2&3&1\\1&2&4&1\\1&3&3&1\\1&3&4&1\\2&2&3&1\\2&2&4&1\\2&3&3&1\\2&3&4&1\end{pmatrix}$$

变换结果如图 3-21 所示。

三维图形的组合变换正如二维图形的组合变换，也是由简单的基本变换级联而成。变换时仍然要注意矩阵相乘的顺序问题。

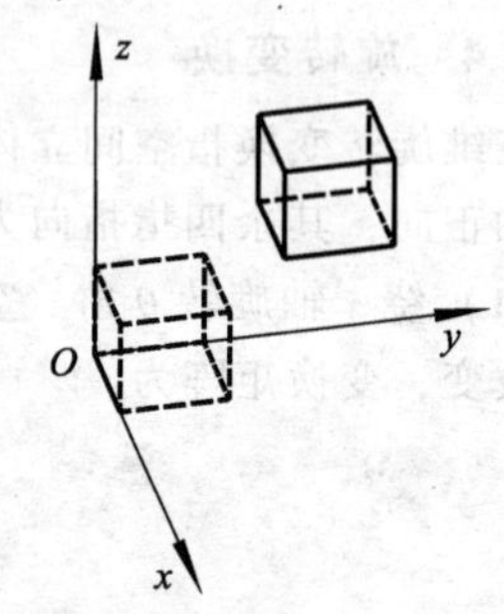

图 3-21　单位立方体的平移变换

3.3.4　窗口到视区的变换

3.3.4.1　窗口与裁剪

人们通过窗口往外看，只看到外界景物的一部分，选择不同的窗口，选取的景物也不同。因此，图形系统也具有能从已有的完整图形中方便地选出某一区域的图形进行显示的能力。我们把这种在用户坐标系中预先选定的将产生图形显示的区域称为窗口。把设定窗口的位置和大小来选取图形的方法称为开窗。图形系统就是通过开窗来选择图形显示范围的。在图形处理中，为了方便起见，一般把窗口定义成矩形，并在图形所在坐标系中，以该矩形区域的左下角和右上角点的坐标（wxl，wyl）和（wxh，wyh）来确定该矩形窗口的大小和位置，如图 3-22 所示。

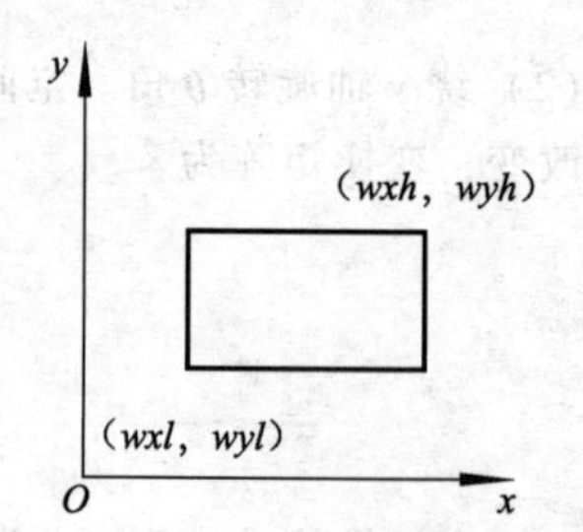

图 3-22　用户坐标系中窗口的定义

窗口限定了图形显示的范围，凡是在窗口内的图形均需显示，而不在窗口内的图形则不必显示，一部分在窗口内，一部分在窗口外的图形则只显示在窗口内的部分。于是，在进行图形显示前，需对用户坐标系内的图形进行处理，这个处理过程称为裁剪（或称为剪取）。实际上，裁剪的主要任务是进行求交运算，即线段与矩形窗口的各边相交，求出交点，然后进行判别。下面对二维平面上点、线的裁剪算法作简单介绍。

设裁剪窗口的左下角和右上角坐标分别为（wxl，wyl）和（wxh，wyh）。显然，任一点 P（x，y）若满足 $wxl \leqslant x \leqslant wxh$ 且 $wyl \leqslant y \leqslant wyh$，则它必定在裁剪窗口之内，称为可见点。否则，它必定在裁剪窗口之外，称为不可见点。

直线的裁剪算法很多，在此仅介绍常用的 Cohen - Sutherland 算法（1974 年由 Ivan - Sutherland 提出），其基本思想是对直线端点进行编码以求直线与窗口的交点。

由图 3-23 可以看到，对于任一条线段，它相对于窗口的位置关系不外乎以下几种情况：

（1）线段的两个端点均在窗口内，则整个线段必定可见，如线段 a。

（2）线段的一个端点在窗口内，另一个端点在窗口外，则线段的一部分可见，如线段 b。

（3）线段的两个端点均不在窗口内，则可能线段的一部分可见，也可能线段的全部均不可见，如线段 c 和 d。

这种裁剪算法有以下几个步骤：

（1）窗口所在平面分区。图3-24所示为利用窗口边界线将平面划分为九个区域，每个区域赋予一个特定的编码。编码规则：左面第一位为“1”，代表上边框线的上面；左面第二位为“1”，代表下边框线的下面；左面第三位为“1”，代表右边框线的右面；左面第四位为“1”，代表左边框线的左面，用 *CtCbCrCl* 四位二进制数表示。

（2）点的位置描述。按上述编码规则确定被裁剪直线的两个端点的二进制代码。

（3）直线与窗口的关系的确定。根据两点的代码按位进行逻辑与运算并将结果和原代码相比较，判断直线与窗口的关系。

① 在两点的代码按位进行逻辑与运算结果为0000情况下，如两代码均为0000，则直线在窗口之内；如两代码中有1出现，说明直线可能与窗口相交，也可能完全不可见。

② 当两代码按位进行逻辑与运算结果不为0000，则说明直线在窗口之外。

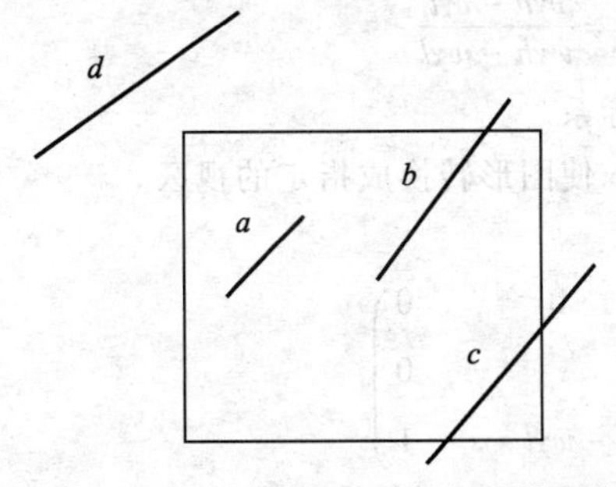

图3-23　对窗口处于不同位置的线段

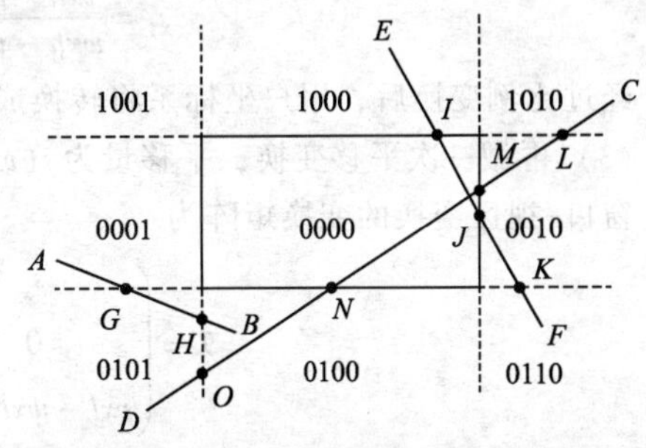

图3-24　对窗口所处平面分区

（4）直线与窗口边界线交点的确定。对于那些非完全可见、又非显然不可见的线段，需计算其与窗口边界的交点，求交前先根据两端点编码判断直线与窗口哪条边相交，规则是端点编码对应位码值不同时与相应窗口边相交。求交的次序一般为左、上、右、下，即直线依次与窗口的左边界、上边界、右边界和下边界相交求交点，每次求交后都以交点为界，丢弃外侧线段，再以交点为新端点判断另一线段和窗口的关系。如图3-24所示，直线 *AB* 两端点编码的第2、4位值不同，故需与窗口的左边界和下边界分别求交一次，但是，此直线有点特殊，当与左边界求交得到交点 *H* 后，舍弃 *AH*，然后经判断，新线段 *HB* 已完全在窗口之外了，故无需第二次与下边界求交，由此得出直线 *AB* 不可见。同样的方法，可得到直线 *EF* 和直线 *CD* 与窗口的求交次数。

除了上述编码法之外，还有矢量线段裁剪法、中点分割法等算法实现二维线段的裁剪。

三维图形的裁剪可以参考二维平面的编码原理，用6位二进制编码来实现分区，具体原理不再讨论。

3.3.4.2　视区及窗口到视区的变换

在图形上开窗，然后经过裁剪处理，使得凡是落在该窗口内的图形信息，将在显示器屏幕上显示，而处在窗口外的图形信息，将被处理掉而不显示。但由于显示器屏幕上往往有许多信息需要显示，例如，除了正在处理的图形之外，还有提示信息、菜单、出错指示等。因此，图形显示只占屏幕的一部分位置。屏幕上的这一区域在图形学中称为视图区或简称视区。视区通常也设定为矩形，同样也可以用该矩形的左下角和右上角两点的坐标（*vxl*，*vyl*）和（*vxh*，*vyh*）来定义其大小和位置。与窗口不同的是，视区用屏幕坐标给出，而窗口则用用户坐标给出。由于窗口和视区是在不同坐标系下建立的平面区域，所以从窗口到视区的图形信息传递必须通过坐标变换来实现。这个变换实际上由下列三个基本变换复合而成，具体变换过程如图 3－25 所示。

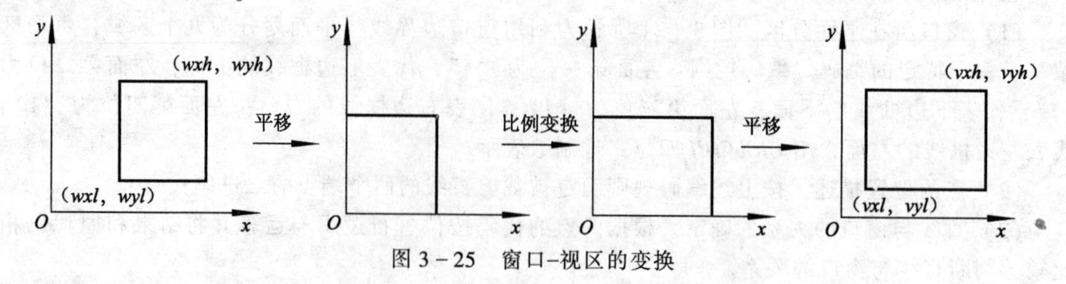

图 3－25　窗口-视区的变换

(1) 把窗口平移（$-wxl$，$-wyl$），使窗口左下角与用户坐标系重合。

(2) 进行比例变换，x 方向和 y 方向的比例因子分别为

$$s_x=\frac{vxh-vxl}{wxh-wxl},\quad s_y=\frac{vyh-vyl}{wyh-wyl}$$

经过比例变换后，用户坐标系将转换成屏幕坐标系。

(3) 再做一次平移变换，平移量为（vxl，vyl），使图形转换成指定的视区。

窗口-视区变换的变换矩阵为

$$\boldsymbol{T}=\begin{pmatrix} s_x & 0 & 0 \\ 0 & s_y & 0 \\ vxl-wxl\cdot s_x & vyl-wyl\cdot s_y & 1 \end{pmatrix} \tag{3-50}$$

需要说明的是假如定义的窗口和视区的形状不相似，那么经过窗口-视区变换后，在视区中显示的图形会发生失真现象，如图 3－26 所示。所以，为了使在视区内显示的图形和窗口内的原始图形保持形状一致而不失真，就必须在定义窗口和视区时，注意使窗口和视区的形状保持相似。

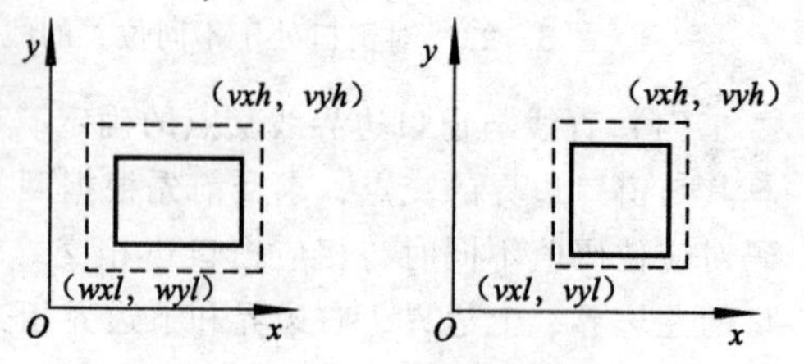

图 3－26　图形的失真现象

3.3.4.3　窗口-规范设备坐标-视区变换

视区是屏幕坐标即设备坐标给出的，设备坐标是与设备的物理参数（如设备的分辨率）有关的。因此，为了便于在不同的图形设备上输出，需将视区设置在规范化设备坐标系中，即需将 x 与 y 坐标分别规范化到区间 [0, 1] 上。

在规范化设备坐标系中，取视区的左下角和右上角分别为（0，0）和（1，1），即 $vxl=0$，$vyl=0$，$vxh=1$，$vyh=1$，则窗口到视区的规范化变换矩阵为

$$\boldsymbol{T}=\begin{pmatrix} s_x & 0 & 0 \\ 0 & s_y & 0 \\ -wxl\cdot s_x & -wyl\cdot s_y & 1 \end{pmatrix} \tag{3-51}$$

其中 $s_x=1/(wxh-wxl)$，$s_y=1/(wyh-wyl)$。

对窗口内的任意一点（x_w，y_w），变换到规范化设备坐标系中为（$(x_w-wxl)/(wxh-wxl)$，$(y_w-wyl)/(wyh-wyl)$）。

在输出设备上输出图形，则根据物理输出设备坐标或具体显示器屏幕尺寸和分辨率，再将规范化设备坐标变换到具体视区上。如在全屏幕显示情况下，视区原点与屏幕坐标原点重合，且设屏幕尺寸为 1024×768 像素单位，则显示点坐标（x_v，y_v）为

$$x_v = \frac{x_w - wxl}{wxh - wxl} \times 1\,023$$

$$y_v = \frac{y_w - wyl}{wyh - wyl} \times 767$$

可见，用户设计的图形，其全部点坐标首先变换到规范化设备坐标中，就能适应任何一种具体的图形输出设备。

综上所述，用户绘制的二维图形从窗口到视区的输出过程可归纳为图3－27所示。

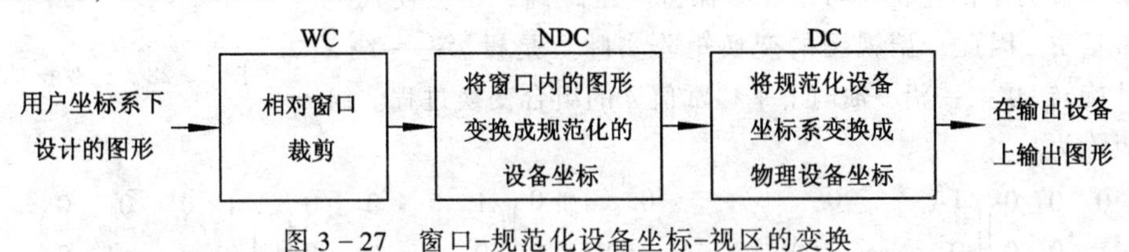

图3－27 窗口-规范化设备坐标-视区的变换

3.3.5 投影变换

为了在屏幕上表示三维图像，就需要将被观察物体的空间各点坐标变换到观察者的坐标系上来，这就需要进行投影变换。这是一种由三维到二维平面的几何变换。

投影的方法就好像用一束光线（投影线）射向物体，得到物体在投影平面上的像。在三维空间中，选取一点，称作投影中心；在不经过该点处再定义一个平面，称为投影平面；从投影中心引任意多条射线，称为投射线。投射线穿过投影平面与物体相交，在投影平面上形成该物体的像，这一将三维物体变换到二维平面上的过程称为投影变换。

根据投影中心的位置和投射方向与投影平面的夹角不同，投影变换可以分为平行投影和透视投影。如果投射线是平行的（投影中心在无穷远处），则称为平行投影；如果投射线不平行（投影中心为有限远），称为透视投影。物体透视投影的大小，与物体到投影中心的距离成反比，即所谓透视缩小性，这一现象类似于照相系统与人的视觉系统。因此投影可分为

- 投影变换
  - 平行投影
    - 正平行投影
      - 正投影
      - 正轴测投影
    - 斜平行投影（斜轴测投影）
  - 透视投影
    - 一点透视
    - 二点透视
    - 三点透视

3.3.5.1 平行投影

根据投射方向与投影面的夹角不同，平行投影可分为正平行投影和斜平行投影。当投射线与投影平面垂直时，称正平行投影，否则是斜平行投影。平行投影不具有透视缩小性，因此能精确反映物体的实际尺寸。

正平行投影

根据投影面与坐标轴的夹角不同，正平行投影所得图形又可分为三视图和正轴测图。

（1）三视图。当投影平面与某一坐标轴垂直时，得到的投影为三视图，即主视图、左视图和俯视图。图3－28所示为被投影物体与三个投影面（V、H、W）的相互位置关系。

① 主视图的变换矩阵。取 xOz 平面上的投影为主视图，只需将立体的全部 y 坐标变为0，变

换矩阵为

$$T_V=\begin{pmatrix}1&0&0&0\\0&0&0&0\\0&0&1&0\\0&0&0&1\end{pmatrix}\quad(3-52)$$

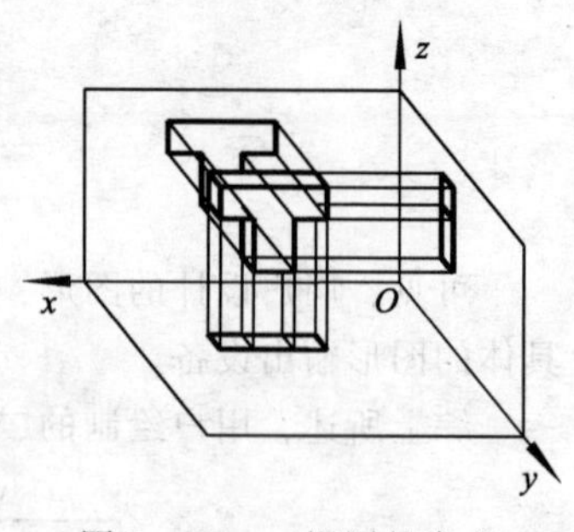

图 3－28　三视图的定义

② 俯视图变换矩阵。取 xOy 平面上的投影并展开与 xOz 平面为同一平面。为了使左视图与主视图保持一定距离，还应使其下移一个常量 d。因此，俯视图的变换矩阵实际上是投影——绕 x 轴顺时针旋转 90°——沿 z 轴向下平移常值 d 的组合变换过程。组合变换矩阵为

$$T_H=\begin{pmatrix}1&0&0&0\\0&1&0&0\\0&0&0&0\\0&0&0&1\end{pmatrix}\begin{pmatrix}1&0&0&0\\0&\cos(-90^\circ)&\sin(-90^\circ)&0\\0&-\sin(-90^\circ)&\cos(-90^\circ)&0\\0&0&0&1\end{pmatrix}\begin{pmatrix}1&0&0&0\\0&1&0&0\\0&0&1&0\\0&0&-d&1\end{pmatrix}=\begin{pmatrix}1&0&0&0\\0&0&-1&0\\0&0&0&0\\0&0&-d&1\end{pmatrix}\quad(3-53)$$

③ 左视图的变换矩阵。取 yOz 平面上的投影并展开与 xOz 平面为同一平面。同样，为使左视图与主视图保持一定距离，并与左视图投影关系正确，亦应使投影右移常量。因此，左视图的生成实际上是投影——绕 z 轴逆时针旋转 90°——沿 x 向平移的组合变换过程。组合变换矩阵为

$$T_W=\begin{pmatrix}0&0&0&0\\0&1&0&0\\0&0&0&0\\0&0&0&1\end{pmatrix}\begin{pmatrix}\cos 90^\circ&\sin 90^\circ&0&0\\-\sin 90^\circ&\cos 90^\circ&0&0\\0&0&1&0\\0&0&0&1\end{pmatrix}\begin{pmatrix}1&0&0&0\\0&1&0&0\\0&0&1&0\\-d&0&0&1\end{pmatrix}=\begin{pmatrix}0&0&0&0\\-1&0&0&0\\0&0&1&0\\-d&0&0&1\end{pmatrix}\quad(3-54)$$

三视图常用于工程制图，因为在三视图上可以测量距离和角度。通常主视图反映形体的长和高，左视图反映形体的高和宽，而俯视图反映形体的宽和长。由于三视图上只有物体一个面的投影，只有将主视图、俯视图、左视图三个视图放在一起，才可综合出物体的空间形状。图 3－29 显示了一个长方体的三视图。

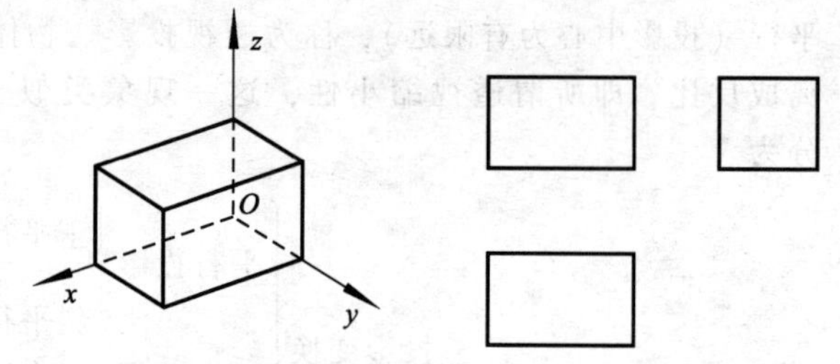

图 3－29　立方体的三视图

（2）正轴测图。使物体连同它的三个坐标轴同时倾斜于某个投影面，然后向该投射面投射就得到了轴测图。物体的三个坐标轴反映在同一个投影面上，这种图立体感强，在产品设计中得到了广泛应用。

正轴测包括等轴测、正二测和正三测三种投影。当投影面与三个坐标轴之间的夹角相等时为等轴测投影；当投影面与两个坐标轴之间的夹角相等时为正二测投影；当投影平面与三个坐标轴的夹角都不相等时，为正三测投影。正轴测投影变换矩阵描述可参考相关资料。

3.3.5.2　透视投影

在计算机三维造型、三维动画制作、室内装潢效果显示等凡要显示空间效果的场合，均要利用透视投影。通过投影中心（视点）将三维形体投影到投影面的一种变换称为透视变换。在

投影面上得到的图形即为透视图。

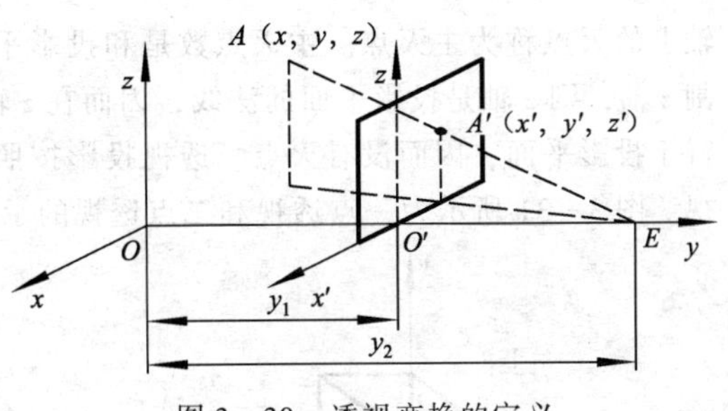

图3－30　透视变换的定义

【例3－4】　如图3－30所示，若投影中心E位于y轴上，投影面垂直于y轴并交于O'点，投影面和投影中心E到坐标原点的距离分别为y_1和y_2，现求空间一点A（x，y，z）在投影面上的投影坐标A'（x'，y'，z'）。

根据相似三角形对应边成比例的关系有

$$\frac{x'}{x}=\frac{z'}{z}=\frac{y_2-y_1}{y_2-y}$$

若投影面为xOz面，即$y_1=0$，则上式为

$$\frac{x'}{x}=\frac{z'}{z}=\frac{1}{1-y/y_2}$$

即

$$x'=\frac{x}{1-y/y_2},\ z'=\frac{z}{1-y/y_2},\ y'=0$$

将上述变换关系用矩阵表示为

$$(x' \quad y' \quad z' \quad 1) = (x \quad y \quad z \quad 1)\begin{pmatrix}1&0&0&0\\0&1&0&-1/y_2\\0&0&1&0\\0&0&0&1\end{pmatrix}\begin{pmatrix}1&0&0&0\\0&0&0&0\\0&0&1&0\\0&0&0&1\end{pmatrix}$$

$$=(x \quad y \quad z \quad 1-y/y_2)\begin{pmatrix}1&0&0&0\\0&0&0&0\\0&0&1&0\\0&0&0&1\end{pmatrix}=\begin{pmatrix}\frac{x}{1-y/y_2}&0&\frac{z}{1-y/y_2}&1\end{pmatrix}$$

由此表明，空间一点的透视变换可用该点的齐次坐标乘以透视变换矩阵T_p，再乘以向xOz面作正投影的变换矩阵，便得到该点在投影面的投影图。这里透视变换矩阵T_p为

$$\boldsymbol{T}_p=\begin{pmatrix}1&0&0&P\\0&1&0&Q\\0&0&1&R\\0&0&0&1\end{pmatrix} \tag{3-55}$$

其中，$P=R=0$，$Q=-1/y_2$，y_2为在y轴的投影中心到坐标原点的距离。

三维空间任一点的透视变换的矩阵表达式为

$$(x' \quad y' \quad z' \quad 1) = (x \quad y \quad z \quad 1)\begin{pmatrix}1&0&0&P\\0&1&0&Q\\0&0&1&R\\0&0&0&1\end{pmatrix}=(x \quad y \quad z \quad Px+Qy+Rz+1)$$

$$=\begin{pmatrix}\frac{x}{Px+Qy+Rz+1}&\frac{y}{Px+Qy+Rz+1}&\frac{z}{Px+Qy+Rz+1}&1\end{pmatrix}$$

当P、Q、R三个元素中有两个元素为零时，可得到一点透视变换；当有一个元素为零时，可得到二点透视变换；当均不为零时，可得到三点透视变换。

透视图表达的物体图形有一种渐远渐小的深度感，是一种与人的视觉观察物体比较一致的三维图形。任何一束不平行于投影平面的平行线的透视投影将汇聚成一点，称为灭点。在坐标

轴上的灭点称为主灭点。主灭点数是和投影平面切割坐标轴的数量相对应的。如投影平面仅切割 z 轴，则 z 轴是投影平面的法线，因而在 z 轴上有一个主灭点，而平行于 x 轴或 y 轴的直线平行于投影平面，因而没有灭点。透视投影按照主灭点的个数分为一点透视、二点透视和三点透视。图 3－31 所示为一点透视和二点透视的示意图。

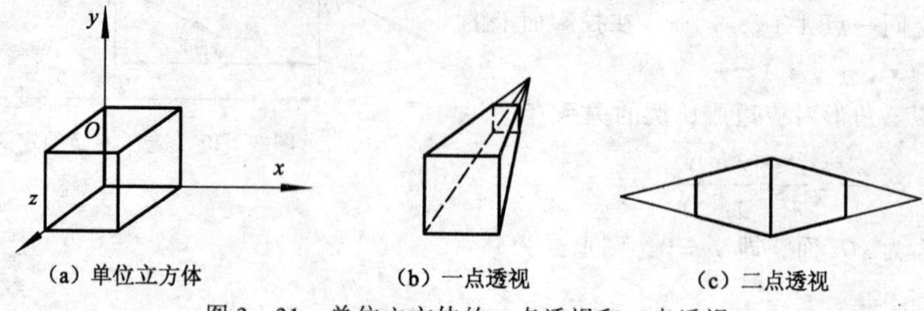

(a) 单位立方体　　(b) 一点透视　　(c) 二点透视

图 3－31　单位立方体的一点透视和二点透视

对三维形体透视变换时，可将形体看作是点的集合，分别将形体上各点进行透视变换，然后将所得到的投影点逐次连接起来，便得到一个完整的三维形体的透视投影图。为了得到立体感强、图像逼真的透视图，需要先对变换形体进行平移、旋转等基本变换，然后再进行中心投影的透视变换，因而透视图所需的变换矩阵往往是一个组合变换矩阵。

如图 3－32（a）所示的单位立方体，三条棱边分别与三个坐标轴重合，其一个顶点位于坐标原点上。可先将其绕 y 轴旋转 β 角［见图 3－32（b）］，再相对 x、y、z 三个坐标轴平移 l、m、n［见图 3－32（c）］，然后作两点透视，最后将所得的透视图向 xOy 平面作正投影［见图 3－32（d）］，其变换矩阵为

$$\boldsymbol{T}=\begin{pmatrix}\cos\beta & 0 & -\sin\beta & 0\\ 0 & 1 & 0 & 0\\ \sin\beta & 0 & \cos\beta & 0\\ 0 & 0 & 0 & 1\end{pmatrix}\begin{pmatrix}1 & 0 & 0 & 0\\ 0 & 1 & 0 & 0\\ 0 & 0 & 1 & 0\\ l & m & n & 1\end{pmatrix}\begin{pmatrix}1 & 0 & 0 & p\\ 0 & 1 & 0 & 0\\ 0 & 0 & 1 & r\\ 0 & 0 & 0 & 1\end{pmatrix}\begin{pmatrix}1 & 0 & 0 & 0\\ 0 & 1 & 0 & 0\\ 0 & 0 & 0 & 0\\ 0 & 0 & 0 & 1\end{pmatrix}$$

$$=\begin{pmatrix}\cos\beta & 0 & 0 & p\cos\beta-r\sin\beta\\ 0 & 1 & 0 & 0\\ \sin\beta & 0 & 0 & p\sin\beta+r\cos\beta\\ l & m & 0 & pl+nr+1\end{pmatrix}=\begin{pmatrix}\dfrac{\cos\beta}{pl+nr+1} & 0 & 0 & \dfrac{p\cos\beta-r\sin\beta}{pl+nr+1}\\ 0 & 1 & 0 & 0\\ \dfrac{\sin\beta}{pl+nr+1} & 0 & 0 & \dfrac{p\sin\beta+r\cos\beta}{pl+nr+1}\\ \dfrac{l}{pl+nr+1} & \dfrac{m}{pl+nr+1} & 0 & 1\end{pmatrix}$$

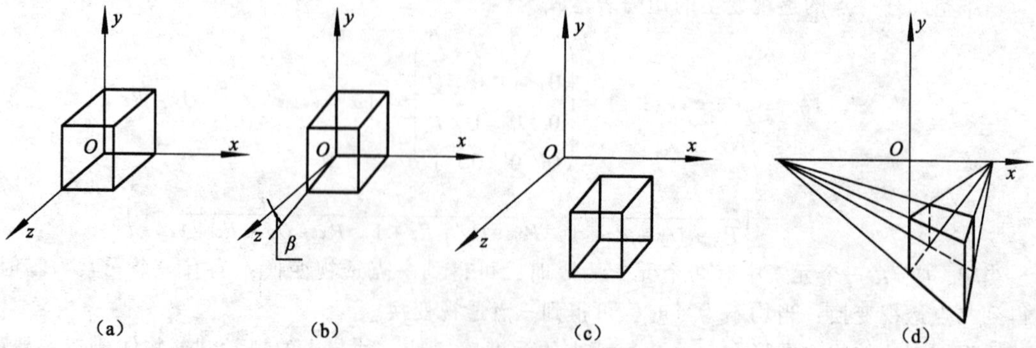

(a)　　(b)　　(c)　　(d)

图 3－32　单位立方体的二点透视变换

3.4 真实感图形显示技术

用计算机显示具有真实感的三维物体图形，是产品设计结果表达的需要，因而也是计算机图形技术研究的重要内容之一。为了显示立体感强的图形，需要轴测图、透视图等三维实体的二维表示技术；为了解决二维线框模型的二义性问题，就必须消除实际不可见的线和面，也就是所谓的消除隐藏线和隐藏面，简称消隐技术；为了生成真实感强的实体图形，不仅要判断物体之间的遮挡的关系，还要处理物体表面的明暗效应，使用不同的色彩灰度等光照技术。经过诸如此类技术处理的图形称为物体的真实感图形。上一节已经讲过轴测图和透视图，下面简要介绍消隐技术、光照处理技术和阴影等描述真实感图形显示的技术。

3.4.1 消隐技术

图3－33（a）所示的两个立方体图形具有二义性，需要进行消隐处理。首要的问题是用适当的方法和算法分辨出哪些是可见部分，哪些是不可见部分，即找出隐藏线和隐藏面。最后只显示可见的边或轮廓线、可见的面，如图3－33（b）、（c）、（d）所示。查找、确定并消除隐藏线和隐藏面的技术即是消隐技术。而消隐算法的关键是线、面遮挡、可见与否的检验。

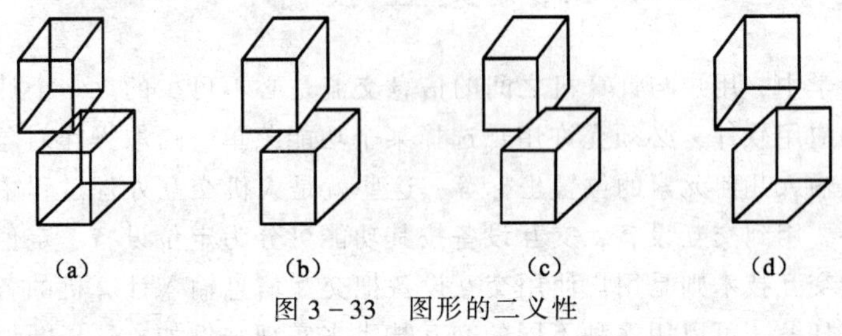

图3－33 图形的二义性

消隐处理算法按照处理对象的立体模型不同进行分类，可分为消除隐藏线算法和消除隐藏面算法两大类。如果按照消隐算法实现的空间分类，通常又把算法分为两种，即物理空间或称对象空间（针对观察坐标系）算法和图像空间（针对设备坐标系）算法两种。对象空间算法是以场景中物体为处理单元，而图像空间算法是以屏幕上视区内的像素为处理对象。对象空间算法有较高的精度，生成的图形即使被放大数倍后仍能显示较满意的图形，图像空间算法的精度不及前者，它最多达到屏幕分辨率的精度。

目前有代表性的几种算法为分段可见性判断算法、隐藏量算法、可见面判别算法、深度缓冲器算法、扫描线算法、画家算法等。人们仍在不断探索新的、更好的算法，以达到简化消隐过程，提高消隐速度和消隐可靠性的目的。

3.4.2 光照处理技术

光照处理技术的基本出发点是希望模拟光照射到物体上，经过周围具体环境相互作用后到达人眼视网膜上产生的感知效果。经过消隐处理的三维图形仅仅是初级的真实感图形。经过消隐处理后，再加上光照效果的图形，才是通常所称的真实感图形。

光照处理技术是对真实世界的一种近似的模拟，它需要两方面重要性质，即物体表面性质和落在物体表面上的光照性质。物体表面性质决定了有多少入射光被物体表面吸收或反射。如果入射光全部被吸收，物体不可见，呈黑色；如果入射光只有小部分被吸收，绝大部分被反射，则物体呈白色。光照指的是由光源发出的光线照射在物体上光能的总和。正是由于这个能量才使物体表面可见并产生不同的亮度。考虑到光照性质的不同，可建立漫反射、镜面反射、泛光等不同的光照模型。利用这些模型就可以计算出物体表面每一点的亮度，进而生成具有光照效果的真实感图形。

3.4.3 阴影

当观察方向与光源方向重合时，观察者看不到阴影。但当两者不一致时，就会出现阴影。在图形处理中将阴影表示出来，就会增强图形的真实感。

阴影由两部分组成：自身阴影和透射阴影。自身阴影是由于物体自身遮挡而使光线照不到它的某些面，透射阴影是由于物体遮挡光线，使场景中位于他后面的区域收不到光照而形成的，它可以认为是由所有可见面在基面上的正投影得到的。

产生阴影的过程相当于两次消隐过程，一次是对每个光源消隐，另一次是对观察者的位置或视点消隐。

除此以外，还有纹理处理、光线跟踪、辐射度、透明度等更准确描述真实感图形的各种技术和算法。

3.5 交互技术

在计算机图形学中，用户与计算机之间的信息交流是必不可少的。一个计算机图形系统或者一个图形处理的应用软件，必须允许用户选择某个功能菜单、拾取操作对象、输入程序运行参数，并能动态地输入几何元素的位置坐标等，这些就是人机交互处理过程中最常见的交互操作。实现交互任务要用到交互设备，交互设备按其功能可分为定位设备、定值设备、拾取设备和键盘设备四种。交互技术则是用户使用交互设备把交互信息输入计算机的各种不同方法。对于一个给定的交互任务，可以用多种不同的交互技术来实现。例如，选择图形系统中的某一功能，可通过鼠标移动光标在菜单中选取，也可以通过键盘输入功能项名称来实现，还可以借助辅助键来实现。在交互设备中，最常用的是键盘和鼠标。鼠标在交互技术中既可用于定位，也可用于选择。

3.5.1 交互任务与设备

完成这种人机交互任务的方法称为人机交互技术。随着计算机图形学越来越广泛的应用，人机交互技术也变得越来越重要，成为计算机图形学的一个重要组成部分。

3.5.1.1 交互任务

在交互式图形系统中，图形交互任务按其逻辑功能大致可分为单点定位、笔画定位、拾取功能、选择功能、数值输入功能及字符输入六种功能。

3.5.1.2 交互设备

常见的图形交互设备有鼠标、键盘、图形输入板、图形数字化仪、光笔、磁感应笔、跟踪球等。其中每一种交互设备，都有它擅长的输入功能。如鼠标最适合控制光标在屏幕上的移动，图形数字化仪最适合点的定位和笔画输入。而键盘输入数字和文字最方便。但在适当软件的支持下，上述大多数输入设备都可实现多项交互功能。因此，对于一个交互式图形系统，一般只需要配用几种输入设备，就可以完成所有交互任务。

3.5.2 交互技术

交互技术是指在交互式图形系统运行过程中，通过“人机对话”的交互过程实现图形的输入与创建、图形编辑修改和图形的屏幕显示的各种技术。

3.5.2.1 交互绘图技术

1. 点的坐标输入技术

点的坐标值的交互输入是交互绘图技术中最基本的操作。现在使用的大多数交互式图形系统采用最多的两种输入方式：①用键盘数字键精确输入；②用鼠标在屏幕上指定该点的坐标值。

2. 栅格与交点吸附技术

栅格绘图也是常用的交互绘图技术。栅格是由均匀分布的水平线和垂直线组成的，栅格线常以低亮度或较淡颜色显示，也有的系统只显示栅格线的交点。采用栅格绘图时，系统自动将光标位置吸附在栅格线的交点上。这种吸附技术有利于绘制精确图形，确保线段端点重合。例如绘制电路图时，可以确保元件之间的连接没有间隙。

3. 橡皮筋技术

橡皮筋技术是指在交互绘图时，先固定图形上的一点，然后用鼠标拖动另一点移动，直至绘制的图形满意为止。在光标拖动过程中，屏幕上清晰地显示被绘制图形的变化形态。橡皮筋可以是直线，也可以是矩形。

3.5.2.2 交互编辑技术

图形的交互编辑也是交互图形系统中必不可少的重要功能。进行图形编辑时，首先就要选定需要编辑的对象，通常把这样的选择过程称为“拾取”。

1. 点的拾取

理论上讲，“点”是没有大小的。而在光栅图形学中，“点”实际上是指屏幕上的像素点。我们知道，现在使用的计算机屏幕一般都可达到1 024×1 024的分辨率。因此，像素点也是非常小的，鼠标控制光标在屏幕上以像素为单位移动时，要准确定位也非常困难。而在交互绘图中，经常需要准确拾取线的端点、圆的圆心、多边形的角点等，这就需要采用适当的点的拾取方法。一般的交互图形系统，都会在系统参数设置中设定一个点的拾取精度r，当拾取光标的位置坐标P_0（x_0，y_0）与被拾取点的位置坐标P（x，y）满足以下条件时，则该点被拾取

$$(x_0-x)^2+(y_0-y)^2\leqslant r^2 \tag{3-56}$$

也就是说，此时的拾取范围实际上是以r为半径的圆。当然，为了避免平方运算，提高运算速度，也常常将上述判别条件简化为

$$|x_0-x|<r\&|y-y_0|<r \tag{3-57}$$

在这种条件下，拾取范围则是边长为$2r$的正方形，如图3－34所示。

2. 直线段的拾取

在交互式图形系统中，经常需要拾取某一线段，对它进行编辑操作，如平移、旋转或剪取等。因此，线段的拾取也是最基本的拾取算法之一。通常，图形系统会设置一个拾取精度r，假设线段的两个端点分别为P_1（x_1，y_1）和P_2（x_2，y_2），移动光标点为P_0（x_0，y_0），那么最基本的拾取算法就是计算出光标点P_0到直线P_1P_2的垂直距离d，如果$d\leqslant r$，则认为直线段被拾取，如图3－35所示。

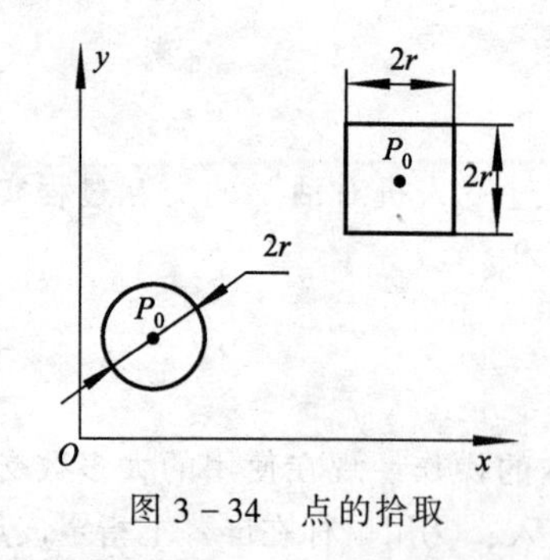

图 3-34　点的拾取

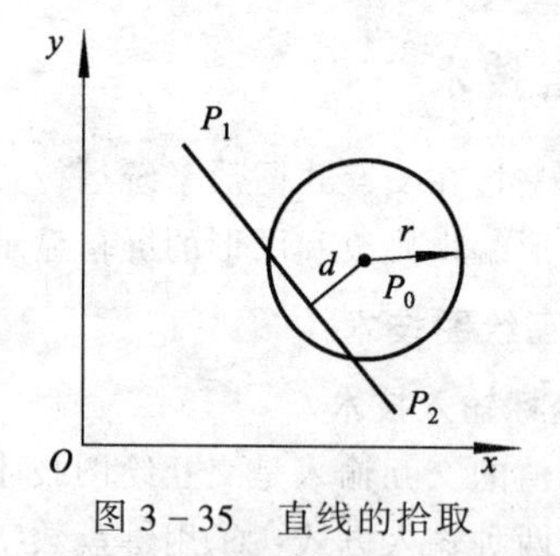

图 3-35　直线的拾取

当然在具体编程实现时，要将直线段分为水平线、垂直线和一般位置直线三种情况来处理，只有被拾取直线是如图所示的一般位置线段时，才使用点到直线的距离公式来计算 d 值，这样可节省拾取算法的运算时间。在拾取操作时，通常会让被拾取的候选对象高亮度显示，以便于操作者判断和选择。

3. 多边形的拾取

在交互绘图时，对多边形进行编辑或填充处理，都需要先拾取多边形，然后再进行下一步操作。多边形拾取算法一般都采用射线法来判断移动光标点 P_0（x_0，y_0）是否在多边形内部。如果移动光标点在多边形内部，则该多边形被拾取；否则，该多边形不被拾取。具体算法如下。

（1）由光标点 P_0（x_0，y_0）作 x 轴正方向的平行射线，如图 3-36 所示，计算该射线与多边形所有的边的交点数，若交点之和为奇数，则可判断光标点在多边形内部，该多边形被拾取；反之，若交点之和为偶数，则光标点在多边形外部，多边形不被拾取。

（2）为保证算法的正确性，规定水平方向的边不参与求交点运算。

（3）若交点为线段的端点时，算法规定线段下方端点为有效交点，参与计数，而上方端点则不参与计数，这样便可保证该算法在特殊情况下的有效性。

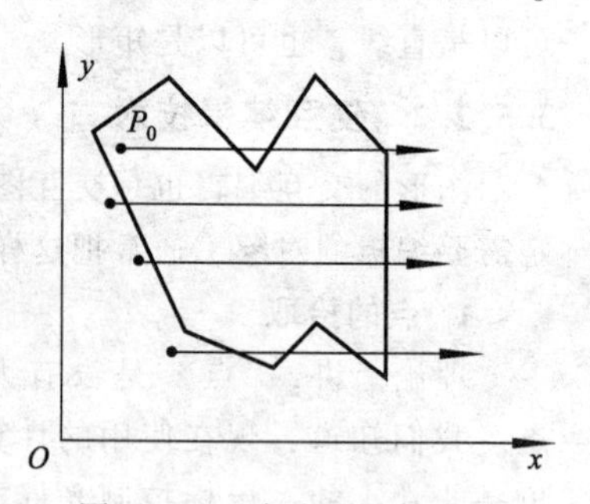

图 3-36　多边形的拾取

3.5.3　人机交互界面的设计

人机交互界面（Interface）在很大程度上影响整个系统的实用性和可用性，影响到用户的工作效率随着计算机性能的提高，以及计算机应用的普及，软件如何最容易被用户掌握、操作已成为最关注的目标。国际上许多著名公司十分重视这一问题，投入大量人力、财力进行交互式图形界面系统的研究，并取得了丰硕的成果，最典型的就是 Microsoft 公司推出的系列 Windows 操作系统的广泛应用。随着多媒体技术的发展，交互界面技术也将变得越来越重要，越来越繁杂，将有更多的研究内容让软件开发人员去探讨。

3.5.3.1　交互界面设计的原则

1. 反馈信息

反馈信息是人机对话的基本组成部分，它告诉用户计算机正在做什么、操作的结果、出错后的处理，以及下一步应做什么等。

2. 提示（Prompt）和帮助（Help）信息

反馈信息是用来响应用户已做的特定动作，而提示信息则是建议用户下一步应该如何做。

帮助信息是系统为用户提供的各种有针对性的指导意见。

3. 防错与纠错的措施

①拒绝接收错误的指令。②纠错功能，取消错误操作的恢复功能。

4. 规格化设计

①颜色、符号的规格化。②菜单位置。③键盘字符、前进、后退、Esc退出等。

5. 界面布置原则

①主菜单常驻屏幕。②子菜单的层数、位置布置的原则。③图形显示区的范围。④提示区的布置。⑤交互输入区（对话框）的布置。⑥热键菜单区的布置。

3.5.3.2　设计原理

（1）菜单种类：图标、文字、数字等。

（2）菜单形式：分页式、下拉式、弹出式。

习　题

1. 何为窗口？何为视区？如何将窗口内的图形在视区内显示？

2. 阐述 Cohen – Sutherland 算法中直线段的裁剪方法与处理步骤。

3. 有一任意平面直线段，试求将之变换到与 x 轴重合的组合变换矩阵。

4. 在齐次坐标系中，分别写出下列变换矩阵。

（1）整个图像放大2倍；

（2）x 方向放大4倍，y 方向放大3倍；

（3）图像上移5个单位，右移4个单位；

（4）关于直线 $y=-x$ 对称；

（5）图像绕坐标原点顺时针方向旋转90°；

（6）图像绕点（3，4）逆时针方向旋转45°。

5. 分别写出下列变换矩阵，计算空间单位立方体变换后各顶点的坐标，并画出图形。

（1）关于坐标原点的对称变换；

（2）关于任意点 P（x_0，y_0，z_0）的对称变换；

（3）关于 y 轴的对称变换。

6. 试用C语言编程，将顶点分别为 P_1（10，10）、P_2（30，10）、P_3（10，50）的 $\Delta P_1P_2P_3$ 进行旋转、平移和放大的组合变换，并绘制变换前和变换后的三角形图形。其中旋转角度为60°，平移量为 $l=30$，$m=50$；放大系数为 $S_x=2$，$S_y=2$。

7. 常见的交互技术有哪几种？交互界面设计的原则是什么？

8. 形体的拓扑信息和几何信息各包含哪些内容？各起什么作用？试举例说明。

第4章 几何建模

【教学目标】

掌握几何建模的过程及模型信息表述内容；了解CAD建模技术发展及类型，掌握线框建模、曲面建模的特点；了解常用CAD建模软件，掌握SolidWorks软件的草图绘制、特征建模以及装配建模方法；了解Pro/E二次开发技术，熟悉应用Pro/TOOLKIT进行Pro/E二次开发的流程。

【本章提要】

几何建模是CAD技术的重要内容之一。CAD建模技术主要经历了线框建模、曲面建模、实体建模、参数化特征建模、变量建模以及直接建模等发展过程。目前，常用的三维CAD软件主要应用的是参数化特征建模技术。常用的三维CAD软件主要有CATIA、UG、Pro/E以及SolidWorks等。通常三维CAD软件都包括草绘、特征建模和装配建模等基本功能。由于CAD软件在某些方面不能很好地满足用户的需求，通常用户可以根据CAD软件提供的接口对其进行二次开发，从而扩展CAD的功能，实现一定程度上的客户定制。CAD几何建模是进行后续CAE分析、CAM加工等内容的前提，因此建立好的CAD模型是进行数字化设计的基础。

4.1 概　　述

计算机辅助设计（CAD）是指在设计活动中，利用计算机作为工具，帮助工程技术人员进行设计的一切适用技术的总和。计算机辅助设计是人和计算机相结合、各尽所长的新型设计方法。在设计过程中，人可以进行创造性的思维活动，完成设计方案构思、工作原理拟定等，并将设计思想、设计方法经过综合、分析，转换成计算机可以处理的数学模型和解析这些模型的程序。在程序运行过程中，人可以评价设计结果，控制设计过程；计算机则可以发挥其分析计算和存储信息的能力，完成信息管理、绘图、模拟、优化和其他数值分析任务。一个好的计算机辅助设计系统既能充分发挥人的创造性作用，又能充分利用计算机的高速分析计算能力，找到人和计算机最佳结合点，如图4-1所示。因此，CAD技术的核心是辅助设计（Design）不是绘图（Drawing或Drafting），也就是能够帮助设计师进行“有目的的创作行为”。

通常，可以把实际机械产品的三维实体几何形状及其属性（即物理模型）用合适的数据结构进行描述和存储，转变成供计算机进行信息转换与处理的数据模型（即几何模型）。由此可知几何模型一般由数据、结构和算法三部分组成。几何模型包含了三维形体的几何信息、拓扑信息以及其他的属性数据。因此，将机械产品的物理模型转变为数字模型，即将现实世界中的机械产品，从设计人员的想象出发，到完成它的计算机内部数字化信息表示的这一过程称为机械产品的几何建模。用于建立几何模型的软件称为几何建模工具。机械产品的建模技术是CAD/CAE/CAM系统的核心技术。机械产品的建模包括零件的几何建模和产品的装配建模等。

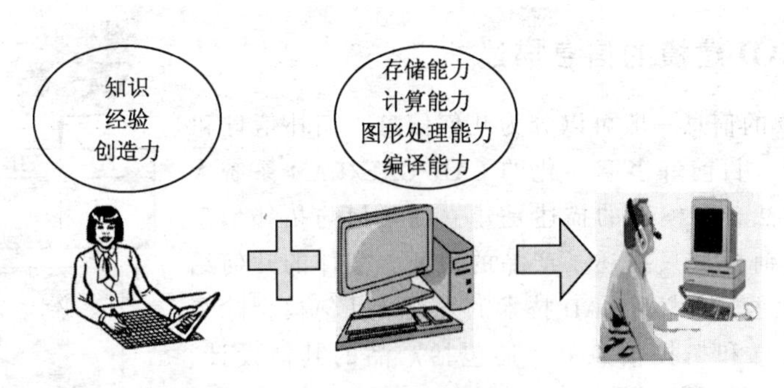

图4-1 CAD的特点

4.1.1 机械CAD几何建模的类型

根据CAD系统处理的数字模型的不同，CAD系统可以分为二维CAD和三维CAD系统。相应的，机械产品几何建模系统一般可以分为二维几何建模和三维几何建模两大类。

(1) 二维几何建模。二维CAD系统一般将产品和工程设计图纸看成是点、线、圆、弧、文本等几何元素的集合，系统内表达的任何设计都变成了几何图形，所依赖的数学模型是几何模型，系统记录了这些图素的几何特征，主要用于数字化图纸的绘制，这类软件在CAD软件发展的初期是主流的CAD系统，目前在建筑等行业还有较为广泛的应用。计算机内部模型可以是二维的，也可以是三维的。二维几何建模系统结构简单，占用存储空间少，开发容易。

(2) 三维几何建模。现实世界是一个三维的空间世界，显示的物体可以用三维空间描述其形状和大小。三维模型是在计算机中将产品的实际形状表示成为三维的模型，模型中包括了产品几何结构的有关点、线、面、体的各种信息。由于三维CAD系统的模型包含了更多的实际结构特征，使用户在采用三维CAD造型工具进行产品结构设计时，更能反映实际产品的真实形态、构造或加工制造过程，并能够为后续的计算机辅助分析、计算机辅助制造等提供基础模型，因此三维CAD目前已经逐步成为CAD系统，特别是机械CAD的主流。

4.1.2 几何建模的过程

在机械CAD/CAE/CAM系统中，产品几何建模过程就是将产品三维实体的几何形状、尺寸和属性等信息，用合适的数据结构进行描述和存储，计算机系统对这些信息进行转换与处理的过程。产品几何模型包含三维形体的几何信息、拓扑信息、材料物理特性信息及其他的同性数据。所谓的产品建模就是以计算机能够理解的方式，对产品的上述信息进行确切的定义，赋予一定的数学描述，再以一定的数据结构形式，对所定义的几何实体加以描述，从而在计算机内部构造一个实体的几何模型。

对机械产品CAD建摸，首先要对物体进行抽象，拟定功能结构，得到一种想象中的概念模型；然后将这种概念模型以一定格式转换成符号或算法表示的数学形式，形成信息模型，该模型表示了物体的信息类型、几何拓扑关系和逻辑关系；最后形成计算机内部的数字化存储模型。通过这种方法定义和描述的模型必须是完整、简明、通用和唯一的，并且能够从模型上提取设计、分析仿真、工艺设计、制造过程和生产管理、售后服务、绿色回收等产品全生命周期各个过程中需要的全部信息。因此，建模过程实质就是一个描述、处理、存储、表达现实物体及其属性的过程，可抽象为图4-2所示的流程。

4.1.3 机械 CAD 建模的信息描述

机械 CAD 建模的信息一般可以分为几何信息、拓扑信息和属性信息三个部分。目前许多商品化的 CAD/CAE/CAM 系统大多采用几何建模方法，即模型的描述是建立在几何与拓扑信息的处理之上的，几何模型只描述了产品的表面、实体的几何结构信息。随着特征建模技术等 CAD 技术的发展，几何模型除了描述模型的几何信息和拓扑信息外，还包括产品的其他设计、装配、制造和管理等属性信息。

2D
3D
关键信息
体
面
边
点
模型数据
物理模型
抽象化
概念模型
格式化
信息模型
实例化
数字模型

图 4-2　CAD 建模一般过程

4.1.3.1　几何信息描述

机械 CAD 的几何信息是指描述机械结构三维形体的几何元素在空间的位置和尺寸大小的信息，具体来说，几何信息是机械结构基本几何要素（如点、线、面、体等）在空间坐标系的信息。

（1）点是零维几何元素，是几何建模中的最基本元素。在计算机中对曲线、曲面、形体的描述、存储、输入、输出，实质上都是针对点集及其连接关系进行处理。根据点在实际形体中存在的位置，可以将其分为端点、交点、切点等。对形体进行集合运算还可能形成孤立点，在对形体定义时孤立点一般是不允许存在的。

（2）边是一维几何元素。它是形体相邻面的交界，对于正则形体而言，边只能是两个面的交界，对于非正则形体而言，边可以是多个面的交界。边具有方向性，它的方向为由起点沿边指向终点。

（3）环是由有序、有向边组成的面的封闭边界。环中的边不能相交，相邻两条边共享一个端点。环的概念是和面的概念密切相关的，环有内环与外环之分，外环用于确定面的最大外边界，而内环则用于确定面内孔的边界。环也具有方向性，它的外环各边按逆时针方向排列，内环各边则按顺时针排列。

（4）面是二维几何元素。它是形体上一个有限、非零的单连通区域。它可是平面也可是曲面。面由一个外环和若干内环包围而成，外环需有一个且只能有一个，而内环可有也可没有，可有一个也可有若干个。

（5）体是三维几何元素。它是由若干个面包围成的封闭空间，也就是说体的边界是有限个面的集合。几何造型的最终结果就是各种形式的体。

（6）体素是指可由有限个参数描述的基本形体（即基本形体体素，如长方体、球体、圆柱体、圆锥体等），或由定义的轮廓曲线沿指定的轨迹曲线扫描生成的形体（即轮廓扫描体素）。

在 CAD 系统中，只有几何信息对物体的表达是不充分的，常常会出现表达的二义性。如图 4-3所示的图形中，五个顶点可以用不同的方法连接，得到不同的几何图形。由此可知，只有顶点的坐标数值而没有点与点之间的连接关系，是不能充分、唯一地描述对象的几何图形的。在 CAD 建模中，为保证对象结构图形信息的唯一性和完整性，除了要记录对象几何信息外，还需要记录其拓扑信息。

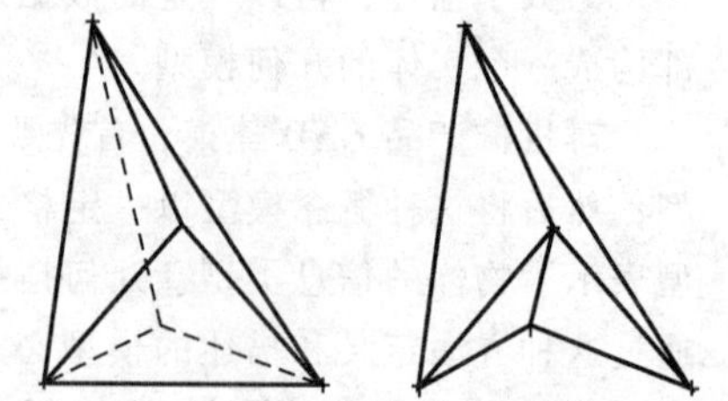

图 4-3　相同几何信息的物体二义性

4.1.3.2　拓扑信息

模型的拓扑信息反映了模型中各几何元素的数量及其相

互间的连接关系，与几何元素的长短、大小、面积、体积等度量性质无关。

几何模型都是由点、边、环、面、体等各种不同的几何图素构成，这些几何因素间的连接关系是指一个形体由哪些面组成，每个面上有几个环，每个环由哪些边组成，每条边又由哪些顶点定义等。各种几何元素相互间的关系构成了形体的拓扑信息。

如果拓扑信息不同，即使几何信息相同，最终构造的实体也可能完全不同。如图4-4所示，在一圆周上的五个等分点，若用直线顺序连接每个点，则形成一个正五边形；若用直线隔点连接每个点，则形成一个正五角星形。

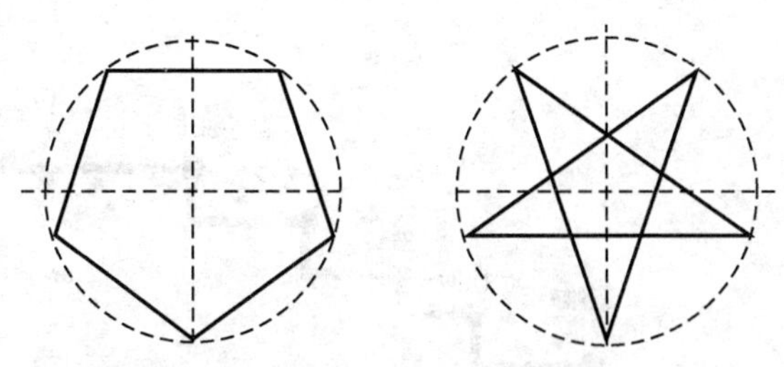

图4-4　几何信息相同拓扑信息不同得到不同的结构模型

在几何建模中最基本的几何元素是点（V）、边（E）、面（F），这三种几何元素之间的连接关系可用以下九种拓扑关系表示，如图4-5所示。

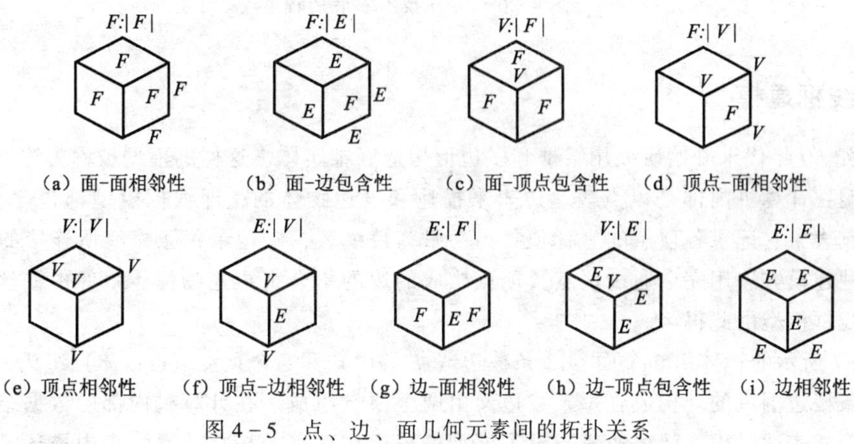

图4-5　点、边、面几何元素间的拓扑关系

这九种拓扑关系之间并不独立，实际上是等价的，即可以由一种关系推导出其他几种关系，可视具体要求不同，选择不同的拓扑描述方法。描述形体拓扑信息的根本目的是便于直接对构成形体的各面、边及顶点的参数和属性进行存取和查询，便于实现以面、边、点为基础的各种几何运算和操作。

4.1.3.3　非几何信息

非几何信息是指产品除描述实体几何、拓扑信息以外的其他工程设计属性和管理等信息。这些信息包括零件材料的物理属性、质量精度属性、加工工艺属性、管理属性等信息，如零件的质量、材料及其热处理、工作性能参数，尺寸形位公差等精度要求，表面粗糙度等表面质量要求，加工及装配技术要求等信息。为了满足CAD/CAE/CAM集成的要求，使CAD模型在产品的整个生命周期中发挥其应有的作用，这些工程设计和管理信息的计算机描述和表达显得越来越重要，是产品特征建模技术的基础。

4.2 CAD 建模技术

按照对几何信息和拓扑信息的描述及存储方法可划分为线框建模、表面建模、实体建模等。CAD 建模技术在其近 50 年的演变历史中，经历了巨大发展，其技术发展历程如图 4-6 所示。

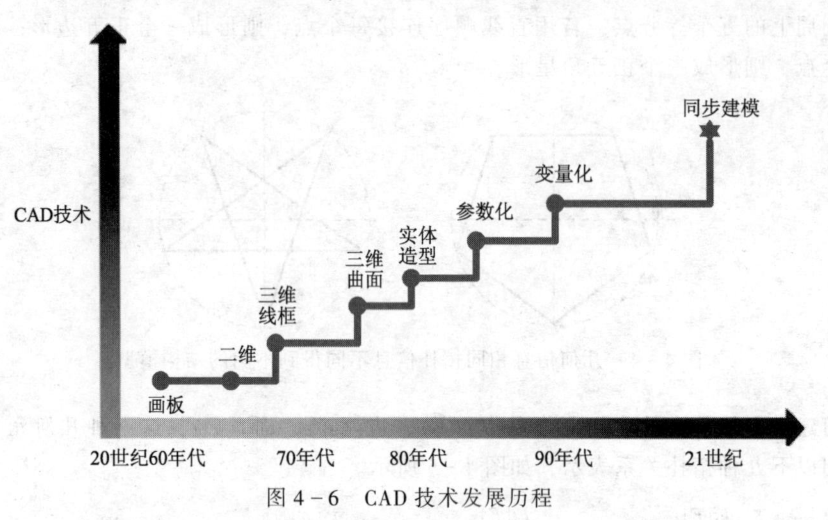

图 4-6 CAD 技术发展历程

4.2.1 线框建模

20 世纪 60 年代末开始研究用线框和多边形构造三维实体，这样的模型被称为线框模型。每个线框模型在计算机内部是以点表、边表来描述和表达物体的，即线框模型都包含有两张表：一张为顶点表，它记录各顶点的坐标值；另一张为棱线表，它记录每条棱线所连接的两个顶点信息。这种建模方法用完全通过顶点及顶点构成的边的集合来描述物体，就像由铁丝做成的线框，因此线框模型由此得名。

图 4-7 所示的物体由 6 个面、12 条棱边（*el* ~ *e*12）和 8 个顶点（*v*1 ~ *v*8）组成，其中每个面由若干条棱边围成的环构成，每条棱边又由两个顶点组成。在计算机内部的数据结构可以用数据表的形式表达。模型的棱边表记录了模型的棱边与顶点的拓扑关系，表中描述了每条棱边的起点、终点；顶点表记录了物体各顶点在用户坐标系的三维坐标。

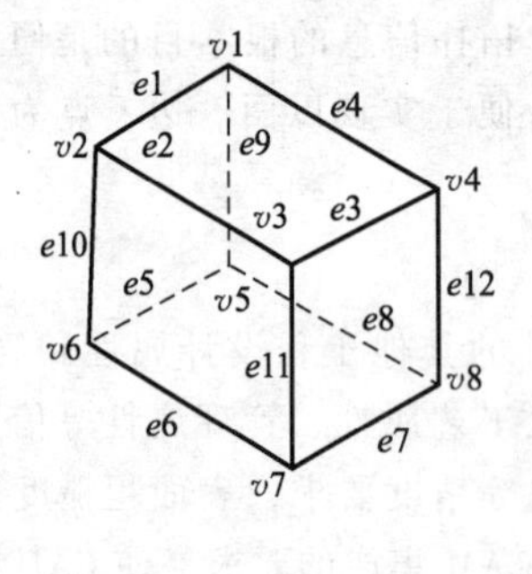

棱线	顶点	
e1	v1	v2
e2	v2	v3
e3	v3	v4
e4	v4	v1
e5	v5	v6
e6	v6	v7
e7	v7	v8
e8	v8	v5
e9	v1	v5
e10	v2	v6
e11	v3	v7
e12	v4	v8

顶点	坐标值		
	x	y	z
v1	x1	y1	z1
v2	x2	y2	z2
v3	x3	y3	z3
v4	x4	y4	z4
v5	x5	y5	z5
v6	x6	y6	z6
v7	x7	y7	z7
v8	x8	y8	z8

图 4-7 线框建模

线框模型结构简单，对计算机性能要求较低，可以表示基本物体的三维数据，可以产生任意视图，视图间能保持正确的投影关系，这为生产工程图带来了方便。此外，还能生成透视图和轴侧图，较二维系统有了很大的进步。但是，因为所有棱线全部显示，物体的真实感可出现二义解释；由于缺少曲线轮廓，想要表现圆柱、球体等曲面比较困难；特别是由于数据结构中缺少边与面、面与面之间关系的信息，因此会出现不能构成实体，无法识别面与体，不能区别体内与体外，不能进行剖切，不能进行两个面求交，不能自动划分有限元网格等问题。初期的线框造型系统只能表达基本的几何信息，不能有效表达几何数据间的拓扑关系。由于缺乏形体的表面信息，CAM 及 CAE 均无法实现。

4.2.2　曲面建模

进入 20 世纪 70 年代，正值飞机和汽车工业的蓬勃发展时期。此间飞机及汽车制造中遇到了大量的自由曲面问题，当时只能采用多截面视图、特征纬线的方式来近似表达所设计的自由曲面。由于三视图方法表达的不完整性，经常发生设计完成后，制作出来的样品与设计者所想象的有很大差异甚至完全不同的情况。设计者对自己设计的曲面形状能否满足要求也无法保证，所以还经常按比例制作油泥模型，作为设计评审或方案比较的依据。既慢且繁的制作过程大大拖延了产品的研发时间，要求更新设计手段的呼声越来越高。此时，法国人贝赛尔提出了 Bezier 算法，使得人们在用计算机处理曲面及曲线问题时变得可以操作，图 4-8 所示为 Bezier 曲面。

曲面建模又叫表面建模，是通过对物体的各种表面或曲面进行描述的一种三维建模方法，主要适用于其表面不能用简单的数学模型进行描述的复杂物体型面，这种建模方法的重点是由给出的离散点数据构成光滑过渡的曲面，使这些曲面通过或逼近这些离散点。

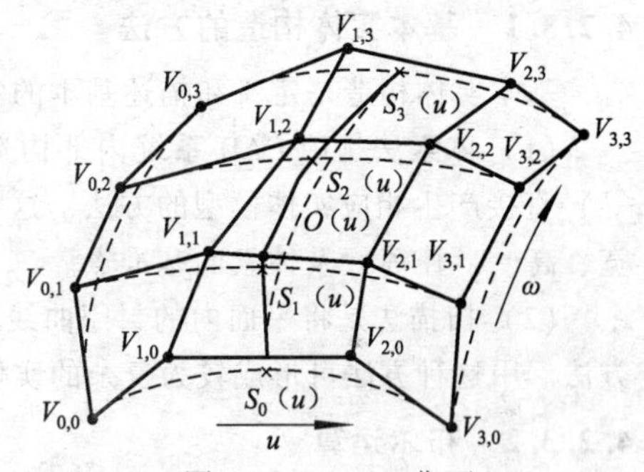

图 4-8　Bezier 曲面

曲面模型是在线框模型的数据结构基础上，增加可形成立体面的各相关数据后构成的，与线框模型相比，曲面模型有了物体的表面信息，可以表达边与面之间的拓扑关系，能实现面与面相交、着色、表面积计算、消隐等功能，此外还擅长于构造复杂的曲面物体，如模具、汽车、飞机等表面。曲面模型的应用，标志着计算机辅助设计技术从单纯模仿工程图纸的三视图模式中解放出来，首次实现以计算机完整描述产品零件的主要信息，同时也使得 CAM 技术的开发有了现实的基础。由于曲面模型只能表示物体的表面及边界，不能进行剖切，不能对模型进行质量、质心、惯性矩等物理属性计算，也难以表达复杂的制造信息，因此在机械设计方面还有较大的局限性，但是在艺术设计方面，曲面模型已经成为目前的主流造型技术，常见的动画及艺术设计系统（如 Rhino、3ds Max、Maya 等）大多采用了曲面模型。

4.2.3　实体建模

有了表面模型，CAM 的问题可以基本解决。但由于表面模型技术只能表达形体的表面信息，难以准确表达零件的其他特性，如质量、重心、惯性矩等，对 CAE 十分不利，最大的问题在于分析的前处理特别困难。基于对于 CAD/CAE 一体化技术发展的探索，SDRC 公司于 1979 年发布了世界上第一个完全基于实体造型技术的大型 CAD/CAE 软件——I-DEAS。三维实体造型技术（Solid Modeling）的核心是结构实体表示法（Constructive Solid Geometry，CSG）和边界表示法（Boundary Representation，B-REP）模型。CSG 表达的是建模的顺序过程，B-REP

则是三维模型的点、线、面、体信息，即造型结果的三维实体信息。

实体建模是采用基本体素的组合，通过集合运算和基本变形操作来建立三维模型的过程。这种方法可以表示形体的“体特征”，形体的几何特征（如体积、表面积、惯性矩等）均可由实体模型自动计算出来。实体建模是以基本体素（球、圆柱、立方体等）为单元体，通过布尔运算（并、交、差等）生成所需的几何形体，如图 4－9 所示。实体模型的特点是通过具有一定拓扑关系的形体表面定义形体，表面之间通过环、边、点来建立联系，表面的方向由围绕表面的环的绕向决定，表面法向矢量总是指向形体之外。这种方法可同时实现覆盖一个三维立体的表面与实体。

实体建模技术主要包括两部分：一是基本实体生成的方法，二是基本体之间的布尔运算。

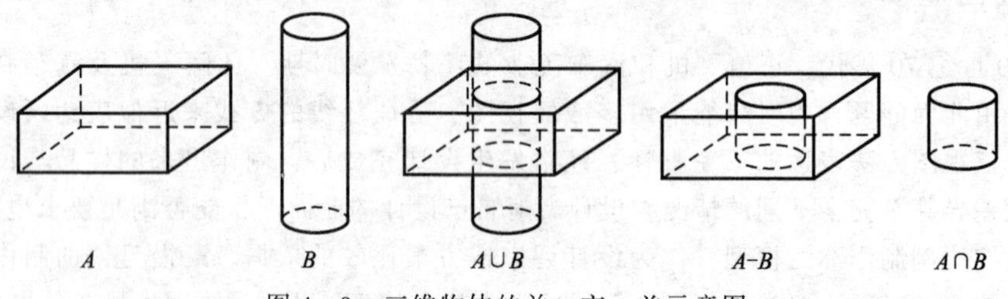

图 4－9　三维物体的并、交、差示意图

4.2.3.1　基本实体构造的方法

基本实体构造是定义和描述基本的实体模型，它包括体素法和扫描法。

（1）体素法是用 CAD 系统内部构造的基本体素的实体信息（如长方体、球、圆柱、圆环等）直接产生相应实体模型的方法。这种基本体素的实体信息包括基本体素的几何参数（如长、宽、高、半径等）及体素的基准点。

（2）扫描法是将平面内的封闭曲线进行“扫描”（平移、旋转、放样等）形成实体模型的方法。用这种方法可形成较为复杂的实体模型。

4.2.3.2　布尔运算

将由以上方法产生的两个或两个以上的初始实体模型，经过集合运算得到的新实体表示称为布尔模型，这种集合运算称为布尔运算。例如，将两个实体焊接在一起（并运算），或在一个实体上钻一个孔（差运算）等。

由于实体造型技术能够精确表达零件的全部属性，具有完整性和无二义性，可以保证只对实际上可实现的零件进行造型，零件不会缺少边、面，也不会有一条边穿入零件实体，因此，能避免差错和不可实现的设计，同时可以提供高级的整体外形定义方法，支持通过布尔运算从旧模型得到新模型。实体模型在理论上有助于统一 CAD、CAE、CAM 的模型表达，给设计带来方便。它代表着未来 CAD 技术的发展方向。基于这样的共识，各软件纷纷仿效，并成为当时 CAD 技术发展的主流。可以说，实体造型技术的普及应用标志 CAD 发展史上的第二次技术革命。

但是，新技术的发展往往是曲折和不平衡的。实体造型技术既带来了算法的改进和未来发展的希望，也带来了数据计算量的极度膨胀。在当时的硬件条件下，实体造型的计算及显示速度很慢，在实际应用中做设计显得比较勉强。由于以实体模型为前提的 CAE 本来就属于较高层次技术，普及面较窄，反映还不强烈；另外，在算法和系统效率的矛盾面前，许多赞成实体造型技术的公司并没有下大力气去开发它，而是转去攻克相对容易实现的表面模型技术，各公司的技术取向再度分道扬镳，实体造型技术也就此没能迅速在整个行业全面推广开。

4.2.4　参数化特征建模

在三维 CAD 软件中，零件模型通常由许多单独的具有一定参数的几何元素组合而成，就像装配体是由许多单独的零件组成一样，这些独立的几何元素称之为特征。

特征作为产品开发中各种信息的载体，包含了几何形状及相应的语义，将其定义为“一组具有确定的约束关系的几何实体，它同时包含某种特定的功能语义信息”。特征可以表达为

产品特征 = 形状特征 + 语义信息

其中，产品特征是具有一定属性的几何实体，包括特征属性数据、特征功能和特征间的关系；形状特征是与几何实体相联系的显式表达，具有确定的内部约束和描述参数，且同语义信息相关联；语义信息表达了特征的某些属性，依据不同的应用，可以赋予特征不同的语义信息，主要有设计、制造、质量检查和仿真等语义信息。

20 世纪 80 年代中晚期，针对无约束自由造型技术存在的问题，研究人员提出了一种比无约束自由造型更新颖、更好的算法——参数化特征造型方法。1988 年，参数技术公司（Parametric Technology Corporation，PTC）采用面向对象的统一数据库和全参数化造型技术开发了 Pro/ENGINEER 软件，为三维实体造型提供了一个优良的平台。参数化（Parametric）造型的核心是用几何约束、工程方程与关系来说明产品模型的形状特征，从而达到设计一系列在形状或功能上具有相似性的设计方案，它主要的特点：基于特征、全尺寸约束、全数据相关、尺寸驱动设计修改。目前，能处理的几何约束类型基本上是组成产品形体的几何实体公称尺寸关系和尺寸之间的工程关系，因此参数化造型技术又称尺寸驱动几何技术，带来了 CAD 发展史上第三次技术革命。

图 4－10 所示的模型由孔特征和长方体特征组成。孔的参数包括孔的位置、直径和深度，长方体的参数包括长度、宽度和高度等。设计者的意图可以是孔的轴线通过长方体的底面中心，孔的直径总是等于长方体宽度的一半，孔的深度总是等于长方体的高度。把这些参数关联起来就可以获得要求的结果，并且易于修改。

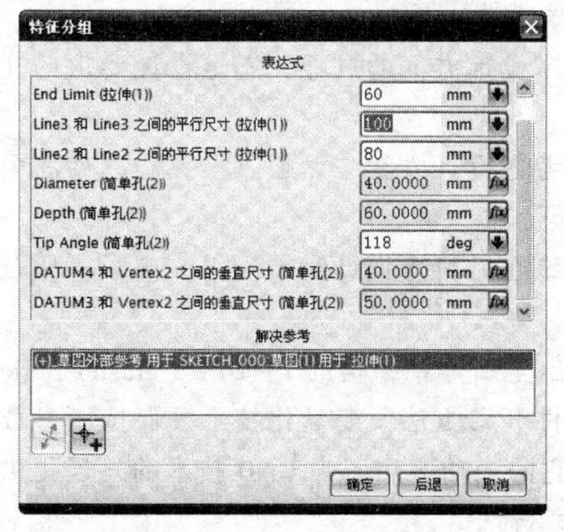

图 4－10　参数化实体模型

参数化系统的指导思想：只要按照系统规定的方式去操作，系统保证生成的设计的正确性及效率性，否则拒绝操作。从应用来说，参数化系统特别适用于那些技术已相当稳定成熟的零配件行业。这样的行业，零件的形状改变很少，经常只需采用类比设计，即形状基本固定，只需改变一些关键尺寸就可以得到新的系列化设计结果。

参数化技术的成功应用，使得它在 20 世纪 90 年代前后几乎成为 CAD 业界的标准，许多软件厂商纷纷起步追赶，CATIA、CV、UG、EUCLID 等也都在原来的非参数化模型基础上开发了对参数化模型的支持，由于它们的参数化系统基本上都是在原有模型技术的基础上进行局部、小块的修补，因此其参数化并不完整，这些公司均宣传自己是采用复合建模技术，并强调复合建模技术的优越性。这种把线框模型、曲面模型及实体模型叠加在一起的复合建模技术，并非完全基于实体，难以全面应用参数化技术。由于参数化技术和非参数化技术内核本质不同，用参数化技术造型后进入非参数化系统还要进行内部转换，才能被系统接受，而大量的转换极易导致数据丢失或其他不利条件。

4.2.5 变量化技术

参数化技术要求全尺寸约束，即设计者在设计初期及全过程中，必须将形状和尺寸联合起来考虑，并且通过尺寸约束来控制形状，通过尺寸改变来驱动形状改变，一切以尺寸（即参数）为出发点。

事实上，在进行机械设计和工艺设计时，总是希望零部件能够随心所欲地构建，可以随意拆卸，能够在平面的显示器上，构造出三维立体的设计作品，而且希望保留每一个中间结果，以备反复设计和优化设计时使用。针对这种需求，SDRC 公司的开发人员以参数化技术为蓝本，提出了一种比参数化技术更为先进的变量化技术 VGX（Variational Geometry Extended）。

变量化技术将参数化技术中所需定义的尺寸“参数”进一步区分为形状约束和尺寸约束，而不是像参数化技术那样只用尺寸来约束全部几何。采用这种技术的理由在于，在大量的新产品开发的概念设计阶段，设计者首先考虑的是设计思想及概念，并将其体现于某些几何形状之中，这些几何形状的准确尺寸和各形状之间的严格的尺寸定位关系在设计的初始阶段还很难完全确定，所以自然希望在设计的初始阶段允许欠尺寸约束的存在。除考虑几何约束（Geometry Constrain）之外，变量化设计还可以将工程关系作为约束条件直接与几何方程联立求解，无须另建模型处理。采用变量化技术的主要优势：

（1）设计者可以采用先形状后尺寸的设计方式，允许采用不完全尺寸约束，只给出必要的设计条件，这种情况下仍能保证设计的正确性及效率性。

（2）造型过程是一个类似工程师在脑海里思考设计方案的过程，满足设计要求的几何形状是第一位的，尺寸细节是后来逐步完善的。

（3）设计过程相对自由宽松，设计者更多去考虑设计方案，无须过多关心软件的内在机制和设计规则限制，所以变量化系统的应用领域也更广阔一些。

（4）除了一般的系列化零件设计，变量化系统在做概念设计时特别得心应手，比较适用于新产品开发、老产品改形设计这类创新式设计。

基于变量化的思想，SDRC 公司于 1993 年推出全新体系结构的 I - DEAS Master Series 软件，并就此形成了一整套独特的变量化造型理论及软件开发方法。变量化技术既保持了参数化技术的原有优点，同时又克服了它的许多不利之处。它的成功应用，为 CAD 技术的发展提供了更大的空间和机遇，也驱动了 CAD 发展的第四次技术革命。

4.2.6 直接建模与同步建模技术

基于特征的参数化造型系统是在 CSG 的基础上，添加了特征树的概念，这便是今天流行的各个主流的基于特征造型三维机械 CAD 系统的核心原理。

直接建模（Direct Modeling）的核心是只有 B - REP 信息，没有 CSG 信息，因为不考虑造型的顺序，所以可以随便修改模型的点、线、面、体，无须考虑保持特征树的有效性，不受到造型顺序的制约。2008年，Siemens PLM Software率先在PLM行业内发布同步技术后，三维建模技术更进一步得到完善，形成了直接建模、特征建模、曲面建模和同步技术多种建模方式。其中，同步技术则是一种将特征建模和直接建模相结合，从而实现在三维环境下，进行尺寸驱动（或者叫参数化设计，Parametric Design）及伸展变形（Stretch）的三维造型方法和约束求解技术。既保留零件的实体特征信息，又能实现尺寸驱动，从而使基于特征的无参数建模和基于特征的参数建模完美兼容，实现三维模型的迅速修改，从而实现快速的设计变更和系列化产品设计。

同步建模技术（Synchronous Technology）在参数化、基于历史记录建模的基础上前进了一大步，同时与先前技术共存。同步建模技术实时检查产品模型当前的几何条件，并且将它们与设计人员添加的参数和几何约束合并在一起，以便评估、构建新的几何模型并且编辑模型，无须重复全部历史记录，如图4-11所示。设计人员不必再研究和分析复杂的约束关系了解如何进行模型编辑，也不用担心编辑的后续模型关联性。同步建模技术冲破了基于历史记录设计系统固有的架构屏障，避免了目前CAD参数化建模技术造成的设计过程相对复杂、僵化等弊端，使设计人员能够有效地进行尺寸驱动的直接建模，无须进行重新创建或转换。同步建模技术能够更加迅速地对产品进行修改，将会大大提高设计效率，降低产品设计成本，从而缩短产品上市的时间。

总之，每种建模方法都有其自身的优缺点，具体采用哪种建模方法需要根据设计任务和设计的产品特点来确定，比如艺术造型采用曲面模型可以灵活地表现各种复杂的曲面特征；参数化系统独有的参数化、特征和基于历史记录的建模更为强调设计的整体性和系统性，从而可以保证任何设计更改都会更新所有模型，因此，在捕捉、重复使用设计意图和改变其用途，实现变形设计更有优势，并且由于参数化保留了设计历史，在优化设计方面也更为方便；同步建模技术则具有较高的灵活性，因此在快速设计、原型设计等方面更有优势。

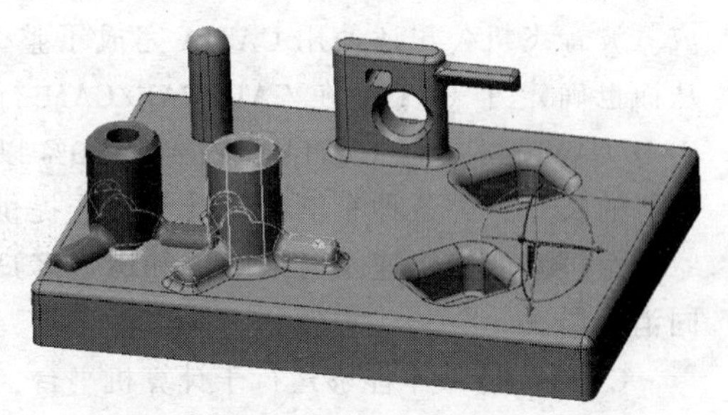

图4-11　同步建模

4.3　常用CAD建模软件介绍

4.3.1　SolidWorks

SolidWorks公司成立于1993年，由PTC公司的技术副总裁与CV公司的副总裁发起，当初的目标是希望在每一个工程师的桌面上提供一套具有生产力的实体模型设计系统。1995年推出第一套SolidWorks三维机械设计软件，1997年被法国达索（Dassault Systemes）公司收购，作为达索中端主流市场的主打品牌。

由于使用了Windows OLE技术、直观式设计技术、先进的Parasolid内核以及良好的与第三方软件的集成技术，SolidWorks成为了全球装机量最大、最好用的软件。

功能强大、易学易用和技术创新是SolidWorks的三大特点，使得SolidWorks成为领先的、主流的三维CAD解决方案。SolidWorks能够提供不同的设计方案、减少设计过程中的错误以及提高产品质量。SolidWorks 不仅提供如此强大的功能，同时对每个工程师和设计者来说，操作简单方便、易学易用。

SolidWorks 软件是一个基于特征的参数化实体建模设计工具，它具有 Windows 的图形用户界面易于掌握的优点。你可以创建完全关联的三维实体模型，带有或不带有约束，可以利用自动的或用户定义的关联来捕捉设计意图。SolidWorks 的拖拽功能使用户在比较短的时间内完成大型装配设计。SolidWorks 资源管理器是同 Windows 资源管理器一样的 CAD 文件管理器，用它可以方便地管理 CAD 文件。

4.3.2 CATIA

CATIA 是法国达索飞机公司在 20 世纪 70 年代开发的高档 CAD/CAM 软件，是一款主流的 CAD/CAE/CAM 一体化软件。CATIA 是英文 Computer Aided Tri - Dimensional Interactive Application (计算机辅助三维交互式应用) 的缩写。

CATIA 是 CAD/CAE/CAM 一体化软件，位居世界 CAD/CAE/CAM 领域的领导地位，广泛应用于航空航天、汽车制造、造船、机械制造、电子/电器、消费品行业，它的集成解决方案覆盖所有的产品设计与制造领域，其特有的 DMU 电子样机模块功能及混合建模技术更是推动着企业竞争力和生产力的提高。

CATIA 应用的几个主要项目例如波音 777、737 等均成功地用 100% 数字模型无纸加工完成。波音飞机公司还使用 CATIA 完成了整个波音 777 的电子装配，创造了业界的一个奇迹，从而也确定了 CATIA 在 CAD/CAE/CAM 行业内的领先地位。在汽车行业使用的所有商用 CAD/CAM 软件中，CATIA 已占到了 60% 以上。CATIA 在造型风格，车身及引擎设计等具有独特的长处，为各种车辆的设计和制造提供了广泛的支持。CATIA 的电子样机设计环境使得摩托车厂家能够快速及时地响应和满足客户的需求，向市场推出各种型号的摩托车，满足不同消费层次。

CATIA V5 版本能够运行于计算机平台，这不仅使用户能够节省大量的硬件成本，而且其友好的用户界面，使用户更容易使用。2012 年，达索宣布了全新公司战略：3D Experience，并开始倡导“后 PLM 时代”的思想。同时，推出了全新 3D Experience 平台。于 2012 年 7 月 6 日，推出了 3D 体验平台最新版本——V6R2013。其核心产品线包括 CATIA、ENOVIA、DELMIA 以及 3DVIA。

4.3.3 UG NX

UG 是 Unigraphics 的缩写，它从 CAM 发展而来。20 世纪 70 年代，美国麦道飞机公司成立了解决自动编程系统的数控小组，后来发展成为 CAD/CAM 一体化的 UG1 软件。20 世纪 90 年代被 EDS 公司收并，为通用汽车公司服务。2007 年 5 月正式被西门子收购；因此，UG 有着美国航空和汽车两大产业的背景。自 UG 19 版以后，此产品更名为 NX。NX 是 UGS 新一代数字化产品开发系统，它可以通过过程变更来驱动产品革新。NX 独特之处是其知识管理基础，它使得工程专业人员能够推动革新以创造出更大的利润。NX 可以管理生产和系统性能知识，根据已知准则来确认每一个设计决策。NX 建立在为客户提供无与伦比的解决方案的成功经验基础之上，这些解决方案可以全面地改善设计过程的效率，削减成本，并缩短进入市场的时间。NX 使企业能够通过新一代数字化产品开发系统实现向产品全生命周期管理转型的目标。

2011 年，西门子 PLM 在中国市场实现了快速发展。西门子 PLM 成功实施了企业级 BOM、仿真数据管理、工程数据中心等创新解决方案，在原有面向中国地区推出的高科技电子、宇航防务、汽车、通用机械四大行业解决方案之外，推出了造船、飞机、航天、工程总承包、医疗器械等行业解决方案。在多个数字化制造软件及解决方案中，西门子 PLM 软件是唯一提供覆盖工艺设计、工艺仿真、工艺验证、工艺管理和工艺执行（MES）全面解决方案的供应商。为了完善复合材料领域解决方案，西门子 PLM 也在积极推进数字化工厂软件 COMOS 的应用。西门子 PLM 推出 Active Workspace，为企业提供了直观和个性化的 3D 图形界面，可供用户实时查看智能 3D 信息；发布了 Teamcenter 软件的最新版本 Teamcenter 9，该版本在系统工程、内容管理、服务生命周期和基于流程的用户体验等方面有了很大提升。2011 年，西门子 PLM 在中国汽车行业、机械行业，以及高端 CAD 市场具有领先优势。在中国主流 PLM 市场上，西门子 PLM 的营业收入处于领先地位。

4.3.4　Pro/ENGINEER

Pro/ENGINEER（Pro/E）软件是美国参数技术公司（PTC）旗下的 CAD/CAM/CAE 一体化的三维软件。Pro/ENGINEER 软件以参数化著称，是参数化技术的最早应用者，在目前的三维造型软件领域中占有着重要地位。Pro/ENGINEER 作为当今世界机械 CAD/CAE/CAM 领域的新标准而得到业界的认可和推广，是现今主流的 CAD/CAM/CAE 软件之一，特别是在国内模具产品设计领域占据重要位置。

Pro/ENGINEER 主要特点是参数化设计、基于特征建模和单一数据库（全相关）。另外，它采用模块化方式，可以分别进行草图绘制、零件制作、装配设计、钣金设计、加工处理等，保证用户可以按照自己的需要进行选择使用。用户可以根据自身的需要进行选择，而不必安装所有模块。Pro/E 的基于特征方式，能够将设计至生产全过程集成到一起，实现并行工程设计。它不但可以应用于工作站，而且也可以应用到单机上。

Pro/ENGINEER 是 PTC 官方使用的软件名称，但在中国用户所使用的名称中，并存着多个说法，比如 ProE、Pro/E、野火等都是指 Pro/ENGINEER 软件，Pro/E2001、Pro/E2.0、Pro/E3.0、Pro/E4.0、Pro/E5.0、Creo1.0\Creo2.0 等都是指软件的版本。

Creo 是 PTC 公司于 2010 年 10 月推出 CAD 设计软件包。Creo 是整合了 PTC 公司的三个软件 Pro/ENGINEER 的参数化技术、CoCreate 的直接建模技术和 ProductView 的三维可视化技术的新型 CAD 设计软件包，是 PTC 公司闪电计划所推出的第一个产品。Creo 具备互操作性、开放、易用三大特点。CREO 旨在消除 CAD 行业中基本的易用性、互操作性和装配管理问题；采用全新的方法实现解决方案（建立在 PTC 的特有技术和资源上）；提供一组可伸缩、可互操作、开放且易于使用的机械设计应用程序；为设计过程中的每一名参与者适时提供合适的解决方案。

4.3.5　其他

4.3.5.1　Inventor

Inventor 即 Autodesk Inventor Professional（AIP），是美国 AutoDesk 公司推出的一款三维可视化实体模拟软件，目前已推出最新版本 AIP2013，同时还推出了 iPhone 版本。Autodesk Inventor Professional 包括 Autodesk Inventor 三维设计软件、基于 AutoCAD 平台开发的二维机械制图和详图软件 AutoCAD Mechanical，还加入了用于缆线和束线设计、管道设计及 PCB IDF 文件输入的专业功能模块，并加入了由 ANSYS 技术支持的 FEA 功能，可以直接在 Autodesk Inventor 软件中进行应力分析。在此基础上，集成的数据管理软件 Autodesk Vault 用于安全地管理进展中的设计数-

据。由于 Autodesk Inventor Professional 集所有这些产品于一体，因此提供了一个二维到三维的转换路径。

Inventor 软件是一套全面的设计工具，用于创建和验证完整的数字样机；帮助制造商减少物理样机投入，以更快的速度将更多的创新产品推向市场。

Inventor 产品系列正在改变传统的 CAD 工作流程：因为简化了复杂三维模型的创建，工程师可专注于设计功能的实现。通过快速创建数字样机，并利用数字样机来验证设计的功能，工程师可在投产前更容易发现设计中的错误。

4.3.5.2 CAXA

CAXA（北京数码大方科技股份有限公司）是中国的工业软件服务公司，主要提供二维、三维 CAD 软件以及产品全生命周期管理 PLM 解决方案和服务。

CAXA 四个字母，是由 C——Computer（计算机）、A——Aided（辅助的）、X（任意的），A——Alliance、Ahead（联盟、领先）四个字母组成的，其含义是“领先一步的计算机辅助技术和服务”。

CAXA 提供数字化设计解决方案，产品包括二维、三维 CAD、工艺 CAPP 和产品数据管理 PDM 等软件；提供数字化制造解决方案，产品包括 CAM、网络 DNC、MES 和 MPM 等软件。支持企业贯通并优化营销、设计、制造和服务的业务流程，实现产品全生命周期的协同管理。其中最广为使用的是“CAXA 线切割”和“CAXA 电子图板”功能。

4.4 SolidWorks 软件应用

SolidWorks 软件是在 Windows 环境下开发的，因此它可以为设计师提供简便和熟悉的工作界面，同时 SolidWorks 的内核技术已本地化，使它具有全中文和“全动感”的工作界面，从而使设计界面更加简捷、明快，设计零件更加容易，大大提高了设计效率。基于以上特性，本节主要介绍 SolidWorks 软件的简单应用，便于初学者很好地利用 SolidWorks 软件。

4.4.1 SolidWorks 用户界面

4.4.1.1 启动 SolidWorks 2012

双击桌面上的 SolidWorks 2012 快捷方式图标，或选择“开始”→“程序”→“SolidWorks2012”命令，即可启动 SolidWorks 2012 初始界面。

4.4.1.2 打开文件

在 SolidWorks 2012 初始界面中，单击“标准”工具栏中的“打开”按钮，或在菜单栏中选择“文件”→“打开”命令，在弹出的“打开”对话框中找到并选择要打开的文件，单击“确定”按钮，即可打开已经存在的文件。另外，在 Windows 资源管理器中双击所需的文件，也可以打开已经存在的文件。

4.4.1.3 新建文件

单击“标准”工具栏中的“新建”按钮，或在菜单栏中选择“文件”→“新建”命令，弹出“新建 SolidWorks 文件”对话框。

SolidWorks 文件包括零件、装配体和工程图文件。单击相应选项，即可以新建 SolidWorks 零件、装配体或工程图文件，并进入工作界面。

4.4.2 SolidWorks 操作基础

4.4.2.1 鼠标键功能（见表4-1）

表4-1 常用鼠标键功能

项目	操　作	功　能
左键	单击	选择实体或取消选择实体
	【Ctrl】+单击	选择多个实体或取消选择实体
	双击	激活实体常用属性，以便修改
	拖动左键	利用窗口选择实体，绘制草图原件，移动、改变草图元素属性等
	【Ctrl】+拖动左键	复制所选实体
	【Shift】+拖动左键	移动所选实体
中键	拖动中键	旋转画面
	【Ctrl】+拖动中键	平移画面（启动平移后，即可放开【Ctrl】键）
	【Shift】+拖动中键	缩放画面（启动缩放后，即可放开【Shift】键）
右键	右击	弹出快捷菜单，选择快捷操作方式
	拖动右键	修改草图时旋转草图

4.4.2.2 窗口控制和模型显示类型

用 SolidWorks 2012 建模时，用户可以利用绘图区顶部的“视图”快捷工具栏中的各项命令进行窗口显示方式的控制和操作，在 SolidWorks 2012 中用户可以非常方便地以各种视图角度来实现建模的高效操作，如图4-12所示，各快捷按钮的功能如表4-2所示。

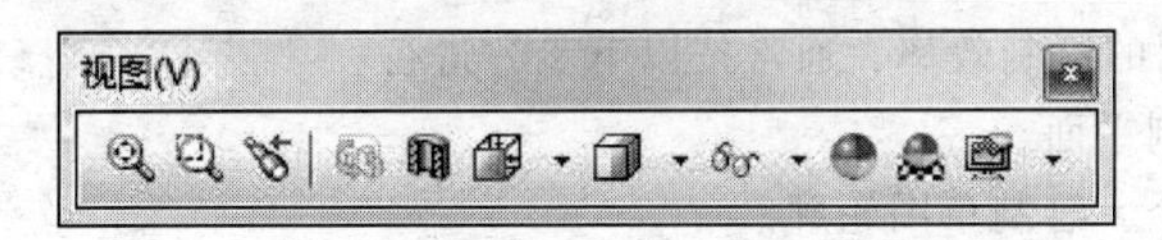

图4-12 绘图区顶部的“视图”快捷工具栏

表4-2 “视图”快捷按钮功能

图标	功　能	图标	功　能
	以全屏模式显示模型		模型显示样式
	局部放大		隐藏或显示项目
	显示上一个视图		编辑模型外观
	以3D模式动态操纵工程图视图		设置模型场景
	显示零件的剖视图		视图设定
	定向视图		

“显示样式”快捷菜单中各命令的显示状态效果如表4-3所示。

表 4-3 "显示样式"快捷按钮功能

图标	功能	实例	图标	功能	实例
	线架图			带边线上色	
	隐藏线可见			上色	
	消除隐藏线				

4.4.3 SolidWorks 草图绘制

4.4.3.1 草图工具栏

大部分 SolidWorks 的特征都是从 2D 草图绘制开始的，将草图工具栏浮动窗口靠界面左边放置，单击"草图绘制"按钮时，将显示大部分的绘图工具按钮。

4.4.3.2 草图绘制过程

草图是由草图单元、几何约束和草图尺寸组成，对以上三部分的组合定义就完成了一个草图的绘制。为提高草图的绘制效率，通常按以下步骤进行：

(1) 指定草图绘制平面。

(2) 使用草图命令，绘制草图轮廓。

(3) 添加草图图元的几何约束，标注草图尺寸。

在草图绘制过程中要充分使用约束关系，减少不必要的草图尺寸，从而使草图的构思更加清晰。添加几何约束关系最快的方法是先选择对象然后使用快捷菜单栏添加对应的几何约束关系。有些初学者可能会经常遇到添加尺寸后，整个模型发生了不可预测的变化，这种情况大多是因为之前绘制的草图几何体的尺寸与所添加的尺寸约束值相差太大，所以图形变化非常大。因此，一般在画图的时候，尽可能让图形大致与所期望的值接近，然后再添加尺寸，即使绘制结束了也可以在添加约束之前通过拖动来调整。

草图有三种约束状态：(1) 欠定义：不充分定义，默认为蓝色；(2) 完全定义：具有完整的信息，默认为黑色；(3) 过定义：有重复的尺寸和相互冲突的约束关系，默认为红色。

SolidWorks 是使用尺寸与几何关系的约束来体现设计人员的设计意图的，一般设计都是一个确定的结果，所以添加尺寸与几何关系的约束要能够完整定义草图几何实体，即草图为完全定义状态。

4.4.3.3 草图实例

绘制如图 4-13 所示的草图，操作步骤如下：

（1）新建文件。选择“文件”→“新建”命令，弹出对话框，选择“零件”进入零件建模环境。

（2）选择绘图平面，在 FeatureManager 设计树中选择“前视基准面”选项 前视基准面，单击工具栏上的“草图绘制”按钮，进入草图绘制环境。

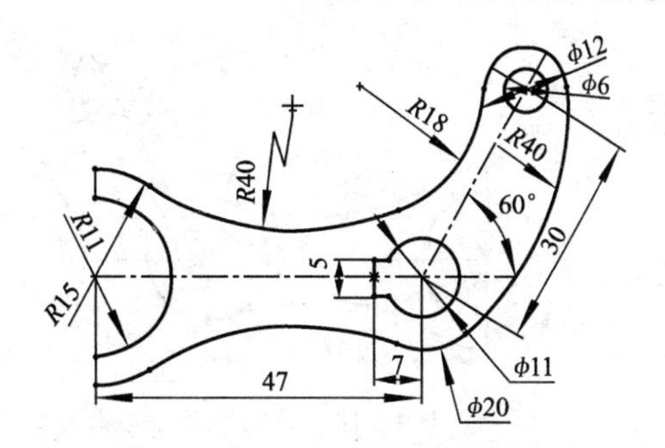

图 4－13　草图实例

（3）创建基本图形。

① 单击“草图”工具栏上的“圆”按钮，绘制两个圆；单击“草图”工具栏上“3 点圆弧”按钮，绘制二段圆弧；使用“智能尺寸”进行尺寸标注，圆的直径分别为 20 和 11，圆弧半径分别为 15 和 11，如图 4－14 所示。

② 单击“草图”工具栏上的“3 点圆弧”按钮，绘制圆弧；点击“草图”工具栏上“中心线”按钮，连接圆和圆弧中心绘制一条水平线中心线；单击“草图”工具栏上“直线”按钮绘制直线连接两圆弧端；给圆弧添加相切约束，如图 4－15 所示。

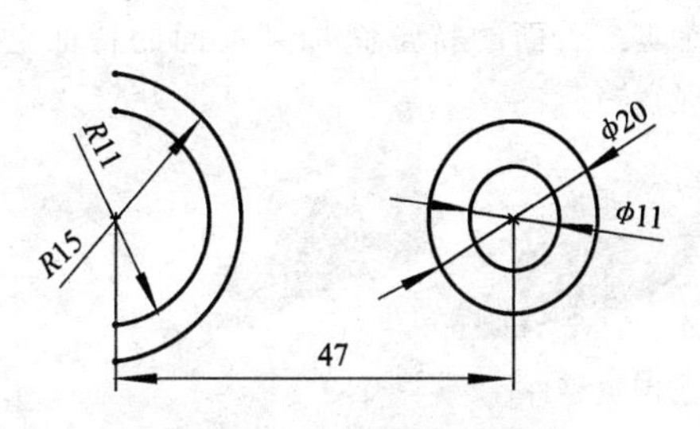

图 4－14　绘制圆和圆弧

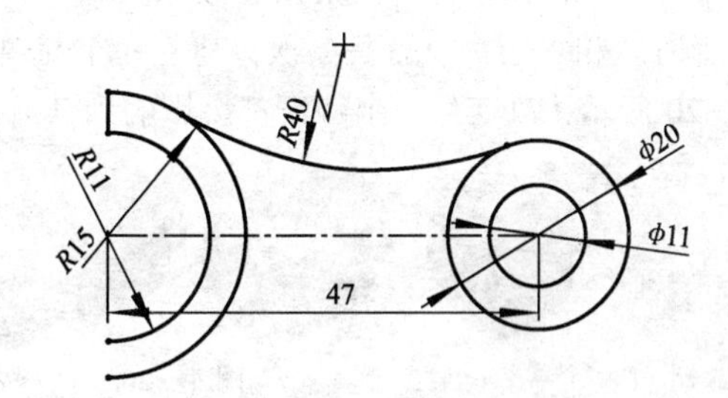

图 4－15　绘制圆弧和直线

③ 选取水平中心线为镜像点，对上一步绘制的图形进行镜像操作，如图 4－16 所示。

④ 单击“草图”工具栏上“直线”按钮，绘制直线，使用“镜像”功能，剪裁多余线段，构成键槽，使键槽关于水平中心线对称，如图 4－17 所示。

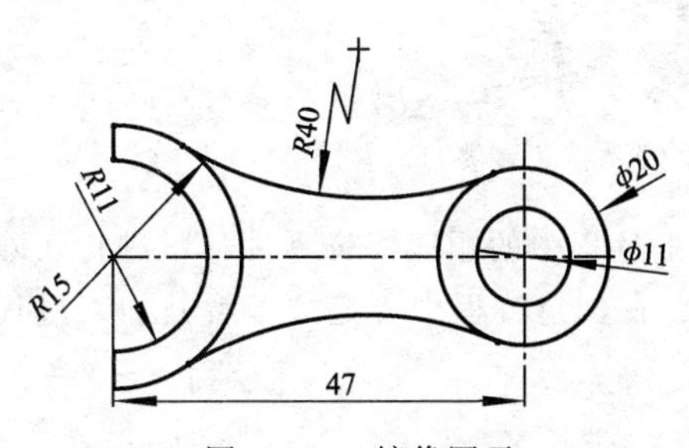

图 4－16　镜像图元

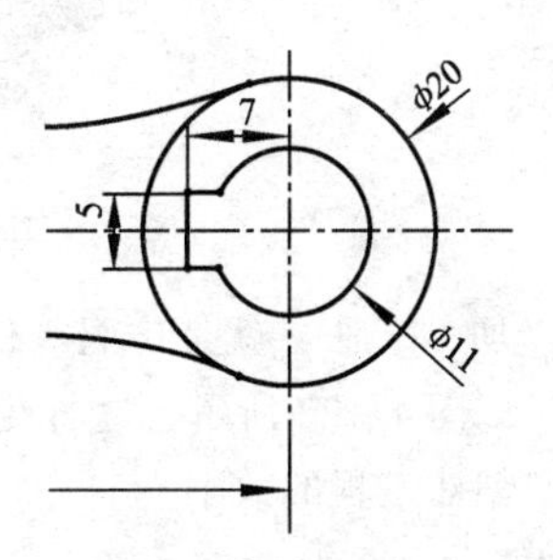

图 4－17　绘制键槽

⑤ 单击“草图”工具栏上的“圆”按钮，绘制两个圆，直径分别是 6 和 12；单击“草图”工具栏上“中心线”按钮，绘制一条连接两圆弧中心的中心线，标注尺寸，使其与水平中心线成 60°夹角，如图 4－18 所示。

⑥ 单击“草图”工具栏上“3 点圆弧”按钮，绘制两端圆弧，然后标注尺寸分别为 *R*18、*R*40；给圆弧添加相切约束，如图 4－19 所示。然后单击“草图”工具栏上“裁剪实体”按钮，剪去多余线段，完成草图绘制。

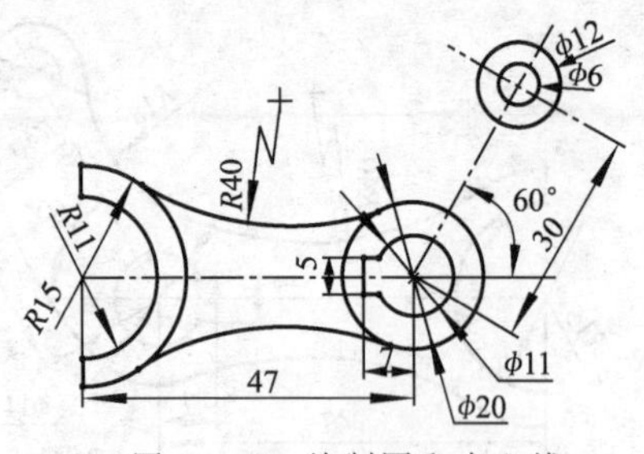

图 4－18　绘制圆和中心线

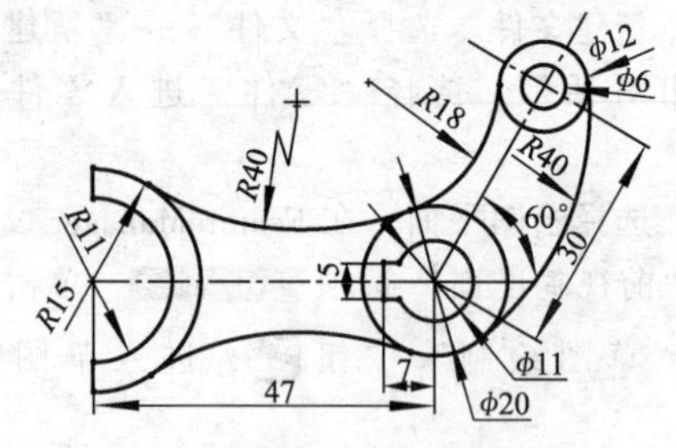

图 4－19　绘制相切圆弧

4.4.4　SolidWorks 特征建模

4.4.4.1　特征建模方法

通常，通过构造不同的特征可以生成由简单到复杂的各种零件，以满足设计需求。也就是说，零件三维模型是由一系列按照先后顺序构造的特征组成的，如果先后创建的特征之间具有参照关系，则在它们之间建立关联，即建立了父子关系。存在父子的特征顺序不能随意进行调整。

用特征来创建零件可以采用“积木”法、“旋转”法以及“加工”法等方法。

所谓“积木”法，就是一次只建立一个简单的特征，后面的特征叠加到前面的特征上，如图 4－20 所示，改变任一个特征都会影响到其后建立的特征。

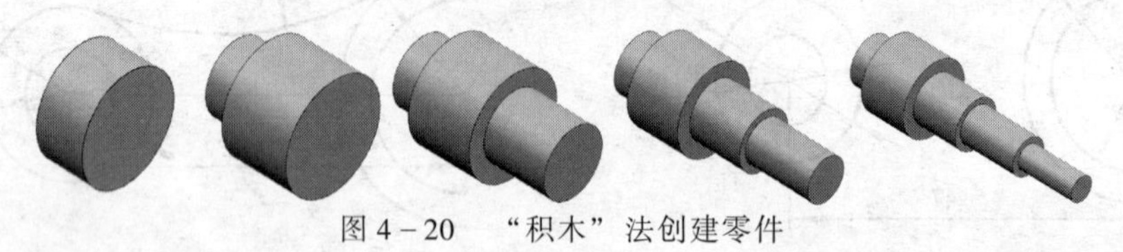

图 4－20　“积木”法创建零件

所谓“旋转”法，就是将零件的截面用机械制图的思路绘制出来，然后绕轴旋转即可得出零件，这样能够快速形成零件，但是也限制了后续模型编辑修改的灵活性，如图 4－21 所示。

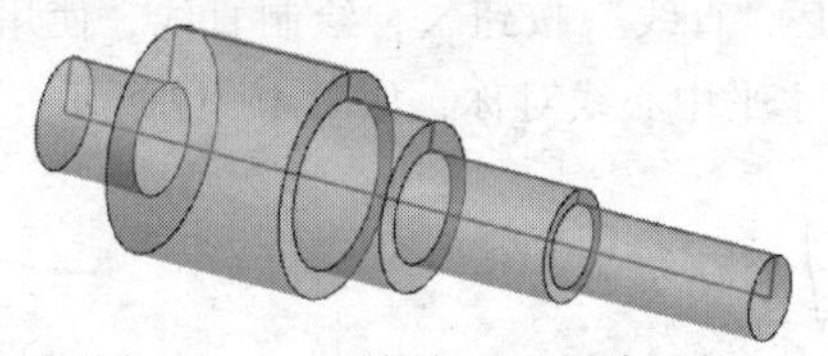

图 4－21　“旋转”法创建零件

所谓“加工”法，就是仿照零件在制造加工过程中的顺序，将零件材料进行切除，从而创建出零件，如图 4－22 所示，这样生成的零件，在创建过程中要充分了解其加工过程，因而会影响到模型创建过程的效率。

图 4－22　“加工”法创建零件

4.4.4.2　SolidWorks 特征分类

SolidWorks 的特征可以分为以下三类：

（1）基本特征：组成零件的主要形体，包括拉伸（凸台/切除）、旋转（凸台/切除）、扫描（凸台/切除）和放样（凸台/切除），凸台和切除互为反操作，一个是添加实体，一个是切除实体，如表4-4所示。

表4-4　基本特征类型

名　称	功　能	示　例
拉伸	一个草图轮廓，沿垂直于草图平面的方向移动所形成的实体	
旋转	一个草图轮廓，沿一条轴线旋转所形成的实体	
扫描	一个草图轮廓，沿着一条路径曲线移动所形成的实体	
放样	顺序光滑连接多个界面草图所形成的实体	

（2）辅助特征：辅助特征不能单独存在，必须依附于一定的基本特征，用于处理零件的小的细节，如圆角、倒角和孔等，如表4-5所示。

表4-5　主要的辅助特征

名　称	功　能	示　例
圆角	圆滑过渡，用来处理零件尖锐的棱边	圆弧过渡
倒角	倒角过渡，用来处理零件尖锐的棱边	圆弧过渡
抽壳特征	把零件做成薄壳结构	
筋	用来加强零件的薄弱环节，相当于实际的加强筋	

续表

名　称	功　能	示　例
拔模斜度	给零件指定的面添加斜度	
孔向导	为零件添加各式各样的孔	

(3) 复制特征：就是生成一个或多个特征的拷贝，用于重复创建相同的特征，如阵列、镜像等。主要的复制特征如表 4-6 所示。

表 4-6　复制特征类型

名　称	功　能	示　例
线性阵列	沿一条或两条直线生成所选特征的多个复制特征	
圆周阵列	绕一轴心生成所选特征的多个复制特征	
镜像	沿面或基准面生成所选特征的镜像复制特征	

4.4.4.3　建模实例

创建如图 4-23 所示的零件模型，操作步骤如下：

(1) 新建零件文件。

(2) 应用旋转特征创建基体。

① 选择绘图平面，在 FeatureManager 设计树中选择“前视基准面”选项 前视基准面，单击工具栏上的“草图绘制”按钮，进入草图绘制，绘制如图 4-24 所示草图。

单击“特征”工具栏上的“旋转凸台/基体”按钮，弹出“旋转”属性管理器，在“旋转类型”下拉列表选择“给定深度”选项，在“角

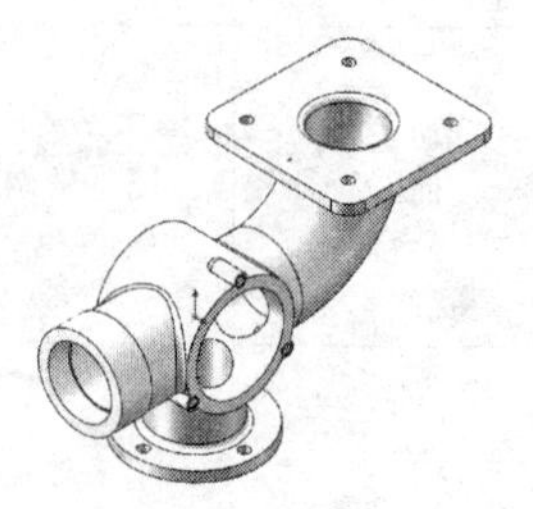

图 4-23　建模实例

度”文本框中输入360，如图4－35所示。单击“确定”按钮完成操作。

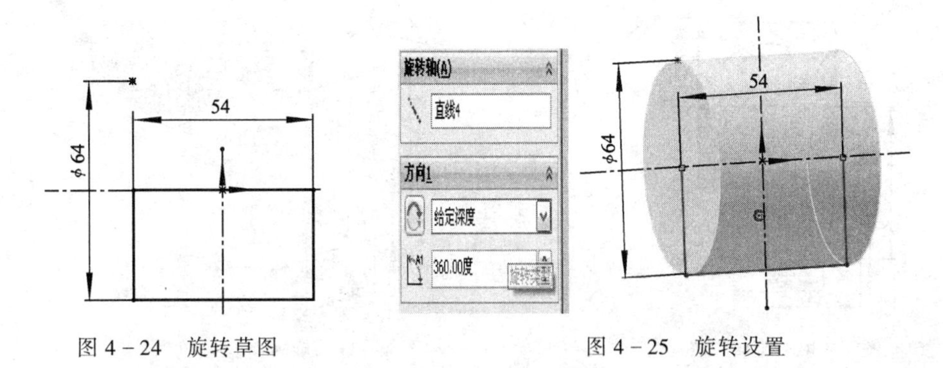

图4－24 旋转草图　　　　图4－25 旋转设置

② 创建基体其他部分。选择“上视基准面”为绘图平面绘制如图4－26所示草图，设置旋转参数如图4－27所示，单击“确定”按钮完成操作。

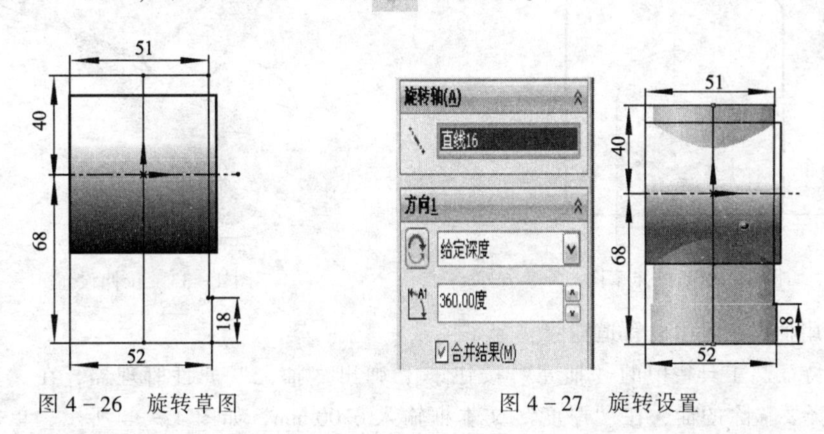

图4－26 旋转草图　　　　图4－27 旋转设置

选择实体端面为绘图平面绘制如图4－28所示草图，设置旋转参数如图4－29所示，单击“确定”按钮完成操作。

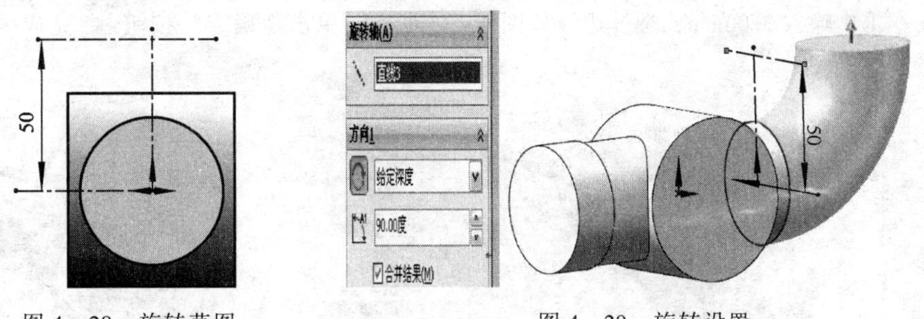

图4－28 旋转草图　　　　图4－29 旋转设置

选择“前视基准面”为绘图平面绘制如图4－30所示草图，设置旋转角度为360°，特征预览如图4－31所示，单击“确定”按钮完成操作。

(3) 应用拉伸特征创建方形接口。选取弯管上端面为绘图平面绘制如图4－32所示草图。在特征工具栏“拉伸凸台/基体”按钮，弹出“拉伸”属性管理器，在输入拉伸高度6.00 mm，如图4－33所示，单击“确定”按钮完成操作。

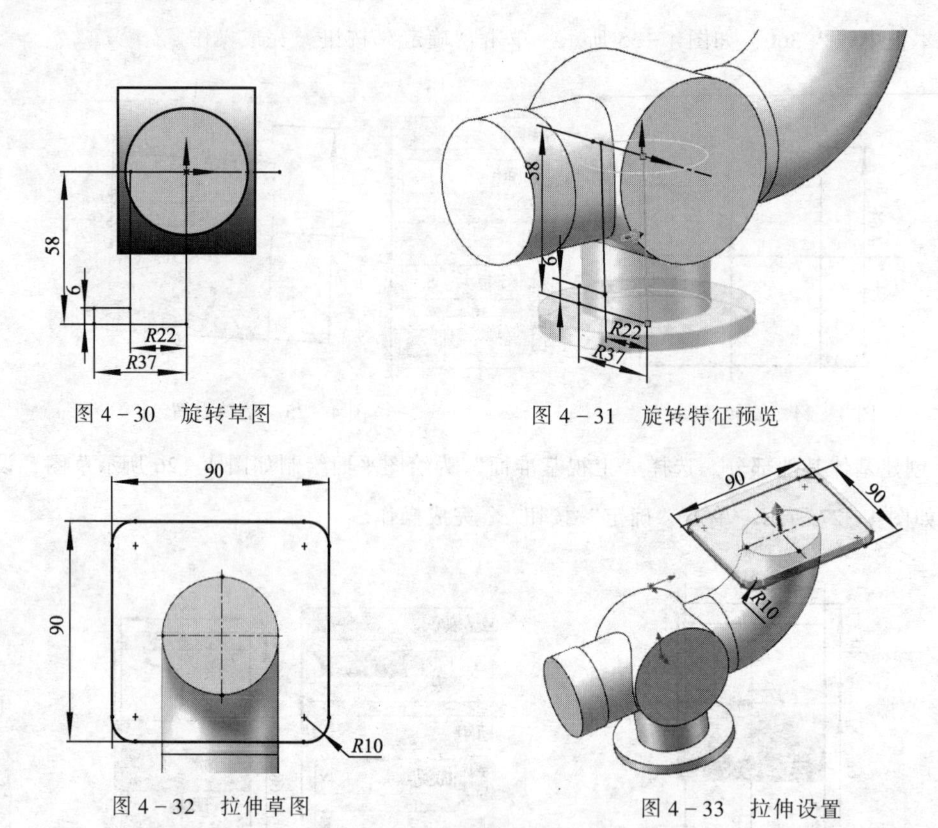

图 4-30　旋转草图　　图 4-31　旋转特征预览

图 4-32　拉伸草图　　图 4-33　拉伸设置

(4) 应用抽壳工具生成管道空腔。

单击“特征”工具栏中的“抽壳”按钮，弹出“抽壳”属性管理器，在“移除的面”列表框中选择要移除的面，在“厚度”文本框输入 6.00 mm，如图 4-34 所示，单击“确定”按钮完成操作。

(5) 创建圆角特征。单击“特征”工具栏上“圆角”按钮弹出“圆角”属性管理器，在“半径”文本框中输入 3.00mm，选择边线如图 4-35 所示，单击“确定”按钮完成操作。

图 4-34　抽壳设置

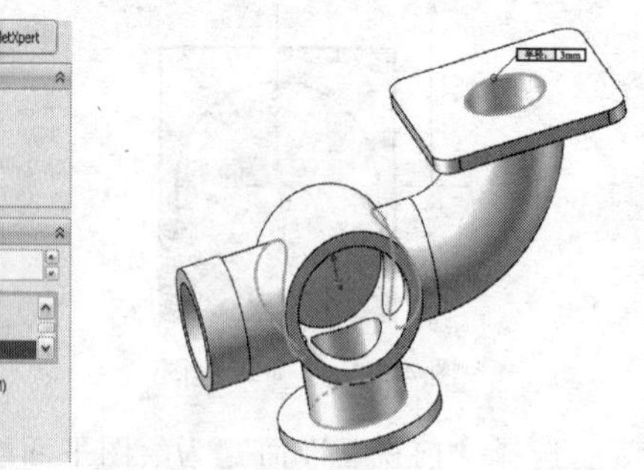

图 4-35　圆角设置

(6) 创建孔特征：

① 在图形区域中选择凸台的顶端平面，选择“插入”→“特征”→“钻孔”→“简单直孔”命令，弹出“孔”属性管理器，在“方向 1”下拉列表框中选择“完全贯穿”选项，在“孔”直径文本框中输入 6.00 mm。

② 在设计树中右击刚刚建立的孔特征，从弹出的快捷菜单中选择“编辑草图”命令，在草图编辑状态下添加尺寸，确定孔的位置，如图 4-36 所示；单击“重建模型”按钮，重新建模。

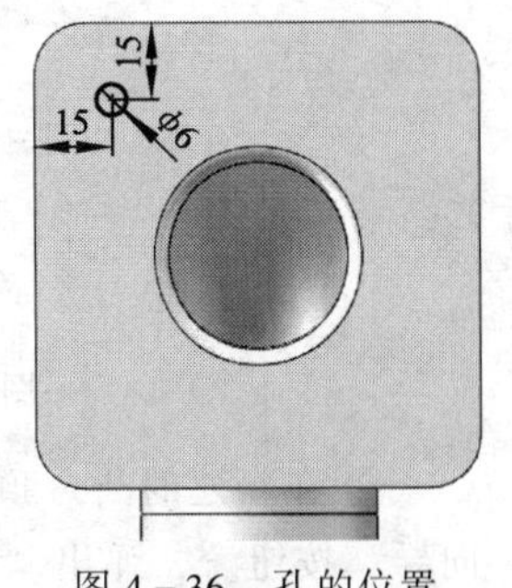

图 4-36 孔的位置

③ 线性阵列孔。单击“特征”工具栏中的“线性阵列”按钮，弹出“线性阵列”管理器，选择“阵列方向 1”，在“间距”文本框中输入 60.00 mm，在实例文本框输入 2，选择“阵列方向 2”，在“间距”文本框中输入 60.00 mm，在实例文本框输入 2，如图 4-37 所示。单击“确定”按钮完成操作，结果如图 4-38 所示。

④ 复制孔。在设计树中选择“孔 1”，选择“编辑”→“复制”命令，在图形中选择“底部端面”，选择“编辑”→“粘贴”命令。设计树中右击刚才建立的孔特征，从弹出的快捷菜单中选择“编辑草图”命令，在草图编辑状态下添加尺寸，确定孔的位置，如图 4-39 所示。单击“重建模型”按钮，重新建模。

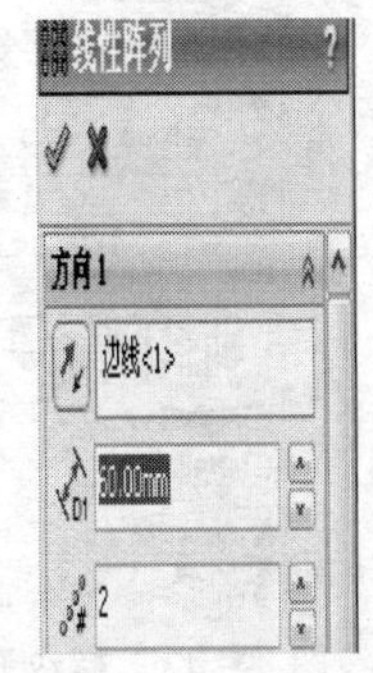

图 4-37 线性阵列设置

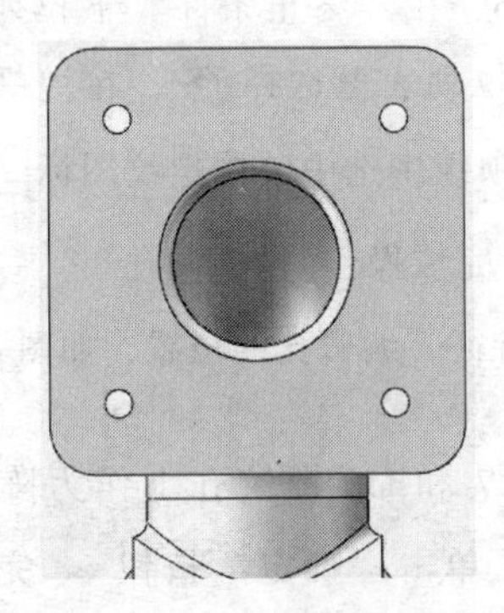
图 4-38 线性阵列结果

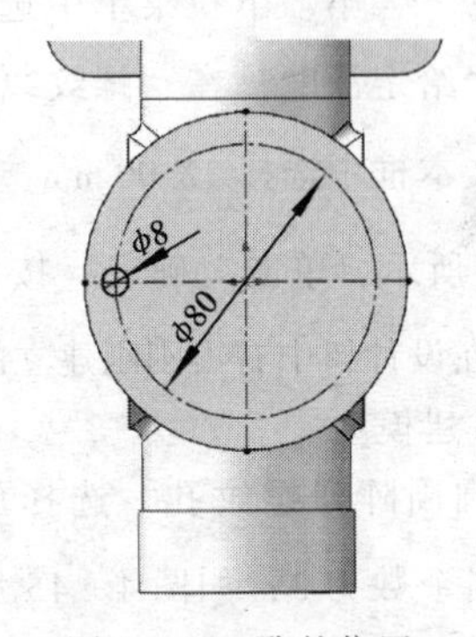

图 4-39 孔的位置

⑤ 圆周阵列孔。单击“特征”工具栏中的“圆周阵列”按钮，弹出“圆周阵列”管理器，选择面 1，在角度文本框输入“360.00 度”，在实例文本框中输入 4，选中“等间距”复选框，激活要阵列的特征列表框，选择孔 2，如图 4-40 所示。单击“确定”按钮完成操作。

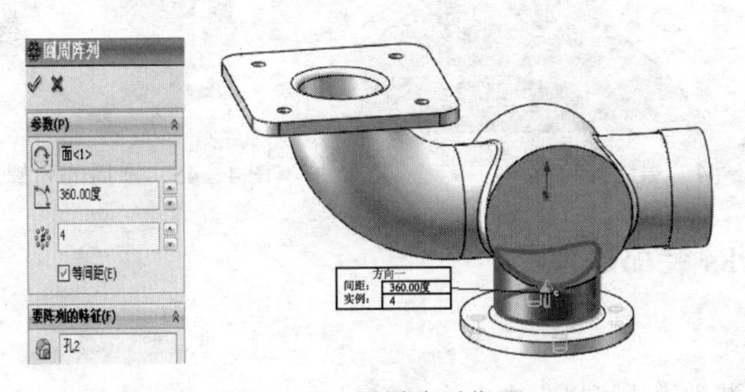

图 4-40 圆周阵列位置

(7) 创建螺纹孔：

① 选择“前视基准面”作为绘图平面绘制如图 4-41 所示草图，设置旋转参数如图 4-42 所示，单击“确定”按钮完成操作。

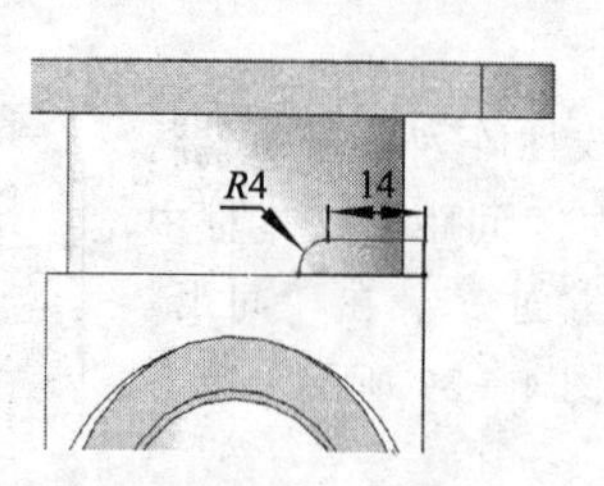

图 4-41　孔座草图

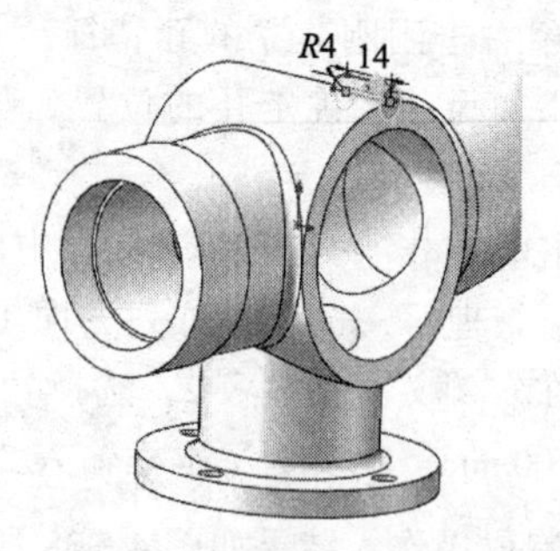

图 4-42　旋转特征

② 在新建的凸台顶端平面，单击“特征”工具栏中的“异形孔向导”按钮，弹出“孔规格”属性管理器，切换到“类型”选项卡，在“孔”类型选项中单击“螺纹孔”按钮，在“标准”下拉列表框中选择 ISO 标准，在“类型”下拉列表框中选择“底部螺纹孔”选项，在“大小”下拉菜单中选择 M6，在“终止条件”下拉列表框中选择“给定深度”在“螺纹线”下拉列表框选择，在“螺纹线深度”文本框中选择 12.00 mm，在选项组中选中装饰螺纹图标，如图 4-43 所示，单击“确定”按钮完成操作。

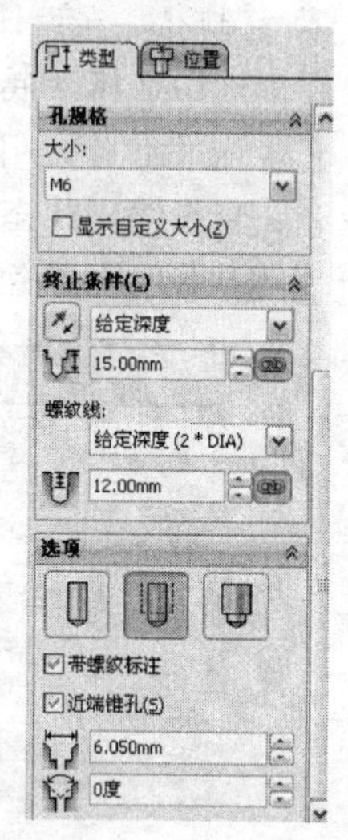

图 4-43　螺纹孔设置

③ 在设计树中右击刚刚建立的孔特征，编辑孔的位置，如图 4-44 所示，重建模型。

④ 圆周阵列螺纹孔。选择旋转 17 和 M6 螺纹孔 1 作为阵列特征，阵列个数为 3，如图 4-45 所示，单击“确定”按钮完成零件的创建。

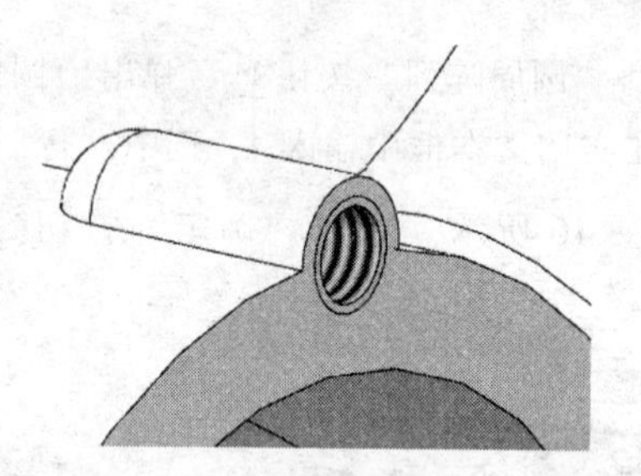

图 4-44　螺纹孔位置

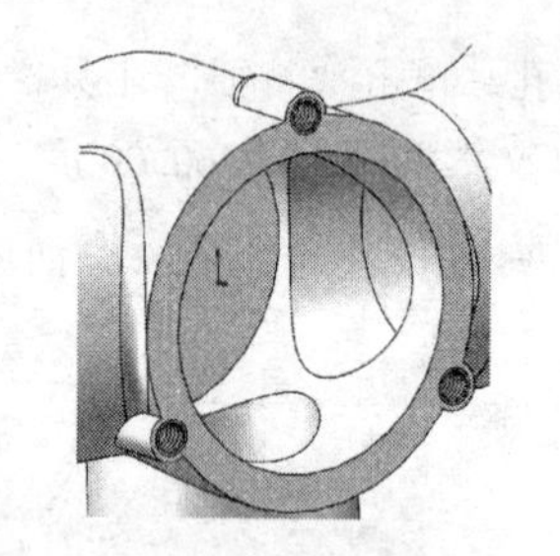

图 4-45　圆周阵列螺纹孔

4.4.5　SolidWorks 装配建模

4.4.5.1　配合

通过 SolidWorks 装配模块可以生成由许多零部件配合而成的装配文件，装配文件用来记录组件对象的空间位置关系。一个零部件放入装配体中时，这个零部件会与装配体文件链接，零部件的数据还保存在源文件中。对零部件的任何修改都会更新装配体。装配体的零部件可以包括独立的零件或子装配体。

在 SolidWorks 中，配合决定零部件之间的相对位置关系，通过在零部件对应点、线、面之间添加配合，可以把零部件约束在指定的位置，实现设计规定的动作。装配体中所放入的第一个零部件预设为固定。

在装配建模之前，需认真分析构思装配草图，明确保证设计意图的关键特征和功能指标，为装配模型绘制提供具体参考参数。一般先装配主要零件，再装配辅助零件，最后是次要零件。

4.4.5.2　装配方法

SolidWorks装配模块提供了两个基本的装配方法，一是自底向上的装配设计方法，它把建模模块设计好的零件按一定的顺序和配合技术要求连接到一起，成为一部完整的机器（或产品），它必须可靠地实现机器（或产品）设计的功能；二是自顶向下的装配设计方法，它参照其他部件进行部件关联设计，用于产品的概念设计阶段，构造拓扑模型。从顶向下地设计出单个零件。这两种设计思路，都要经过对装配模型进行间隙分析、重量管理等操作，不断地调整和检验装配模型，实现对机器的设计思想、零件的设计质量和机器装配质量的检验。

通常在使用SolidWorks进行产品的装配时，是将自顶向下装配和自底向上装配结合在一起进行的，即采用混合装配的方法。例如，先创建几个主要部件模型，再将其装配在一起，然后在装配中设计其他部件。

4.4.5.3　装配实例

创建如图4－46所示的装配模型，操作步骤如下：

（1）运行SolidWorks，新建装配体文件。

（2）装入第一个零件。

图4－46　装配实例

① 单击“装配”工具栏上的“插入零部件”按钮，在弹出的“PropertyManager”对话框中，选中“图形预览”复选框，通过“浏览”按钮选择“滑轮侧板”文件。

② 选择菜单栏中的“视图”→“原点”命令，在图形区域中显示原点。

③ 将鼠标光标移动到原点上，当鼠标光标变成，表示推理到装配体的原点，如图4－47所示，单击完成零部件放置，其配合关系为固定，如图4－48所示。

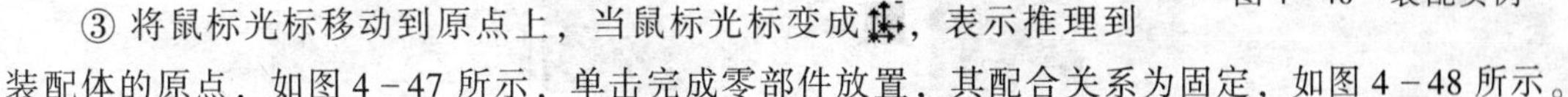

图4－47　放置零件

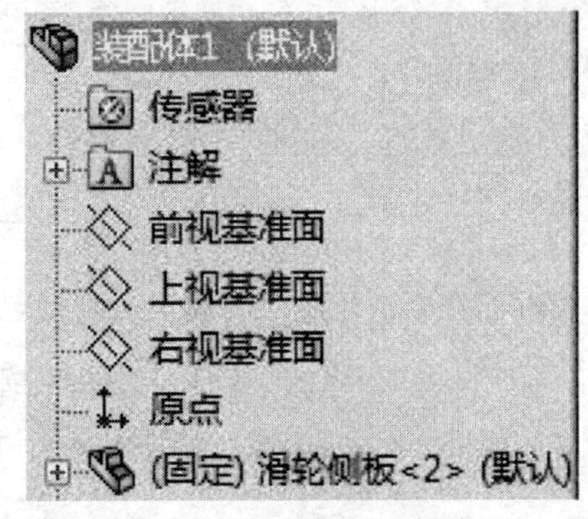

图4－48　零件固定配合

（3）装配滑轮轴。

① 单击“装配”工具栏上的“插入零部件”按钮，选择“上滑轮轴”零件，在图形窗口中放置零件。

② 单击“装配”工具栏上的“配合”按钮，选择滑轮侧板的上孔孔面和圆柱的轴面，此时默认配合为“同轴心”，如图4－49所示，图中加亮部分为选择的配合参考。单击“确定”按钮，则两零件以同轴配合方式进行装配。

③ 继续选择滑轮侧板的侧面和圆柱的端面，选择距离配合方式，设置距离值为 30.00 mm，如果方向不对，可通过“反转尺寸”来进行调整，如图 4-50 所示。单击“确定”按钮，完成上滑轮轴的配合，单击“关闭”按钮，退出零件的装配。

图 4-49　同轴配合

图 4-50　距离配合

④ 单击“装配”工具栏上的“插入零部件”按钮，选择“下滑轮轴”零件，在图形窗口中放置零件。

⑤ 单击“装配”工具栏上的“配合”按钮，添加如图 4-51 所示的同轴配合；添加如图 4-52 所示的距离配合，设置距离值为 30.00 mm。单击“确定”按钮，完成圆套的配合。单击“关闭”按钮，退出零件的装配。

图 4-51　同轴配合

图 4-52　距离配合

(4) 装配圆套。

① 单击“装配”工具栏上的“插入零部件”按钮，选择“圆套”零件，在图形窗口中放置零件。

② 单击“装配”工具栏上的“配合”按钮，添加如图 4-53 所示的同轴配合；继续选择圆套的外端面和上滑轮轴的外端面，此时默认配合为重合，如图 4-54 所示。单击“确定”按钮，完成圆套的配合。单击“关闭”按钮，退出零件的装配。

③ 利用同样的方法将另一圆套装配在下滑轮轴的端面上，装配结果如图 4-55 所示。

图 4-53　同轴配合

图 4-54　重合配合

图 4-55　圆套装配结果

（5）装配滑轮侧板。

① 单击“装配”工具栏上的“插入零部件”按钮，选择“滑轮侧板”零件，在图形窗口中放置零件。

② 单击“装配”工具栏上的“配合”按钮，添加如图4-56所示的两个同轴配合，添加如图4-57所示的距离配合，设置距离值为34.00 mm。单击“关闭”按钮，退出零件的装配。

图4-56　同轴配合

图4-57　距离配合

（6）装配方盖板。

① 单击“装配”工具栏上的“插入零部件”按钮，选择“方盖板”零件，在图形窗口中放置零件。

② 单击“装配”工具栏上的“配合”按钮，选择方盖板的侧面和滑轮侧板的侧面，选择平行配合方式，如图4-58所示，单击“确定”按钮，完成平行配合方式的添加。

③ 选择方盖板的内圆柱面和上滑轮轴的圆柱面，添加如图4-59所示的同轴配合；选择方盖板的内端面和滑轮侧板1的外端面，添加如图4-60所示的重合配合。单击“关闭”按钮，完成零件的装配。

图4-58　平行配合

图4-59　同轴配合

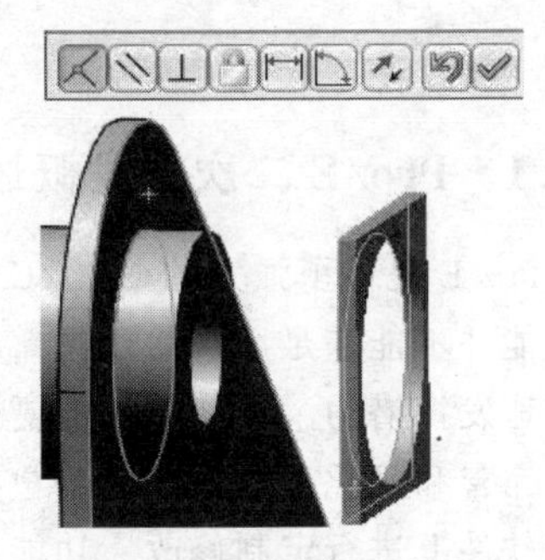

图4-60　重合配合

（7）装配限位块。

① 单击“装配”工具栏上的“插入零部件”按钮，选择“限位块”零件，在图形窗口中放置零件。

② 单击“装配”工具栏上的“配合”按钮，添加如图4-61所示的两个重合配合；添加如图4-62所示的距离配合，设置距离值为30.00 mm；单击“关闭”按钮，退出零件的装配。

（8）线性零部件阵列。

单击“装配”工具栏上的“线性零部件阵列”按钮，选择滑轮侧板的斜边作为方向1的参考，选择方盖板和限位块作为要阵列的零件，阵列距离为400.00 mm，阵列个数为2，如图4-63所示，单击按钮“确定”，完成阵列。

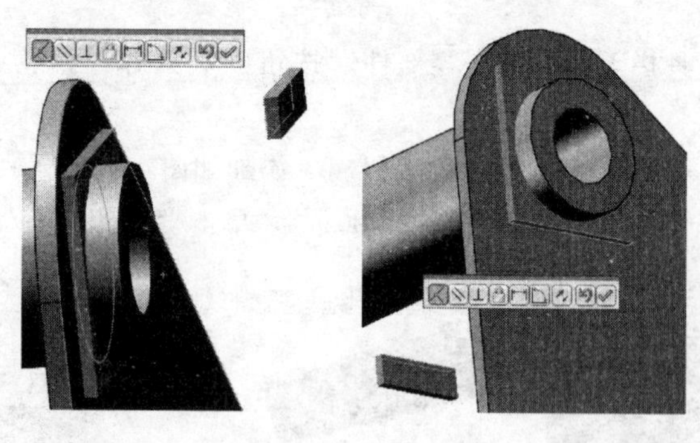

图 4-61　重合配合

图 4-62　距离配合

图 4-63　线性阵列零件

4.5　Pro/E 二次开发

4.5.1　Pro/E 二次开发概述

Pro/E 提供了强大的 CAD/CAE/CAM 功能，使用户能够创建各种复杂的模型，但有时这些功能并不能满足用户的要求。为了使 Pro/E 软件能够在特定的企业单位的特定产品中最大限度地发挥潜力、创造效益，需要以 Pro/E 软件为平台进行二次开发，即把 Pro/E 进一步充实、完善和优化，改进成为用户实用的 CAD/CAE/CAM 系统。二次开发，简单地说就是在现有的软件上进行定制修改、功能的扩展，然后达到自己想要的功能，一般来说都不会改变原有系统的内核。

Pro/E 为用户提供了多种二次开发工具。常用的二次开发工具有 VB 和 Pro/TOOLKIT 等。

4.5.1.1　VB

（1）VB API。从 Pro/E 野火 4.0 开始，增加了和 VB 的接口并提供了相当部分的 API 函数，这就使得用户可以使用 VB 平台对其进行二次开发。VB 具有比 VC 更低的门槛，容易上手，但也有其缺点：PTC 公司提供的 VB API 函数库毕竟有限，所以实现的功能也很有限。可以 Automation GATEWAY 为基础，开展 Pro/E 的二次开发工作。

（2）VB 结合 Automation GATEWAY。Automation GATEWAY（AGW）是 RAND 公司开发的针对 Pro/E 软件的二次开发工具，与其系统自带的二次开发工具 TOOLKIT 相比，具有简单易用的优点。由于 AGW 是第三方开发的接口程序，它具有不能够访问所有底层资源的缺点。

4.5.1.2 Pro/TOOLKIT

Pro/TOOLKIT是Pro/E自带的二次开发工具。它是PTC公司为Pro/E提供的用户化工具箱（Pro/E18以前的版本为Pro/DEVELOP），该工具箱为用户程序、软件及第三方程序提供了与Pro/E的无缝连接。它封装了许多针对Pro/E底层资源调用的库函数与头文件，借助第三方编译环境（C语言、VC++语言等）进行调试。

4.5.2 Pro/TOOLKIT开发基础

4.5.2.1 Pro/TOOLKIT开发模式

使用Pro/TOOLKIT对Pro/E进行二次开发主要有两种模式：同步模式（Synchronous Mode）和异步模式（Asynchronnous Mode）。

同步模式分为动态链接库模式（DLL Mode）和多进程模式（Multiprocess Mode）或称为派生模式（Spawned Mode）。异步模式分为简单异步模式（Simple Asnchronous Mode）和全异步模式（Full Asnchronous Mode）。

异步模式，无须启动Pro/E就能单独运行Pro/TOOLKIT应用程序的方式。异步模式实现了两个程序的并行运行，可以只在程序需要调用Pro/E功能时才启动Pro/E。但由于异步模式具有代码复杂、执行速度慢等缺点，因此一般不采用异步模式。同步模式下，Pro/TOOLKIT应用程序必须与Pro/E系统同步运行。同步模式又分为两种模式：DLL模式和多进程模式。DLL模式是将用户编写的C程序编译成一个DLL文件，使Pro/TOOLKIT应用程序和Pro/E运行在同一进程中，通过直接调用函数实现信息交换。多进程模式是将用户的C程序编译成一个可执行文件，Pro/TOOLKIT应用程序和Pro/E运行在各自的进程中，它们之间的信息交换是由消息系统来完成的。由于同步模式与Pro/E紧密集成，运行速度快、可靠性高，因而在系统开发时使用同步模式。应用VC++的开发平台，可以充分利用MFC的资源，实现了与Pro/E的无缝集成。本书基于Pro/ENGINEER Wildfire 4.0，以VisualStudio. NET2005（VC）为开发平台进行Pro/E二次开发。

4.5.2.2 Pro/TOOLKIT函数语法

1. 对象

Pro/TOOLKIT中最基本的概念是对象。对象实际上就是一种结构体类型数据，结构体中的成员描述了该对象的属性。Pro/TOOLKIT中对象的命名规则：Pro+对象名，其中对象名用相应的英文表示，且首字母要大写的，如ProMdl（模型对象）、ProParameter（参数对象）等。在Pro/TOOLKIT中每一个对象对应于一个结构体，定义该类型的一个具体变量即定义了一个对象句柄（Handle）。

2. 动作

对Pro/TOOLKIT对象执行的某种操作可称为动作，可以通过调用在Pro/TOOLKIT提供的函数来实现动作的执行。在Pro/TOOLKIT中，动作函数命名规则：Pro+对象名+动作，表示对象名和动作的英文单词首字母都用大写，如ProParameterCreate（创建参数动作）、ProMdlCurrentGet（获取当前对象动作）等。

4.5.2.3 Pro/TOOLKIT应用程序开发流程

使用Pro/TOOLKIT开发应用程序包含三个基本步骤：开发环境配置；编写源文件（包括菜单文件、消息文件等资源文件和程序源文件），生成可执行文件；可执行文件在Pro/ENGINEER中注册并运行。

1. 开发环境配置

环境配置可分为三步：首先要指定 VC 程序将要使用到的函数的头文件的路径，这里的路径包括两部分，分别为 Pro/TOOLKIT 和 PRO/DEVELOP 中的路径；然后要指定导出这些函数的库的路径；最后要指明程序具体使用到了哪些库。

2. 编写源文件

总体来说，Pro/TOOLKIT 应用程序包括三个部分的结构：头文件部分、用户初始化函数部分 userinitialize（）和用户结束终止函数部分 userterminate（）。

（1）头文件部分，即应用程序包括的文件部分，指定 Pro/TOOLKIT 应用程序所使用对象函数的原型文件，如果使用了 Pro/TOOLKIT 对象函数，则应包含该函数原型的头文件（.h 文件）。每个 Pro/TOOLKIT 应用程序都必须包括的头文件是 ProToolkit. h。

（2）初始化函数 userinitialize（），主要对同步模式下的 Pro/TOOLKIT 程序进行初始化，在该函数中设置用户的交互接口，如设置菜单、调用对话框等，一般结构为：

```
extern "C" int userinitialize (intargc, char3argv[], char3version, char3build,
   wcharterrbuf[])
{
  /* 用户添加的接口程序部分 */
  return 0;
}
```

（3）结束终止函数 userterminate（）。userterminate（）函数用于结束 Pro/TOOLKIT 程序的执行，一般结构为：

```
extern "C" void userterminate()
{
  /* 用户添加的终止代码 */
}
```

3. 应用程序的注册和运行

编译、连接成功生成可执行程序后，要在 Pro/E 中运行 Pro/TOOLKIT 应用程序，必须首先进行注册。先创建一个注册文件，文件的内容主要包括可执行文件的位置、菜单资源及信息资源文件位置、Pro/TOOLKIT 的版本号，注册文件的扩展名为 dat，主要格式如下：

```
name                /* 应用程序名称 */
startup             /* 程序运行方式 */
exec_file           /* 可执行文件位置 */
text_dir            /* 菜单文件和资源文件位置 */
revision            /* 版本号 */
allowstop           /* 是否允许终止运行程序 */
unicode_encoding    /* 是否解码 */
end/                * 结束 */
```

注册文件编好后，就可以利用它进行 Pro/TOOLKIT 应用程序的注册。有两种注册方式：一是自动注册方式；二是手动注册方式。

（1）自动注册方式：必须将注册文件名取为 Protk. dat，并保存在 Pro/E 安装目录的 \ text 目录或 Pro/E 起始位置设定的目录下。当 Pro/E 启动时会自动读取此注册文件并运行相应的 Pro/TOOLKIT 应用程序。

（2）手动注册方式：选择 Pro/E 界面菜单中的“工具”→“辅助应用程序”命令，单击“注册”按钮注册应用程序，注册成功后单击“启动”按钮运行程序。

4.5.3　Pro/TOOLKIT 参数化设计方法

参数化设计即以一定量的参数控制零件的几何模型，通过修改参数而改变几何模型，从而改变零件的结构尺寸。Pro/E 是典型的采用基于特征的参数化设计软件，它采用参数驱动的机制，同时配合单一数据库，使所有设计会实时变动以此达到设计修改的一致性，而且由于有参数式的设计，用户可以运用数学运算方式，创建各尺寸参数间的关系式，使得模型可自动算出应有的外形，减少尺寸逐一修改的烦琐并减少错误的发生。利用参数化设计技术进行产品设计可以十分容易地修改图形，并能将以往某些产品设计的经验和知识继承下来。设计者可以把时间、精力集中于更具有创造性的概念和整体设计中去，这样就可以避免手工造型的烦琐，提高了造型设计的精度和设计的效率。参数化设计技术是实现快速产品设计的常用有效手段，主要用于标准化、系列化和通用化程度比较高的定型产品。

在 Pro/E 中，参数是用户定义的附加在零部件或特征上的信息。用 Pro/TOOLKIT 参数化设计的通常步骤：首先建立零件库的参数化实体模型并将其保存在不同的路径下；然后用户在 Pro/TOOLKIT 程序中根据不同的命令检索相应的零件并将其加载到内存中；再根据用户在界面中输入的具体参数值来修改相应零件参数的参数值；最后将零件再生更新并显示在屏幕中。在 Pro/E 中建立零件参数化实体模型时，将模型的尺寸与参数关联，然后通过关系式将不同的参数关联起来并将其保存在模型中。这样程序只要操作参数就可以实现零件的参数化设计了。

在 Pro/TOOLKIT 中，参数和参数值均为结构体数据对象。参数对象 ProParameter 定义如前所述，参数值 ProParamvalue 对象定义如下：

```
typedef struct  Pro_Param_Value  {
    ProParamvalueType  type;
    ProParamvalueValue  value;
}  ProParamvalue;
```

Pro/TOOLKIT 提供了对参数进行操作的函数，包括添加参数 ProParameterCreate( )、删除参数 ProParameterDelete( )、初始化参数对象 ProParameterInit( )、修改参数 ProParameterValu - eSet( ) 等。

4.5.4　Pro/TOOLKIT 参数化设计实例——齿轮设计

为了能够进行齿轮参数化设计，必须建立参数以及关系式，齿轮的参数与关系式由很多方程来控制，将在 9.1 节中详细介绍，这里不再赘述。

以圆柱齿轮为例，在图 4 - 64 所示的“齿轮”对话框中单击“生成齿轮”按钮后，程序应该根据输入的数据生成一个右边窗口中显示的齿轮。要实现该功能，齿轮模型中通常会保留基本参数作为程序的接口，这些参数包括齿数、模数、压力角、螺旋角、变位系数以及齿宽等（要使模型根据这几个参数的变化而重生，需要使用关系式来严格控制齿轮的相应尺寸）。有了程序与模型的接口，就可以应用 Pro/TOOLKIT 函数进行二次开发实现齿轮的参数化设计。

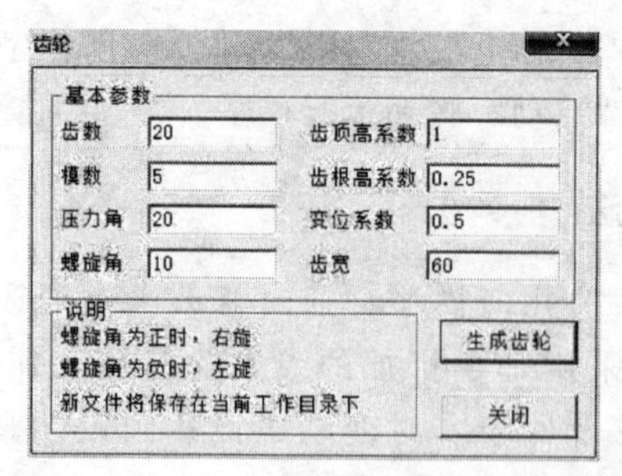

图 4－64　齿轮设计界面及结果

4.5.4.1　新建项目

首先打开 Visual Studio 2005 中的 VC 开发环境。依次选择“文件”→“新建”→“项目”命令，系统弹出“项目”对话框，选择 MFC DLL 项目，输入项目名称并设置项目路径，单击“确定”按钮。在接下来的对话框中选择“使用共享 MFC DLL 的规则 DLL”选项（默认的也是这个选项），单击“完成”按钮后，系统自动完成 DLL 的开发环境。然后，进行 Pro/TOOLKIT 开发环境的配置。

4.5.4.2　配置开发环境

（1）包含文件。依次在菜单中选择“工具”→“选项”命令，系统弹出“选项”对话框。在该对话中选择“项目和解决方案”一栏中的“VC ++ 目录”选项，并参照图 4－65 所示的方法设置头文件路径。

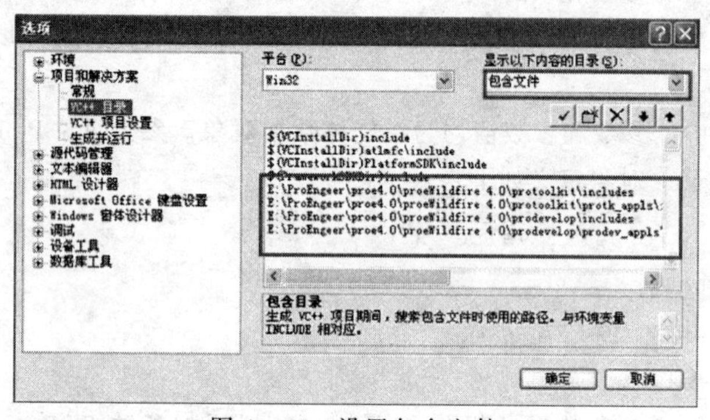

图 4－65　设置包含文件

设置为：

E：\ ProEngeer \ proe4. 0 \ proeWildfire 4. 0 \ protoolkit \ includes

E：\ ProEngeer \ proe4. 0 \ proeWildfire 4. 0 \ protoolkit \ protk_ appls \ includes

E：\ ProEngeer \ proe4. 0 \ proeWildfire 4. 0 \ prodevelop \ includes

E：\ ProEngeer \ proe4. 0 \ proeWildfire 4. 0 \ prodevelop \ prodev_ appls \ includes

（2）库文件。仍旧在“项目”对话框下，设置库文件路径，如图 4－66 所示。

（3）项目属性。设置好头文件和库文件路径后，指定项目属性和使用中的具体库文件。选择“项目”→“属性”命令，系统弹出该项目的属性对话框。在相应的选项中设置项目属性，具体选项属性如下：

① 预处理器。在预处理器定义中添加：PRO_ USE_ VAR_ ARGS。

② 代码生成和语言。在“代码生成”中将“运行时库”设置为“多线程 DLL（/MD）”；在“语言”中将“将 wchar_ t 视为内置类型”设置为“否（/Zc：wchar_ t－）”。

③ 依赖库。选择“链接器”→“输入”命令，在“附加依赖项”中添加：protk_ dllmd. lib；prodev_ dllmd. lib；wsock32. lib；mpr. lib；psapi. lib。

在“忽略特定库”中添加：libcmtd. lib；MSVCRT. lib。

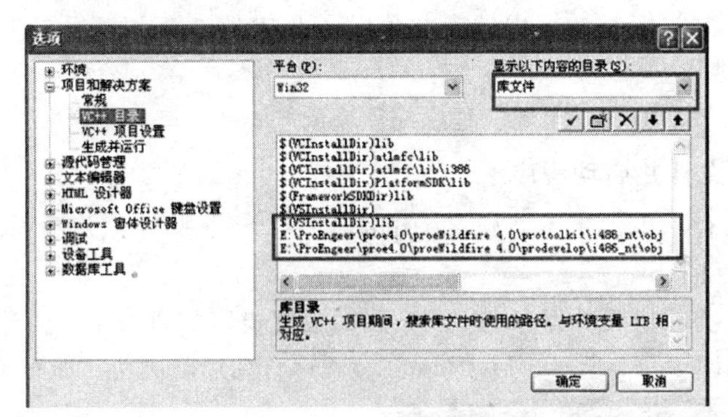

图4-66　设置库文件

4.5.4.3　添加消息菜单

在项目目录\CADCAM_ GEAR\下新建文件夹text，在文件夹中新建一个txt文件，取名为usermenu. txt，内容为

```
Gear
&Gear
齿轮设计(&G)
#
InvCyld
&InvCyld
渐开线圆柱齿轮(&H)
#
GearHelp
&Gear Help
帮助
#
```

4.5.4.4　添加对话框

（1）添加资源。右击资源视图中的CADCAM_ GEAR. rc，选择“添加资源”选项，在弹出的“添加资源”对话框中选择Dialog选项，新建如图4-64所示的界面。

（2）添加类。将新建的对话框更名为“齿轮”，右击窗口空白处，在快捷菜单下选择“添加类”选项，在弹出的MFC类向导对话框中添加名为CGearDlg的类。

（3）添加变量。选择“齿轮”对话框中的文本框，右击，在快捷菜单下选择“添加变量”选项，在弹出的“添加成员变量”向导对话框中设置变量类型和变量名。添加齿数文本框的变量，它的变量类型为int；添加齿顶高系数文本框的变量，它的变量类型为double，其他变量的类型与它相同。

4.5.4.5　添加代码并编译

（1）在CADCAM_ GEAR. h文件中再添加Pro/TOOLKIT（）函数的头文件。

（2）在CADCAM_ GEAR. cpp文件添加用户初始化函数部分user initialize( )和用户结束终止函数部分user terminate( )。

(3) 在 CADCAM_ GEAR. cpp 文件添加齿轮对话框头文件，并添加调用齿轮设计对话框函数。

(4) 在齿轮对话框 GearDlg. cpp 中添加“生成齿轮”按钮事件函数，该函数用来检索齿轮模型，初始化模型参数并将对话框中的参数值赋予相应的参数，然后再生成模型并将模型在 Pro/E 窗口中显示出来。

(5) 编译，生成解决方案。至此，程序编译完成。

4.5.4.6 编写注册文件并启动程序

(1) 编写注册文件。用记事本新建名为 protk 的一个 txt 文件，并添加内容，保存文件后，将文件扩展名修改为 dat。

(2) 启动程序。将注册文件保存到 Pro/E 起始位置设定的目录下，可通过查看快捷方式属性获得起始位置，如图 4-67 所示。启动 Pro/E，程序自动加载成功，如图 4-68 所示。

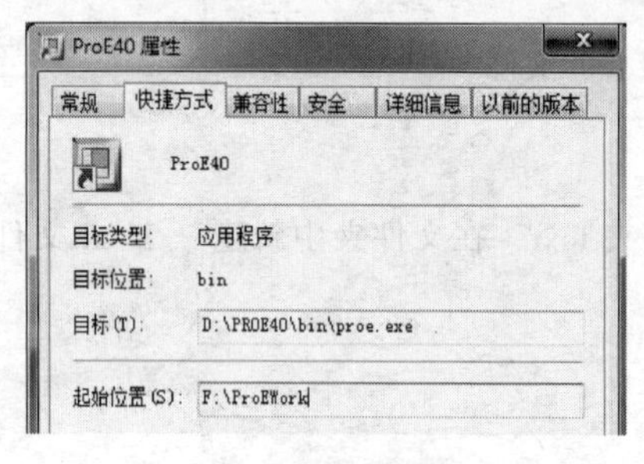

图 4-67 Pro/E 起始位置

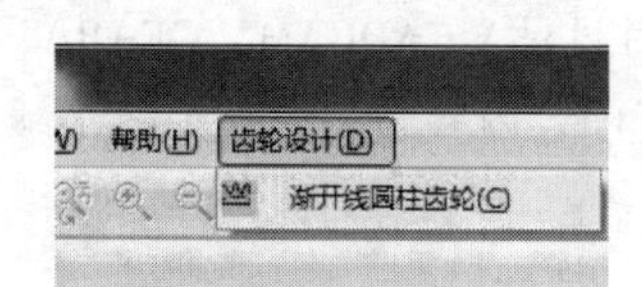

图 4-68 程序菜单

习 题

1. 机械产品几何建模系统一般可以分为哪些类型，各有哪些特点？
2. 简述机械的产品 CAD 建模过程。
3. 简述 CAD 建模技术的发展历程。
4. 使用 Pro/TOOLKIT 对 Pro/E 进行二次开发的两种开发模式是什么？简述各自的特点。
5. 简述使用 Pro/TOOLKIT 开发应用程序的基本步骤。
6. 按图 4-69 所标注的尺寸绘制草图。

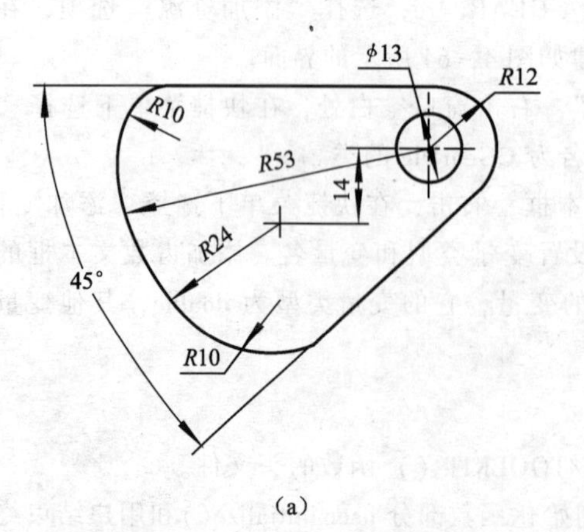

(a)

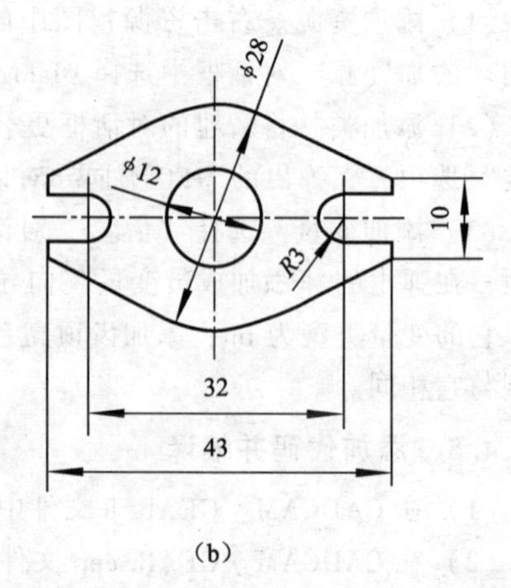

(b)

图 4-69

7. 创建图4－70所示的闷盖零件模型。

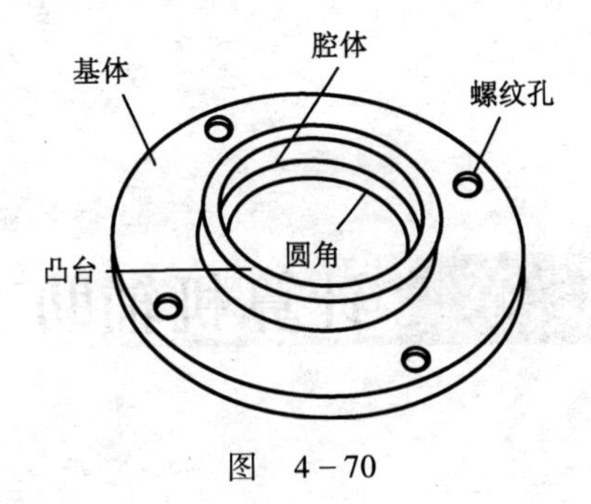

图　4－70

第5章 计算机辅助工程

【教学目标】

掌握有限元分析思想；掌握有限元分析步骤；了解有限元分析常用的单元类型；掌握有限元分析单元划分注意事项；了解单元分析数学方法；掌握最优化问题数学模型；了解迭代法的收敛性和终止迭代准则；了解常用最优化设计方法；了解 ANSYS 14.0 软件的功能；掌握 ANSYS 14.0 简单结构有限元的优化方法；了解 ANSYS 14.0 的二次开发。

【本章提要】

有限元分析法是一种解决工程问题的数值计算方法。结构优化设计有利于提高所设计结构的力学或其他性能。ANSYS 是常见有限元分析软件。运用 ANSYS 14.0 进行结构分析需要建立结构几何模型，对结构几何模型划分单元，设置结构材料属性，选择合适的求解器进行求解，分析计算结果等。运用 ANSYS 14.0 进行结构优化还需要设置设计变量、状态变量、目标函数、合理和不合理的设计、分析文件、迭代、循环、设计序列等。

5.1 概 述

计算机辅助工程（Computer Aided Engineering，CAE）技术的提出就是要把工程（生产）的各个环节有机地组织起来，其关键就是将有关的信息集成，使其产生并存在于工程（产品）的整个生命周期。

在 CAD/CAM 工作中，典型的计算机辅助分析工作如下：

（1）对受有载荷作用的产品零部件进行强度分析；计算已知零部件尺寸在受载下的应力和变形，或根据已知许用应力和刚度要求计算所需的零件尺寸；如果所受的载荷为变动载荷，还要计算系统的动态响应。

（2）对做复杂运动的机械或机构等进行运动分析，计算其运动轨迹、速度和加速度。

（3）对系统的温度场、电磁场、流体场进行分析求解。

（4）按照给定的条件和准则，寻求产品的最优设计参数，寻求最优的加工规则等。

（5）在复杂表面的数控加工中，当选定加工刀具后．计算刀具的加工位置，以生成数控加工代码。

（6）对已形成的产品设计方案和加工方案进行仿真分析，即按照方案的数学描述，通过分析计算，模拟实际系统的运行，预测和观察产品的工作性能和加工生产过程。

对于计算机辅助分析计算，设计者首先要按求解内容的物理规律确定计算关系，即建立计算模型；其次，要确定求解策略和方法，并用软件实现。

以下将重点介绍计算机辅助分析计算涉及的有限元分析基础、最优化设计基础以及在 ANSYS 14.0 软件中的简单应用。

5.2　有限元分析基础

有限元建模（Finite Element Modeling，FEM）和有限元分析（Finite Element Analysis，FEA）技术已成为建立分析模型、共享数据的有效途径，是解决各种工程实际问题的便利工具和有效手段。与其他结构分析方法相比，有限元法有两个明显优点：其一是结构可以任意复杂，其二是计算精度高。

有限元法可以处理任何复杂形状、不同物理特性、多变的边界条件和任何承载情况的工程问题，广泛应用于场强（力场、电场、磁场，温度场、流体场等）分析、热传导、非线性材料的弹塑性蠕变分析等研究领域中。

5.2.1　有限元的基本思想

有限元方法是一种借助计算机进行工程分析的离散化数值方法，是将复杂的连续体结构，假想地分割成数量和尺寸上有限的单元。根据构件的具体情况，采用单元类型（形状）也不同。

常见的单元类型：杆单元、梁单元、板单元（三角形、矩形等）、多面体单元（四面体、六面体）等。

在工程或物理问题的数学模型（基本变量、基本方程、求解域和边界条件等）确定以后，有限元法作为对其进行分析的数值计算方法，其基本思想可简单概括为如下三点：

（1）将一个表示结构或连续体的求解域离散为若干个子域（单元），并通过它们边界上的节点相互连接为一个组合体。

（2）用每个单元内所假设的近似函数来分片表示全求解域内待求解的未知场变量，而每个单元内的近似函数由未知场函数（或其导数）在单元各个节点上的数值和与其对应的插值函数来表示。由于在连接相邻单元的节点上，场函数具有相同的数值，因此将它们作为数值求解的基本未知量。这样一来，求解原待求场函数的无穷多自由度问题转换为求解场函数节点值的有限自由度问题。

（3）通过和原问题数学模型（如基本方程、边界条件等）等效的变分原理或加权余量法，建立求解基本未知量（场函数节点值）的代数方程组或常微分方程组，并表示成规范化的矩阵形式，接着用相应的数值方法求解该方程，从而得到原问题的解答。

结构有限元法按照所选用的基本未知量和分析方法的不同，可分为两种基本方法。一种是以应力分析计算为例，以节点位移为基本未知量，在选择适当的位移函数的基础上，进行单元的力学特征分析，在节点处建立平衡方程（即单人的刚度方程），合并组成整体刚度方程，求解出节点位移，可再由节点位移求解应力。这种方法称为位移法；另一种是以节点力为基本未知量，在节点上建立位移连续方程，解出节点力后，再计算节点位移和应力，这种方法称为力法。一般来说，用力法求得的应力较位移法求得的精度高，但位移法比较简单，计算规律性强，且便于编写计算机通用程序。因此，在用有限元法进行结构分析时，大多采用位移法。

5.2.2　有限元求解问题的基本步骤

有限元法求解问题的基本步骤基本类似。以下是运用有限元法进行结构分析时的基本步骤。

5.2.2.1　结构离散化

结构离散化就是将结构分成有限个小的单元体，单元与单元、单元与边界之间通过节点连接。结构的离散化是有限单元法分析的第一步，关系到计算精度与计算效率，是有限单元法的基础步骤，包含以下两个方面的内容：

1. 基本单元类型

离散化首先要选定单元类型，这包括单元形状、单元结点数与结点自由度数等三个方面的内容。基本的单元类型有一维单元、二维单元、三维单元。一维单元中又包括杆、梁单元；二维单元中有三角形、四边形单元；三维单元中有四面体、六面体单元。

2. 单元划分

划分单元时应注意以下几点：

(1) 网格的加密。网格划分越细，结点越多，计算结果越精确。对边界曲折处、应力变化大的区域应加密网格，集中载荷作用点、分布载荷突变点以及约束支撑点均应布置结点，同时要兼顾机时、费用与效果。网格加密到一定程度后计算精度的提高就不明显，对应力应变变化平缓的区域不必细分网格。

(2) 单元形态应尽可能接近相应的正多边形或正多面体。

(3) 单元结点应与相邻单元结点相连接，不能置于相邻单元边界上，

(4) 同一单元由同一种材料构成。

(5) 网格划分应尽可能有规律，以利于计算机自动生成网格。

3. 结点编码：整体结点编码和单元结点编码

单元划分完毕后，要将全部单元及全部结点按一定顺序编号，单元号及结点号均不能有错漏或重复。在三角形三结点单元中，结点的顺序必须是逆时针的。

5.2.2.2 单元分析

所谓单元分析，就是建立各个单元的结点位移和结点力之间的关系式。

5.2.2.3 整体分析

整体分析包括以下几方面内容：

(1) 集成整体结点载荷向量 $\{R\}$。结构离散化后，单元之间通过结点传递力，所以有限单元法在结构分析中只采用结点载荷，所有作用在单元上的集中力、体积力与表面力都必须静力等效地移置到结点上去，形成等效结点载荷，最后将所有结点载荷按照整体结点编码顺序组集成整体结点载荷向量。

(2) 集成整体刚度矩阵 $[\boldsymbol{K}]$。集合所有的单元刚度方程就得到总体刚度方程

$$[\boldsymbol{K}]\{\boldsymbol{\delta}\}=\{\boldsymbol{R}\} \tag{5-1}$$

式中 $[\boldsymbol{K}]$——总体刚度矩阵，直接由单元刚度矩阵组集得到；

$\{\boldsymbol{\delta}\}$——整体节点位移向量；

$\{\boldsymbol{R}\}$——整体节点载荷向量。

(3) 引进边界约束条件，解总体刚度方程求出节点位移分量（位移法有限元分析的基本未知量）。

5.3 最优化设计基础

最优化设计的一般过程是先将工程最优化问题转化为最优化数学模型，选择适当有效的最优化算法程序（软件），然后利用计算机的高速运算和逻辑判断能力，从满足要求的可行设计方案中，自动寻找实现预期设计目标的最优化设计方案。

最优化设计的过程可基本包含两部分内容：

（1）把最优化设计问题用数学表达式来描述，该数学表达式又称作最优化数学模型，这一过程称作建立最优化数学模型。

（2）根据最优化数学特征，选择合适的最优化算法，利用计算机求解最优化数学模型。

5.3.1　最优化问题数学模型的一般形式

建立数学模型是最优化设计过程中重要的一步，应善于将实际问题用抽象的数学形式描述，即将实际设计问题转化为数学模型。尽管工程设计实际问题具有多样性、简繁性、易难性等，但是建立的最优化数学模型和构成的要素却具有一般形式。

由于工程最优化设计问题所求的解均是实数解，所追求的设计目标无外乎是求极小值或极大值问题，而且求极小值或极大值问题之间可相互转换。因此，把工程最优化设计的数学模型统一归纳为如下求极小化数学模型

$$\begin{aligned} &\min F(X) \quad X=[x_1 \quad x_2 \quad \cdots \quad x_n]^T \\ &s.t. \quad g_u(X)\leqslant 0 \quad (u=1,2,\cdots,p) \\ &\qquad h_v(X)=0 \quad (v=1,2,\cdots,m<n) \end{aligned} \tag{5-2}$$

式中，设计方案 X 称作设计变量，它包含的设计参数 x_1，x_2，…，x_n 称作设计变量分量，共 n 个；对设计参数的约束 $g_u(X)$、$h_v(X)$ 是设计变量 X 的函数，称作约束函数，前者称作不等式约束函数，共 p 个，后者称作等式约束函数，共 m 个；设计目标 $F(X)$ 是设计变量 X 的函数，称作目标函数（在函数分析中称作 n 元函数）。设计变量、约束函数、目标函数是构成最优化数学模型的三个基本要素。

5.3.2　常用最优化设计方法

优化算法各种各样，但大多数方法都是采用数值计算法，其基本思想是搜索、迭代和逼近。图 5－1 所示为常用优化方法的分类。

衡量优化算法优劣的两个标准为收敛性和收敛速度。

5.3.2.1　迭代法收敛性

当下降数值迭代法产生的序列迭代点所对应函数值序列呈严格单调下降，且最终收敛于目标函数值为最小的极小点（极小值点）时，称此下降数值迭代法具有收敛性。序列迭代点逐次逼近极小点的速度称作迭代法的收敛速度。若产生的序列迭代点逐步逼近极小点的速度是一次函数，则称该迭代法具有线性收敛性；若是二次函数，称该迭代法具有二次收敛性。通常，具有二次收敛性的迭代法是收敛速度最快的算法。

5.3.2.2　终止迭代准则

在计算机上应用迭代法进行迭代计算时，尽管计算机的计算精度很高，但迭代点仅能足够近地逼近极小点，而不能等于极小点，因此，用下降数值迭代法仅能获得满足一定精度的近似最优解（一般来说，工程最优化设计问题也不要求获得精确解）。常用的终止迭代准则有以下两种：

（1）点距准则。当相邻两迭代点 $X^{(K)}$、$X^{(K+1)}$ 之间的距离已达到充分小时，即小于或等于规定的某一很小正数 ε_1 或 ε_2 时，迭代终止，并令极小点 $X^*=X^{(K+1)}$，一般用两个迭代点向量差的模来表示，即

$$|X^{(K+1)}-X^{(K)}|\leqslant\varepsilon_1 \tag{5-3}$$

或用 $X^{(K+1)}$ 和 $X^{(K)}$ 在各坐标轴上的分量差来表示，即

$$|X_i^{(K+1)}-X_i^{(K)}|\leqslant\varepsilon_2 \quad (i=1,2,\cdots,n) \tag{5-4}$$

（2）值差准则。当相邻两迭代点 $X^{(K)}$，$X^{(K+1)}$ 的目标函数值之差的绝对值达到充分小时，即小于或等于规定的某一很小正数 ε_3 或 ε_4 时，迭代终止，并令极小点 $X^* = X^{(K+1)}$。值差准则可表示为

$$|F(X^{(K+1)}) - F(X^{(K)})| \leqslant \varepsilon_3 \qquad (|F(X^{(K+1)})| \leqslant 1) \tag{5-5}$$

或用目标函数值之差的相对值的绝对值来表示，即

$$\left|\frac{F(X^{(K+1)}) - F(X^{(K)})}{F(X^{(K+1)})}\right| \leqslant \varepsilon_4 \qquad (|F(X^{(K+1)})| > 1) \tag{5-6}$$

两种终止迭代准则可同时使用，也可单独使用。一般来说，同时使用两种终止迭代准则判定是否终止迭代计算较为可靠。很小的正数一般取为 1E－6～1E－3，具体取值大小视迭代点值、目标函数值、计算精度等情况确定。

ANSYS 提供了两种方法可以处理绝大多数的优化问题。零阶方法是一个很完善的处理方法，可以很有效地处理大多数的工程问题。一阶方法是基于目标函数对设计变量的敏感程度进行优化，因此更加适合于精确的优化分析。除了这两种优化方法外，ANSYS 还提供了一系列的优化工具以提高优化过程的效率。

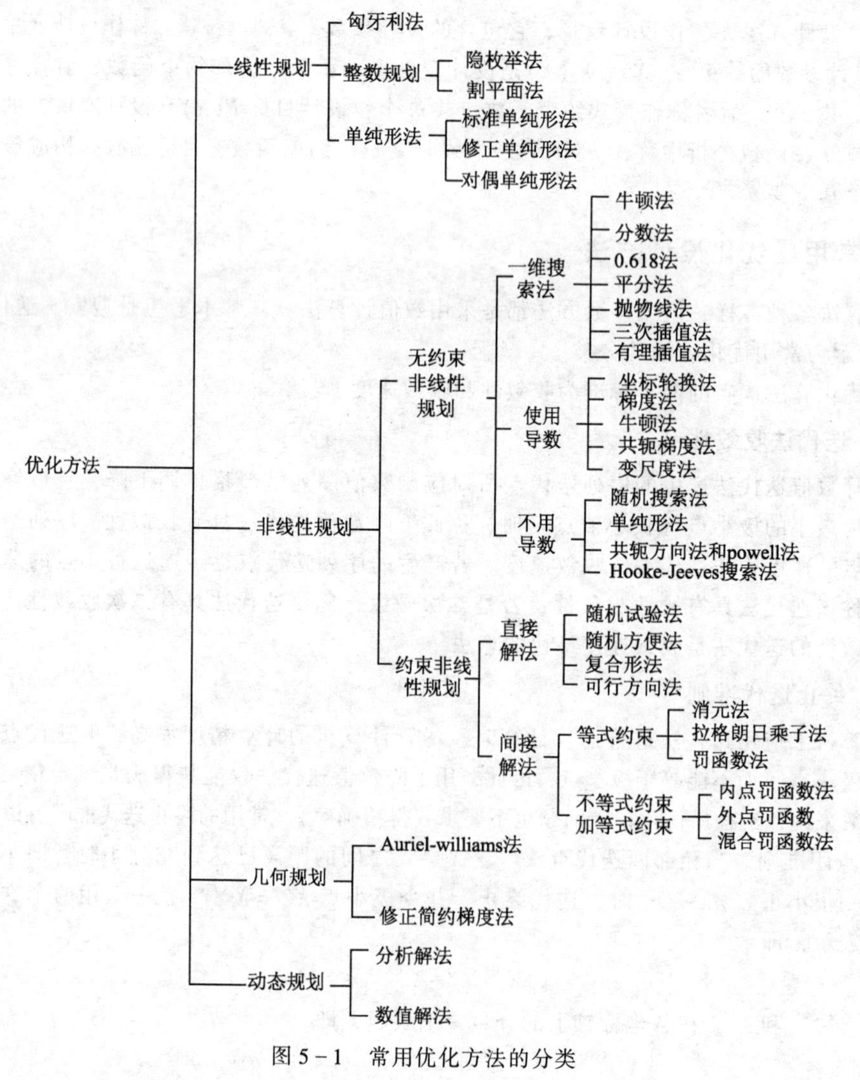

图 5－1　常用优化方法的分类

5.4　ANSYS 14.0 结构有限元分析

5.4.1　ANSYS 14.0 软件功能介绍

ANSYS 软件主要包括三个部分：前处理模块、分析计算模块和后处理模块。前处理模块提供了一个强大的实体建模及网格划分工具，用户可以方便地构造有限元模型；分析计算模块包括结构分析（可进行线性分析、非线性分析和高度非线性分析）、流体动力学分析、电磁场分析、声场分析、压电分析以及多物理场耦合分析，可模拟多种物理介质的相互作用，具有灵敏度分析及优化设计分析能力；后处理模块可将计算结果以彩色等值线显示、梯度显示、矢量显示、粒子流迹显示、立体切片显示、透明及半透明显示（可看到结构内部）等图形方式显示出来，也可将计算结果以图表、曲线的形式显示或输出。

5.4.1.1　前处理模块 PREP7

选择主菜单 Main Menu 中的 Preprocessor 选项，进入 ANSYS 前处理模块。该模块中主要有三部分内容：参数定义、实体建模和网格划分。

1. 参数定义

ANSYS 软件在建立有限元模型的过程中，首先需要进行相关参数定义，主要包括定义单位制、定义单元类型、定义单元实常数、定义材料模型和材料特性参数、定义几何参数等。在定义单位制时应注意，除磁场分析外，ANSYS 软件可以使用任意一种单位制，但一定要保证单位制的统一。

2. 实体建模

ANSYS 程序提供了两种实体建模方法：自顶向下与自底向上。自顶向下进行实体建模时，ANSYS 程序允许通过汇集线、面、体等几何体素的方法构造模型，当生成一种体素时，ANSYS 程序会自动生成所有从属于该体素的较低级图元，这种一开始就从较高级的实体图元构造模型的方法就是自上向下的建模方法。定义有限元模型顶点的关键点是实体模型中最低级的图元。在构造实体模型时，首先定义关键点，再利用这些关键点定义较高级的实体图元（即线、面和体），这就是自底向上的建模方法。

3. 网格划分

ANSYS 程序提供了使用便捷、高质量的对 CAD 模型进行网格划分的功能，包括四种网格划分方法：延伸划分、映像划分、自由划分和自适应划分。

5.4.1.2　求解模块 Solution

在前处理阶段完成以后，用户可以在求解阶段获得分析结果。选择主菜单 Main Menu 中的 Solution 选项，进入 ANSYS 的分析求解模块。在该阶段，用户可以定义分析类型、分析选项、载荷数据和载荷步选项，然后开始有限元求解。ANSYS 软件提供的分析类型如下：

1. 结构静力学分析

用来求解外载荷引起的位移、应力和力。静力分析很适合求解惯性和阻尼对结构的影响并不显著的问题。ANSYS 程序中的静力分析不仅可以进行线性分析，而且可以进行非线性分析。

2. 结构动力学分析

结构动力学分析用来求解随时间变化的载荷对结构或部件的影响。动力学分析要考虑随时间变化的力载荷以及它对阻尼和惯性的影响。ANSYS 结构动力学分析类型包括：瞬态动力学分析、模态分析、谐波响应分析及随机振动响应分析。

3. 结构非线性分析

结构非线性导致结构或部件的响应随外载荷不成比例的变化。ANSYS 程序可求解静态或瞬态非线性问题，包括非线性、几何非线性和单元非线性三种。

4. 动力学分析

ANSYS 程序可以分析大型三维柔体运动。当运动的累积影响其主要作用时，可使用这些功能分析复杂结构在空间中的运动特性，并确定结构中由此产生的应力、应变和变形。

5. 热分析

程序可处理热传递的三种基本类型：传导、对流和辐射。热传递的三种类型均可进行模态和瞬态、线性和非线性分析。

6. 电磁场分析

ANSYS 软件可用于电磁场问题的分析，如电感、电容、磁通量密度、涡流、电场分析、磁力线分布、力等。还可用于螺线管、调节器、发电机、变换器、磁体及无损检测等的设计和分析领域。

7. 流体动力学分析

ANSYS 流体单元能进行流体动力学分析，分析类型可以为瞬态和稳态。分析结果可以是每个节点的压力和通过每个单元的流率。并且可以利用后处理功能产生压力、流率和温度分布的图形显示。

8. 声场分析

程序的声学功能研究声波在含有流体的介质中的传播，或分析浸在流体中的固体结构的动态特性。这些功能可用来确定音响话筒的频率响应等。

9. 压电分析

用于分析二维或三维结构对 AC（交流）、DC（直流）、任意随时间变化的电流或机械载荷的响应。可用于换热器、振荡器、谐振器等部件及电子设备的结构动态性能分析。可进行四种类型的分析：静态分析、模态分析、谐波响应分析和瞬态响应分析。

5.4.1.3 后处理模块 POST1 和 POST26

求解阶段完成以后，用户可以通过后处理模块来观察结果。ANSYS 软件的后处理过程包括两个部分：通用后处理模块 POST1 和时间历程后处理模块 POST26。通过友好的用户界面，可以很容易地获得求解过程的计算结果并对其进行显示。

（1）通用后处理模块 POST1。选择主菜单 Main Menu 中的 General Postpro 选项即可进入后处理模块。这个模块能将前面的分析结果以图形形式显示或输出。

（2）时间历程响应后处理模块 POST26。选择主菜单 Main Menu 中的 TimeHist Postpro 选项即可进入时间历程响应后处理模块。这个模块用于检查在一个时间段或子步历程中的结果，如节点位移、应力或支反力。

与 ANSYS 前面的版本相比，在 ANSYS 14.0 的新的功能中，许多功能还可以对物理深度及广度进行扩展，以满足工程师不断变化的需求。

（1）CAD 网格自动化。CAD 模型常常包括多个部件、间隙或部件接触，部件、接触和间隙数量越大，几何体越乱。CFD 工程师需要把 CAD 文件处理成干净的几何体，才能从中抽取流体域并划分网格，这是一个烦琐且费时的过程。在 ANSYS 14.0 中，装配体网格工具能自动从 CAD 装配体中抽取流体域，而且能根据用户的目标和偏好，自动创建 Cut - cell 的结构化直角网格（六面体网格单元）或者非结构化的四面体网格。

（2）工作流性能和易用性。对单个工况的仿真能提供其性能信息。当工程师仿真整个性能范围后，将能获得更多的性能信息。ANSYS Workbench 提供了设计探索和优化的框架，能进行几何模型、网格控制、材料属性和操作条件的参数化建模，从而实现自动化仿真过程。ANSYS

14.0 允许通过远程求解管理器（RSM），包括在机群环境下，对更新的设计点进行仿真。

（3）几何建模和协同仿真。ANSYS Design Modeler 中能直接对几何实体（像面、边、点等）进行模型操作。提供了定制化的功能和工具，帮助用户对常用的功能进行界面定制。对常用的操作增加了快捷键，以减少给定任务的操作步数。

（4）参数化建模和优化设计。ANSYS Fluent 的伴随求解器允许工程师进行参数化计算，对如何更好地修改设计以获得更好的性能提供了指导，同时对这种性能的改善提供了快速的量化估算。

（5）MAPDL 和 ANSYS Workbench 的集成。ANSYS 14.0 允许用户在 Mechanical 环境里控制有限元模型的不同部件。所有的连接如约束方程、十字接头或弱弹簧均能可视化。

（6）复合材料。ANSYS 14.0 中的 ANSYS Composite PrePost 和其他仿真紧密集成在 ANSYS Workbench 中，对复合材料失效如渐进失效提供了特定的模拟技术。

5.4.2 ANSYS 14.0 结构优化实例

5.4.2.1 ANSYS 14.0 优化设计概论

所有可以参数化的 ANSYS 选项均可进行优化设计。

在 ANSYS 的优化设计中包括的基本定义：设计变量、状态变量、目标函数、合理和不合理的设计、分析文件、迭代、循环、设计序列等。

（1）设计变量 Design Variable（DVs）。设计变量为自变量，往往是长度、厚度、直径或几何模型参数，且为一个独立的参数，优化结果的取得就是通过改变设计变量的数值来实现的。每个设计变量都有上下限，它定义了设计变量的设计范围。

（2）状态变量 State Variable（SVs）。状态变量是约束设计的数值，如应力、温度、热流率、频率、变形等。它们是因变量，是设计变量的函数，其可能会有上下限，也可能只有单方面的限制。

（3）目标函数 Objective Function。目标函数是用户将要尽量减小的数值。它必须是设计变量的函数，即改变设计变量的数值将改变目标函数的数值。

注意：设计变量，状态变量和目标函数总称为优化变量，在 ANYSY 优化中，这些变量是由用户定义的参数来指定的。用户必须指出在参数集中哪些是设计变量，哪些是状态变量，哪些是目标函数。

（4）设计序列 Design Set。设计序列是指确定一个特定模型的参数的集合。一般来说，设计序列是由优化变量的数值来确定的，所有的模型参数组成了一个设计序列。

（5）合理的设计 Feasible Design。一个合理的设计是指满足所有给定的约束条件。如果其中任一约束条件不满足，设计就认为是不合理的。而最优设计是既满足所有的约束条件又能得到最小目标函数值的设计。如果所有的设计序列都是不合理的，那么最优设计是最接近于合理的设计，而不考虑目标函数的数值。

（6）分析文件 Analysis File。分析文件是一个 ANSYS 的命令流入文件，包括一个完整的分析过程，它必须包含一个参数化的模型，即用参数定义模型并指出设计变量、状态变量和目标函数，并且由这个文件还可以自动生成循环文件，并在优化计算中循环处理。

（7）循环 Loop。一个循环指一个分析周期，最后一次循环的输出存储在文件 Jobname.OPO 中。

（8）优化迭代 Optimization Iteration。优化迭代是产生新的设计序列的一次或多次分析循环。一般来说，一次迭代等同于一次循环，但对于一阶方法，一次迭代等同于多次循环。

5.4.2.2 优化设计的基本步骤

ANSYS 优化设计可以通过两种方法来实现，即批处理和 GUI 方式。这两种方法的选择取决于用户对 ANSYS 的熟悉程度和是否习惯图形交互方式。

一般来说，如果用户对 ANSYS 的命令相当熟悉，可选择用命令输入整个优化文件，并通过批处理方式来进行优化。对于复杂的需用大量的分析任务来说（如非线性），这种方式更有效率。而另一方面，交互方式具有更大的灵活性。在用 GUI 方式进行优化时，首要的是要建立模型的分析文件，然后优化处理器。所提供的功能均可交互式的使用，以确定设计空间，便于后续优化处理的进行。这些初期交互式的操作可以帮助用户缩小设计空间的大小，使优化过程得到更高的效率。

ANSYS 优化设计通常包括以下几个步骤，这些步骤根据用户所选用优化方法的不同（批处理或 GUI 方式）而有细微的差别。

（1）生成循环所用的分析文件，该文件包括整个分析的过程，包括以下内容：

① 以参数化方式建立的模型。

② 定义求解器。定义求解器用于指定分析类型和分析选项、施加载荷、指定载荷、完成有限元计算。分析中所用到的数据都要指出，如凝聚法分析中的主自由度、非线性分析中的收敛准则、谐波分析中的频率范围等。

③ 提取并指定状态变量和目标函数。

（2）在 ANSYS 数据库里建立与分析文件中变量相对应的参数。这一步是标准的做法，但不是必需的（BEGIN 或 OPT）。

（3）进入 OPT 处理器，指定分析文件（OPT）。

（4）指定优化变量。

（5）选择优化工具或优化方法。

（6）指定优化循环控制方式。

（7）进行优化分析。

（8）查看设计序列结果（OPT）和后处理（POST1/POST26）

5.4.2.3 优化设计实例

本节将详细介绍压力容器壁厚优化设计问题。

1. 问题描述

现在有一个处于设计状态的反应器示意图，反应器主体外直径 $d = 406$ mm，总长 6 000 mm，桶体壁厚均匀、无尖角，但端部部位壁厚在过渡位置处有所增加，整个截面尺寸如图 5－2 所示。

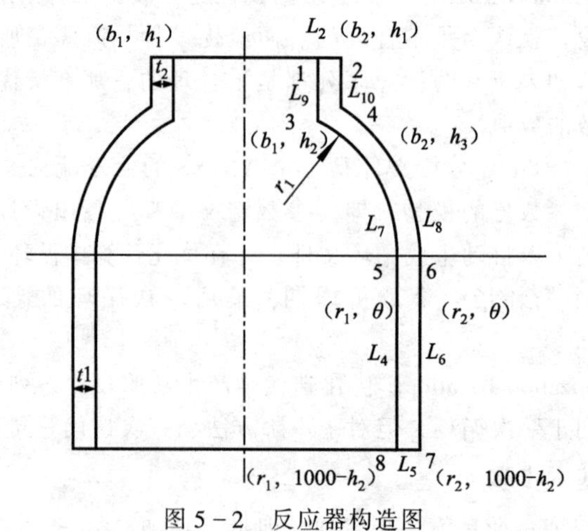

图 5－2　反应器构造图

整个反应器采用同一材料制造，其参数如下：

设计压力 $p=23$ MPa（工作压力为 21 MPa）；

弹性模量 $E=206$ GPa；

泊松比 $\mu=0.3$。

设计要求：通过壁厚的设计，使得最终在满足给定刚度和强度要求下使整个反应器的重量达到最小，壁厚参考范围 $t_1[16,19]$，端部部位厚度 $t_2[21,25]$。规定 $[\sigma]=250$ MPa。

2. 分析说明

下面分析力学模型的建立过程。

根据压力容器的结构特性和受力特点，采用轴对称结构，在容器内施加垂直于面壁的均匀压力 $p=23$ MPa，在封头端部，根据材料力学理论，其水平拉应力为 17.681 MPa，方向为 y 轴正方向。

根据截面结构显示，选定容器的壁厚 t_1、t_2 作为设计变量。R 为优化设计中结构的等效应力强度，需作为一个约束条件。综上所述可得反应器结构优化设计的数学模型为

$$\min f(X) \quad X=[x_1 \quad x_2]^T=[t_1 \quad t_2]^T$$

$$s.t. \quad 16 \leqslant t_1 \leqslant 19$$

$$21 \leqslant t_2 \leqslant 25$$

$$\sigma \leqslant [\sigma]=250 \text{ MPa}$$

其中 $f(X)$ 表示压力容器的重量，σ 是对结构采用有限元分析后选择的一组数据。由于在分析中，设计者关心的是应力沿壁厚的分布规律及大小，故在校核时只要分析沿壁厚某个截面的 σ。

3. 分析步骤

（1）分析环境设置。

① 定义工作目录及文件名。

② 初始化设计变量。选择菜单 Utility Menu→Parameters→Scalar Parameters 命令，弹出 Scalar Parameters 对话框，在 Selection 文本框中按照表 5-1 所示数据输入各项参数，单击 Accept 按钮，如图 5-3 所示，完成全部参数输入后单击 Close 按钮，关闭对话框。

表 5-1　结构参数表

参　　量	参 数 说 明
H1 = 298.5	封头的高度坐标：h_1
B1 = 44.5	封头的内半径：b_1
T2 = 23	封头厚度：t_2
B2 = B1 + T2	封头的外半径（44.5 + 23）mm 厚度：b_2
R1 = 185	罐体内半径：r_1
T1 = 18	罐体壁厚：t_1
R2 = R1 + T1	罐体外半径：r_2
DENS = 7.8	密度

（2）定义单元类型及材料。

① 定义单元类型。选择菜单 Main menu→Preprocessor→Element Type→Add/Edit/Delete 命令，弹出 Element Type 对话框，单击 Add 按钮，在 Library of Element Types 选择 Structural Solid 中的 Quad 8node 82 单元，如图 5-4 所示。单击 OK 按钮关闭该对话框。

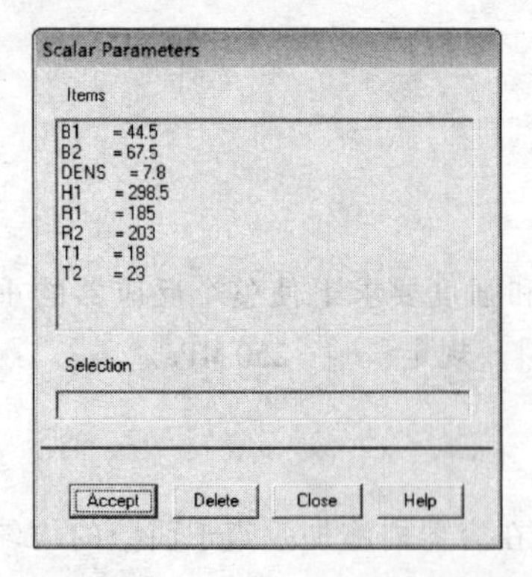

图 5-3 Library of Element Types 对话框

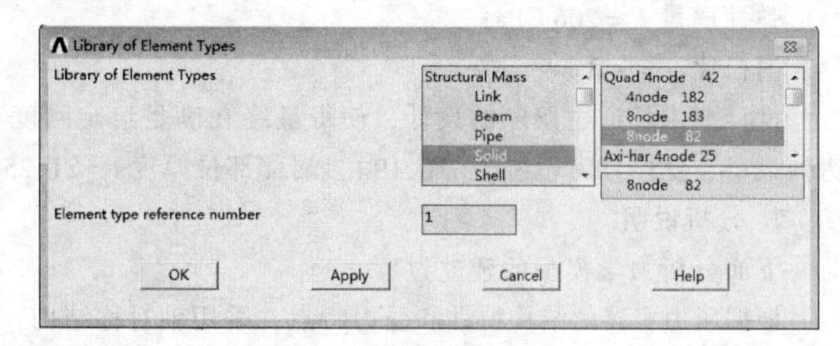

图 5-4 定义单元类型

② 设置轴对称选项。在 Element Types 对话框中，单击 Element Type 对话框中的 Option 按钮，在 Element behavior K3 下列表框中选择 Axisymmetric 选项，单击 OK 按钮关闭该对话框。

③ 定义材料属性。选择 Main menu→Preprocessor→Material Props→Material Models 命令，弹出 Define Material Model Behavior 对话框，在 Material Models Available 栏中依次展开 Structural→Linear→Elastic→Isotropic 选项，如图 5-5 所示，弹出 Linear Isotropic Properties for Material Number 1 对话框，在 EX 输入栏中输入 2.07e5，在 PRXY 输入栏中输入 0.3，单击 OK 按钮关闭该对话框。在 Define Material Model Behavior 对话框中选择 Material→Exit 命令，关闭该对话框。

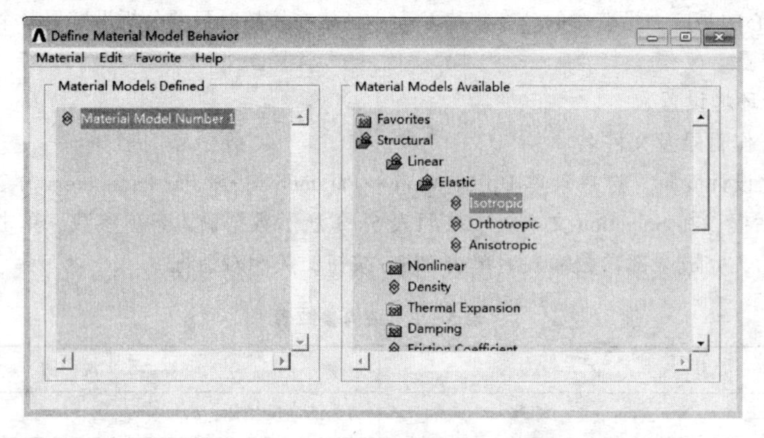

图 5-5 Define Material Model Behavior 对话框

(3) 创建模型。

① 定义关键点。选择菜单 Main menu→ Preprocessor→ Modeling→Create→ Keypoints →In Active CS 命令，按照表 5-2 输入点的坐标。

表 5-2 关键点坐标

关键点编号	关键点坐标	关键点位置说明
1	b_1，h_1	封头起始端内侧的点
2	b_2，h_1	封头起始端外侧的点
3	b_1，sqrt（$r_1*r_1-b_1*b_1$）	封头内侧剖面线和罐体半球内剖面线的交点
4	b_2，sqrt（$r_2*r_2-b_2*b_2$）	封头外侧剖面线和罐体半球内剖面线的交点
5	r_1，0	罐体半球和罐体主体的内侧交点

续表

关键点编号	关键点坐标	关键点位置说明
6	r_2，0	罐体半球和罐体主体的外侧交点
7	0，0	坐标原点
8	r_1，$-1000+h_1$	罐体主体截断内侧点
9	r_2，$-1000+h_1$	罐体主体截断外侧点
10	0，h_1	封头起始端对称线上的点

② 根据关键点连接成线，围成结构剖面区域。选择菜单 Main menu→Preprocessor→Modeling→Create→Lines→Lines→In Active Coord 命令，弹出拾取框，依次连接关键点 1，2；1，3；2，4；5，8；8，9；6，9。生成的图形如图 5-6 所示。

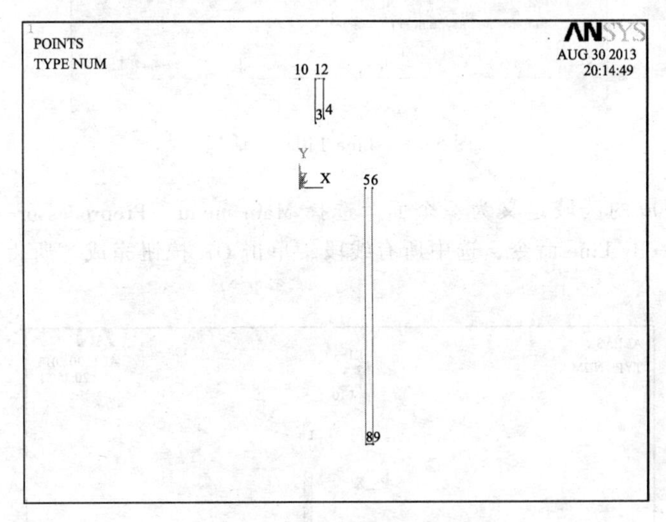

图 5-6　由点连接成线示意图

③ 根据关键点创建半球内外圆弧面。选择菜单 Main menu→Preprocessor→Modeling→Create→Lines→Arcs→By End KPs&Rad 命令，弹出拾取框，分别选中圆弧起始点 5 号和 3 号关键点，单击 Apply 按钮，再选中 7 号关键点，作为圆心，单击 OK 按钮，弹出如图 5-7 所示的对话框，在 RAD Radius of the arc 文本框中输入 r1，单击 OK 按钮完成。

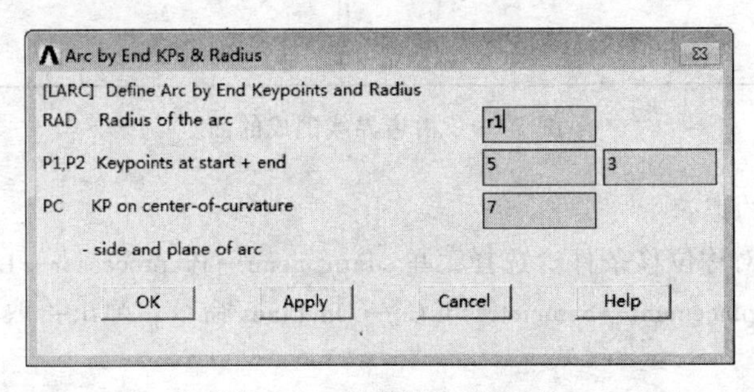

图 5-7　圆弧创建对话框

④ 创建半球外圆弧线。重复步骤③，以 6 号和 4 号关键点为圆弧起始点，7 号关键点为圆心，r2 为半径做半球外圆弧线。

提示：在命令流窗口输入/PNUM，LINE，1，或执行 Utility Menu：PlotCtrls_ →Numbering 命令，即可打开线编号。同样可以设置关键点、结点、单元等元素的显示，细节可以参考 PNUM 命令。

⑤ 创建半球内外侧位置的倒圆。选择菜单 Main menu→Preprocessor→Modeling→Create→Lines→Lines Fillet 命令，弹出拾取框，首先选择 2 号和 7 号线，单击 Apply 按钮，弹出 Line Fillet 对话框，在 RAD Fillet radius 文本框中输入 63，单击 Apply 按钮，完成以半径 63mm 做半球内侧位置的倒圆（如图 5-8 所示）；同理，过 3 号和 8 号线，以半径 40 做半球外侧位置的倒圆。

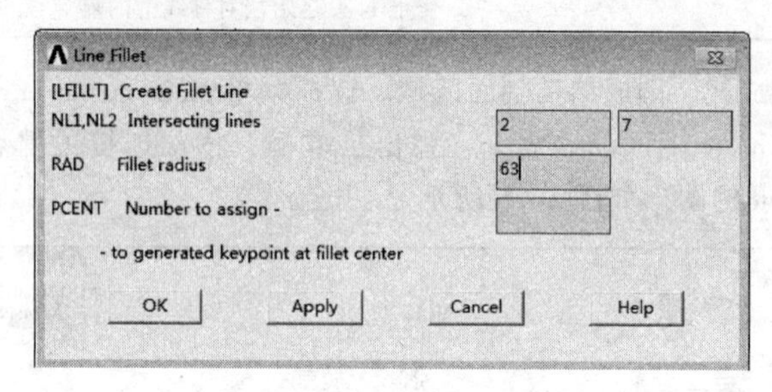

图 5-8　Line Fillet 对话框

⑥ 将所有线围成的区域定义为一个面。选择 Main menu→Preprocessor→Modeling→Create→Areas→Arbitrary→By Line 命令，选中所有线段，单击 OK 按钮完成，所得几何形状如图 5-9 所示。

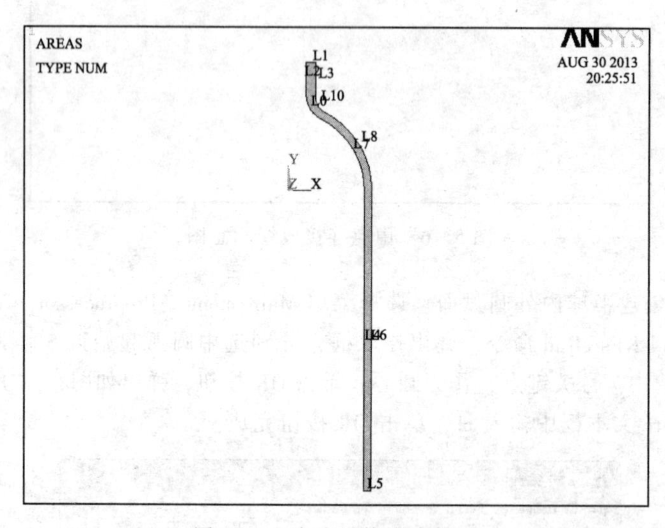

图 5-9　由边界线围成的面

（4）施加载荷与约束。

① 在 5 号线定义对称位移条件。选择菜单 Main menu→Preprocessor→Loads→Define Loads→Apply→Structural→Displacement→Symmetry B. C. →On Lines 命令，弹出拾取框，选中 5 号线，单击 OK 按钮。

② 施加内压载荷。选择菜单 Main menu→Preprocessor→Loads→Define Loads→Apply→Pressure→on Lines 命令，弹出拾取框，选中编号为 2，4，7，9 的四条线，单击 OK 按钮，弹出 Apply PRES on Lines 对话框，如图 5-10 所示，在 VALUE 文本框中输入 23（工作压力），单击 OK 按钮完成。

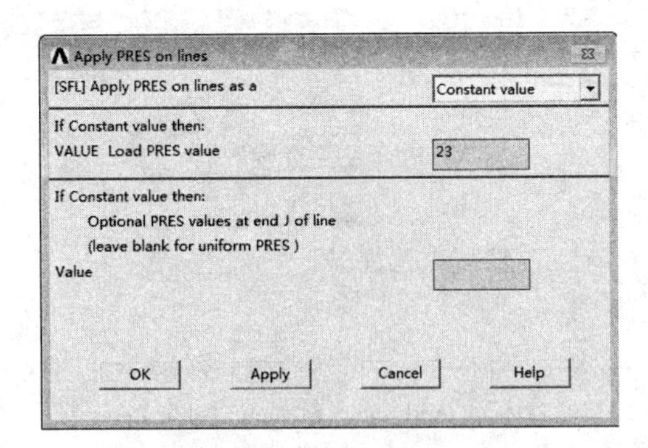

图 5-10 Apply PRES on Lines 对话框

③ 给端部封头水平线施加封头传递过来的 -17.681 MPa 压力。类似于步骤2，给线段1施加大小为 -17.681 MPa 的均布压力。

提示：执行 Utility Menu→PlotCtrls→Symbols 命令来控制所施加载荷的显示。

（5）划分网格。

① 设定划分单元的尺寸。选择 Main menu→Preprocessor→Meshing→Size Cntrls→Manual Size→Global→Size 命令，弹出 Global Element Sizes 对话框，指定网格边长为5，单击 OK 按钮完成。

② 划分网格。选择 Main menu→Preprocessor→Meshing→Mesh→Areas→Free 命令，弹出 Mesh Areas 拾取菜单，单击 Pick All 按钮，结果如图 5-11 所示。

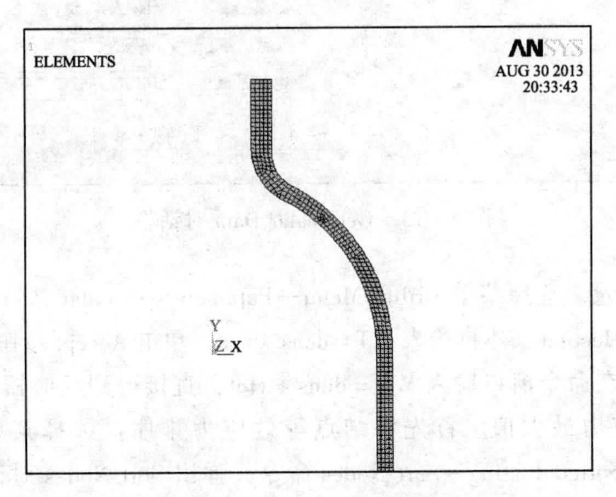

图 5-11 网格划分示意图

（6）求解。选择菜单 Main Menu→Solution→Solve→Current LS 命令，弹出 Solve Current Load Step 对话框，单击 OK 按钮进行求解。

（7）后处理/POST1。

① 定义单元表。选择菜单 Maill Menu→General Postproc→Element Table→Define Table 命令，弹出 Element Table Data 对话框，单击 Add 按钮，弹出 Define Additional Element Table Items 对话框（见图 5-12），在 Lab User label for item 文本框中输入 EVOL 作为表名。在 Item，Comp Results data item 列表框中选择 Geometry 和 Elem Volume VOLU 选项，单击 OK 按钮，生成 EVOL 单元表。

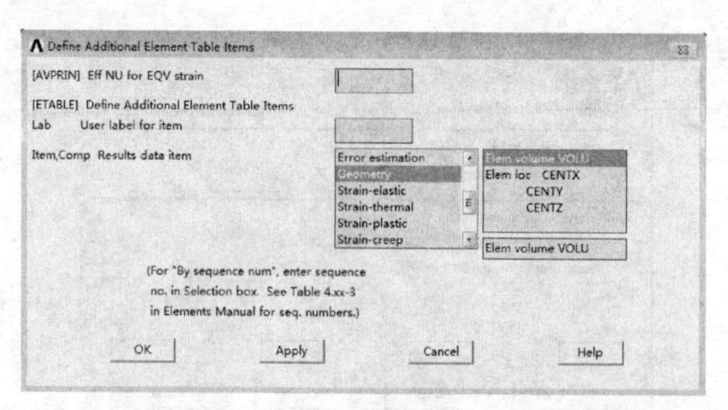

图 5-12　Define Additional Element Table Items 对话框

② 对单元数据表内所有数据求和。选择菜单 Main menu→General Postproc→Element Table→Sum of each Item 命令，弹出 Tabular Sun of Each Element Table Item 对话框，单击 OK 按钮，完成数据求和。

③ 获取结构总的体积。选择菜单 Utility Menu→Parameters→Get Scalar Data 命令，弹出 Get Scalar Data 对话框。如图 5-13 所示，在 Type of data to be retrieved 列表框中选择 Results data 和 Elem table sums 选项，单击 OK 按钮，弹出 Get Element Table Sum Results 对话框。在 Name of parameter to be defined 文本框中输入 VTOTT，在 Element table item 下拉列表中选择 EVOL，单击 OK 按钮确认。

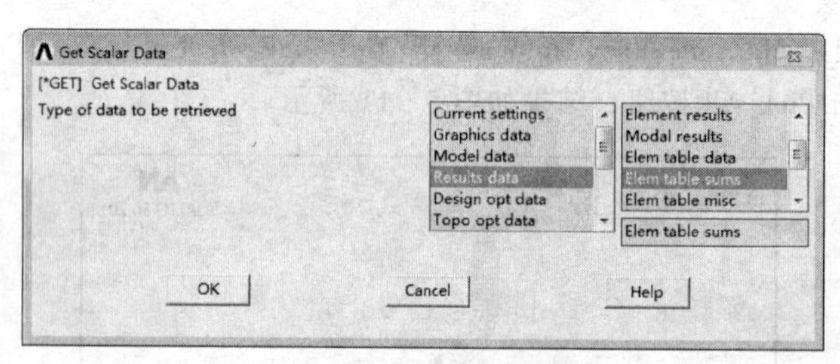

图 5-13　Get Scalar Data 对话框

④ 计算反应器总质量。选择菜单 Utility Menu→Parameters—Scalar Parameter 命令，弹出 Scalar Parameters 对话框，在 Selection 文本框输入 WT = dens * vtot，单击 Accept 按钮，弹出反应器总质量。

提示：也可以直接在命令窗口输入 WT = dens * vtot，直接得到反应器总质量。

⑤ 提取结点等效应力最大值。首先将结点等效应力排序：选择菜单 Main Menu→General Postproc→List Results→Sorted Listing→Sort Nodes 命令，弹出 Sort Nodes 对话框，在对话框的 Item 和 Comp Sort Nodes based on 列表框中选择 Stress 和 Von Mises SEQV 选项作为排序的依据，单击 OK 按钮，完成对结点按其等效应力的排序过程。在命令流窗口再输入 * get，smax，sort，max，获取最大结点等效应力。

⑥ 生成优化分析文件。选择菜单 Utility Menu→File→Write DB Log file 命令。弹出 Write Database Log 对话框，在 Write Database Log to 文本框中输入分析文件名 tank youhua. lgw，单击 OK 按钮完成。

（8）优化分析。

① 指定分析文件。选择菜单 Main Menu→Design Opt→Analysis File→Assign 命令，弹出 Assign Analysis File 对话框。在 Assign Analysis file 文本框中输入 tank_ youhua. lgw，单击 OK 按钮确认。

② 定义优化设计变量。执行 Main Menu→Design Opt→Design Variables 命令，弹出 Design

Variables 对话框，单击 Add 按钮，弹出如图 5-14 所示的 Define a Design Variables 对话框。在 NAME Parameter name 列表框中选择 T1 选项，在 MIN 和 MAX 文本框中分别输入 16、19，单击 Apply 按钮（见图 5-14）。类似地在 NAME Parameter name 列表框中选择 T2 选项，再在 MIN 和 MAX 文本框中分别输入 21 和 25。

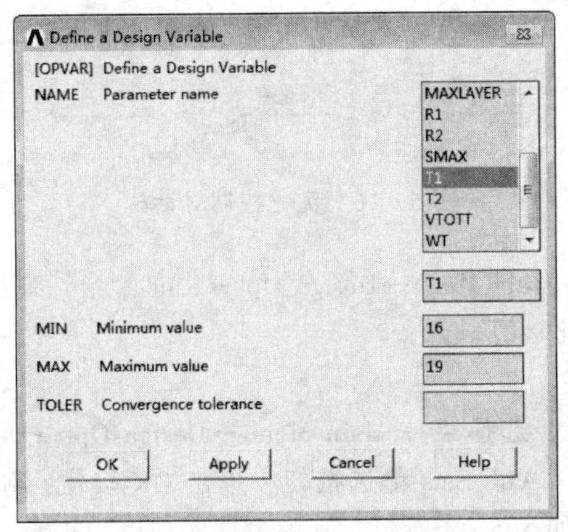

图 5-14 Define a Design Variables 对话框

③ 定义优化状态变量。选择菜单 Main Menu→Design Opt→State Variables 命令，弹出 State Variables 对话框，单击 Add 按钮，弹出 Define a State Variables 对话框，在 NAME Parameter name 列表框中选择 smax 选项，在 MAX Upper limit 文本框中输入 250，单击 OK 按钮。

④ 设置目标函数。选择菜单 Main Menu→Design Opt→Objective 命令，弹出 Define Objective Function 对话框。在 NAME Parameter name 列表框中选择 wt 选项，在 TOLER Convergence tolerance 文本框中输入 2。

提示：Tolerance 直接影响到优化程序运行结果的好坏，可以通过改变其值来增强对 Tolerance 的理解。具体设定请参照前面的概念介绍。

⑤ 保存优化设计数据库。选择菜单 Main Menu→Design Opt→Opt Database→Save 命令，弹出 Save Optimization Data 对话框，在 File name 文本框中输入 tank_ youhua. opt。

⑥ 指定一阶优化方法。选择菜单 Main Menu→Design Opt→Method/Tool 命令，弹出如图 5-15 所示的 Specify Optimization Method 对话框，选择 First-Order 单选按钮，单击 OK 按钮。弹出 Controls for First-order Optimization 对话框，如图 5-16 所示，在 NITR 文本框中输入 20，单击 OK 按钮确认。

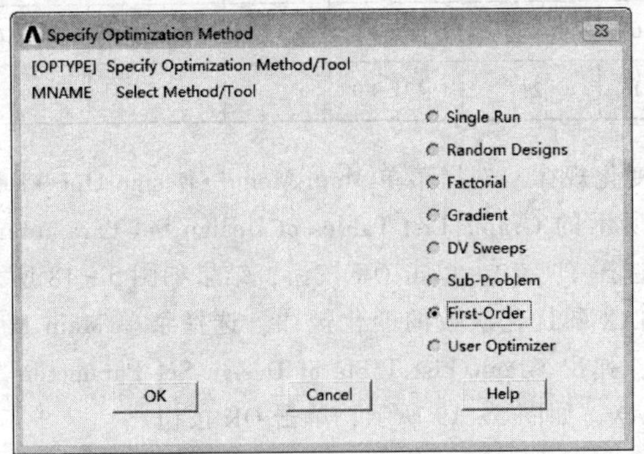

图 5-15 Specify Optimization Method 对话框

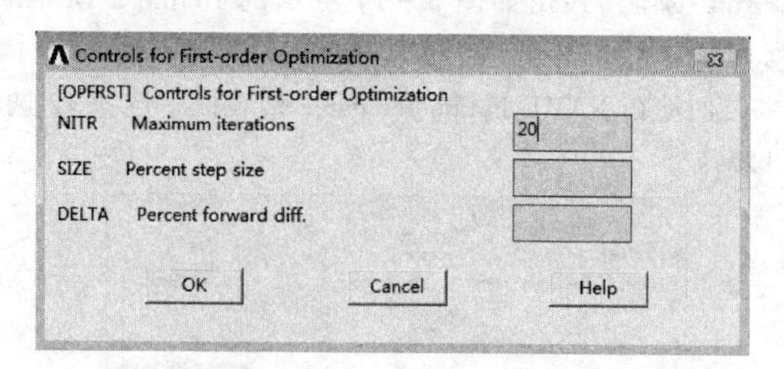

图 5-16 优化控制对话框

⑦ 运行优化。选择菜单 Main Menu→Design Opt→Run 命令，弹出 Begin Execution of Run 对话框，单击 OK 按钮开始优化运算。

（9）计算结果及讨论。

① 列出所有序列的结果。选择菜单 Main Menu→Design Opt→Design Sets→List 命令，弹出 List Design Sets 对话框，选择 ALL Sets 单选按钮，单击 OK 按钮，弹出 OPLIST Command 窗口，显示所有迭代序列的结果，如表 5-3 所示，其中最佳序列以 * 表示。

表 5-3 迭代结果

NO.	SMAX	T1	T2	WT	NO.	SMAX	T1	T2	WT
	(SV)	(DV)	(DV)	(OBJ)		(SV)	(DV)	(DV)	(OBJ)
1	237.46	18	23	1.59E+08	*12	252.07	16.868	21	1.47E+08
2	239.26	17.845	22.958	1.57E+08	13	259.05	16.294	21	1.43E+08
3	239.15	17.846	21	1.56E+08	14	259.63	16.251	21	1.42E+08
4	246.95	17.203	21	1.51E+08	15	254.88	16.601	21	1.45E+08
5	247.37	17.169	21	1.50E+08	16	254.83	16.605	21	1.45E+08
6	256.08	16.512	21	1.45E+08	17	250.19	16.949	21	1.49E+08
7	256.42	16.483	21	1.44E+08	18	254.64	16.619	21	1.46E+08
8	256.66	16.467	21	1.44E+08	19	254.67	16.617	21	1.46E+08
9	248.05	16.456	21	1.44E+08	20	250.2	16.949	21	1.49E+08
10	251.74	17.116	21	1.50E+08	21	249.85	16.976	21	1.49E+08
11	251.74	16.831	21	1.47E+08					

② 显示设计变量的变化规律。选择菜单 Main Menu→Design Opt→Design sets→Graphs/Tables 命令，弹出如图 5-17 所示的 Graph/List Tables of Design Set Parameters 对话框，在 NVAR Y-variable params 列表框中选择 Tl、T2，单击 OK 按钮，结果如图 5-18 所示。

③ 显示状态变量 SMAX 随优化次数的变化规律。选择菜单 Main Menu→Design opt→Design Sets→Graphs/Table 命令，弹出 Graph/List Table of Design Set Parameters 对话框，在 Y-variable Params 列表框中选择 SMAX，如图 5-19 所示，单击 OK 按钮。

④ 显示目标函数 WT 随优化次数的变化规律。选择菜单 Main Menu→Design Opt→Design Sets→Graphs/Tables 命令，弹出 Graph/List Tables of Design Set Parameters 对话框，在 Y - variable Params列表框中选择 WT，单击 OK 按钮，结果如图 5 - 20 所示。

从表 5 - 3 可见，序列 12 为最佳设计程序，其中 Von Mises 应力为 252.07 MPa，目标函数 WT 下降了大约 8%，优化效果明显。各状态变量及目标变量随迭代次数的增加向最佳设计方案逼近，由此印证了有限元分析技术在优化设计中的应用价值，摒弃了传统结构设计的被动校核方法，进而主动地在可行域内寻求最佳设计方案，很大程度上减少了设计成本和设计周期，使产品设计更为合理。

Graph/List Tables of Design Set Parameters
Graph (or List) Y-Variable Parameters vs. X-Variable Parameters
[XVAROPT] X-variable parameter
Set number
B1
B2
DENS
H1
I
MAXLAYER
R1
Set number
(Design sets will be sorted by X-variable parameter)
[PLVAROPT/PRVAROPT] Y-Variable Parameters to be Graphed/Listed
NVAR Y-variable params (< 11)
R2
SMAX
T1
T2
VTOTT
Graph or List Table?
Graph PLVAR
OK
Apply
Cancel
Help

图 5 - 17　Graph/List Tables of Design Set Parameters 对话框

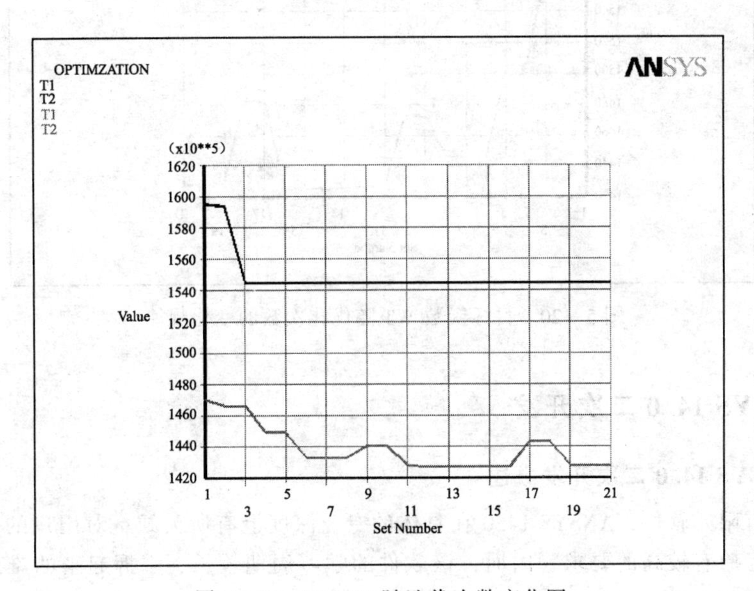

图 5 - 18　T1、T2 随迭代次数变化图

Graph/List Tables of Design Set Parameters

Graph (or List) Y-Variable Parameters vs. X-Variable Parameters

[XVAROPT] X-variable parameter

B1
B2
DENS
H1
I
MAXLAYER
R1
R2

Set number

(Design sets will be sorted by X-variable parameter)

[PLVAROPT/PRVAROPT] Y-Variable Parameters to be Graphed/Listed

NVAR Y-variable params (< 11)

MAXLAYER
R1
R2
SMAX
T1

Graph or List Table?

Graph PLVAR

OK Apply Cancel Help

图 5－19　Graph/List Table of Design Set Parameters 对话框

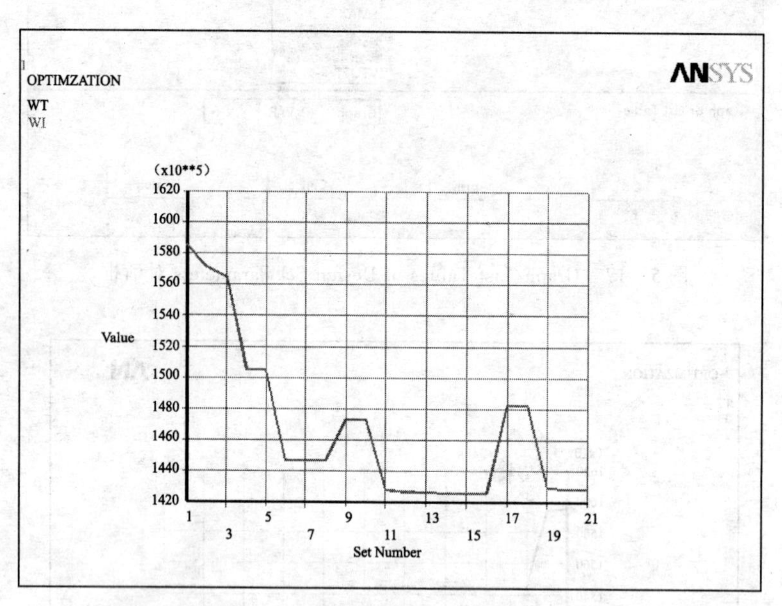

图 5－20　目标函数 WT 随优化次数的变化规律

5.4.3　ANSYS 14.0 二次开发

5.4.3.1　ANSYS 14.0 二次开发概述

作为通用有限元软件，ANSYS 14.0 在具体的专业深度上有所欠缺，对用户的力学、有限元知识以及工程经验有较高的要求，因而，该软件的学习周期较长、掌握起来的难度较大。对于各个专业的工程师来说，驾驭 ANSYS 14.0 并不是一件容易的事情，因为 ANSYS 14.0 不是针对具体行业的专业软件，其灵活的设计分析和大量的选项使初级用户不知如何着手。因此对这种通用性强的软件进行二次开发就显得非常必要了。

5.4.3.2　ANSYS 14.0 二次开发的途径

ANSYS 14.0 具有良好的开放性，用户可以根据自身的需要在标准 ANSYS 14.0 版本上进行功能扩充和系统集成，生成具有行业分析特点和符合用户需要的用户版本的 ANSYS 14.0 程序。这是对其进行二次开发的基础。开发功能包括三个部分：参数化程序设计语言（APDL）、用户界面设计语言（UIDL）、用户程序特性（UPFS）。

1. 参数化设计语言 APDL

ANSYS 14.0 参数化设计语言 APDL 用建立智能分析的手段为用户提供了自动循环的功能。程序的输入可设定为根据指定的函数、变量以及选出的分析标准决定输入的形式。APDL 允许复杂的数据输入，使用户实际上对任何设计或分析有控制权。例如尺寸、材料、载荷、约束位置和网格密度等。APDL 扩展了传统有限元分析之外的能力，并扩展了更高级运算，包括灵敏度研究、零件库参数化建模、设计修改和设计优化。

2. 用户界面工具 UIDL

用户图形界面设计语言 UIDL 就是编写或改造 ANSYS 的图形界面的专用语言，主要完成以下三种图形界面的设计：主菜单系统及菜单项、对话框和拾取对话框、帮助系统。

使用用户界面语言 UIDL，用户可以在扩充 ANSYS 功能的同时建立起对应的图形驱动界面。实际上，ANSYS 软件程序结构分内核与界面两部分，二者之间通过功能检索号联系，只要检索号正确，界面是何种形式无关紧要，因此，界面的变化不会对程序内核造成任何改变。根据该原理，用户可以实现对 ANSYS 界面的汉化，当然，也可以以汉化界面驱动用户自己的程序。

3. 用户可编程特征 UPFS

用户可编程特征（UPFS）向用户提供丰富的 FORTRAN77 用户子程序和函数。用户利用它们从开发程序源代码的级别上扩充 ANSYS 功能，使用这些子程序和函数，编写用户功能的源程序，在与 ANSYS 版本要求匹配的 FORTRAN 或 C++ 编译器上重新编译和连接，生成用户版本的 ANSYS 程序。另外，还提供了外部命令，允许用户创建 ANSYS 可以利用的共享库。

习　题

1. 制作一个体积为 5 m^3 的货箱，由于运输装卸要求其长度不小于 4 m，要求钢板用料最省，试写出该问题的优化数学模型。

2. 把一根长 L 的铜丝截成两段，一段弯成圆形，一段弯折成正方形。求截断的两段为何比例才能使圆形和正方形的面积之和最大，试写出该问题的优化数学模型。

3. ANSYS 软件程序包括几大功能模块，分别有什么作用？

4. 建立有限元模型有几种方法？

5. 如图 5－21 所示的钢架结构，其顶面承受 1 000 N/m^2 的均布载荷，钢架通过两个孔的内表面固定在墙上，钢架材料的弹性模量为 2.1×1011 N/m^2，泊松比 0.3。试计算钢架的变形及 Von Mises 应力分布，并观察其在图中的位置。

6. ANSYS 二次开发功能主要有哪几个部分？

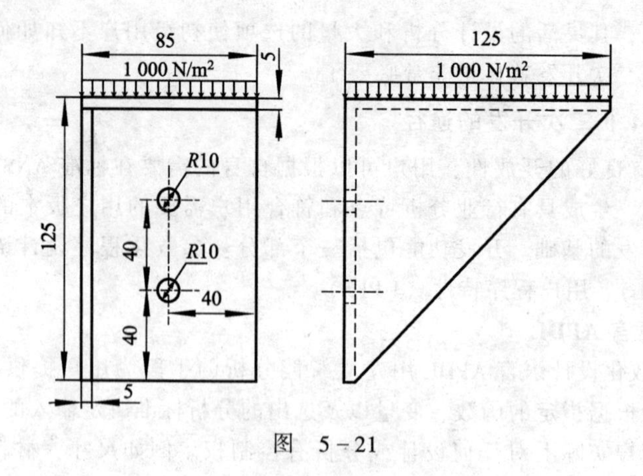

图 5-21

第6章 计算机辅助工艺过程设计

【教学目标】

了解和掌握计算机辅助工艺设计（CAPP）的基本概念和作用；掌握 CAPP 系统的基本分类和工作过程；了解 CAPP 中零件信息的描述方法；掌握不同类型 CAPP 系统的设计原理和实现的关键技术。

【本章提要】

CAPP 的基本概念和作用；零件的信息描述方法；派生式 CAPP 系统；创成式 CAPP 系统；综合式 CAPP 系统；KMCAPP 系统简介。

6.1 概　　述

6.1.1 CAPP 的定义及作用

计算机辅助工艺过程设计（Computer Aided Process Planning，CAPP）是指利用计算机技术辅助工艺人员设计零件从毛坯到成品的制造工艺过程。主要包括：毛坯的选择、加工方法的选择，加工顺序的安排以及工序内容的详细设计等。

计算机辅助工艺过程设计是连接产品设计和产品制造的中间环节，是连接 CAD 到 CAM 之间的桥梁，CAD 数据库的信息只有经过 CAPP 系统才能变成 CAM 的加工信息。生产管理和计划调度等部门，也必须依靠 CAPP 系统的输出数据。

6.1.2 CAPP 的应用意义

传统的工艺过程设计通常由有丰富生产经验的工程师负责。进行工艺设计时，设计人员不但要具有丰富的生产实践经验和工艺设计理论知识，而且还必须熟悉企业内的各种设备的使用情况和各种与生产加工有关的规范。传统工艺规程设计，存在缺点之一是一致性差，而且质量不稳定，难以达到优化的目标。同样的产品零件由不同的工艺工程师设计工艺规程，得到的结果不相同，我们称之为一致性差。相似的零件，应具有相似的工艺过程，却人为地为它们确定了不同的工艺过程，这样对组织生产和提高生产效率都很不利。传统工艺规程设计的另一个缺点是设计速度慢，不能适应当前机械制造业中产品更新换代快的要求。

CAPP 技术的出现，彻底改变了传统手工工艺设计的方式和对人的依赖。大大提高了编制效率，缩短了生产周期，保证了工艺设计的一致性和精确性，为实现工艺过程的优化和集成制造奠定了基础。其应用意义：

（1）将工艺设计人员从烦琐和重复性的劳动中解放出来，可以从事新产品和新工艺的开发等创造性工作。

（2）提高了工艺过程设计的效率，使零件生产准备时间减少，产品开发周期缩短，产品生产成本降低，提高了企业的市场竞争能力。

(3) 降低了对工艺设计人员知识和经验水平的要求，提高相似或相同零件的工艺规程一致性，有利于实现工艺过程的标准化，为提高工艺管理水平和实现企业信息化建设奠定了基础。

(4) 可以将工艺设计专家的知识和经验应用到工艺过程设计中，使得这些宝贵经验得以总结和传承，提高工艺设计的合理化程度，实现工艺设计的优化和智能化。

(5) CAPP 是实现 CAD/CAM 系统集成的纽带，是实现企业信息化工程的基础，同时也是 CAD 深化应用的主要内容之一。

6.1.3 CAPP 的分类及基本原理

计算机辅助工艺过程设计系统，根据其工作原理分为检索式、派生式、创成式和综合式四类系统。其中综合式 CAPP 系统是派生式、创成式与人工智能技术的结合，目的是充分发挥派生式和创成式两者的优势，避免派生式系统的局限性和创成式系统的复杂性。

6.1.3.1 检索式 CAPP 系统

检索式工艺过程设计系统是针对标准工艺的，是将企业中现有各类零件的标准工艺进行编号，存储在计算机中；当制定零件的工艺过程时，可以根据输入的零件信息进行搜索，查找合适的标准工艺。

检索式工艺过程设计系统的零件信息描述只要做到能够判断是否有相应的标准工艺就可以了。标准工艺库中的零件标准工艺应根据企业的实际情况，由有经验的工程技术人员来制定，并进行编号，最后建立标准工艺库。标准工艺应该是比较成熟的、固定不变的。在根据输入的零件信息进行搜索时，可以分为两步：第一步搜索是否属于标准工艺；第二步搜索具体的标准工艺编号。

检索式 CAPP 系统实际上类似于一个工艺文件数据库管理系统，功能较弱，自动决策能力差；其开发比较简单，易于实现，操作简单，具有较高的实用价值。由于标准工艺为数不多，主要针对企业内部零件而制定的，大量的零件不能覆盖，因此应用范围有限。

6.1.3.2 派生式 CAPP 系统

派生式工艺设计系统的基本原理是利用零件的相似性。相似的零件有相似的工艺过程，一个新零件的工艺规程是通过检索相似典型零件（主样件）的工艺规程并加以增减或编辑而成，由此得出“派生”这个名称。派生式工艺过程设计也称为修订式、变异式或样件法。

相似零件的集合称零件族。派生式 CAPP 系统是在成组技术的基础上，将同一零件族中所有零件的主要形面特征合称主样件，再按主样件制定出适合本企业条件的典型工艺规程，并以文件形式存储在计算机中。当需要编制一个新零件的工艺规程时，计算机会根据该零件的成组编码识别它所属的零件族，并调出该族主样件的典型工艺文件。根据新零件的形面编码、尺寸和加工精度等参数，用户可以通过人机对话方式对已筛选出的工艺规程进行编辑，增加、删除或修改，最后输出该零件的工艺规程。

派生式工艺过程设计原理简单，易于实现，有较好的实用价值，目前大多数投入应用的系统是派生式系统。由于其主要针对企业产品零件特点进行开发，因此柔性和可移植性差，不能用于全新结构零件的工艺规程设计。

6.1.3.3 创成式 CAPP 系统

创成式工艺设计系统的基本原理不同于派生式系统，它不是利用相似零件的工艺规程修订出来的，而是根据输入的零件信息（图形和工艺信息），依靠系统中的制造工程数据和决策逻辑自动生成零件的工艺规程，因此称为创成式或生成式系统。

创成式工艺过程设计系统通过数学模型决策、逻辑推理决策和智能思维决策等方式和制造资源库自动生成零件的工艺规程，运行时一般不需要人的技术干涉，是一种比较理想而有前途的方法。但是，到目前为止，还没有一种创成式CAPP系统能包括所有的工艺决策，也没有一种系统能完全自动化，这是因为大多数工艺过程问题无法建立实用的数学模型和通用算法，工艺规程的知识难以形成程序代码，因此只能处理简单的、特定环境下的某类特定零件。

6.1.4　CAPP的发展现状和发展趋势

6.1.4.1　CAPP发展现状

从20世纪60年代末，人们就开始了CAPP理论和应用的研究，最早研究CAPP技术的国家有挪威和前苏联等国家。在CAPP发展史上具有里程碑意义的是美国国际性标准组织CAM-I于1976年推出的CAM-IS Automated Process Planning系统，简称CAPP系统。在CAPP发展初期，主要模式是派生法。随着人工智能技术的发展，为CAPP进一步发展开辟了新的道路。进入20世纪80年代后，以应用人工智能技术为基础的创成式CAPP系统受到广泛重视。从20世纪80年代到90年代中期，CAPP系统一直以代替工艺人员的自动化系统为目标，强调工艺决策的自动化，开发了若干派生式（Variant）、创成式（Generative）以及综合式（Hybrid）的CAPP系统。早期CAPP系统中，无论是派生式或创成式，都以利用智能化和专家系统方法，自动或半自动编制工艺规程为主要目标。20世纪90年代中期以来，主流的CAPP系统开发者已基本停止了这类系统的研制，但多年来积累的研究成果、经验和教训仍然值得重视。

20世纪90年代中后期，CAPP系统在实用性、通用性和商品化等方面取得了突破性进展。这类CAPP系统在认真分析顾客需求的基础上，以解决工艺设计中的事务性、管理性工作为首要目标，解决了工艺设计中资料查找、表格填写、数据计算与分类汇总等烦琐、重复而又适合使用计算机辅助方法的工作。

从1999年至今，CAPP系统在保持解决事物性、管理性工作优点的同时，在更高层次上致力于加强CAPP系统的智能化、通用化和集成化工具能力。在实现智能化方面，人工智能技术已越来越多地应用到各类CAPP系统中，如CAPP专家系统、基于神经网络的CAPP系统和基于实例和知识的CAPP系统等；在实现通用化方面，迫切需要解决CAPP系统结构和方法的一些基础问题，如对工艺设计进行标准化和规范化工作，建立通用化、标准化和开放性的工艺数据库和知识库；使系统中各工艺决策模块独立化，这样在添加或修改有关规则时，不必要修改源程序，从而可以满足不同用户需求；为了实现各种CAx系统集成，CAPP系统需要和其他系统协同发展。基于特征的工艺设计要求CAD系统基于特征的造型，因此迫切需要研究开发新型的CAD系统，建立CAD、CAPP和CAM统一的零件信息模型。当前随着国内外三维CAD技术的不断发展和成熟，基于三维特征造型的CAPP系统将是一个重要的发展方向。

6.1.4.2　CAPP发展趋势

随着计算机集成制造（CIM）、并行工程（CE）、智能制造（IM）等新技术、新概念的不断出现和发展，以及制造业信息化的迅速发展，无论从广度上还是深度上，都对CAPP技术的发展提出了更新更高的要求，在这样的形势下，CAPP将朝着以下几个方向发展：

1. 集成化、网络化

近年来，随着集成制造和网络制造技术的不断发展，CAPP已从单一系统向信息集成化、网络化的方向发展。不仅实现CAD/CAPP/CAM系统的集成化，而且还要实现基于企业信息的集成化，如基于ERP的CAPP、基于PDM的CAPP等。在集成化制造大系统中，CAPP发挥着信息中枢和调节作用，如与上游的 CAD 实现产品信息的双向交流和传送，与生产调度系统实现有效集成，与质量控制系统建立内在联系等。为了实现 CAD/CAPP/CAM 之间的无缝集成，需要建立以特征为基础的通用产品模型，从根本上解决零件信息的描述和输入问题。

网络化是现代系统集成应用的必然要求，CAPP 不论是与 CAD 的信息双向交流，还是与 CAQ、CAM、PDM 等系统的集成应用，都需要网络技术的支持，才能实现企业级乃至更大范围的信息化。

2. 工具化、通用化

由于各企业的工艺环境和管理模式千差万别，因此必须加强 CAPP 系统的工具化和通用化，这样 CAPP 才能在企业获得生命力。要解决上述问题，必须要将工艺设计中的共性和个性分开处理。共性包括：推力控制策略和一些公共算法以及通用的、标准化的工艺数据和工艺决策知识等；个性主要包括：与特定制造环境相关的工艺数据和工艺决策等。通过建立通用的 CAPP 应用系统的基本结构、基本工作流程和标准的用户界面，来满足各种不同产品类型和生产规模的企业、企业的不同部门对计算机辅助工艺设计和管理的基本需求。将 CAPP 系统的功能分解成一个个独立的工具模块，开发人员可根据企业的具体情况输入数据和知识，形成面向特定制造和管理环境的 CAPP 系统。向企业用户提供功能丰富的建模工具集、二次开发工具集和开发库，使得用户在软件实施人员的指导下，能够开发出适用于本企业应用的 CAPP 系统。

3. 智能化

依靠传统的过程性软件设计技术，如利用决策树或决策表来进行工艺决策等，已不能满足 CAPP 系统的工程应用需求。当前随着人工智能技术在计算机应用领域的不断渗透和发展，CAPP 系统的智能化程度也在不断提高。专家系统以及其他人工智能技术在获取、表达和处理各种知识的灵活性和有效性给 CAPP 系统的发展带来了生机。典型的具有智能性的 CAPP 系统有 CAPP 专家系统、基于实例和知识 CAPP 系统以及基于人工神经元网络的 CAPP 系统等。开发基于人工神经元网络的 CAPP 系统使系统具有自适应、自组织、自学习和记忆联想功能，而且能够避免推理过程中的组合爆炸问题；基于实例和知识 CAPP 系统使系统能够从已设计过的实例中自动总结、归纳和记忆有关经验和知识，并以此为基础进行工艺设计，从而提高系统的设计效率。

6.2 零件信息描述与输入

工艺过程设计的目标是制定一个零件的制造过程。工艺过程设计所需要的最原始信息是产品零件的结构形状和技术要求。产品的结构形状、尺寸、公差、表面粗糙度、热处理及其他技术要求都表示在工程图纸上。传统上，工程图就是工艺过程设计工作的基本输入，当进行人工工艺过程设计时，工艺工程师用眼睛看图，并在头脑中还原重建图纸上所表达的产品设计要求。而当采用计算机进行辅助工艺设计时，计算机同样要“读懂”零件图上的信息。然而，按照目前已达到的技术水平，计算机还不能直接“读懂”零件图，这样就产生了 CAPP 所面临的第一个问题，也是最重要的问题，即 CAPP 系统的零件信息输入与计算机内部如何对产品或零件进行表达的问题，其实质就是如何组织和描述零件信息，让计算机也能够“读懂”零件图。为此，需要确定合理的数据结构或零件模型来对零件信息进行描述。

6.2.1 图纸信息描述与人机交互式输入

6.2.1.1 零件分类编码描述法

零件分类编码描述法是开发得最早，也是比较成熟的方法。其基本思路是按照预先制定或选用的分类编码系统对零件图上的信息进行编码，并将编码输入计算机。这种编码所表达的信息是计算机能够识别的，它简单易行，用其开发一般的派生式 CAPP 系统较方便，所以，现在仍有许多 CAPP 系统采用此法。但这种方法也存在一些弊端，如无法完整地描述零件信息，当码位太长时，编码效率很低，容易出错，不便于 CAPP 系统与 CAD 的直接连接（集成）等，故不适用于集成化的 CAPP 系统以及要求生成工序图及 NC 程序的 CAPP 系统使用。

6.2.1.2　知识表示描述法

在人工智能技术（Artificial Intelligence，AI）领域，零件信息实际上就是一种知识或对象，所以原则上讲，可用人工智能中的知识描述方法来描述零件信息甚至整个产品的信息。一些 CAPP 系统尝试了用框架表示法、产生式规则表示法和谓词逻辑表示法等来描述零件信息，这些方法为整个系统的智能化提供了良好的前提和基础。在实际应用中，这种方法常与特征技术相结合，而且知识的产生应是自动的或半自动的，即应能直接将 CAD 系统输出的基于特征的零件信息自动转化为知识的表达形式，这种知识表达方法才更有意义。

6.2.1.3　零件表面元素描述法

任何机器零件都由一个或若干个形状特征（或表面元素）组成，这些形状特征可以是圆柱面、圆锥面、螺纹面、孔、凸台、槽等。例如，光滑钻套由一个外圆柱面、一个内圆柱面、两个端面和四个倒角组成。一个箱体零件可以分解成若干个面，每一个面又由若干个尺寸与加工要求不同的内圆表面、辅助孔（如螺纹孔、螺栓孔、销孔等）以及槽、凸台等组成。零件表面元素描述法就是将组成零件的各表面元素信息逐个的按一定顺序输入到计算机中，并将这些信息按事先确定的数据结构进行组织，在计算机内构成零件的原形。这种方法的优点：①机械零件上的表面元素与其加工方法是相对应的，计算机可以以此为基础推出零件由哪些表面元素组成，就能很方便地从工艺知识库中搜索出与这些表面相对应的加工方法，从而可以以此为基础推出整个零件的加工方法；②这些表面为尺寸、公差、表面粗糙度乃至热处理等的标注提供了方便，从而为工序设计、尺寸链计算以及工艺路线的合理安排提供了必要的信息。目前，这种方法在很多 CAPP 系统中得到了应用。

6.2.2　从 CAD 系统获取零件信息

前面介绍的几种零件信息输入方法都很不理想。采用零件分类编码的方法表示零件特征，只能是大致的描述，而一个复杂机械零件包含的信息很多，单靠成组技术编码无论如何也不能把它描述清楚。采用表面元素法和知识表述法虽然能够把零件信息描述完整，但是花费的时间太长。首先需要人对零件图纸进行识别和分析，然后对零件图上的信息进行二次输入。因为输入过程烦琐、费时、易出错，有时甚至还不如手工编制工艺文件来得快，所以对计算机辅助工艺过程设计系统来说，最理想的方法是在 CAD/CAPP/CAM 集成系统中，直接从 CAD 数据库中提取 CAPP 所需要的数据。

6.2.2.1　从一般 CAD 系统中获取零件信息

设计者在用传统的 CAD 系统画好产品或零件图之后，CAD 系统会用一定格式的文件记录设计结果，最常见的文件有“. dwg”文件和“. dxf”等文件。这些文件所包含的一般是点、线、面以及它们之间的拓扑关系等底层的信息，这些信息能够满足 CAD 系统进行产品或零件图的绘制，但不能满足 CAPP 系统对零件信息的需求。CAPP 所关心的是零件由哪些几何表面或形状特征组成，以及这些特征的尺寸、公差、表面粗糙度等工艺信息。因此，CAPP 系统想要得到零件的完整信息，就必须要对 CAD 系统输出的结果进行分析，按一定的算法识别并抽取出零件的几何形状及加工工艺信息。这显然是一种非常理想的方法，它无疑可以克服上述手工输入零件信息的种种弊端，实现零件信息向 CAPP、CAM 等系统的自动传输。但实践证明，这种方法有局限、不通用，而且实现很困难，所以被认为是一个世界性难题。这主要因为存在以下几个难点：

(1) 一般的 CAD 系统都是以解析几何作为其绘图基础的，其绘图的基本单元是点、线、面等要素，其输出的结果一般是点、线、面以及它们之间的拓扑关系等底层的信息。要从这些底层信息中抽取并识别出加工表面特征这样一些高层次的信息非常困难。

(2) 在一般 CAD 系统输出的图形文件中，没有诸如公差、表面粗糙度、表面热处理等工艺信息，即使对这些信息进行了标注，也很难抽取出这些信息，更谈不上把它们和它们所依附的加工表面联系在一起。

(3) 目前 CAD 系统种类繁多，即使 CAPP 系统能接收一种 CAD 的系统输出的零件信息，也不一定能接收其他 CAD 系统输出的零件信息。

6.2.2.2 从基于特征设计的 CAD 系统中获取零件信息

这种方法一般是以基于特征设计的 CAD 系统为基础的。这种 CAD 系统的绘图基本单元是参数化的几何形状特征（或表面要素），如圆柱面、圆锥面、倒角、键槽等，而不是通常所用的点、线、面等要素。设计者采用这种系统绘图时，不是一条线一条线地绘制，而是一个特征一个特征地绘制，类似于用积木拼装形状各异的物体，所以也叫特征拼装。设计者在拼装各个特征的同时，即赋予了各个形状特征（或几何表面）的尺寸、公差、表面粗糙度等工艺信息，其输出的信息也是以这些形状特征为基础来组织的，所以 CAPP 系统能够接收。这种方法的关键是要建立基于特征的、统一的 CAD/CAPP/CAM 零件信息模型，并对特征进行总结分类，建立便于用户扩充与维护的特征类库。其次就是要解决特征编辑与图形编辑之间的关系，以及消隐等技术问题。目前这种方法已用于许多实用化 CAPP 系统之中，被认为是一种比较有前途的方法。

6.3 派生式 CAPP 系统

派生式 CAPP 是利用零件的相似性来检索现有的工艺规程的一种软件系统，该系统建立在成组技术（Group Technology，GT）的基础之上，按照零件几何形状或工艺的相似性归类成族，建立该零件族零件的典型工艺规程，即该零件族中零件加工所需要的加工方法、加工设备、工具、夹具、量具及其加工顺序等，其具体内容可根据系统的开发程度而定。派生式 CAPP 系统的特点：以成组技术为理论基础，理论上比较成熟；应用范围比较广泛，有较好的适用性；在回转类零件中应用普遍；继承和应用了企业较成熟的传统工艺，但柔性较差；对于复杂零件和相似性较差的零件难以形成零件族。

根据零件信息的描述和输入方法不同，可以分为基于 GT 的派生式 CAPP 系统和基于特征（实例）推理的派生式 CAPP 系统。

6.3.1 成组技术

6.3.1.1 成组技术的定义

成组技术的思想是 20 世纪 20 ~ 30 年代开始产生的，但直到 20 世纪 50 年代由苏联学者斯·帕·米特洛凡诺夫进行系统的研究才形成专门的学科，并在苏联推广应用，随后又推广到欧洲、美国和日本。成组技术是一门工程技术科学，研究如何识别和发掘生产活动中有关事物的相似性，并充分利用它，即把相似的问题归类成组，寻求解决这一组问题的相对统一的最优方案，以取得最佳效果。在机械制造领域，成组技术定义：将多种零件（部件或产品）按其相似性分类成组，并以这些零件组（部件组或产品组）为基础组织生产，实现多品种、中小批量生产的产品设计、制造工艺和生产管理的合理化。成组技术被公认为是提高多品种、中小批量生产企业经济效益的有效途径，是发展柔性制造技术和计算机集成制造系统的重要基础。

6.3.1.2 成组技术产生的背景

随着市场需求的多样化和个性化，多品种、中小批量的生产已成为现代企业主要的生产方式，其生产的产品数量占机械产品总量的70%左右。在传统的制造过程中，生产组织是以孤立的一种产品为基础，生产技术准备也是孤立地以一种产品为对象，因此，传统的中小批量生产方式存在着加工效率低、生产周期长、产品成本高、市场竞争能力差以及生产组织很复杂等缺点。成组技术正是在这种背景下，专为改变多品种、中小批生产企业的落后生产状况而发展起来的一种卓有成效的新技术。

在制造业中，每年生产的产品种类成千上万，组成产品的每种零件都有不同的形状、尺寸和功能。但是，大量统计资料表明，机械产品中零件的相似性占到70%。所谓零件的相似性是指零件所具有的各种特征的相似。一种零件一般具有包括结构形状、材料、精度、工艺等许多方面的特征，这些特征决定着零件之间在结构形状、材料、精度、工艺上的相似性。零件的结构形状相似性包括形状相似和尺寸相似，其中形状相似的内容又包括零件的基本形状相似、零件上具有的形状要素（如外圆、孔、平面等）及其在零件上的布置形式相似；尺寸相似是指零件之间相对应的尺寸（尤其是最大外廓尺寸）相似。精度相似则是指零件对应的表面之间精度要求相似。零件的工艺相似则包括零件加工所采用的加工方法、加工设备、工艺装备以及工艺路线等相似。一般将零件形状结构、材料、精度的相似性称为基本相似性，而把工艺相似性称为二次相似性。零件的相似性是实施成组技术的客观基础。

6.3.1.3 零件分类的方法

成组技术的基本原理既然是要求充分认识和利用客观存在的有关事物的相似性，所以按一定的相似性标准将有关事物归类成组是实施成组技术的基础。目前，将零件分类成组常用的方法有视检法、生产流程分析法、编码分类法。

1. 视检法

视检法是由有生产经验的人员通过对零件图样进行仔细阅读和判断，把具有某些特征属性的一些零件归为一类。它的效果主要取决于个人的生产经验，多少带有主观性和片面性。

2. 生产流程分析法

生产流程分析法（Production Flow Analysis，PFA）以零件的生产流程为依据。为此，需要有较为完整的工艺规程和生产设备明细表等技术文件。通过对零件生产流程的分析，可以把工艺过程相近的，使用同一组机床进行加工的零件归为一类。采用此法分类的正确性是与分析方法以及所依据的工厂技术资料有关。显然，采用此方法可以将工艺规程相似的零件进行分类，以形成加工族。

3. 编码分类法

按编码分类，首先需要将待分类的零件依次进行编码，将零件的有关设计、制造等方面的信息转译为代码（代码可以是数字，或数字和字母的组合）。为此，需要选用或制定零件分类编码系统。采用零件分类编码系统使零件有关生产信息编码化，这样有助于应用计算机辅助成组技术的实施。

6.3.2 零件分类编码系统

零件分类编码系统是用各种符号对零件的有关特征如零件类型、尺寸、材料、精度等，按照一定的规律进行描述与识别的一套规则和依据。这些符号可以是字母、数字或者两者都有，一般情况下，大多数编码系统只使用数字。

6.3.2.1 分类编码系统的结构

在成组技术中，分类编码系统结构有三种形式：树式结构、链式结构和混合结构。

1. 树式结构

在树式结构中，码位之间是隶属关系，除了第一码位内的特征码外，其他各码位的含义均取决于前一位码位的值。树式结构的分类编码系统所包含的特征信息量较多，能对零件特征进行详细的描述，但结构复杂，编码和识别代码不太方便。

2. 链式结构

此结构也称为并列结构或矩阵结构，每个码位内的各特征码具有独立含义，与前后码无关。链式结构所包含的特征信息量比树式结构少，结构简单，编码和识别也比较方便。OPITZ 系统的辅助码就属于链式结构。

3. 混合结构

混合结构由树式结构和链式结构两种编码系统组合而成。工业上大多数分类编码系统都采用混合式结构。混合结构具有树式结构和链式结构的共同优点，能很好满足设计和制造的需求，是常见的编码结构。

6.3.2.2 分类编码系统简介

1. Opitz 编码系统

Opitz 系统是世界上最著名的系统，由德国 Aachen 工业大学的 H. Opitz 教授开发。该系统简单且使用方便，许多编码系统都是采用它作为基础编写的。Opitz 系统采用 9 位数字来描述零件信息，前 5 位数字用以表示零件的几何形状，称为形状代码，后 4 位数字则表示零件的尺寸、材料、毛坯和加工精度，称为辅助代码，图 6－1 说明了 Opitz 系统的基本结构。

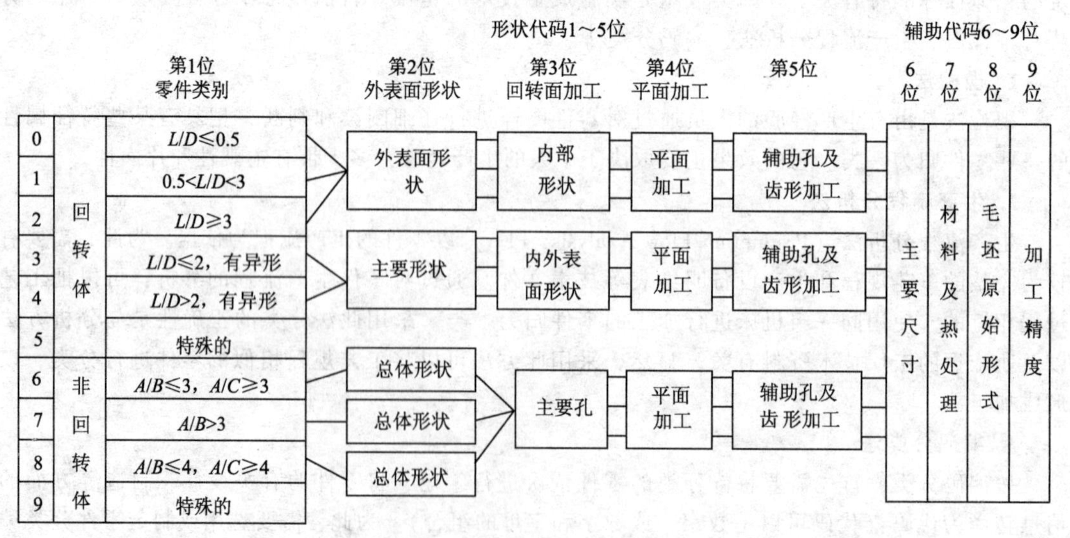

图 6－1 Opitz 编码系统的基本结构

Opitz 系统的主要特点：

(1) 系统结构较为简单，仅有 9 个横向分类环节，便于记忆和人工分类。

(2) 系统的分类标志虽然形式上偏重零件结构特征，但是实际上隐含着工艺信息。

(3) 尽管系统考虑了精度特征标志，但是由于零件的精度既有尺寸精度，也有位置精度和形状精度，因此仅用一位码来标识是不够充分的。

(4) 系统的分类标志尚欠严密和准确。

(5) 系统从总体结构上看虽较简单，但是从局部结构看仍十分复杂。

回转体类零件和非回转体类零件的 Opitz 系统编码实例如图 6－2 和图 6－3 所示，零件图中只标注了主要尺寸。

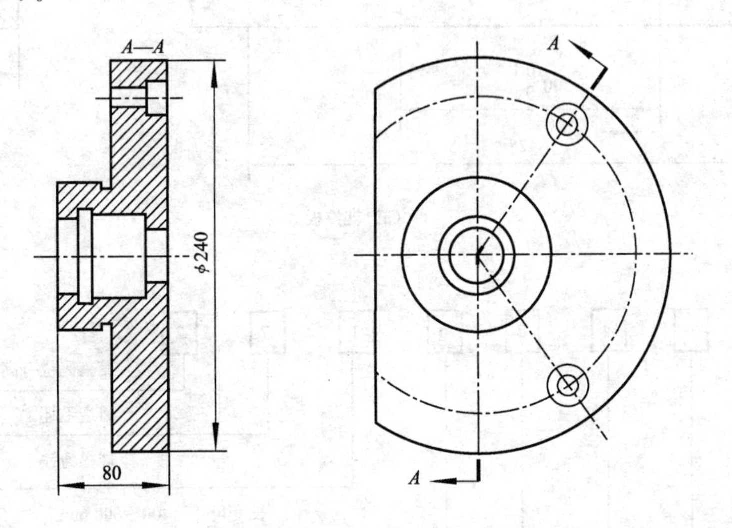

(a) 法兰盘

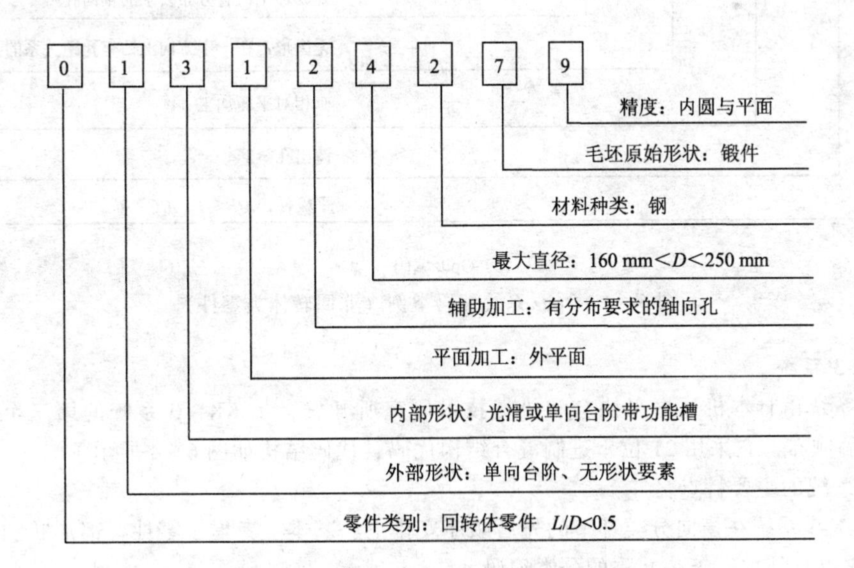

(b) Opitz编码

图 6－2　Opitz 系统编码举例（回转体类零件）

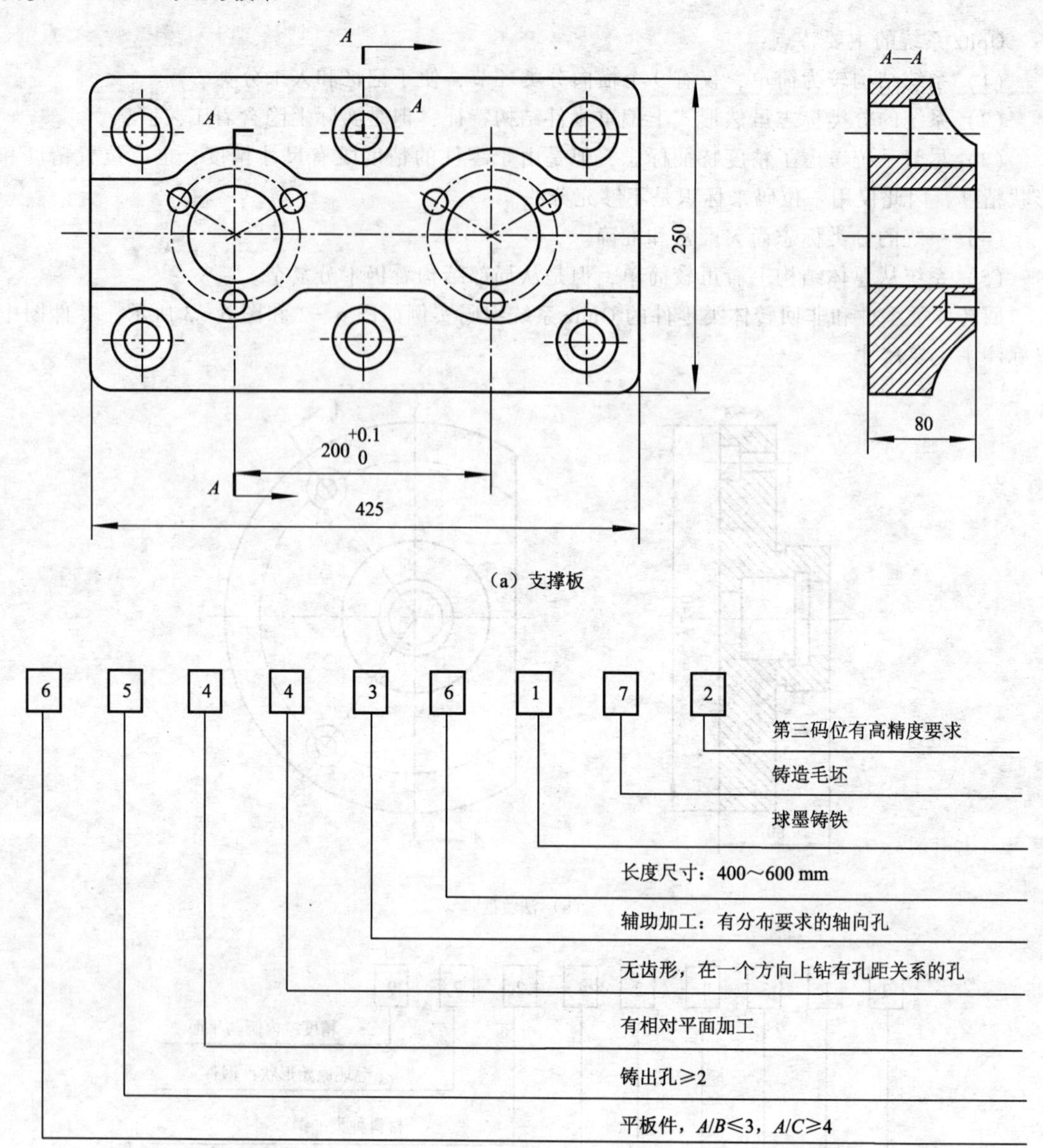

图 6－3　Opitz 系统编码举例（非回转体类零件）

2. KK-3 系统

KK-3 系统由日本机械振兴协会和机械技术研究所开发，是 KK－3 系统的第三个版本，于 1976 年定稿颁布。它采用 21 位十进制混合结构代码，代码结构如图 6－4 所示。

KK-3 系统的主要特点：

（1）KK-3 系统在横向分类环节的先后顺序安排上，基本上考虑了零件各部形状加工顺序关系，所以它也是结构、工艺并重的分类编码系统。

（2）KK-3 系统采用前七位码作为分类环节，便于设计和检索。

（3）系统虽然环节很多，但是在分类标志的配置和排列上，大都采用“三要素全组合”方式，使得代码含义明确。

（4）KK-3 系统采用零件功能和名称作为分类标识，使得其能最大程度地实现零件详细分类。

（5）由于码位较多，不适宜手工编码，应采用计算机辅助编码。

（6）KK-3 系统的主要缺点是有些环节上零件出现率极低，这意味着有些环节设置不当。

码位	1	2	3	4	5	6	7	8	9	10	11	12	13	14	15	16	17	18	19	20	21
分类项目	名称		材料		主要尺寸		外廓形状与尺寸比	各部形状与加工													
								外表面						内表面			端面	辅助孔		非切削加工	精度
	粗分类	细分类	粗分类	细分类	*L* 长度	*D* 直径		外廓形状	同心螺纹	功能槽	异形部分	成形平面	周期性表面	内廓形状	内曲面	内平面与内周期面		规则排列	特殊孔		

图 6－4　KK－3 机械加工零件分类编码系统的基本结构（回转体）

3. JLBM-1 系统

JLBM-1 系统是我国原机械工业部颁发的机械零件分类编码系统（中华人民共和国机械工业部指导性文件 JB/Z 251—1985）。该系统的结构可以说是 Opitz 系统和 KK－3 系统的结合，它克服了 Opitz 系统分类标志不全和 KK-3 系统环节过多的缺点。该系统具有 15 个码位，每一码位用从 0 到 9 十个数码表示不同的特征项号。15 个码位中，第 1、2 码位为名称类别矩阵，第 3 至 9 码位为形状与加工码位，第 10 至 15 码位为辅助码位。

JLBM-1 系统的特点：

（1）JLBM-1 系统除了由于增加形状加工的环节，因而比 Opitz 系统可以容纳较多的分类标志外，它在系统的总体组成上，要比 Opitz 系统简单，因此易于使用。

（2）JLBM-1 系统的主要缺点是把设计检索的环节分散布置。

（3）JLBM-1 系统也存在着标志不全，以致零件无法确切分类编码的问题。

（4）和 KK-3 系统一样，在使用 JLBM-1 系统之前，先要统一零件名称。

在实际应用中，大都采用 9 位以上的零件编码系统。在进行手工编码时，编码人员要记忆和理解许多定义、说明和几百个零件特征信息，对于 JLBM—1 编码系统，大约需要 340 条信息，由于信息量大，理解困难、工作烦琐、效率低，疏忽出错率高，因此，在 2001 年宣布 JB/Z 251—1985 标准作废。

6.3.2.3　制定企业实用分类编码系统的方法

由于现有的编码系统都存在不足之处，难以满足企业的实际需求，因此企业需要根据自身的生产类型和零件结构特点，编制实用的零件分类编码系统。目前，编制途径主要有：

（1）企业自行开发。企业完全依靠自己的力量去开发零件分类编码系统。得出的分类编码系统比较切合企业的实际情况，但是需要花费较多的人力、财力和物力，同时还要花费较多的时间。

（2）采用商用系统。所谓商用系统，是指由专门的技术咨询公司开发分类编码系统。这种系统具有商品性质，它是专供需要引入产品零件分类编码系统的企业购买的。这种购买的商业系统并不一定买回即可满意使用，常常还需要根据企业的具体情况进行裁减修改。

目前商用系统多适用于国外企业，国内这类系统和开发这类系统的公司很少。

(3) 利用公开出版的系统加以改进。目前在世界范围内已经有许多公开发表和出版的分类编码系统，企业可以以这些系统为基础，再结合企业自身的情况，在现有编码系统的基础上加以改进，形成适合本企业的分类编码系统。与第一种方法相比，其不失为一种建立企业专用的分类编码系统的捷径。

6.3.3 基于 GT 的派生式 CAPP 系统

6.3.3.1 派生式 CAPP 系统的开发过程

(1) 选择零件编码系统。根据本企业产品特点选择或制定合适的零件分类编码系统（GT码）。为了提高开发效率，最好选用已有的比较熟悉的成熟系统，如果已有系统不能满足本企业需求，可在已有系统的基础上进行局部修改。

(2) 将现有零件进行编码。在进行编码时，可以利用计算机来辅助完成，通过人机对话方式，将零件信息输入给计算机，计算机辅助编码软件根据输入的零件信息自动生成该零件的分类编码。

(3) 划分零件族，建立零件族特征矩阵。划分零件族是以零件的相似性为基础，对于派生式 CAPP 系统而言，这里的相似性是指一个族内的所有零件应具有相似的工艺规程。需要注意的是，如果仅把那些具有相同加工序列的零件归为一族，则能获得这个族成员资格的零件数就会减少；而若把能在同一机床上加工的所有零件都归为一个零件族，则在生成族内每个零件的工艺规程时，需要对标准工艺规程做大量修改，因此，用户应根据自己的实际情况合理定义零件族。当零件族划分完成后，将同族零件的编码进行组合，即可得到零件族的特征矩阵。

(4) 编制零件族的标准工艺规程。标准工艺规程代表本族零件的工艺过程，却不是族内某一具体零件的工艺过程，而是一个假想零件的工艺规程，这个假想零件称为主样件或复合零件，每个零件族只需要一个主样件或复合零件。复合零件是指拥有同族零件全部待加工表面要素的零件。在设计复合零件时，首先应对零件族中的零件进行认真分析，然后取出最复杂的零件作为设计基础，把其他不同形状特征加到基础件上去，从而形成复合零件，最后对复合零件进行工艺规程设计，形成零件族的标准工艺规程。

(5) 建立工艺数据库和数据文件。把标准工艺规程和工艺设计中用的有关数据、技术规范和技术资料等存入数据库或数据文件。在派生式 CAPP 系统中，除了工艺设计时所必需的制造资源库外，如刀具库、设备库和切削参数库等，还应有零件族的特征矩阵库、标准工艺规程库和工序库及它们之间的关系。

(6) 进行系统总体设计。实现对标准工艺的存贮、管理、检索、编辑和结果输出。在设计时可采用模块化设计方法来设计和调试各个不同功能模块的相应软件。

6.3.3.2 派生式 CAPP 系统的应用过程

当开发过程完成后，就可以投入使用，为新零件设计工艺过程。

系统应用过程包括如下步骤：

(1) 根据所选用的零件分类编码系统为新零件进行编码。

(2) 用零件信息输入模块完成零件编码和其他信息的输入工作。

(3) 对输入的零件编码进行判断，如果其属于某一零件族，则从标准工艺规程库中调出该零件族的标准工艺规程；如果新零件不包括在已有零件族内，则计算机将此情况报告给用户。

(4) 系统根据输入代码和已确定的逻辑，对标准工艺过程进行删减。

(5) 用户根据新零件的特征和加工要求，对已删减过的标准工艺规程进行详细编辑（增加、删除或修改）。

(6) 将编辑好的工艺规程储存起来，并按指定格式将工艺规程打印输出。

建立在成组技术（GT）基础上的派生式CAPP系统工作原理如图6-5所示。

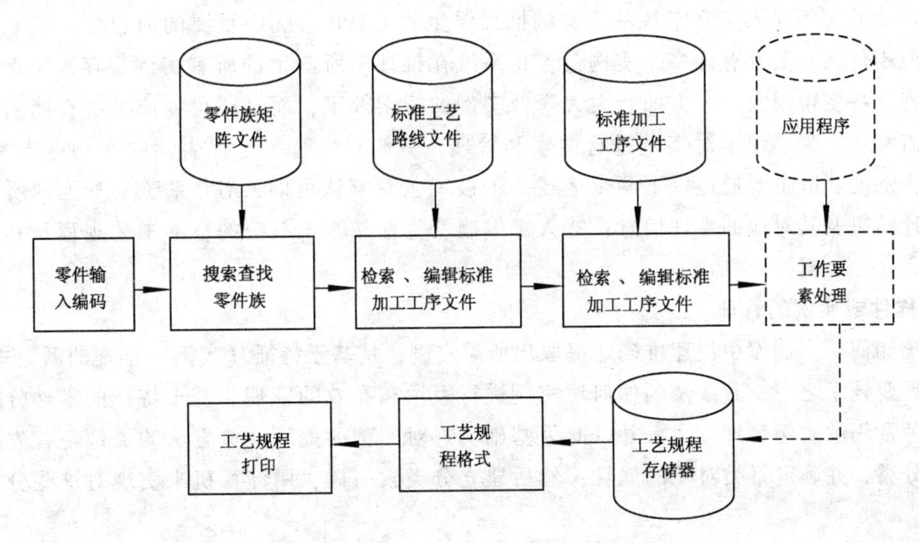

图6-5　派生式CAPP系统的工作原理

6.3.4　基于特征（实例）推理的派生式CAPP系统

6.3.4.1　系统的主要思路

在基于特征的派生式CAPP系统中，采用基于特征描述的零件信息模型取代GT代码描述；用工序-工步二叉树或其他模型描述零件的工艺规程或标准工艺规程。采用上述方法能够对零件信息和工艺信息进行准确而完整的描述，从而为提高工艺设计的质量奠定了基础。

用样件或实例分类索引树取代基于GT的零件分组。实例是系统中已有的工艺规程及其相应的零件信息集合，即每个实例都由零件特征信息描述（包括零件名称、类型、几何形状、尺寸、精度、材料、热处理等）和对应的工艺信息描述（包括工艺路线、加工设备类型、加工刀具及切削用量等）两大部分组成。分类索引树是动态的，用户可根据应用需求方便创建自己的实例分类索引树，并可对其进行管理和维护。样件或实例按零件分类索引树分类存储，用户可以随时将新制定的样件或新产生的实例按类存入样件库，无需事先对样件进行分组和制定零件族矩阵。与基于GT技术的派生式CAPP系统不同，样件的形成不依赖于已有的大量零件图及工艺规程，而是只对企业现有的有限典型零件进行分类，并对每一类典型零件制定出一个或多个样件，编制其标准工艺规程。通过人机交互方式输入或编辑样件信息及其相应的标准工艺规程，从而大大提高了系统的灵活性和实用性。

用基于特征（实例）的推理取代基于零件族矩阵的工艺规程筛选策略。在对标准工艺规程进行自动筛选时，不是基于零件族的特征矩阵，而是以基于特征描述的零件信息为依据，在推理过程中，将新零件的特征分别与样件库中与其相似程度最大的实例特征依次进行匹配比较，根据比较结果对实例的标准工艺规程进行推理和修正，从而形成当前零件的工艺规程。

6.3.4.2 实例库的建立

1. 实例的获取

实现基于实例推理的前提是要建立一个存储已有的问题和解决方案的实例库，快速、准确地获取合适的实例存入实例库是基于实例推理派生式 CAPP 系统中重要的内容之一。一个零件类或相似零件族一般都有许多个实例，若将系统在推理中所产生的所有实例都存入实例库，则库中的容量将变得很大，一方面会大大降低实例的搜索效率，而且还可能使系统在使用中很难找到所需实例。为了便于对实例进行搜索和管理，一般只将有一定代表性的实例存入实例库。目前，实例的获取主要通过以下两个途径：①被工艺专家认可的 CAPP 系统本身推理所产生的工艺设计结果及其对应的零件信息；②人工编制、整理并输入系统的标准工艺规程及其相应的零件信息。

2. 样件或实例的管理

系统如何从实例库中快速准确地提取出所需实例，是基于特征（实例）推理的派生式 CAPP 系统中重要技术之一，其涉及到如何对实例进行表示和有效的管理。基于特征的零件分类索引树是一种常用的实例管理方法，并以此为基础实现对实例的提取。该方法的关键是首先要对零件进行分类，并确定每类对象的属性，然后建立分类索引树，用计算机来实现对这些分类零件的管理。

分类索引树是一种动态的数据结构，系统开发者可将已建立好的树的结构以及其建立方法和维护方法用计算机软件的形式提供给用户，即为用户提供了建立分类索引树和实例库的工具和平台，使用户可根据自己的应用需求，灵活方便地创建形式和内容各异的分类索引树，从而建立起自己的样件库或实例库，以此为基础进行基于特征（实例）推理的派生式工艺设计。这样，系统开发者就没有必要事先对零件进行烦琐的分类和建立相应的样件库或实例库，而是将这两项工作独立开来，分别由系统开发者和用户来完成，从而大大增加了系统的灵活性和通用性，使系统能够满足不同用户的需求。

6.3.4.3 样件或实例的提取

1. 实例的提取

实例是按零件分类树分类存储的，每一类零件都对应一个或多个实例。实例提取的任务是从零件分类索引树中找出与新零件最匹配或比较匹配的实例（一般不止一个），为实例的标准工艺信息筛选和工艺路线修正奠定基础。以当前零件信息和零件分类索引树为依据，可通过以下两种方法实现实例的提取。

（1）人机交互式提取法。一般可通过两步来完成实例的提取。首先通过人机交互方式，搜索出当前新零件所属的零件类别。在样件或实例管理模块的引导下，从零件分类树根节点开始遍历搜寻，寻找当前零件所属的零件类别。第二步相似性判断。当找到新零件所属的零件类别后，系统自动计算当前零件与所属零件类别中所有实例的相似性系数。根据计算结果，按一定的次序将与相似性系数大小相对应的实例进行列表显示，用户可通过查看所列实例的有关属性，进一步确定选用哪一个实例进行后续的派生式工艺设计。

（2）自动提取法。该方法也分为两个步骤来完成。首先系统自动搜索当前新零件所属的零件类别。根据输入的零件信息，系统从分类索引树树根开始进行广度优先搜索，确定当前零件所属的零件类别。然后进行相似性计算。当计算出零件与所属零件类别中所有实例的相似性系数后，系统自动选择系数最大的实例，并以此实例为基础进行工艺设计。如果用户不满足系统所选实例，可选取其他样件或实例进行工艺设计。

2. 相似性系数的计算

相似性系数是用于衡量当前新零件与有关实例或样件相似性程度的一个参数，用 k_s 来表示。相似性系数不但和零件类型或实例类型（如产品种类、实例的功能结构、外形尺寸和长径比等因素）、加工方式、特征（包括主、副特征）的类型等因素有关，还与零件的材料类型、热处理方法、毛坯类型及形状特征的精度等级、粗糙度和形位公差等因素有关。相似性系数的计算方法很多，在实际应用中，常采用如下的相似性系数计算公式

$$k_s = \frac{a_{mt}k_{mt} + a_{ht}k_{ht} + a_{bt}k_{bt} + a_{mf}k_{mf} + a_{af}k_{af}}{a_{mt} + a_{ht} + a_{bt} + a_{mf} + a_{af}} \tag{6-1}$$

其中，k_{mt} 为材料匹配率；k_{ht} 为热处理匹配率；k_{bt} 为毛坯匹配率；k_{mf} 为主特征匹配率；k_{af} 为辅助特征匹配率。k_{mt}，k_{ht} 和 k_{bt} 称为总体信息匹配率，k_{mf} 和 k_{af} 称为特征匹配率。a_{mt}，a_{ht}，a_{bt}，a_{mf} 和 a_{af} 为相应的加权系数。

所谓新零件主特征（或辅助特征）和实例零件主特征（或辅助特征）相匹配是指：

（1）新零件和实例相对应的特征类型相同，如同为外圆柱面或长方体等。

（2）下面两个条件的任意一个或两者都满足（由用户设定）：

① 新零件和实例相对应的特征的表面粗糙度相同。

② 新零件和实例相对应的特征的精度等级相同。

（3）新零件和实例相对应特征的局部热处理方法相同或者新零件和实例的总体热处理方法相同。

一般，取 $a_{mt} = 0.1$，$a_{ht} = 0.2$，$a_{bt} = 0.1$，$a_{mf} = 0.4$，$a_{af} = 0.2$，且 $a_{mt} + a_{ht} + a_{bt} + a_{mf} + a_{af} = 1$；所以可将式（6-1）简化为

$$k_s = a_{mt} \times k_{mt} + a_{ht} \times k_{ht} + a_{bt} \times k_{bt} + a_{mf} \times k_{mf} + a_{af} \tag{6-2}$$

若 $k_s = 1$，表明该实例与新零件完全匹配；若 $0.7 < k_s < 1$，表明该实例与新零件基本匹配；若 $k_s < 0.7$，则表明该实例与当前零件的匹配情况不理想，需要采用其他方法进行工艺设计。

6.3.4.4　基于特征（实例）推理与修正

1. 推理

基于特征（实例）推理是将待设计零件的几何形状特征信息和样件或实例的几何形状特征信息进行比较和匹配，从而确定实例标准工艺规程中哪些工序或工步需要保留，哪些需要被删除。在推理时，如果存在新零件形状特征没有匹配成功的情况，则系统还将在加工方法选择规则库中搜索没匹配上的形状特征所对应的加工方法（加工链），并按一定的规则将这些加工方法插入到当前的工艺规程文件中。基于特征（实例）推理的工艺设计过程如图 6-6 所示，从中可以看出，推理的过程相当于对实例的标准工艺规程信息进行筛选，在实例标准工艺规程中滤掉多余特征的加工方法，剩下的即为新零件的工艺规程。当然，还需要对上述的工艺规程进行必要的修正和编辑修改，才能作为正式的工艺设计结果而被使用。

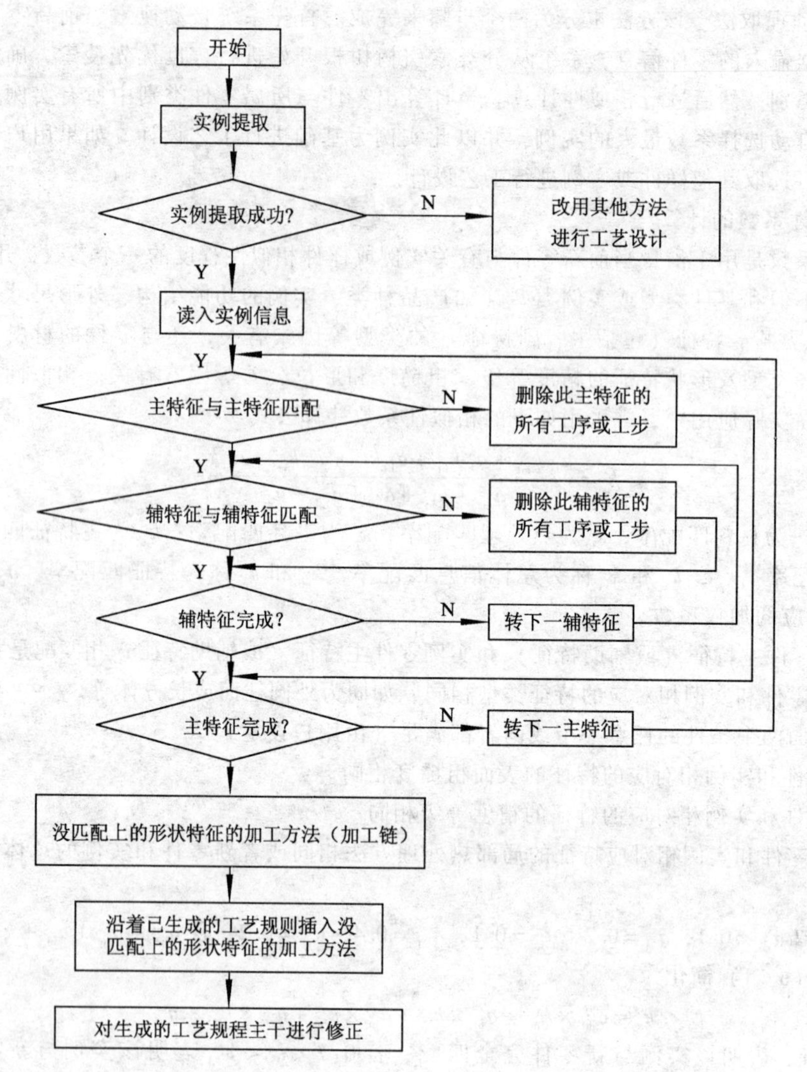

图 6-6　基于特征（实例）的派生式 CAPP 系统工作过程

2. 修正

由推理形成的工艺规程可能不够准确或不够完善，因此还必须对其进行修正。常见的修正内容如下：

（1）对于材料相同的零件，可能会出现热处理工艺和要求不同，因此需要根据被设计零件的技术要求重新确定其毛坯或增加必要的热处理工序。

（2）虽然新零件的形状特征和实例的形状特征相同，但可能存在着其精度级别或粗糙度不完全相同，因此需要增加或删除相应的精加工工序。

（3）在推理过程中主要考虑了形状特征信息，而没有考虑定位装夹等方面的内容，这样实例工艺规程的定位装夹方法与实际被设计零件的定位装夹方法可能不同，所以需要重新确定零件的定位装夹方式。

（4）还需要根据新零件的实际情况，对某些工序或工步顺序进行调整。

（5）由于当前零件尺寸、精度及形位公差等与实例不同，所以需要对推理得到的工序尺寸、切削用量与刀具等进行修改，以满足实际零件的加工要求。

修正的方法可以采用人机交互式进行编辑修正，也可采用专家系统的方法，利用产生式规则进行修正，但规则的收集、整理和表达比较困难，且难以编写成程序。

6.4　创成式 CAPP 系统

创成式 CAPP 系统是根据零件的信息，运用系统的各种决策逻辑和制造工程数据信息，自动生成新零件的工艺规程，在此过程中一般不需要人的干预，且用户对所生成的工艺规程无需做大的改动。创成式 CAPP 系统所需要的数据信息主要是有关各种加工方法的加工能力、各种机床和工艺装备的适用范围等一系列基本的工艺知识，一般以数据文件或数据库形式提供；而工艺设计过程中的各种决策逻辑或者植入程序代码（传统的程序设计方法），或者以决策规则形式存入相对独立的工艺知识库，供主控程序调用（专家系统方法）。创成式 CAPP 系统的功能和派生式系统一样，可以只包括加工方法的选择，工艺路线的排序，也可以包括详细的工序设计。到目前为止，还没有一种创成式 CAPP 系统能包括所有的工艺决策，也没有一种系统能完全自动化。也就是说，由于工艺设计过程的复杂性，这种功能完全、自动化程度很高的创成式系统目前还没有开发出来，甚至在短期内也不一定能实现。目前具有实用价值的创成式 CAPP 系统大都是针对某一企业或行业专门设计的，其通用性和移植性较差。

6.4.1　创成式 CAPP 系统的设计方法

创成式 CAPP 系统的设计一般包括准备阶段和软件开发两个阶段。准备阶段主要包括详细的技术方案设计以及制造工程数据和知识的准备；软件开发阶段则包括程序系统结构设计以及程序代码的设计。由于工艺设计工作的复杂性，以及创成式系统开发所需支撑技术的不成熟性，使得很难给出一个标准化的、统一的模式。下面简要地介绍一下创成式 CAPP 系统的设计方法和过程。

（1）明确所开发系统的设计对象，即本系统将适用于哪一类型的零件。由于工艺设计的复杂性和零件的多样性，所以很难开发一个通用的适合任何零件的 CAPP 系统，为此必须明确设计对象的类别及其范围。例如，要明确本系统将应用于回转体零件还是箱体类零件，而对于箱体类零件还应再细分为是哪一类箱体类零件，因为产品的用途不同而使其结构、尺寸、加工精度等也不同，从而对应的工艺方法也有区别。因此，明确产品对象可以说是开发创成式 CAPP 系统的首要前提。

（2）对本类零件进行详细的工艺分析。明确该类零件由哪些表面组成，每个表面的精度要求及其表面间的精度关系。创成式 CAPP 系统的工艺决策过程类似于传统的人工工艺设计过程，首先要分析和确定的是每个加工表面的加工要求和加工方法，这是工艺路线及工序设计的基础。

（3）收集有关加工能力及经济精度、加工设备、切削参数、工艺装备等数据资料，建立基本工艺数据库。上述数据资料可从机械制造工程手册中查找到。

（4）工艺决策模型及功能实现模型的建立。传统的创成式 CAPP 系统常采用决策树或决策表等决策逻辑，CAPP 专家系统则常采用产生式规则的决策方式。

（5）软件设计和实现。在该阶段主要是将上述整理好的各种工艺知识和决策逻辑实现模块化和算法化。对于开发 CAPP 专家系统而言，此阶段主要是进行推理机的设计和程序实现。

6.4.2　创成式 CAPP 系统的组成及工作过程

创成式 CAPP 系统的功能模块主要有零件信息输入模块、毛坯选择、加工方法选择、工艺路线生成、刀具选择、夹具选择、机床选择、量具选择、切削用量选择、工序尺寸确定以及工序图生成等模块，此外还包括各种制造数据库以及工艺知识数据库等。

创成式 CAPP 系统的工作过程如图 6－7 所示。

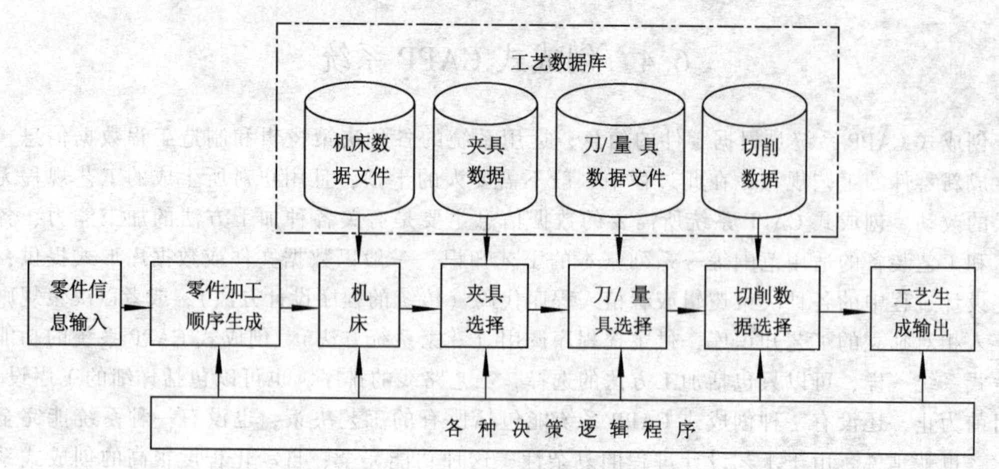

图 6－7 创成式 CAPP 系统的工作过程

（1）输入零件信息。零件信息包括零件几何信息及有关加工工艺信息。

（2）加工方法的选择。根据零件上各种几何表面特征的加工要求，确定各种表面特征的加工方法，并组成其相应的加工序列，以便为后续的工艺路线设计做好准备。如果零件信息是从 CAD 系统获取的，在确定加工方法之前，还需要首先从输入的零件信息中提取加工表面特征信息。

（3）生成工艺规程主干。按照一定的工艺路线安排规则，将上述各加工表面的加工方法按一定的加工顺序排序，以生成零件的工艺路线。由于确定工艺路线需考虑的因素很多，处理的方法在生产实践中也很灵活，目前这方面决策逻辑的研究还不成熟。所以，这个阶段最困难，也最重要。针对这种决策的复杂性，目前常采用分级、分阶段地考虑几何形状、技术要求、工艺方法、以经济性或生产率为指标的优化要求等约束因素，使各工序之间能排出合理的加工顺序。当生成工艺路线主干后，还要检查所生成的工艺路线是否到达要求，如果不满足要求，可进行编辑、修改，直到满意为止。

（4）进行工序设计。工序设计的内容包括：加工机床选择、工艺装备（夹具、刀具、量具等）选择、加工余量确定、工步内容和次序的安排、工序尺寸的计算及公差给定、时间定额计算等。

（5）工艺文件的输出。

6.4.3 一般创成式 CAPP 系统的工艺决策方法

创成式 CAPP 系统的工作原理。就是根据输入的零件信息，系统能够运用各种决策逻辑自动生成新零件的工艺规程。因此可以看出，开发创成式 CAPP 系统的核心工作就是决策逻辑的表达和实现。尽管工艺过程设计决策逻辑很复杂，包括各种决策问题，但是其表达方式却有许多共同之处，可以用类似形式的软件设计方式来表达和实现。在一般的创成式 CAPP 系统中，常用决策表和决策树来表达和实现，而在智能化的 CAPP 系统中，还采用专家系统或人工智能中的其他决策技术。下面先介绍决策树和决策表。

6.4.3.1 决策树

决策树是连通而无回路的图，它不仅是一种常用的数据结构，也是一种常用的决策逻辑表达工具。同时，它很容易和“IF（假如）…，THEN（则）…”这种直观的决策逻辑相对应，很容易直接转换成逻辑流程图和程序代码。

决策树由各种结点和分支构成。结点中有根结点、终结点（叶子结点）和其他结点，除了根结点和终结点，其他结点都具有单一的前趋结点和一个以上的后继结点，结点表示一次或一个动作，拟采取的动作一般放在终结点上。分支连接两个结点，一般用来连接两次测试或动作，并表达一个条件是否满足，满足时测试沿分支向前传送，以实现逻辑 AND（与）的关系，不满足时则转向出发结点的另一分支，以实现 OR（或）的关系。所以，由根结点到终结点的一条路径可以表示一条决策规则。图 6-8 所示表示孔加工方法的选择决策树。

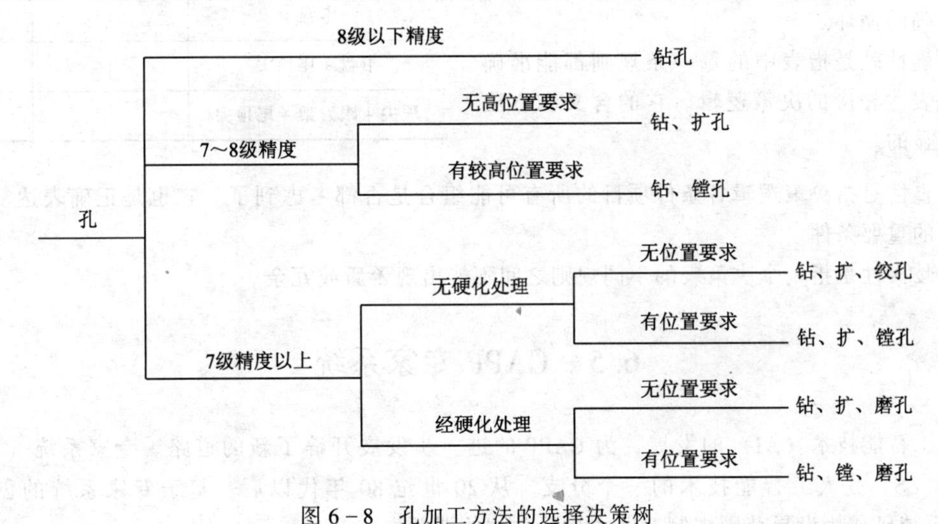

图 6-8　孔加工方法的选择决策树

由图 6-8 可以看出，决策树具有以下特点：

（1）决策树可直观、准确、紧凑地表达复杂的逻辑关系，且建立与维护容易。

（2）决策树是表示“IF…，THEN…”类型决策的很自然的方法。在决策中，条件（IF）被放在树的分支上，预定动作（THEN）被放在分支的结点上，可很容易将其转换成计算机程序。

（3）决策树很容易扩充与修改，非常适合于工艺过程的设计。

（4）决策树可进行形状特征的加工方法选择，机床、刀具、夹具及切削用量的选择等。

6.4.3.2　决策表

决策表是表达各种事件间复杂逻辑关系的格式化、符号化方法，广泛地用作软件设计的辅助工具以及系统分析或数据处理的辅助工具。在工艺设计决策逻辑中，用决策表来存放零件加工属性条件与操作动作之间的关系，通过匹配查表的方式来选择决策规则，并进行决策。决策表能明晰、准确、紧凑地表达复杂的逻辑关系，易于转换成程序算法和代码，易读、易懂和易修改等决策，且便于检查遗漏及逻辑上的不一致性。

表 6-1 所示为决策表的结构，决策表由四部分组成，左上部分为决策条件，右上部分为条件值集合，左下部分为决策项目，右下部分为动作（或结果）。每一列就是一条决策规则。

例如车削装夹方法的选择可能有以下的决策逻辑：

如果工件的长径比 <4，则采用卡盘；

如果工件的长径比 >4，而且 <10，则采用卡盘 + 尾顶尖；

如果工件的长径比 >10，而且则采用顶尖 + 跟刀架 + 尾顶尖。

上述决策逻辑可用决策表表示，如表 6-2 所示。

在决策表中T表示条件为真，F为条件为假，空格表示决策不受此条件影响。只有当满足所列全部条件时才采取该列动作。决策表表示的决策逻辑也能用决策树来表示，反之亦然。

需要注意的是，当建立一个决策表来表达复杂决策逻辑时，必须仔细检查准确性、完整性、无歧义性等重要性质，也需要考虑表的规模和正确的循环。

准确性就是指表中的每一条规则都能准确无误地表达相应的决策逻辑。它的含义和方法都是明显的。

表6-1　决策表的结构

条件项目	条件状态
决策项目	决策条件

表6-2　车削装夹方法选择决策表

工件的长径比 <4	T	F	F
4≤工件的长径比		T	F
卡盘	√		
卡盘+尾顶尖		√	
顶尖+跟刀架+尾顶尖			√

完整性是指决策逻辑各条件项目的所有可能组合是否都考虑到了。它也是正确表达复杂决策逻辑的重要条件。

无歧义性是指一个决策表的不同规则之间不能出现矛盾或冗余。

6.5　CAPP专家系统

人工智能技术（AI）的发展，为CAPP的进一步发展开辟了新的道路。专家系统（Expert system，ES）是人工智能技术的一个分支，从20世纪80年代以后，基于专家系统的创成式CAPP系统已成为世界范围内制造业中最受关注的课题之一。

6.5.1　CAPP专家系统概述

传统的程序设计方法中，对一个待解决的问题，首先要建立其数学模型，然后通过算法流程描述问题的解决思路，最后将该算法用计算机语言表达并输入给计算机，以获得问题的求解结果。但在工艺过程设计中，主要的工作不是计算，大多数的工艺决策方法主要依靠工艺人员在长期的生产实际中积累起来的经验性知识，这带有明显的专家个人的技巧和智能性质。而这种技巧和职能性质，难以用数学模型来表示，而其求解的过程是逻辑、判断和决策过程。而专家系统正具有处理这些不确定性和多意性知识的特长，它可以在一定程度上模拟人脑进行工艺设计，使工艺设计中的许多模糊问题得以解决。特别是对箱体、壳体类零件的工艺设计，由于它们结构形状复杂、加工工序多、工艺流程长，而且可能存在多种加工方案，工艺设计的优劣主要取决于人的经验和智慧，因此一般CAPP系统很难满足这些复杂零件的工艺设计要求。而CAPP专家系统能汇集众多工艺专家的经验和智慧，并充分利用这些知识进行逻辑推理，探索解决问题的途径与方法，因而能给出合理的甚至是最佳的工艺决策。

CAPP专家系统同一般的创成式CAPP系统一样，都可自动生成零件的工艺规程，但是一般创成式CAPP是以"逻辑算法+决策表（决策树）"为特征，而CAPP专家系统是以"推理+知识"为特征。CAPP专家系统不再像一般创成式CAPP系统那样在程序的运行中直接生成工艺规程，而是根据输入的零件信息去频繁地访问知识库，并通过推理机中的控制策略，从知识库中搜索能够处理零件当前状态的规则，然后执行这条规则，并把每次执行规则得到的结论部分按照先后次序记录下来，直到零件加工到终结状态，这个记录就是零件加工所要求的工艺规程。

专家系统以知识结构为基础，以推理机为控制中心，按数据、知识、控制三级结构来组织系统，其知识库和推理机相互分离，这就增加了系统的灵活性。当生产环境变化时，可通过修改知识库来加入新的知识，使之适应新的要求，因而解决问题的能力大大增强。

由于专家系统具有以上的优越性，因此，从 20 世纪 80 年代开始，人们就开始了有关人工智能及专家系统在工艺过程设计中的应用技术研究，研制成功了基于知识的创成式 CAPP 系统或 CAPP 专家系统。近十年来，人们开始将人工神经网络、模糊推理以及基于实例的推理等技术用于工艺设计中，并进行了卓有实效的实践。但是，由于工艺过程设计是一门经验性很强的科学，这使得 CAPP 专家系统开发存在很多问题，例如工艺知识的获取和表示、工艺模糊知识的处理、工艺推理过程中自行解决冲突问题的最佳路径、自学习功能的实现等问题。随着人们对 CAPP 专家系统认识和实践的不断深入，相信以上这些问题都将逐步得到解决。

6.5.2　CAPP 专家系统组成

CAPP 专家系统组成如图 6－9 所示，其主要由知识库、推理机、零件信息输入模块、知识获取模块、解释模块和动态数据库组成。知识库存贮从专家那里得到的有关该领域的专门知识和经验；推理机具有推理能力，能够根据输入的零件信息，运用知识库中的知识对给定问题进行推导并得出结论；动态数据库主要用于存放推理的初始事实或数据、中间结果以及最终结果；解释模块是系统与用户的接口，用来解释各种决策；知识获取模块通过向用户提问或通过系统不断应用，来不断扩充和完善知识库。

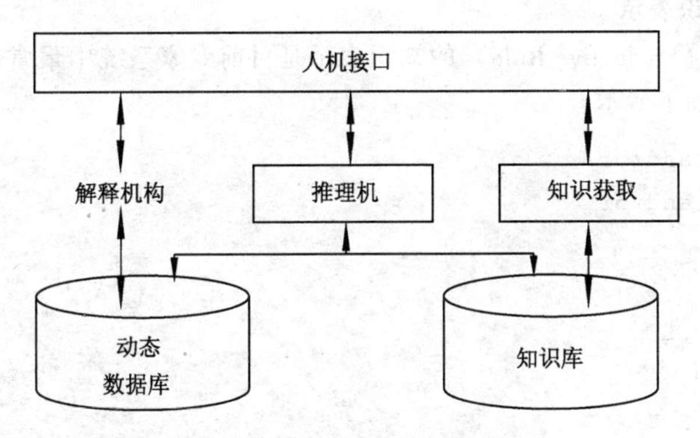

图 6－9　CAPP 专家系统组成

CAPP 工艺决策专家系统一般具有如下特点：

（1）工艺知识库和推理机相分离，有利于系统维护。

（2）系统的适应性好，并具有良好的开放性。当 CAPP 系统所面向的零件范围发生变化时，只需要修改或扩充知识库中的知识，无须对整个系统进行全面改造。

（3）有利于追踪系统的执行过程，并对此做出合理解释，使用户确信系统所得出的结论。如有必要，用户也可以通过人机交互方法改变系统的推理路线，使系统按用户的要求执行。

（4）系统生成工艺文件的合理程度取决于系统所拥有知识的数量和质量。

（5）系统工艺决策的效率取决于系统是否拥有合适的启发式信息。由于工艺决策专家系统难以避免无效搜索，它和非专家系统工艺决策相比，效率要低些。

6.5.3　知识的获取和表达

知识库是专家系统中最核心的组成部分，其直接影响着专家系统解决实际问题的能力，因此，知识库的构建是一个专家系统设计过程中一项最重要、最核心的工作，其主要包括知识获取和知识表达两方面内容。

6.5.3.1 工艺决策知识获取

知识的获取就是把解决问题所用的专门知识从某些知识来源变换为计算机程序。工艺决策知识是人们在工艺设计实践中所积累的认识和经验的总和。工艺设计经验性强、技巧性高，工艺设计理论和工艺决策模型化工作仍不成熟，使工艺决策知识获取更为困难。目前，除了一些工艺决策知识可以从书本或有关资料中直接获取外，大多数工艺决策知识还是来源于具有丰富实践经验的工艺人员或专家那里。

目前 CAPP 专家系统最常用的知识获取是通过知识工程师来完成的，知识工程师是一个计算机方面的工程师，他从专家那里获取知识，并利用知识编辑器等工具将知识以正确的形式存储到知识库里。高级的知识获取方法是专家系统自动知识获取，其本质是机器的自学习过程。具有自学习功能的专家系统能够通过用户对求解结果的大量反馈信息自动修改和完善知识库，并能在问题求解过程中自动积累和形成各种有用的知识。随着机器学习研究的日益深入和大量学习算法的出现，机器学习正成为专家系统自动获取知识的强有力工具。

6.5.3.2 知识表达方法

专家系统中知识表达是数据结构和解释过程的结合。在 CAPP 专家系统中，常用的知识表达方法主要有产生式规则、语义网络和框架等。

1. 基于规则的知识表示

基于产生式规则（Productive Rule）的知识表示是目前专家系统中最常用的一种知识表达方法。其一般表达方式如下所示：

```
IF <领域条件 1> and/or
   <领域条件 2> and/or
…
   <领域条件 n>
THEN <结论 1> and
    <结论 2> and
…
    <结论 m>
```

产生式的 IF（如果）被称为条件部分，它说明要应用这一规则所必须满足的条件，THEN（那么）部分称为操作部分。在产生式系统的执行过程中，如果一条规则的条件部分被满足了，那么，这条规则就可以被应用，也就是说，系统的控制部分可以执行系统的操作部分。

规则的表示具有固有的模块特征，且直观自然，又便于推理，因此获得了广泛应用。许多工艺决策专家系统都采用规则表示工艺知识。

2. 基于语义网络的知识表示

语义网络（Semantic Network）是一种基于网络结构的知识表示方法。语义网络由结点和连接这些点的弧组成。语义网络的结点代表对象、概念或事实；语义网络的弧则代表结点和结点之间的关系。

零件的语义网络如图 6－10 所示，含义是回转件是一种零件，光轴是一种回转件，倒角是回转件的一部分，非回转件是一种零件，圆孔是零件的一部分。

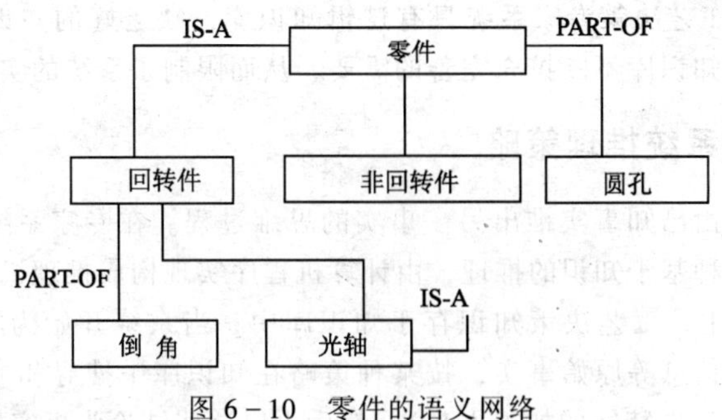

图 6-10　零件的语义网络

3. 基于框架的知识表示

框架（Frame）是一种表达一般概念和情况的方法。框架的结构与语义网络类似，其顶层结点表示一般的概念，较低层结点是这些概念的具体实例。

框架的一种表示方法是表示成嵌套的连接表。连接表由框架名、槽名、侧面名和值组成。框架的一般表示方式如下：

```
<框架名>
    <槽名1>  侧面名1      值1,值2,…,值P1
                          …
             侧面名m1     值1,值2,…,值Pm1
    <槽名2>  侧面名1      值1,值2,…,值q1
                          …
             侧面名m2     值1,值2,…,值qm2
             …
    <槽名n>  侧面名1      值1,值2,…,值r1
                          …
             侧面名mn     值1,值2,…,值rmn
    约束条件
         约束条件1
         …
         约束条件n
```

其中框架名标识该框架，槽是指框架上可摆放信息的一个位置，并由槽名和值组成。

6.5.4 工艺决策知识的组织与管理

知识的组织直接影响到系统运行的效率及求解问题的能力。工艺决策涉及大量的知识，因此必须合理地安排这些知识，并建立起逻辑上的联系，即知识的组织问题。此外，应能方便地进行知识的增加、删除与修改等，即知识的管理问题。

知识库的具体实现有两种形式：一种是包含在系统程序中的知识模块，可称其为“逻辑知识库”；一种是将知识经过专门处理后得到的知识库文件，并用文件系统或数据库系统来存储知识库文件，这更接近于真正意义上的知识库。

知识的组织方式依赖于知识的表示模式。一般说来，在确定知识的组织方式时，应考虑一些基本原则，例如保证知识库与推理机构相分离，便于知识的搜索、知识的管理、内、外存交换、减少存储空间等。

目前，许多 CAPP 工艺决策专家系统只有逻辑知识库，缺乏好的知识组织形式和知识库管理功能，不能满足工艺知识库不断扩充完善的需要，从而限制了系统的实际应用。

6.5.5 CAPP 专家系统推理策略

推理是按某种策略由已知事实推出另一事实的思维过程。在专家系统中，推理以知识库中已有知识为基础，是一种基于知识的推理，由计算机程序实现构成推理机。

在 CAPP 专家系统中，工艺决策知识存于知识库中。当系统开始为零件设计工艺过程时，推理机根据输入的零件信息等原始事实，按某种策略在知识库中搜寻相应的决策知识，从而得出中间结论（如选择出零件特征的加工方法），然后再以这些结论为事实推出进一步的中间结论（如安排出工艺路线）。如此反复进行，直到推出最终结论，即零件的工艺规程。像这样不断运用知识库的知识，逐步推出结论的过程就是推理。

在专家系统中，普遍使用的推理方法：正向演绎推理、逆向（反向）演绎推理、正反向混合演绎推理以及不精确推理等。

6.5.5.1 正向推理

正向推理是从已知事实出发，正向使用推理规则，它是一种数据驱动的推理方式，又称自底向上的推理。正向推理的基本思想：用户事先提供一组初始数据，并将其放入动态数据库，推理开始后，推理机根据动态数据库中已有的事实，到知识库中寻找当前匹配的知识，形成一个当前匹配的知识集，然后按照冲突消解策略，从该知识集中选择一条知识作为启用知识进行推理，并将推导出的结论加入动态数据库，作为后面继续推理时可用的已知事实。重复这一推理过程，直到目标出现或知识库中无知识可用为止。

正向推理的优点是推理直观，允许用户主动提供有用的事实，但由于推理时无明确的目标，可能会执行与推理目标无关的步骤，因而推理的效率较低。

6.5.5.2 反向推理

反向推理是一种以某个假设为出发点，反向运用推理规则的推理方式，它是一种目标驱动的推理方式，又称自顶向下的推理。其基本思想：首先根据问题求解的要求，将需要求证的目标（假设）构成一个假设集，然后从假设集中取出一个假设对其验证，检查动态数据库中是否有支持该假设的证据，若有，说明该假设成立；若无，则检查知识库中是否有结论与该假设相匹配的知识，并利用冲突消解策略，从所有可匹配的知识中选出一条作为启用知识作为推理，即将该启用知识的前提条件中的所有子条件都作为新的假设放入假设集中。对假设集中所有假设重复上述过程，直到成功退出为止。

反向推理是先提出一个目标作为假设，然后通过推理去证明该假设的过程，其优点是不必使用与目标无关的规则，但当目标较多时，可能更多次提出假设，也会影响问题求解的效率。

6.5.5.3 混合推理

正反向混合推理是联合使用正向推理和反向推理的方法。其工作方式：先根据动态数据库中的数据（事实），通过正向推理，帮助系统提出假设。然后用反向推理来证实这些假设，如此反复这个过程，直到得出结论。对于工艺过程设计等工程问题，一般多采用正向推理或正反向混合推理方法。

6.5.5.4 不精确推理

不精确推理常用的方法有概率法、可信度法、模糊集法和证据论法等，有关这些方法的详细内容，可参见有关书籍。

6.6 KMCAPP系统简介

6.6.1 KMCAPP的设计思路和特点

KMCAPP系统是我国第一个工具型商品化的CAPP软件，它以“人为主，机为辅”作为其主要设计思路，将计算机和软件作为工具提供给人进行使用。CAD、CAPP用来辅助工程人员去进行产品设计、零件的加工工艺设计，让其承担设计过程中大量重复的和简单的劳动，从而省下更多时间让设计者从事创造性的工作。

KMCAPP软件主要有以下几个特点：

（1）集成化。KMCAPP软件集成了工艺师需要的开目CAD功能，并自动获取零件的基本信息；可将工艺卡片中的相关信息自动传给开目BOM，以实现工装、工时、材料等汇总。此外，MCAPP软件还能与其他CAD、PDM、MIS、MRPⅡ系统集成，并提供相关接口，用户可进行二次开发；可与多种数据库接口，实现文件格式互换。

（2）实用化。KMCAPP简单易学，典型的Windows界面风格，“所见即所得”；工序简图生成方便，可直接提取零件的外轮廓和加工面，并提供夹具库；可嵌入多种格式的图形、图像，如*. bmp、*. jpg、*. dwg、*. igs等，并可对其进行编辑；真正实现“甩手册”。内置的“电子手册”中有《机械加工工艺手册》上的机床技术参数及切削用量；工艺资源管理器中包含大量、丰富、符合国际标准的工艺资源数据库；公式管理器中包含有大量的材料定额和工时定额计算公式。灵活的工艺文件输出方式，可输出所有的工艺文件或指定的几道工序。

（3）工具化。开目CAPP自带绘图系统，可任意绘制各种工艺表格；利用表格定义和工艺规程管理工具可任意设计各种类型的工艺；利用工艺资源管理器和公式管理器可任意创建工艺资源和公式；任意创建自己的零件分类规则，对每一类零件都可创建相应的典型工艺规程，供设计时参考。

（4）网络化。所有客户端可以使用服务器上的表格和配置文件；工艺资源数据库基于网络数据库环境，工艺设计资源共享，确保数据的一致性和安全性。

6.6.2 KMCAPP的功能模块

开目CAPP标准版含九个模块，工艺规程编制模块、图形绘制模块、工艺资源管理器、公式管理器、表格定义模块、工艺规程类型管理模块、图形文件数据交换模块、工艺文件浏览器和打印中心。

6.6.3 KMCAPP工艺规程设计操作步骤

6.6.3.1 新建工艺规程文件

进入KMCAPP工艺文件编制模块后，有以下三种方法来新建工艺规程文件：

打开一张已绘制好的零件图来编制工艺规程。

（1）打开一张拟编写工艺的零件图，选择主菜单中的“文件”→“打开”命令或单击工具栏中的打开图标，在弹出的对话框中双击该文件。

（2）选择设计内容：在对话框中单击“工艺规程设计”按钮，再单击“确定”按钮。

（3）选择工艺规程：在弹出的“选择工艺规程类型”对话框中双击拟编制的工艺规程，如图 6-11 所示，例如选机加工工艺，调出“机械加工工艺过程卡片”。这时会看到所选零件的有关信息已自动进入过程卡片的表头区，如零件图号、零件名称、材料牌号等。打开的零件图存放在工序卡片的“0”页面，单击工序卡图标可切换至工序卡。

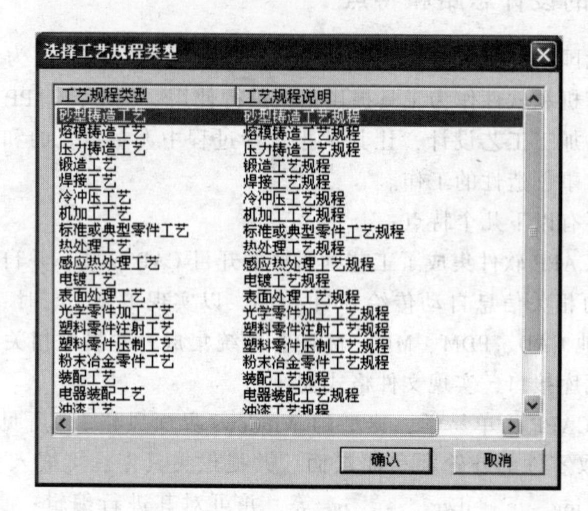

图 6-11　选择工艺规程类型

直接新建工艺文件。其方法同第一种方法类似，仅第一步不同，选择主菜单中的“文件”→“新建工艺规程”命令或单击工具栏中的新建工艺规程图标。

修改已有的典型工艺文件

（1）选择主菜单“工具”→“典型工艺库”→“检索典型工艺”命令。

（2）在弹出的对话框中双击目标典型工艺文件，即可进行修改。

6.6.3.2　编制过程卡

1. 填写表头区

将光标放置在要填写的格内，单击，左边工艺资源库窗口会出现对应的库内容，双击所需项即可填入过程卡。无对应库时可自行输入内容。零件毛重可调用公式计算得到。

填写毛坯外形尺寸栏中“φ”等符号时，可用特殊字符库查询填写。单击工具栏中图标 右边的小箭头，在弹出的特殊字符选择框中选择。

2. 填写表中区

选择主菜单“窗口”→“表中区”命令或单击工具栏中的图标进入表中区。在表中区，可进行手工填写，库查询、导入/导出工艺路线、插入/删除行、工序操作、公式计算等。在某列表头处双击，可收缩/展开此列。双击表头最前面的空白区，可展开所有收缩的列。

当采用手工填写时，双击工序号格，自动生成工序号，然后顺序向右填写，方法同表头区的填写。还可采用库查询方式进行表格填写，在 KMCAPP 中有多个资源库可供查询：工艺资源库、工艺数据库、工艺参数库、特殊工程符号库、特殊字符库、典型工艺库、公差与配合查询。首先将光标移至库文件显示区，在选中的库内容处双击，此内容自动填入光标所在格。

3. 申请工序卡

光标放在需申请工序卡的行内任意列中，选择“工序操作”→“申请工序卡”命令，该行的首格变红，表示为该道工序申请到一张工序卡。工序名称中包含有“检”字时，则自动申请的工序卡为检验卡。

工艺规程设计完毕，还可单击“编辑”按钮对已完成的内容进行插入、删除等操作。全部完成后选择“文件”→“保存”命令，在对话框中输入文件名，再单击“返回”按钮。

6.6.3.3 编写工序卡片

将光标放在已申请工序卡行内的任意列中，单击图标，切换至工序卡。

1. 工序卡内容填写

单击图标切换到表格填写界面，填写第一行，方法与过程卡表中区的填写相同。

2. 工序简图制作

下面主要介绍插入DWG对象的方法：

(1) 新建DWG对象。单击菜单“对象”→“插入DWG对象”→“新建”命令，可进入AutoCAD界面中绘制图形，返回CAPP后，图形即可显示在工艺卡片页面相对应的位置。

(2) 插入DWG对象。对于已有DWG对象文件，可使用“由文件创建”功能，直接进行调用。操作方法为，选择菜单“对象”→“插入DWG对象”→“由文件创建…”命令，在弹出的“打开”对话框中选择需要使用的DWG文件对象，单击“打开”按钮，该对象即显示在卡片的工艺简图区中，并自适应工艺简图区的大小。

6.6.3.4 公式计算

表头区填写完后，将光标放在填写零件重量的格内，选择“工具”菜单中的“公式计算”命令，弹出如图6-12所示的对话框，选择其中一个公式，在计算结果对话框中，单击“确定”按钮后，计算结果填入表格。

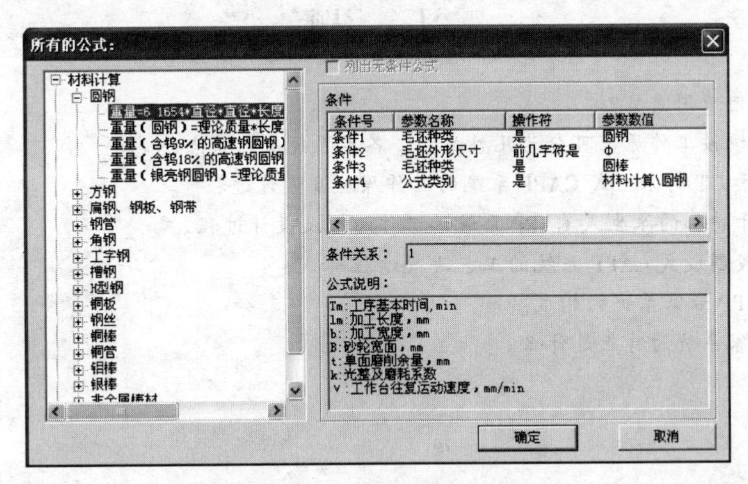

图6-12 公式选择对话框

6.6.3.5 文件浏览

单击“工艺资源库”左下方的按钮，可以在“工艺资源库”“页面浏览”两者间切换。“页面浏览”属性页通过树形结构管理工艺规程页面，工艺文件中的每一页面对应树上的一个结点，可方便地切换到某一指定页面进行浏览、检查。图6-13所示为浏览工序卡界面。

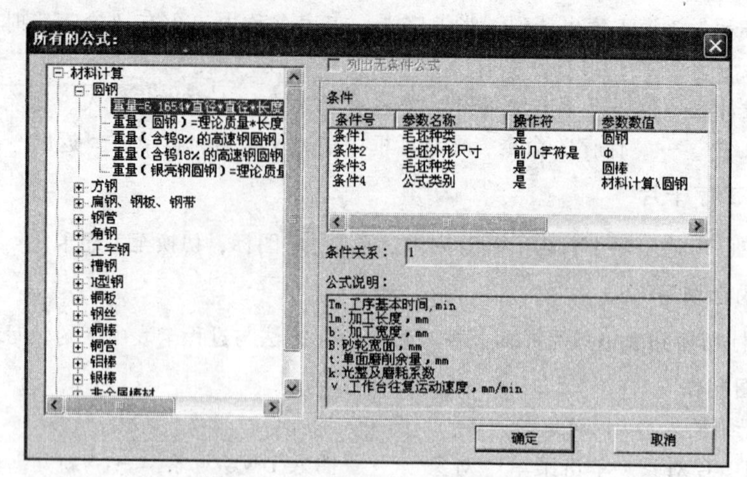

图 6-13　工序卡第一页输出式样

6.6.3.6　文件存储

利用开目 CAPP 制作完成的工艺文件可储存为开目 CAPP 文件和典型工艺。

(1) 储存为开目 CAPP 文件：存盘后缀名为 .gxk。单击工具栏中 图标，在对话框中确定路径、文件名、保存类型后单击“保存”按钮即可。

(2) 储存为典型工艺：可以将零件按形状或功能分类，创建零件分类规则，如将零件分为盘类、箱体类等，每类都可建一个典型工艺。新建工艺规程文件时，可按分类规则检索相对应的典型工艺，适当修改后即可成为新的工艺文件。

1. CAPP 有何应用意义？
2. CAPP 系统按工作原理可分为几种类型，各类系统有何特点？
3. 简述基于 GT 的派生式 CAPP 系统的工作原理及设计过程。
4. 简述基于特征的派生式 CAPP 系统的工作原理及设计过程。
5. 简述一般创成式 CAPP 系统的工艺决策过程。
6. 简述 CAPP 专家系统的构成。
7. CAPP 专家系统的特点是什么？

第7章 计算机辅助制造

【教学目标】

了解数控机床的基本概念与工作原理；了解数控加工程序的结构和格式；掌握语言编程的基本方法，能编制简单图形的 APT 程序；掌握图形编程的基本概念，熟练应用 Solid CAM 进行 2.5 轴及 3 轴的加工；掌握 Solid CAM 车削加工的过程，了解 Solid CAM HSM 的基本概念及加工策略。

【本章提要】

数控机床的基本概念与工作原理。数控加工程序的结构和格式；语言编程的基本方法，APT 语言基础。刀位文件与零件轮廓的关系。图形编程的基本概念，应用 Solid CAM 进行 2.5 轴及 3 轴的加工，Solid CAM 车削加工，Solid CAM HSM 的基本概念。

7.1　数控机床概述

数控（Numerical Control）机床，简称 NC 机床，是一种新型的自动化机床，与其他通用机床相比，它的一个最重要特点是当加工对象改变时，一般不需要对机床设备进行调整，只需要更换一个新的控制介质就可以自动地加工出新的零件。因此数控机床对单件、中小批量生产的自动化具有重要的意义。

图 7-1 所示为数控加工过程示意图。数控加工是指用数控装置或电子计算机代替人操作机床进行自动加工的过程。从图 7-1 中可见，为了在数控机床上进行加工，首先必须根据零件图纸得到一个控制介质，控制介质以规定的格式记录了为了达到零件图纸要求的形状和尺寸机床所必需的运动及辅助功能的代码和数据，将这个控制介质内容输入机床的数控装置或计算机中，经必要的信息处理之后产生相应的操作指令控制机床的运动，从而完成零件的自动化加工过程。由此可见，控制介质对数控加工具有重要意义。

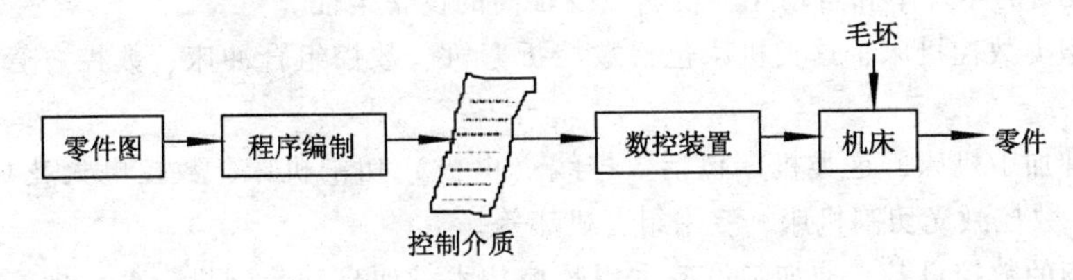

图 7-1　数控加工过程示意图

7.1.1　数控机床的组成

数控机床由程序、输入/输出装置、CNC 单元、伺服系统、位置反馈系统、机床本体组成。

(1) 程序的存储介质，又称程序载体，其有以下几种：

① 穿孔纸带（过时、淘汰）；②盒式磁带（过时、淘汰）；③软盘、硬盘、U 盘；④通信。

(2) 输入/输出装置可分为以下几种：

① 对于穿孔纸带，配用光电阅读机（过时、淘汰）；②对于盒式磁带，配用录放机（过时、淘汰）；③对于软磁盘，配用软盘驱动器和驱动卡；④现代数控机床，还可以通过手动方式（MDI 方式）；⑤DNC 网络通信、RS232 串口通信。

(3) CNC 单元是数控机床的核心，CNC 单元由信息的输入、处理和输出三个部分组成。

CNC 单元接受数字化信息，经过数控装置的控制软件和逻辑电路进行译码、插补、逻辑处理后，将各种指令信息输出给伺服系统，伺服系统驱动执行部件作进给运动。其他的还有主运动部件的变速、换向和启停信号；选择和交换刀具的刀具指令信号；冷却、润滑的启停，工件和机床部件松开、夹紧，分度台转位等辅助指令信号等。

(4) 伺服系统由驱动器、驱动电动机组成，并与机床上的执行部件和机械传动部件组成数控机床的进给系统。它的作用是把来自数控装置的脉冲信号转换成机床移动部件的运动。对于步进电动机来说，每一个脉冲信号使电动机转过一个角度，进而带动机床移动部件移动一个微小距离。每个进给运动的执行部件都有相应的伺服驱动系统，整个机床的性能主要取决于伺服系统。如三轴联动的机床就有三套驱动系统。

(5) 位置反馈系统（检测反馈系统）。伺服电动机的转角位移的反馈、数控机床执行机构（工作台）的位移反馈包括光栅、旋转编码器、激光测距仪、磁栅等。

(6) 机床的机械部件包括：① 主运动部件；② 进给部件（工作台、刀架）；③ 基础支承件（床身、立柱等）；④ 辅助部分，如液压、气动、冷却和润滑部分等；⑤ 储备刀具的刀库，自动换刀装置（ATC）。

对于加工中心类的数控机床，还有存放刀具的刀库、交换刀具的机械手等部件，数控机床机械部件的组成与普通机床相似，但传动结构要求更为简单，在精度、刚度、抗震性等方面要求更高，而且其传动和变速系统更便于实现自动化扩展。

7.1.2 数控机床的分类

数控机床的品种规格繁多，对数控机床的分类方法较多，一般有下面几种分类方法。

7.1.2.1 按工艺用途分类

(1) 金属切削类数控机床，这类机床包括数控车床、数控钻床、数控铣床、数控磨床、数控镗床及加工中心。这些机床都有适用于单件、小批量和多品种的零件加工，具有很好的加工尺寸的一致性、很高的生产率和自动化程度，以及很高的设备柔性。

(2) 金属成型类数控机床，这类机床包括数控折弯机、数控组合冲床、数控弯管机、数控回转头压力机等。

(3) 数控特种加工机床，这类机床包括数控线（电极）切割机床、数控电火花加工机床、数控火焰切割机、数控激光切割机床、专用组合机床等。

(4) 其他类型的数控设备，非加工设备采用数控技术，如自动装配机、多坐标测量机、自动绘图机和工业机器人等。

7.1.2.2 按运动方式分类

(1) 点位控制：点位控制数控机床的特点是机床的运动部件只能够实现从一个位置到另一个位置的精确运动，在运动和定位过程中不进行任何加工工序，如数控钻床、数控坐标镗床、数控焊机和数控弯管机等。

(2) 直线控制：点位直线控制的特点是机床的运动部件不仅要实现一个坐标位置到另一个位置的精确移动和定位，而且能实现平行于坐标轴的直线进给运动或控制两个坐标轴实现斜线进给运动。

(3) 轮廓控制：轮廓控制数控机床的特点是机床的运动部件能够实现两个坐标轴同时进行联动控制。它不仅要求控制机床运动部件的起点与终点坐标位置，而且要求控制整个加工过程每一点的速度和位移量，即要求控制运动轨迹，将零件加工成在平面内的直线、曲线或在空间的曲面。

7.1.2.3 按控制方式分类

(1) 开环控制：不带位置反馈装置的控制方式，常使用步进电动机作为伺服执行元件。

(2) 半闭环控制：指在开环控制伺服电动机轴上装有角位移检测装置，通过检测伺服电动机的转角间接地检测出运动部件的位移反馈给数控装置的比较器，与输入的指令进行比较，用差值控制运动部件。

(3) 闭环控制：是在机床最终运动部件的相应位置，直接直线或回转式检测装置将直接测量到的位移或角位移值反馈到数控装置的比较器中与输入指令位移量进行比较，用差值控制运动部件，使运动部件严格按实际需要的位移量运动。

7.1.2.4 按数控机床的性能分类

按数控机床的性能分类可分为经济型数控机床、中档数控机床和高档数控机床。

7.2 数控编程内容与发展

7.2.1 数控编程的内容与步骤

数控编程是指从零件图纸到获得数控加工程序的全部工作过程。编程工作主要包括：

7.2.1.1 分析零件图样和制定工艺方案

这项工作的内容包括：对零件图样进行分析，明确加工的内容和要求；确定加工方案；选择适合的数控机床；选择或设计刀具和夹具；确定合理的走刀路线及选择合理的切削用量等。这一工作要求编程人员能够对零件图样的技术特性、几何形状、尺寸及工艺要求进行分析，并结合数控机床使用的基础知识，如数控机床的规格、性能、数控系统的功能等，确定加工方法和加工路线。

7.2.1.2 数学处理

在确定了工艺方案后，就需要根据零件的几何尺寸、加工路线等计算刀具中心运动轨迹，以获得刀位数据。数控系统一般均具有直线插补与圆弧插补功能，对于加工由圆弧和直线组成的较简单的平面零件，只需要计算出零件轮廓上相邻几何元素交点或切点的坐标值，得出各几何元素的起点、终点、圆弧的圆心坐标值等，就能满足编程要求。当零件的几何形状与控制系统的插补功能不一致时，就需要进行较复杂的数值计算，一般需要使用计算机辅助计算，否则难以完成。

7.2.1.3 编写零件加工程序

在完成上述工艺处理及数值计算工作后，即可编写零件加工程序。程序编制人员使用数控系统的程序指令，按照规定的程序格式，逐段编写加工程序。程序编制人员应对数控机床的功能、程序指令及代码十分熟悉，才能编写出正确的加工程序。

7.2.1.4 程序检验

将编写好的加工程序输入数控系统，就可控制数控机床的加工工作。一般在正式加工之前，要对程序进行检验。通常可采用机床空运转的方式，来检查机床动作和运动轨迹的正确性，以检验程序。在具有图形模拟显示功能的数控机床上，可通过显示走刀轨迹或模拟刀具对工件的切削过程，对程序进行检查。对于形状复杂和要求高的零件，也可采用铝件、塑料或石蜡等易切材料进行试切来检验程序。通过检查试件，不仅可确认程序是否正确，还可知道加工精度是否符合要求。若能采用与被加工零件材料相同的材料进行试切，则更能反映实际加工效果，当发现加工的零件不符合加工技术要求时，可修改程序或采取尺寸补偿等措施。

7.2.2 数控编程的发展

数控技术经过50年的两个阶段和六代的发展。第一阶段，硬件数控（NC）：第一代，1952年的电子管；第二代，1959年晶体管分离元件；第三代，1965年的小规模集成电路。第二阶段，软件数控（CNC）：第四代，1970年的小型计算机；第五代，1974年的微处理器；第六代，1990年基于个人PC机。现在以第六代为主，市场上还有第五代在使用。

目前，国际上最大的数控系统生产厂是日本FANUC公司，占世界市场约40%；其次是德国的西门子公司，占15%以上；再次西班牙的发格，日本的三菱。国产数控系统厂家主要有华中数控、北京航天机床数控集团、广州数控等，国产数控生产厂家规模都较小。

由于手工编程只能解决点位加工或几何形状不太复杂的零件问题，适用的范围很小，而且效率很低。为了解决数控加工中的程序编制问题，20世纪50年代，MIT设计了一种专门用于机械零件数控加工程序编制的语言，称为APT（Automatically Programmed Tool），标志着数控自动编程技术应用的开始。数控加工自动编程经历了第一代ATP编程、第二代图形编程和第三代基于特征的CAM编程。其发展方向是CAD/CAM编程系统的柔性化、可视化、自动化和智能化，以及计算机仿真和虚拟加工技术。

7.3 数控加工工艺

7.3.1 数控机床坐标系统

7.3.1.1 坐标轴和运动方向命名的原则

（1）假定刀具相对于静止的工件而运动。当工件移动时，则在坐标轴符号上加“′”表示。

（2）标准坐标系是一个右手直角笛卡儿坐标系。

（3）刀具远离工件的运动方向为坐标轴的正方向。

7.3.1.2 坐标轴

（1）基本坐标轴。数控机床的坐标轴和方向的命名制订了统一的标准，规定直线进给运动的坐标轴用X、Y、Z表示，常称基本坐标轴。

（2）旋转轴。围绕X、Y、Z轴旋转的圆周进给坐标轴分别用A、B、C表示、根据右手螺旋定则，如图7-2所示，以大拇指指向$+X$、$+Y$、$+Z$方向，则食指、中指等的指向是圆周进给运动的$+A$、$+B$、$+C$方向。

（3）附加坐标轴。在基本的线性坐标轴X、Y、Z之外的附加线性坐标轴指定为U、V、W和P、Q、R。这些附加坐标轴的运动方向，可按决定基本坐标轴运动方向的方法来决定。

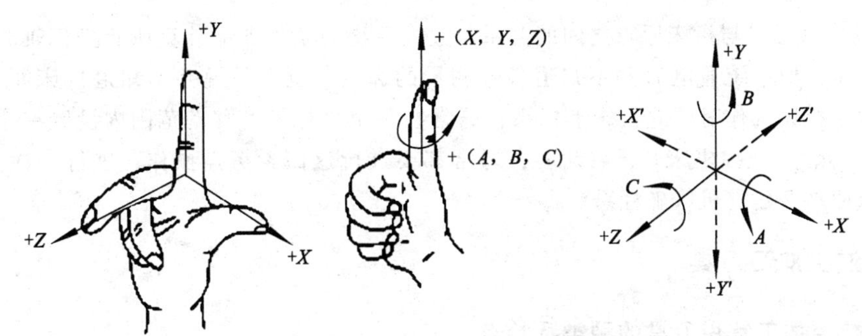

图7-2 笛卡儿直角坐标系

7.3.1.3 机床坐标轴的确定

（1）Z坐标轴。

① 在机床坐标系中，规定传递切削动力的主轴为Z坐标轴。

② 对于没有主轴的机床（如数控龙门刨床），则规定Z坐标轴垂直于工件装夹面方向。

③ 如机床上有几个主轴，则选一垂直于工件装夹面的主轴作为主要的主轴。

（2）X坐标轴。

① X坐标轴是水平的，它平行于工件装夹平面。

② 对于工件旋转的机床，X坐标的方向在工件的径向上，并且平行于横滑座。

③ 对于刀具旋转的机床，如Z坐标是水平（卧式）的，当从主要刀具的主轴向工件看时，向右的方向为X的正方向；如Z坐标是垂直（立式）的，当从主要刀具的主轴向立柱看时，X的正方向指向右边。

④ 对刀具或工件均不旋转的机床（如刨床），X坐标平行于主要进给方向，并以该方向为正方向。

（3）Y坐标轴。

Y坐标轴根据Z和X坐标轴，按照右手直角笛卡儿坐标系确定。

7.3.1.4 机床原点与参考点

（1）机床原点：指在机床上设置的一个固定点，即机床坐标系的原点。它在机床装配、调试时就已确定下来，是数控机床进行加工运动的基准参考点。

数控车床的机床原点一般取在卡盘端面与主轴中心线的交点处，如图7-3所示。数控铣床的机床原点位置因生产厂家而异，有的设置在机床工作台中心，有的设置在进给行程范围的正极限点，可由机床用户手册中查到。

（2）机床参考点：机床参考点是用于对机床运动进行检测和控制的固定位置点。

机床参考点的位置一般是各轴的最大正向行程处。参考点对机床原点的坐标是一个已知数。通常在数控铣床上机床原点和机床参考点是重合的，图7-4所示为数控车床的参考点。

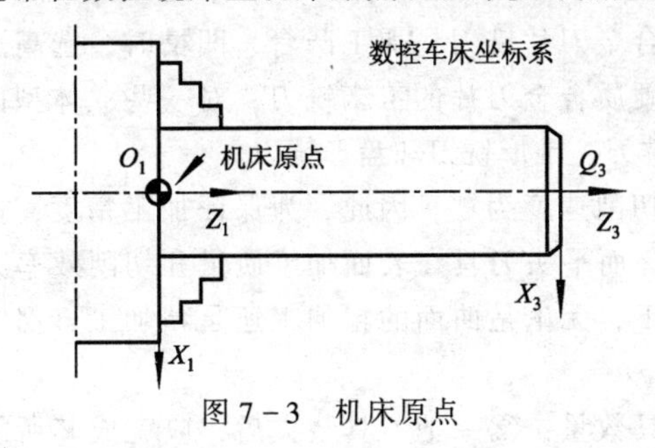

图7-3 机床原点

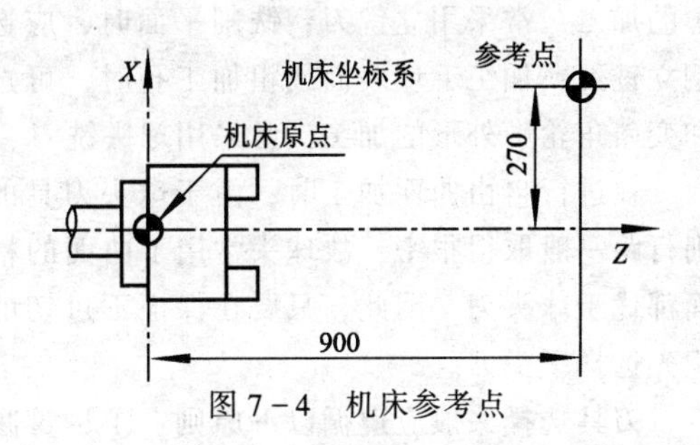

图7-4 机床参考点

(3) 机床参考点与机床原点之间的关系。数控系统的处理器能计算所有坐标轴相对于机床原点的位移量，但系统通电时并不知道各轴测量的起点，也就是说并不知道机床原点的位置。为了正确地在机床工作时建立机床坐标系，通常在每个坐标轴的移动范围内设置一个测量起点（即机床参考点）。数控机床开机启动时，通常都要进行返回参考点操作，进行一次位置校准，以找到机床原点并建立机床坐标系。

7.3.2 数控加工刀具

7.3.2.1 数控加工常用刀具的种类及特点

数控加工刀具必须适应数控机床高速、高效和自动化程度高的特点，一般应包括通用刀具、通用连接刀柄及少量专用刀柄。刀柄要连接刀具并装在机床动力头上，因此已逐渐标准化和系列化。数控刀具的分类有多种方法。

根据刀具结构分类：①整体式；②镶嵌式，采用焊接或机夹式连接，机夹式又可分为不转位和可转位两种；③特殊形式，如复合式刀具，减震式刀具等。

根据制造刀具所用的材料分类：①高速钢刀具；②硬质合金刀具；③金刚石刀具；④其他材料刀具，如立方氮化硼刀具，陶瓷刀具等。

从切削工艺上分类：①车削刀具，分外圆、内孔、螺纹、切割刀具等多种；②钻削刀具，包括钻头、铰刀、丝锥等；③镗削刀具；④铣削刀具等。

为了适应数控机床对刀具耐用、稳定、易调、可换等的要求，近几年机夹式可转位刀具得到广泛的应用，在数量上达到整个数控刀具的30%~40%，金属切除量占总数的80%~90%。

数控刀具与普通机床上所用的刀具相比，有许多不同的要求，主要有以下特点：

(1) 刚性好（尤其是粗加工刀具），精度高，抗振及热变形小。

(2) 互换性好，便于快速换刀。

(3) 寿命高，切削性能稳定、可靠。

(4) 刀具的尺寸便于调整，以减少换刀调整时间。

(5) 刀具应能可靠地断屑或卷屑，以利于切屑的排除。

(6) 系列化、标准化，以利于编程和刀具管理。

7.3.2.2 刀具的选择

刀具的选择是在数控编程的人机交互状态下进行的。应根据机床的加工能力、工件材料的性能、加工工序、切削用量以及其他相关因素正确选用刀具及刀柄。

刀具选择的原则：安装调整方便，刚性好，耐用度和精度高。在满足加工要求的前提下，尽量选择较短的刀柄，以提高刀具加工的刚性。

选取刀具时，要使刀具的尺寸与被加工工件的表面尺寸相适应。生产中，平面零件周边轮廓的加工，常采用立铣刀；铣削平面时，应选硬质合金刀片铣刀；加工凸台、凹槽时，选高速钢立铣刀；加工毛坯表面或粗加工孔时，可选取镶硬质合金刀片的玉米铣刀；对一些立体型面和变斜角轮廓外形的加工，常采用球头铣刀、环形铣刀、锥形铣刀和盘形铣刀。

在进行自由曲面加工时，由于球头刀具的端部切削速度为零，因此，为保证加工精度，切削行距一般取得很密，故球头常用于曲面的精加工。而平头刀具在表面加工质量和切削效率方面都优于球头刀，因此，只要在保证不过切的前提下，无论是曲面的粗加工还是精加工，都应优先选择平头刀。

刀具选择一般应遵循以下原则：①尽量减少刀具数量；②一把刀具装夹后，应完成其所能进行的所有加工部位；③粗、精加工的刀具应分开使用，即使是相同尺寸规格的刀具；④先铣后钻；⑤先进行曲面精加工，后进行二维轮廓精加工；⑥在可能的情况下，应尽可能利用数控机床的自动换刀功能，以提高生产效率等。

7.3.3 数控编程中的工艺策略

7.3.3.1 数控加工零件的工艺性分析

采用数控机床加工，必须根据数控机床的性能特点、应用范围，对零件的数控加工工艺进行全面、认真、仔细的分析。主要包括：①零件图上尺寸标注方法应适应数控加工的特点，便于编程。应以同一基准引注尺寸或直接给出坐标尺寸，保持设计基准、工艺基准、检测基准与编程原点设置的一致性。②构成零件图的几何要素的条件应充分。③认真分析零件的技术要求。零件的技术要求主要是指尺寸精度、形状精度、位置精度、表面粗糙度及热处理等。这些要求在保证零件使用性能的前提下，应经济合理。过高的精度和表面粗糙度要求会使工艺过程复杂、加工困难、成本提高。④零件材料分析在满足零件功能的前提下，应选用廉价、切削性能好的常用材料。⑤零件的结构工艺性应符合数控加工的要求。

7.3.3.2 加工方法的选择与加工方案的确定

1. 加工方法的选择

加工方法的选择应以满足加工精度和表面粗糙度的要求为原则。由于获得同一级加工精度及表面粗糙度的加工方法一般有许多，在实际选择时，要结合零件的形状、尺寸和热处理要求等全面考虑。

2. 加工方案的确定原则

零件上比较精密的尺寸及表面加工，常常是通过粗加工、半精加工和精加工逐步达到的。对这些加工部位仅仅根据质量要求选择相应的加工方法是不够的，还应正确地确定从毛坯到最终成形的加工方案。

确定加工方案时，首先应根据主要表面的精度和表面粗糙度的要求，初步确定为达到这些要求所需要的加工方法。例如，对于孔径不大的IT7级精度的孔，最终的加工方法选择精铰孔时，则精铰孔前通常要经过钻孔、扩孔和粗铰孔等加工。

7.4 手工程序编制

手工编程也称为人工编程。手工编程的主要步骤和内容如下：

(1) 根据零件图纸对零件进行工艺分析，在分析的基础上确定加工路线和工艺参数。

(2) 根据零件的几何形状和尺寸，计算数控机床运动所需数据。

(3) 根据计算结果及确定的加工路线，按规定的格式和代码编写零件的加工程序单。

(4) 按程序单在穿孔机或卡片机上穿孔，制成控制介质。

目前常用的代码有ISO（国际标准化组织）和EIA（美国电子工业协会）两种。在ISO与EIA两种代码中，0、1、2…9称为数字码，A、B、C…Z称为地址码。常用的表示地址码的英文字母含义如表7-1所示。通常程序字由地址码及地址码后面的数字码和符号组成。若干个程序字组成程序段，例如，N1 G92 X0 Y0 Z0表示建立工件坐标系；N2 G30 Y0 M06 T01表示刀具交换，换上01号刀具。

在手工编程中，各种工作主要靠人来完成。对于一些形状简单的零件，采用手工编程是容易实现的。但对于形状比较复杂的零件就需要较复杂的数值计算过程，例如图 7-5 所示的由二次曲线组成的平板零件，在用具有直线插补功能的数控机床加工时，不仅要计算组成该零件轮廓相邻几何要素的交点（基点）A、B、C、D、E，而且还要计算用直线逼近该零件轮廓时所有直线及相邻直线的交点（节点）B_1、B_2、B_3、B_4。此外还需计算出刀具中心的轨迹。由于计算工作量较大，因而程序编写、穿孔和校对的工作量也比较大，随之而来的出错的机率也增大。据统计，手工编程时间与数控加工时间的比例平均高达 30∶1。

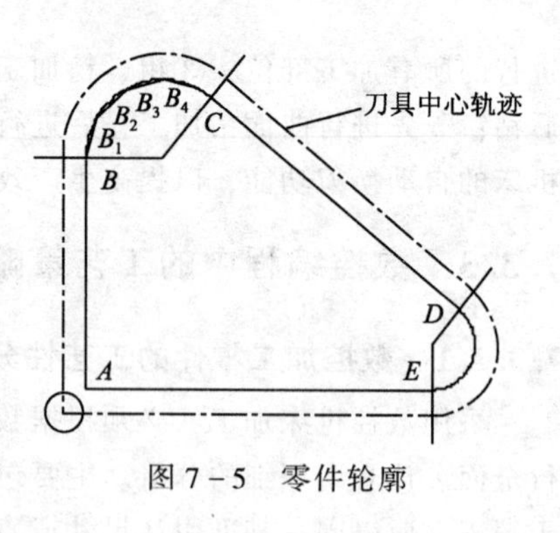

图 7-5　零件轮廓

表 7-1　表示地址码的英文字母含义

机　能	地 址 码	意　义
程序号	O	程序编号
顺序号	N	顺序编号
准备机能	G	机床动作方式指令
坐标字	X，Y，Z	坐标轴移动指令
	A，B，C，U，V，W	附加轴移动指令
	R	圆弧半径
	I，J，K	圆弧中心坐标
进给机能	F	进给速度指令
主轴机能	S	主轴转速指令
刀具机能	T	刀具编号指令
辅助机能	M	接通、断开、启停、停止指令
	B	工作台分度指令
补偿	H，D	刀具补偿指令
暂停	P，X	暂停时间指令
子程序调用	P	子程序号指令
重复	L	固定循环重复次数
参数	P，Q，R	固定循环参数

7.5　自动程序编制

7.5.1　数控自动编程的基本概念

由于手工编程既烦琐又枯燥，并影响和限制了数控机床的发展和应用，因而在数控机床出现不久，人们就开始了对自动编程方法的研究。随着计算技术和算法语言的发展，首先提出了用“语言程序”的方法实现自动编程。

所谓“语言程序”，就是用专用的语言和符号来描述零件图纸上的几何形状及刀具相对零件运动的轨迹、顺序和其他工艺参数等。这个程序称为零件的源程序。零件源程序编好后，输入计算机。为了使计算机能够识别和处理由相应的数控语言编写的零件源程序，事先必须针对一定的加工对象，将编好的一套编译程序存放在计算机内，这个程序通常称为“数控程序系统”或“数控软件”。“数控软件”分两步对零件源程序进行处理。第一步是计算刀具中心相对于零件运动的轨迹，由于这部分处理不涉及具体数控机床的指令形式和辅助功能，因此具有通用性。第二步是针对具体数控机床的功能产生控制指令的后置处理程序，后置处理程序是不通用的。

7.5.2 APT语言自动编程

APT（Automatically Programmed Tools）是20世纪50年代中期由美国麻省理工学院研究开发的数控自动编程系统。目前使用的APT系统有APTⅡ、APTⅢ、APTⅣ。其中APTⅡ适用于曲线自动编程，APTⅢ适用于3~5坐标立体曲面自动编程，APTⅣ适用于自由曲面自动编程。由于APT系统语言词汇丰富、定义的几何类型多、并配有多种后置处理程序、通用性好，因此在世界范围内获得了广泛应用。

我国原机械工业部1982年发布的数控机床自动编程语言标准（JB 3112—1982）采用了APT的词汇语法；1985年国际标准化组织ISO公布的数控机床自动编程语言（ISO 4342—1985）也是以APT语言为基础。

APT数控自动编程语言与算法语言相类似，它是由基本符号、语法和语义几部分构成的。

7.5.2.1 基本符号

数控语言中的基本符号是语言中不能再分的成分。语言中的其他成分均由基本符号组成。常用的基本符号有字母、数字、标点符号、算术运算符号等。其中标点符号用来分隔语句的词汇和其他成分。APT自动编程语言中常用到的标点符号和算术符号如下。

（1）逗号“,”用于分隔语句内的词汇、表识符和数据。例如

C1 = CIRCLE/0，0，25；

（2）斜杠“/”用来分隔语句内主部和辅部，或者在计算语句中作除法运算符号。例如

GOFWD/C1；A = B/D；

（3）星号“*”是乘法运算符号。例如

A = B * C；

（4）双星号“**”或“↑”是指数运算符号。例如

A = B ** 2 或 A = B ↑ 2；

（5）正号“+”和负号“-”用来表示算术加法和减法或规定一个数的符号。例如

P2 = POINT/ +2，-15，-26；

（6）单美元符号“$”表示语句尚未结束，延续到下一行。例如

L1 = LINE/RIGTH，TANTO，C2，RIGHT，$
TANTO，C1；

（7）冒号“:”用于分隔语句及标号。

（8）方括号“[ ]”用于给出子曲线的起点号和终点号，或用于复合语句及下表变

量中。

(9) 等号“=”用于定义时给定一个名字或者给标识符号赋值用。例如：

P1 = POINT/X, Y, Z;

(10) 分号“;”作为语句结束符号。

7.5.2.2 词汇

在 APT 自动编程系统中大约有 300 个词汇，其中一半用于编程中的控制功能，另一半用于描述零件几何形状、定义刀具轨迹等。例如：POINT（点）、LINE（线）等为描述几何形状的词汇；XLARGE（X 大）、YLARGE（Y 大）等为表示位置状态的词汇；TANTO（相切）、PERPTO（垂直）为表示几何关系的词汇；TLLFT（刀具在左）、TLON（刀具在上）为描述刀具与工件关系的词汇；GOFWD（向前）、GOBACK（向后）为描述刀具的运动方向的词汇；DRILL（钻孔）、BORE（镗孔）为描述工艺类型的词汇……

7.5.2.3 语句

语句是数控编程语言中具有独立意义的基本单位。它由词汇、数值、标识符号等按照一定语法规则组成。按语句在程序中的作用来分，大致有四类。

1. 几何图形语句

几何图形语句的一般形式：标识符 = APT 几何元素/参数，例如

C1 = CIRCLE/10, 60, 12.5;

其中，C1 为几何元素定义的名字；CIRCLE 为几何元素类型；10，60，12.5 分别为圆心的坐标和半径值。

几何图形语句分为简单几何图形语句和带嵌套的几何图形语句。上例为简单几何图形语句。在嵌套几何图形语句中，允许将第一种几何图形语句用括号括起来，作为一个组采用事先处理的方式来表达。例如

L2 = LINE/ (POINT/40, 20), ATANGL, 45;

2. 刀具运动语句

刀具运动语句是用来模拟加工过程中刀具运动的轨迹。为了定义刀具在空间的位置和运动，引进了如图 7-6 所示三个控制面的概念，即零件面（PS）、导向面（DS）和检查面（CS）。零件面是刀具一连串运动过程中刀具切削点运动形成的表面，它是控制切削深度的表面。导向面是引导刀具运动的面，由此确定刀具与零件表面之间的位置关系。检查面是刀具运动终止位置的限定面。

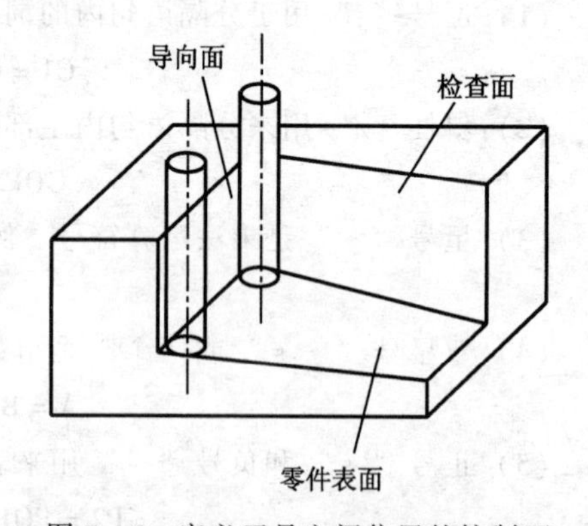

图 7-6 定义刀具空间位置的控制面

通过上述三个控制面就可联合确定刀具的运动。例如描述刀具与零件面关系的词汇，如图 7-7（a）所示，有 TLONPS 和 TLOFPS 分别表示刀具中心正好位于零件面上和不位于零件面上；描述刀具与导向面关系的语句，如图 7-7（b）所示，有 TLLFT（刀具在左）、TLRGT（刀具在左）、TLON（刀具在上）之分；描述刀具与检查面关系的词汇，如图 7-7（c）所示，有 TO（走到）、ON（走上）、PAST（走过）等。

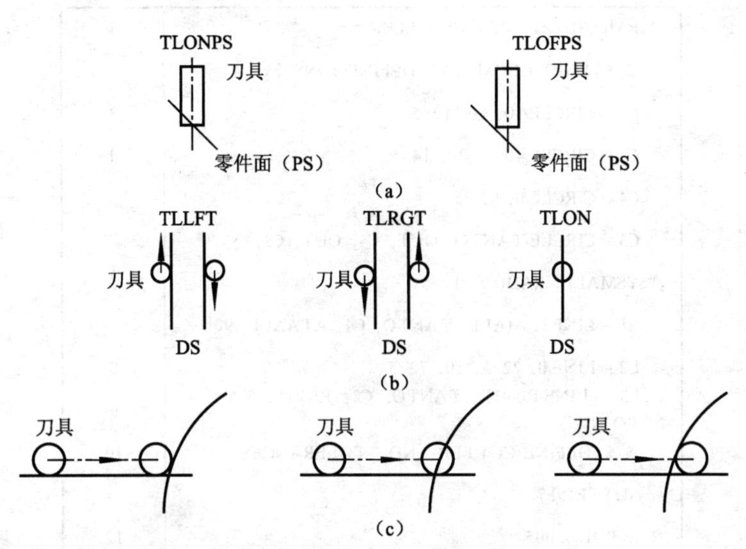

图7-7　描述刀具与零件面关系的词汇

描述运动方向的语句如图7-8所示，它是指当前运动方向相对于上一个已终止的运动方向而言的。例如：GOLEF（向左）、GORGT（向右）、GOFWD（向前）、GOBACK（向后）等。

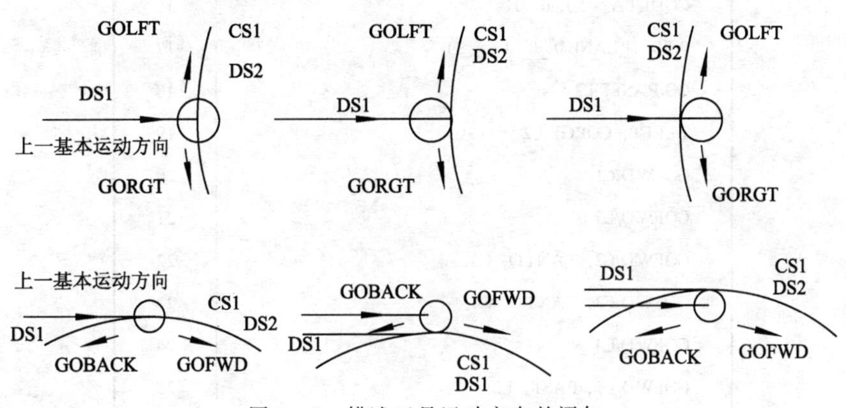

图7-8　描述刀具运动方向的语句

3. 工艺数据语句

工艺数据及一些控制功能也是自动编程中必须给定的，例如通过SPINDL/n，CLW给出机床主轴转数及旋转方向；通过CUTTER/d，r给出铣刀直径和刀尖圆角半径；通过OUTTOL/τ INTOL/τ给出轮廓加工的外容差和内容差；通过MATERL/FE给出材料名称及代号等。

4. 初始语句和终止语句

初始语句也称程序名称语句，由PARTNO和名称组成。终止语句表示零件程序的结束，用FINI表示。

图7-9所示为利用APT数控自动编程语言编写的铣削零件的源程序例子。程序解释如下：

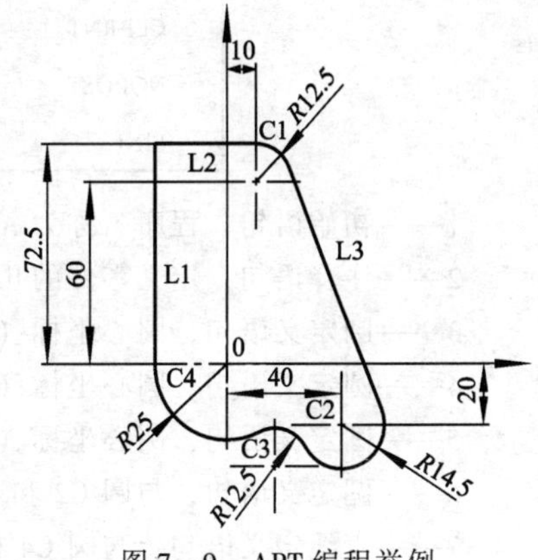

图7-9　APT编程举例

PARTNO/ADAPT EXAMPLLE	1
$ $ PART GEOMETRY DEFINITIONS	2
C1 = CIRCLE/10, 60, 12.5	3
C2 = CIRCLE/40, -20, 14.5	4
C4 = CIRCLE/0, 0, 25	5
C3 = CIRCLE/TANTO, OUT, C4, OUT, C2, $ YSMALL, RADIUS, 12.5	6
L1 = LINE/XSMALL, TANTO, C4, ATANGL, 90	7
L2 = LINE/0, 72.5, 10, 72.5	8
L3 = LINE/RIGHT, TANTO, C2, RIGHT, TAN-TO, C1	9
$ $ DEFINE CUTTER AND TOLERANCES	10
CUTTER/15	11
INTOL/0.005	12
OUTTOL/0.001	13
$ $ DEFINE DATUM AND MACHINING	14
FROM/0, 0, 30	15
GODLTA/-50, 0, 0	16
PSIS/ (PLANE/0, 0, 1, -2)	17
GO/PAST, L2	18
TLLFT, GORGT/L2	19
GOFWD/C1	20
GOFWD/L3	21
GOFWD/C2, TANTO, C3	22
GOFWD/C3, TANTO, C4	23
GOFWD/C4	24
GOFWD/L1, PAST, L2	25
GODLTA/0, 0, 32	26
GOTO/0, 0, 30	27
CLPRNT	28
NQPOST	29
FINI	30

1——初始语句，程序名称为 ADAPT EXAMPLE；

2——注释语句，定义零件的几何形状；

3——圆定义语句，圆心坐标（10，60），半径 12.5；

4——圆定义语句，圆心坐标（40，-20），半径 14.5；

5——圆定义语句，圆心坐标（0，0），半径 25；

6——圆定义语句，与圆 C2 和 C4 外切，半径为 12.5；

7——直线定义语句，与圆 C4 相切，并与 X 轴成 90°角；

8——直线定义语句，过点（0，72.5）和（10，72.5）；

9——直线定义语句，右面与圆 C2 和 C1 相切；

10——注释语句，定义刀具和公差；

11——指定刀具形状和尺寸，铣刀直径为 15 mm；

12——内容差为 0.005 mm；

13——外容差为 0.001 mm；

14——注释语句，定义基准和工艺数据；

15——指定起刀点为（0，0，30）；

16——刀具运动指令，走增量（-50，0，0）；

17——平面定义语句，从平面方程 $ax+by+cz-d=0$ 中的四个系数定义 XY 平面；

18——初始运动指令，走过 L2；

19——刀具置左，向右沿 L2 运动直至切于圆 C1；

20——沿圆 C1 运动直到切于直线 L3；

21——沿 L3 运动直至切于圆 C2；

22——继续沿圆 C2 运动直至切于圆 C3；

23——沿圆 C3 运动直至切于圆 C4；

24——沿圆 C4 运动；

25——沿直线 L1 运动直至超过直线 L2；

26——刀具运动指令，走增量（0，0，32）；

27——刀具运动指令，法向走至（0，0，30）；

28——打印刀位数据；

29——无后置处理；

30——结束语句。

7.5.3　图形交互式编程

图形交互式自动编程系统就是应用计算机图形交互技术开发出来的数控加工程序自动编程系统，使用者利用计算机键盘、鼠标等输入设备以及屏幕显示设备通过交互操作，建立、编辑零件轮廓的几何模型，选择加工工艺策略，生成刀具运动轨迹，利用屏幕动态模拟显示数控加工过程，最后生成数控加工程序。现代图形交互式自动编程是建立 CAD 和 CAM 系统的基础上的，典型的图形交互式自动编程系统都采用 CAD/CAM 集成数控编程系统模式。

图形交互式自动编程系统通常有两种类型的结构，一种是 CAM 系统中内嵌三维造型功能；另一种是独立的 CAD 系统与独立的 CAM 系统集成方式构成数控编程系统。

7.5.3.1　图形交互式自动编程的特点

图形交互式数控自动编程是通过专用的计算机软件来实现的，是目前所普遍采用的数控编程方法。

（1）这种编程方法是在计算机上直接面向零件的几何图形以光标指点、菜单选择及交互对话的方式进行编程，其编程结果也以图形的方式显示在计算机上。所以该方法具有简便、直观、准确、便于检查的优点。

（2）图形交互式自动编程软件和相应的 CAD 软件是有机地联系在一起的一体化软件系统，既可用来进行计算机辅助设计，又可以直接调用设计好的零件图进行交互编程，对实现 CAD/CAM 一体化极为有利。

（3）整个编程过程是交互进行的，在编程过程中可以随时发现问题并进行修改。

（4）编程过程中，图形数据的提取、节点数据的计算、程序的编制及输出都是由计算机自动进行的。因此，编程的速度快、效率高、准确性好。

（5）此类软件都是在通用计算机上运行的，所以非常便于普及推广。

7.5.3.2 图形交互式自动编程的基本步骤

从总体上讲，其编程的基本原理及基本步骤大体上是一致的，归纳起来可分为五大步骤：

1. 几何造型

几何造型就是利用三维造型 CAD 软件或 CAM 软件的三维造型、编辑修改、曲线曲面造型功能把要加工的工件的三维几何模型构造出来，并将零件被加工部位的几何图形准确地绘制在计算机屏幕上。与此同时，在计算机内自动形成零件三维几何模型数据库。这些三维几何模型数据是下一步刀具轨迹计算的依据。自动编程过程中，交互式图形编程软件将根据加工要求提取这些数据，进行分析和必要的数学处理，形成加工的刀具位置数据。

2. 加工工艺决策

选择合理的加工方案以及工艺参数是准确、高效加工工件的前提条件。加工工艺决策内容包括定义毛坯尺寸、边界、刀具尺寸、刀具基准点、进给率、快进路径以及切削加工方式。

3. 刀位轨迹的计算及生成

图形交互式自动编程的刀位轨迹的生成是面向屏幕上的零件模型交互进行的。首先在刀位轨迹生成菜单中选择所需的菜单项；然后根据屏幕提示，用光标选择相应的图形目标，指定相应的坐标点，输入所需的各种参数；交互式图形编程软件将自动从图形文件中提取编程所需的信息，进行分析判断，计算出结点数据，并将其转换成刀位数据，存入指定的刀位文件中或直接进行后置处理生成数控加工程序，同时在屏幕上显示出刀位轨迹图形。

4. 后置处理

由于各种机床使用的控制系统不同，所用的数控指令文件的代码及格式也有所不同。为解决这个问题，交互式图形编程软件通常设置一个后置处理文件。在进行后置处理前，编程人员需对该文件进行编辑，按文件规定的格式定义数控指令文件所使用的代码、程序格式、圆整化方式等内容，在执行后置处理命令时将自行按设计文件定义的内容，生成所需要的数控指令文件。

5. 程序输出

图形交互式自动编程软件在计算机内自动生成刀位轨迹图形文件和数控程序文件，可采用打印机打印数控加工程序单，也可在绘图机上绘制出刀位轨迹图，使机床操作者更加直观地了解加工的走刀过程。

7.6 SolidCAM 软件应用

7.6.1 SolidCAM 基础

SolidCAM 是一个非常强大的 CAM 产品，它在加工制造方面提供了完整的解决方案，包括 2.5 轴 - 3 轴铣削功能，4/5 轴多面体定位加工，五轴联动铣削、车削，五轴车铣复合加工、线切割以及 HSM 高速铣削等。

7.6.1.1 SolidCAM 概述

SolidCAM 被鉴定为主流 CAD 系统 SolidWorks 的黄金合作伙伴，它和 SolidWorks 一起，提供了独一无二的CAD/CAM一体化解决方案。在SolidWorks同一操作环境下，SolidCAM所有的操作都不离开SolidWorks装配环境进行定义、计算和验证。所有的2D和3D几何都完全关联于SolidWorks设计模型，一旦发生改变，所有的CAM操作都可以自动进行更新。

SolidCAM这套完全关联于SolidWorks模型的先进计算机辅助制造软件，免除了文件转换引起的数据遗失、减少了模型变更带来的错误和流程混乱，是内嵌于SolidWorks中最完整的，最高级的加工解决方案，其高效的操作为CNC编程提供了更多的价值。

SolidCAM在加工制造方面，具体特点如下：

①高速切削支持任何CNC控制器；②曲面或实体不需转换就可直接做2D或3D加工设定；③开创性提供加工范本（模板），可保存宝贵的加工技术与流程，只要修改加工图形即可快速产生所需的加工程序；④自动测定残料，自动清角，3D边界自动沿面加工，支持二次加工；⑤加工设定后，可快速计算产生NC程序，刀具可自动重新编号；⑥提供2D/3D刀具路径模拟，CAD图形模拟，毛坯实体切削模拟，残料显示等多种模拟方式，可显示数值并计算加工时间；⑦加工过程可实现全程无需抬刀；⑧支持圆弧切削；⑨可纵向及横向来回做切槽，内/外径、轮廓、深槽、切断、端面切槽、螺纹切削等过程一气呵成，无停滞期；⑩弹性的NURBS曲面，可与实体做几何运算，不相连曲面可自动修补成单一曲面；⑪随时保存图形，即使突然断电也能保存最终设计图形。

7.6.1.2 SolidCAM安装基础

SolidCAM安装的系统要求如下：

（1）Microsoft Windows XP Professional with Service Pack 2（推荐），Microsoft Windows XP x64专业版，Vista。

（2）Intel Pentium，Intel Xeon，Intel Core，AMD Athlon处理器。

（3）512 MB内存或更高（推荐大于1 GB）。

（4）支持OpenGL图形显卡（推荐256 MB显存）。

（5）支持的CAD系统包括：Solid Works 2006/2007/2008/2009/2010；Autodesk Inventor 2006/2007/2008/2009/2010；Autodesk AutoCAD2005等。

7.6.2 铣削加工

7.6.2.1 铣削加工的基本概念

铣削加工是一种常见的金属冷加工方式，铣削加工中刀具在主轴驱动下高速旋转，而被加工件相对静止。铣削加工可以加工平面、沟槽、多齿零件的齿槽、螺纹表面及各种曲面。

铣削加工的特点：①每个刀齿不均匀、不连续切削，切入与切离时均会产生振动；②铣削时切削层参数及切削力是变化的，易引起振动，影响加工质量；③同时参加切削的刀齿较多，生产效率高。

7.6.2.2 2.5轴加工实例

通过本实例，可以掌握SolidCAM 2.5轴加工的特点和操作步骤，加工模型如图7－10所示。

加工过程包括如下两步：

（1）Profile Operation——轮廓加工。

（2）Pocket Operation——袋状加工。

具体操作过程如下。

1. 加载 SolidWorks 零件

打开 SolidWorks 文件。在 SolidWorks 菜单中选择“文件”→“打开”命令，选择文件 Contour_ Plate. SLDPRT（此文件利用 SolidWorks 建立），如图 7－11 所示。

图 7－10　2.5 轴加工实例

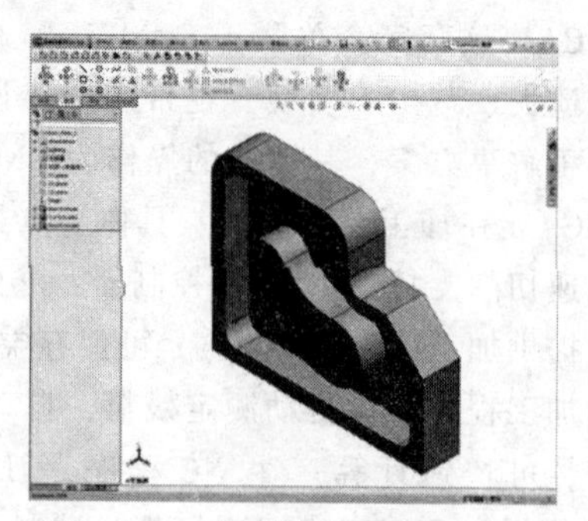

图 7－11　加载 SolidWorks 零件

2. 启动 SolidCAM

（1）选择 SolidWorks 菜单中的“SolidCAM”→“新增”→“铣床”命令，如图 7－12 所示。

（2）“新的铣切工件”对话框如图 7－13 所示，定义 CAM 零件的细节，加工零件默认名称和 SolidWorks 模型名称一致，也可以更改默认名称，单击“确定”按钮。

（3）SolidCAM 运行界面将显示，界面左侧出现 SolidCAM 管理器中的“铣床工件设定”属性管理器，如图 7－14 所示。

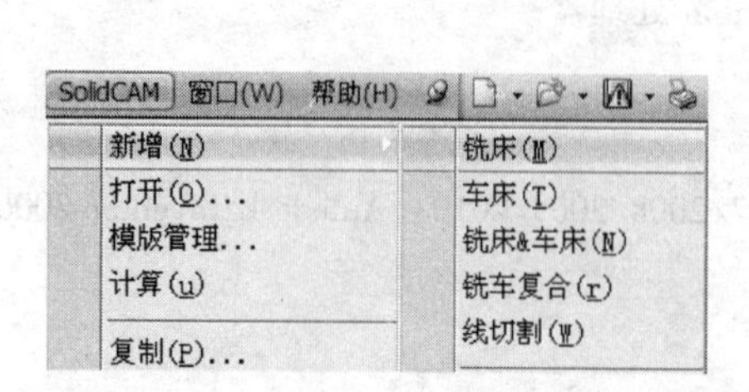

图 7－12　在 SolidWorks 中启动 SolidCAM

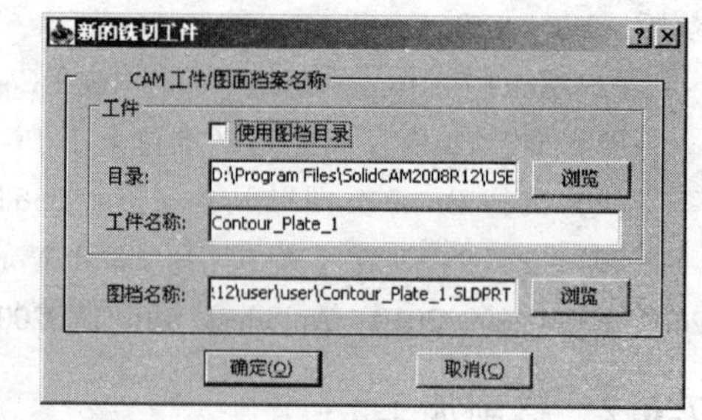

图 7－13　“新的铣切工件”对话框

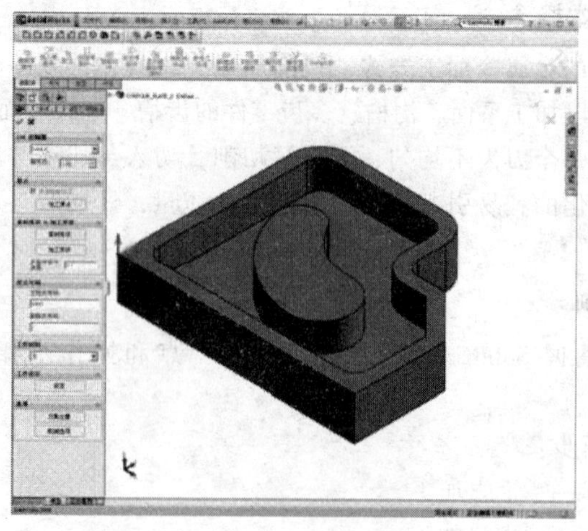

图 7－14　SolidCAM 运行界面

3．定义坐标系

在“铣床工件设定”属性管理器中选择“原点”选项卡，单击“加工原点”按钮，出现“加工原点”属性管理器。在绘图区，单击工件的上表面，则该表面将会变成黄色，如图 7－15 所示，坐标系将自动定义在实体的角落，*Z* 轴会自动垂直所选取的上表面。

单击“确定”按钮，确认完成坐标系的定义，系统自动弹出“加工原点设定”对话框，如图 7－16所示。

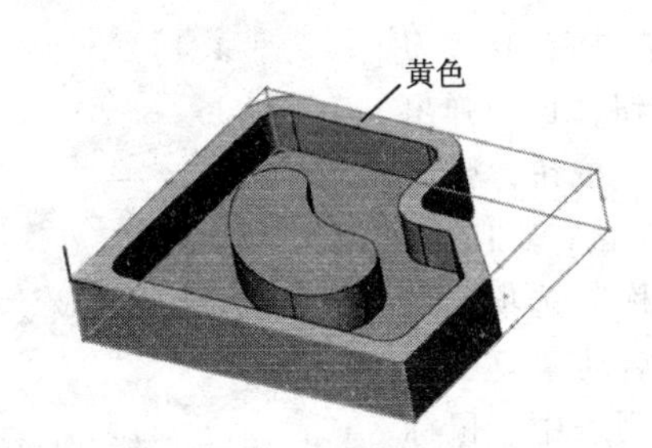

图 7－15　定义坐标系

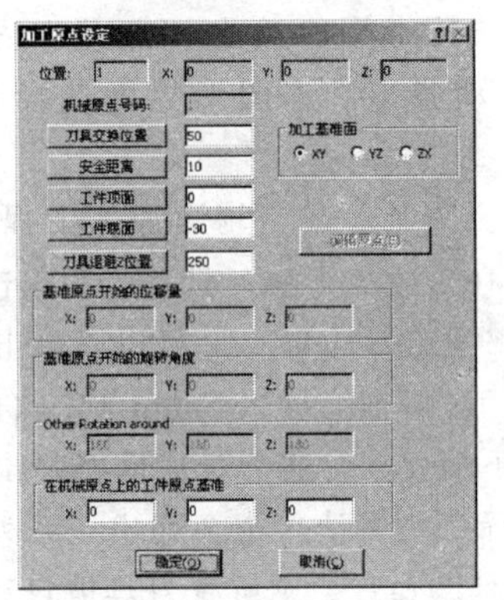

图 7－16　“加工原点设定”对话框

4．定义切削位置

在“加工原点设定”对话框中，设置“刀具交换位置”（即刀具加工开始高度）为 10，设置“安全距离”为 7，“工件顶面”为 0，“工作底面”为 -30，“刀具退避 Z 位置”为 250。

5．定义毛坯和目标模型

加工过程将切除剩余毛坯的残余量，以得到最终的目标模型。

在 SolidCAM 管理器中，双击“素材形状”（即毛坯模型），在“素材形状”属性管理器选择“框选”（即包容盒方式）复选框，并单击“设定”按钮，则弹出“3D 框选”属性管理器，在“扩大框选盒”设置组中，可以定义毛坯模型的偏移距离，分别设置 X +，X -，Y +，Y -，Z +，Z - 为 2。

在绘图区选择工件模型的一个曲面，整个模型都被选中，如图 7－17 所示。

单击确定按钮，完成“3D 框选”属性管理器的设置。再单击确定按钮确认“素材形状”属性管理器的设置。

在 SolidCAM 管理器中，单击“加工形状”（即目标模型）按钮，弹出“加工形状”属性管理器对话框，用于定义加工形状。单击“设定”按钮，则弹出“3D 图形”属性管理器，如图 7－18 所示。在绘图区内，单击加工实体模型，模型自动高亮弹出，即可自动定义。

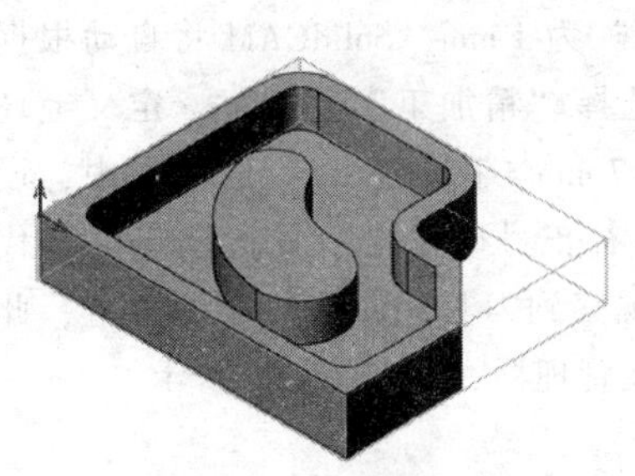

图 7－17　毛坯模型的预览

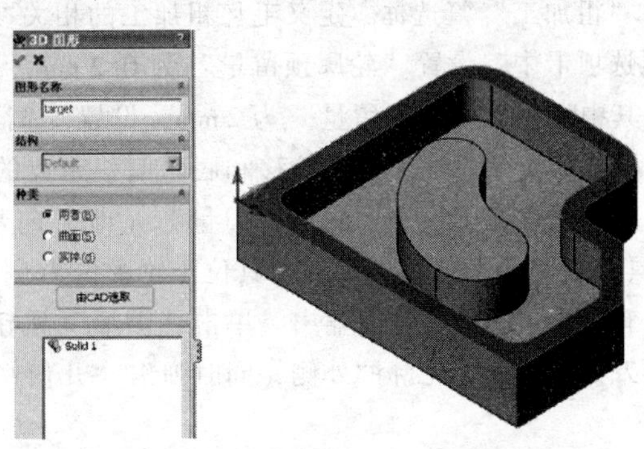

图 7－18　“3D 图形”属性管理器

6. 增加轮廓加工工艺

在 SolidCAM 管理器的操作选项“加工工程”上右击，选择“新增”→“轮廓加工”命令，则弹出“轮廓加工工程设定”对话框。

(1) 定义加工轮廓。选择“图形”命令弹出“图形”对话框，单击“选取”按钮，定义需要加工的范围，“链结图形编辑”属性管理器自动弹出，如图 7-19 所示。在该属性管理器的“多链结”选项卡中，单击“新增”按钮，则“选取链结”属性管理器自动弹出。在图形界面选择加工对象，完成加工轮廓的选择。

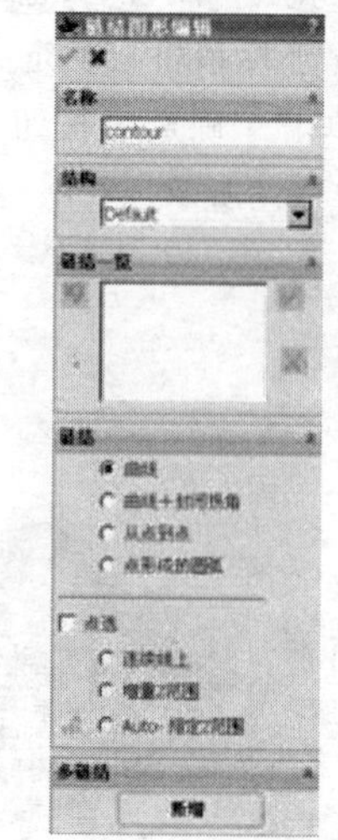

图 7-19 “链结图形编辑”属性管理器

(2) 定义刀具。在“轮廓加工工程设定”对话框中单击“刀具”选项，在对应“刀具”选项卡中单击“设定”按钮，自动弹出“为了加工工程的刀具交换”窗口，单击“输入刀具”按钮，弹出“刀具输出”对话框，导入 SolidCAM 软件安装文件夹…\\Tables\\Metric 下的刀具，这个对话框将弹出“刀具表名称”选项，如图 7-20 所示。刀具清单中会列出一系列刀具。右击启动“复制到表单所有刀具”命令，则所有刀具被自动添加到刀具列表中。鼠标选中刀具直径为 18 mm 的 4 号刀。

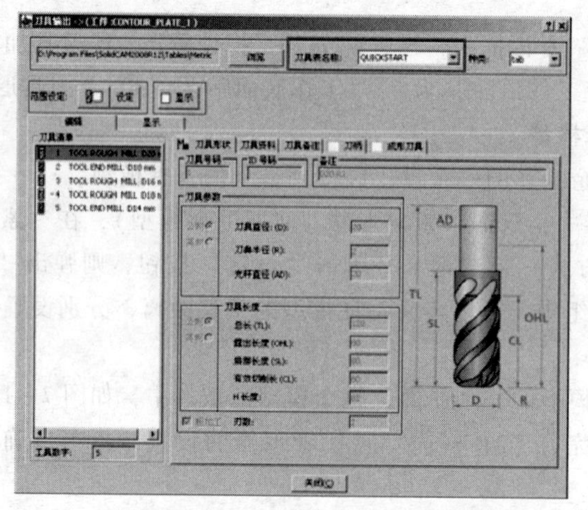

图 7-20 “刀具输出”对话框

(3) 轮廓加工参数设置说明。在“轮廓加工工程设定”对话框中单击“加工次数”选项。选择“粗加工”复选框，定义毛坯粗加工的相关参数，设置“每次进刀量”为 5 mm。在“预留量”选项卡中，设置“轮廓预留量”为 0.2 mm。选择“切削预留量”（即清除预留量）复选框，其中设置“切削预留量”为 2 mm，设置“侧面进刀量”为 1 mm，SolidCAM 将自动根据参数的设定，实现轮廓的侧面偏移和底面偏移距离的变化。选择“精加工”复选框，定义毛坯精加工的相关参数，设置“每次进刀量”（即 Z 向步距）为 7 mm。在“修改”选项卡中，设置“刀具位置”为右侧，即定义刀具位于轮廓的右侧，选择“补正号码输出”复选框，在 G 代码中会有刀具半径补偿代码输出。单击“图形”按钮，可以观察到刀具相对于轮廓的位置，此时看到刀具位于几何轮廓的外侧，同时弹出“几何修改”属性管理器，如图 7-21 所示。

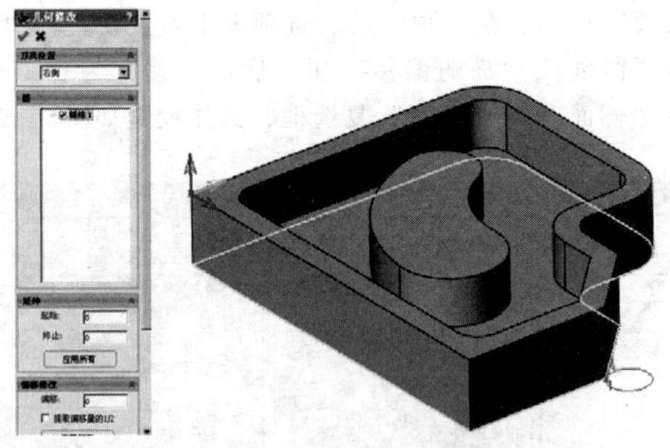

图 7－21　弹出刀具位置

7. 增加型腔加工工艺

（1）定义加工轮廓。在 SolidCAM 管理器的操作选项“加工工程”上单击，选择“新增”→“袋状加工”命令，在“袋状加工工程设定”对话框中单击“图形”选项卡，在“图形”选项卡中单击“选取”按钮，定义需要加工的范围。在绘图区，选择工件模型的底面，如图 7－22 所示，轮廓会自动根据形状定义，高亮弹出边界。

（2）定义刀具。在“袋状加工工程设定”对话框中单击“刀具”选项，在对应“刀具”选项卡中单击“设定”按钮，“为了加工工程的刀具交换”窗口自动弹出，在刀具清单中，双击 5 号刀（端铣刀，直径为 14 mm），在刀具表中查看所选择刀具的所有参数，如图 7－23 所示。

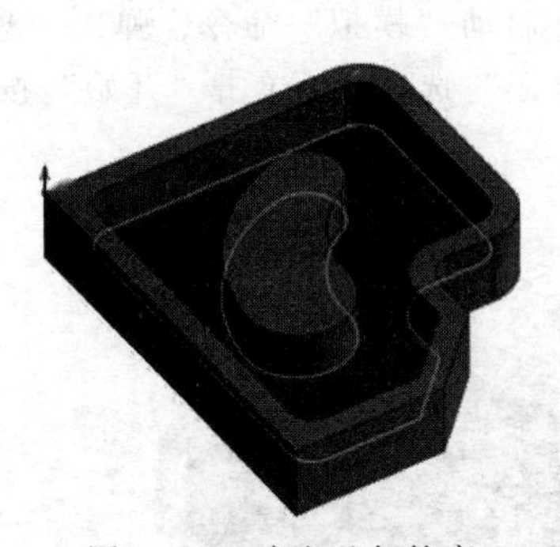

图 7－22　定义几何轮廓

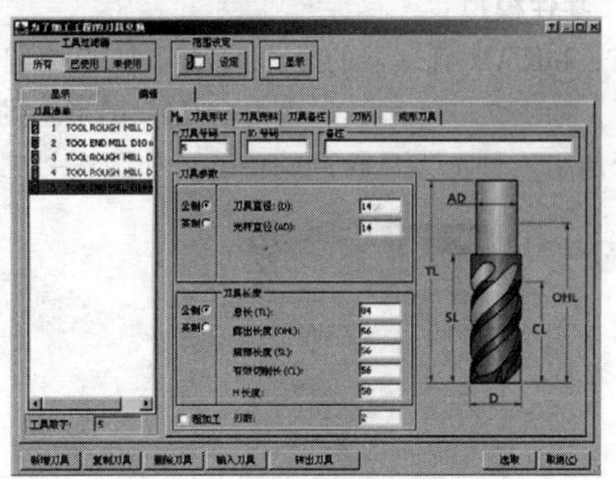

图 7－23　“为了加工工程的刀具交换”窗口中的“编辑”选项卡

（3）定义轮廓深度和进刀量。在“袋状加工工程设定”对话框中选择“铣切高度”选项，在对应的“深度设定”选项组中单击“袋状深度”按钮，直接在实体中定义加工深度。“指定加工底面的高度”属性管理器会自动弹出，在“袋状深度”编辑框中会自动出现需要加工的深度数值，如图 7－24 所示。在“每次进刀量”编辑框中输入 5 mm，此时刀具路径就会自动开始在每个 Z 值为 5 的倍数上产生一个刀路。

深度数值的选取是根据实体模型自动变化的，当需要改变该数值时，直接输入需要加工的深度即可。

图 7－24　“深度设定”选项卡

（4）袋状加工参数设置说明。在“袋状加工工程设定”

对话框中选择“加工次数”选项，在“预留量”选项卡中参数设置分别定义岛屿和轮廓的不同偏移量。设置“侧面预留量”、“岛屿偏移”和“底部偏移”为 0.2 mm。在“同一刀具精加工”选项卡中，选择“侧面”和“底面”复选框，具体设置如图 7 - 25 所示。

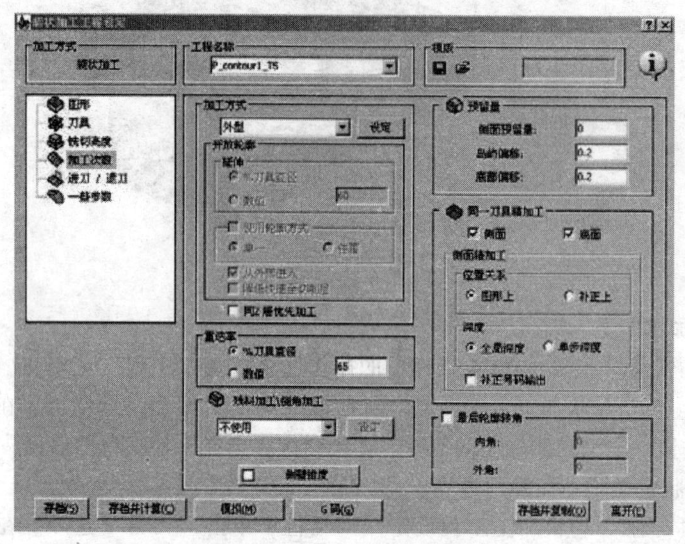

图 7 - 25　对应各选项

8. 零件模拟

在 SolidCAM 管理器的操作选项“加工工程”上单击，启动“模拟”命令，弹出“模拟”对话框，如图 7 - 26 所示。单击“CAD 图形上的刀具路径验证”选项卡，单击“开始”按钮开始进行加工工件上刀具轨迹的仿真，如图 7 - 27 所示。

图 7 - 26　模拟控制器

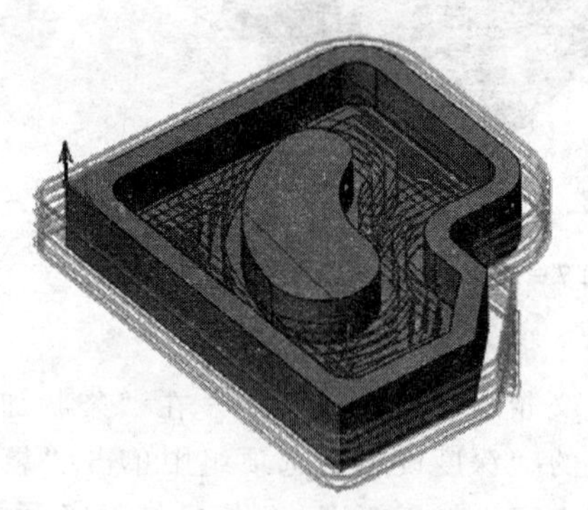

图 7 - 27　CAD 图形上的刀具路径验证

切换到“SolidVerify 模拟”选项卡，即以毛坯切削加工的方式进行模拟，单击“开始”按钮开始进行仿真，如图 7 - 28 所示。

9. 更新模型

在 SolidWorks 界面左侧，单击切换到设计树环境下，双击 DesignModel 可以对实体模型进行更新。双击 Cut - Extrude1 特征，则该特征相关尺寸自动显示，如图 7 - 29 所示。双击偏移尺寸（10），在“修改”编辑对话框中对数值进行更改，如更改为 5 mm。同样的方法双击 Boss - Extrude1 特征，并对草图尺寸进行编辑，在 CAM 视景工具栏中切换到平面视图，观察尺寸变化。

改变下列尺寸数值：R22.5 更改为 R20；R15 更改为 R10；R40 更改为 R30；R75 更改为 R60，如图 7－30 所示，可以清晰的看到相关尺寸的变化。

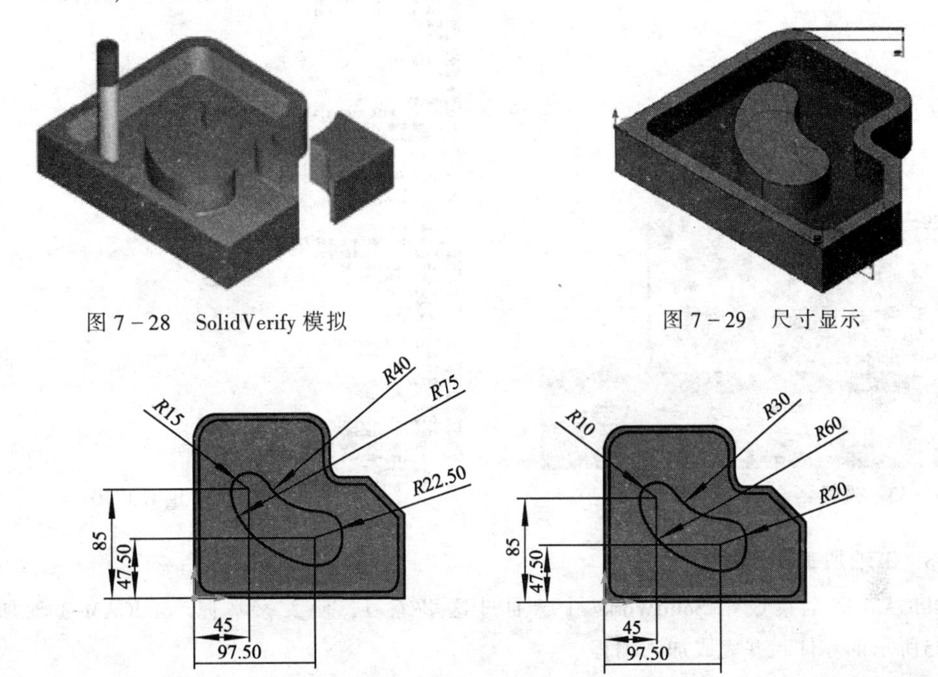

图 7－28　SolidVerify 模拟

图 7－29　尺寸显示

图 7－30　修改草图尺寸

10. 更新 CAM 数据

在 SolidWorks 界面，切换到 SolidCAM 管理器环境，右击“加工工程”选项，选择“全部图形更新及再计算”命令，如图 7－31 所示。此时，刀具路径会根据 CAD 图形的变化自动更新刀具路径。执行“模拟”命令，观察各种模式下仿真的结果，如图 7－32 所示。

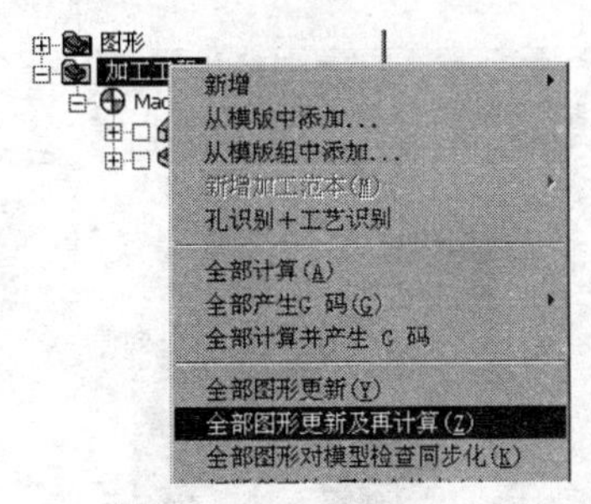

图 7－31　选择“全部图形更新及再计算”命令

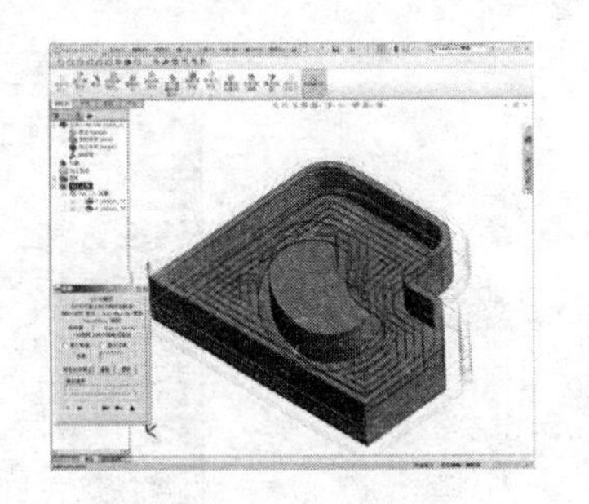

图 7－32　零件加工模拟

11. 产生 G 代码

在 SolidCAM 管理器环境，右击“加工工程”选项，选择“全部产生 G 码”→“产生”命令，如图 7－33 所示。

在 SolidCAM 中，通过定义 Fanuc 数控系统（选择 SolidCAM→“CAM 设置”命令，弹出“SolidCAM 设定”对话框，选择“内定 CNC 控制器”选项，则可以定义控制系统型号），产生如下代码程序，如图 7－34 所示。

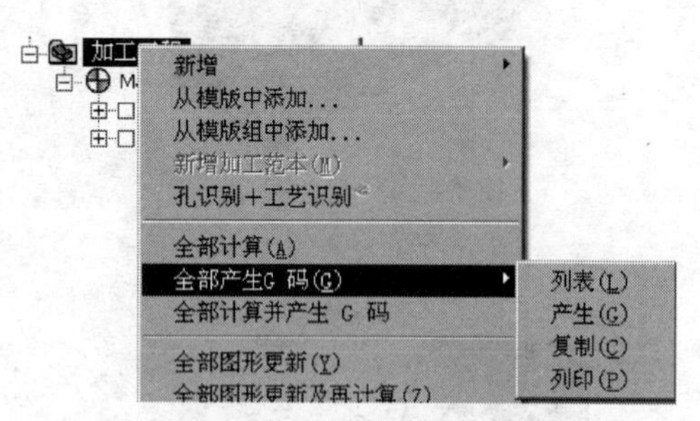

图 7－33　选择“全部产生 G 码”选项

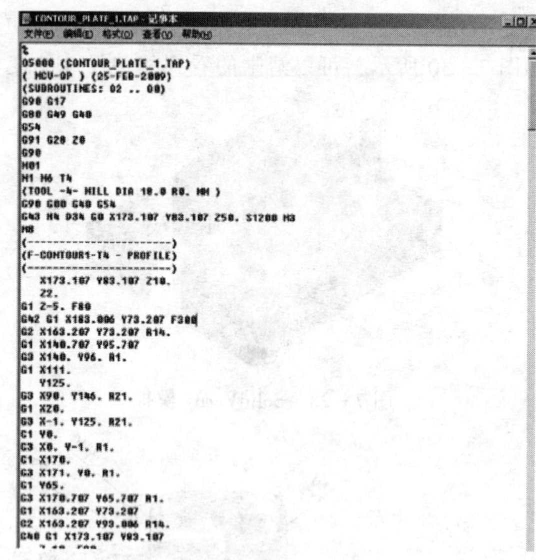

图 7－34　产生 G 代码

7.6.2.3　3 轴加工实例

SolidCAM 完全集成于 SolidWorks 中，通过这里练习，使大家掌握 SolidCAM 3 轴加工如图 7－35所示的零件，并完成加工编程。

将通过以下两个操作，完成该零件的加工：

(1) 粗加工，将会以几个切深平行加工该零件毛坯。

(2) 精加工，将会使用交叉平行线以 45°角进行精加工。

1. 加载零件模型

启动 SolidWorks 软件，在 SolidWorks 菜单中选择“文件”→“打开”命令，打开的模型文件，如图 7－36 所示。

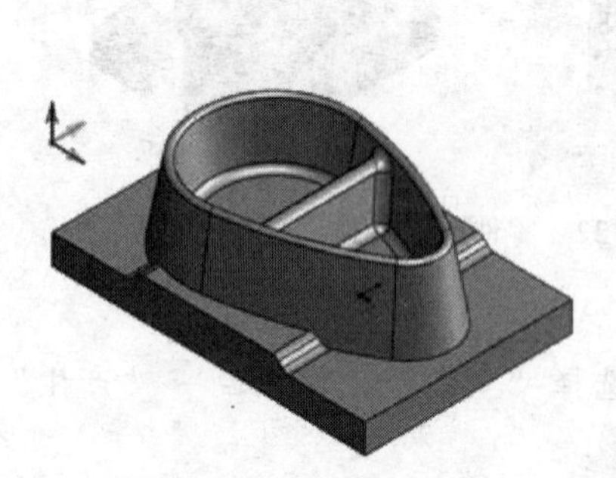

图 7－35　3 轴加工实例

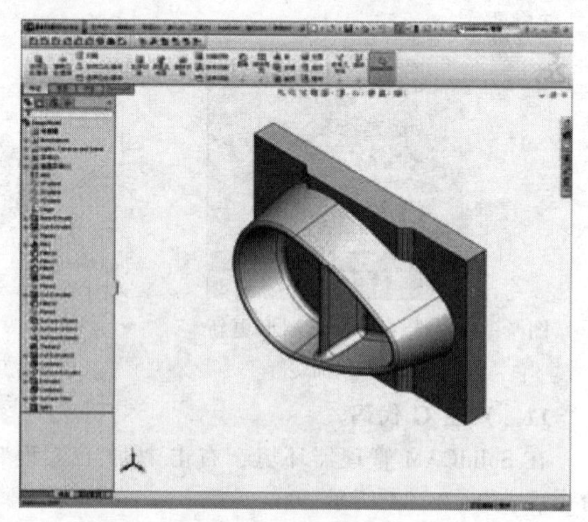

图 7－36　加载 SolidWorks 零件

2. 启动 SolidCAM

选择 SolidWorks 菜单中的“Solid CAM”→“新增”→“铣床”命令启动 SolidCAM。

3. 定义新零件

在“新的铣切工件”对话框中定义CAM零件的细节，加工零件默认名称和SolidWorks模型名称一致，也可以更改默认名称。

4. 定义坐标系（加工原点设定）

在“加工原点”属性管理器中的“定义原点选项”下选择“选取曲面”命令，在绘图区，单击工件的上表面，确认即完成坐标系的定义，坐标系将自动定义在实体的角落，Z轴自动会垂直所选取的表面。

5. 定义切削位置

在“加工原点设定”对话框中，设置“刀具交换位置”（即刀具加工开始高度）为12，设置“安全距离”为10，“工件顶面”为5。

6. 定义毛坯和目标模型

SolidCAM有三种毛坯定义方式：

“指定范围”：可以指定模型的边界链结或草图。

“3D模型”：该选项对铸造模具加工非常有用。

“框选”：在实体模型周围建立一包容盒。

选择“框选”（即包容盒方式）复选框，并单击“设定”按钮，则弹出“3D框选”属性管理器，在“扩大框选盒”设置组中，定义毛坯模型的偏移距离，分别设置X+，X-，Y+，Y-为3，设置Z+为5，Z-为0。在绘图区选择工件模型的一个曲面，整个模型都将被选中，如图7-37所示。

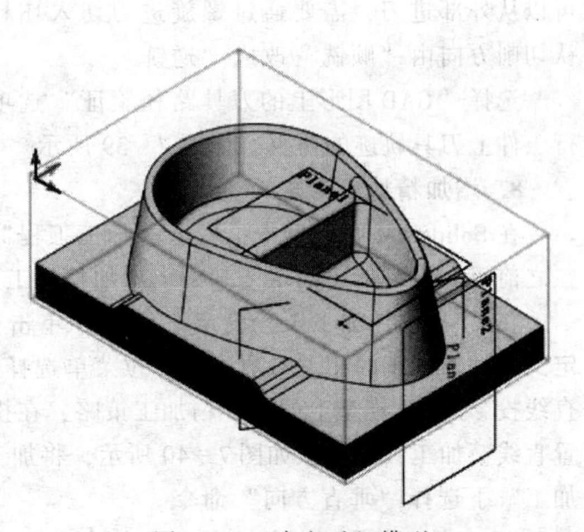

图7-37　定义毛坯模型

7. 3D粗加工工艺

在SolidCAM管理器环境右击“加工工程”选项，选择“新增”→“3D立体加工”命令，该选项可以为任意模型提供从粗加工、半精加工到精加工的加工策略。

选择“新增刀具”选项增加一把新刀具，如图7-38所示，在对应的窗口中刀具参数设置如下：

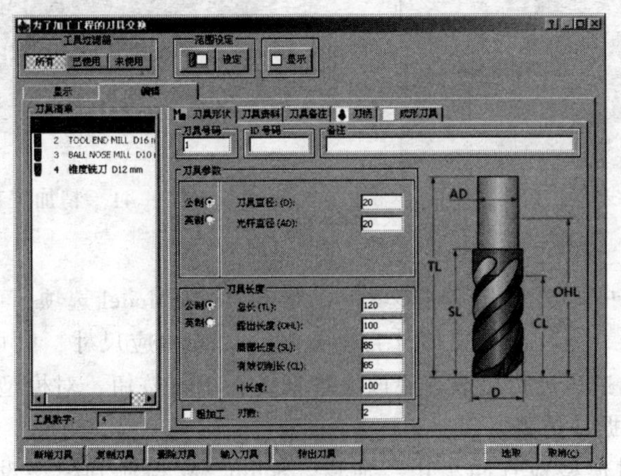

图7-38　新增刀具的参数设置

设置“刀具直径”为20 mm，“刀具总长”为120 mm，“露出长度”为85 mm，“有效切削长”为85 mm，然后单击“选取”按钮，返回“3D立体加工工程设定”窗口。

在“粗加工”选项下，定义毛坯粗加工的相关参数，在下拉菜单选择“环绕式”命令，设置“重迭率”为0.7，“每次进刀量”为5 mm，“曲面预留量”为1 mm。

在“下刀种类”中选择螺旋，输入“进刀角度”和“半径”均为5。

在“开放袋状加工模式”窗口勾选“从外侧进刀(袋状加工)”复选框，该选项能够使SolidCAM从坯料外部自动计算刀路，刀路切入点从原料外部运动到一定高度，然后再进入毛坯。对于封闭的区域，则不可以从外部进刀，需要通过螺旋进刀切入坯料。将默认切削方向由“顺铣”改成“逆铣”。

选择“CAD图形上的刀具路径验证”选项卡，进行工件上刀具轨迹的仿真，如图7-39所示。

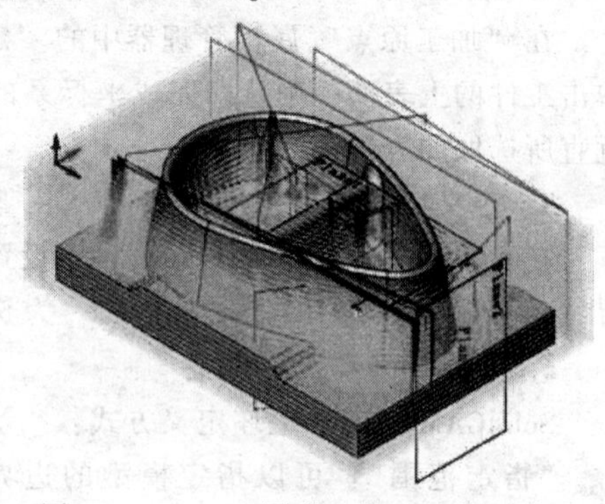

图7-39　CAD图形上的刀具路径验证

8. 增加精加工工艺

在SolidCAM管理器中，右击“加工工程”选项，选择“新增”→“3D立体加工”命令，在之前粗加工时创建的工艺基础上增加精加工工艺。

在“3D立体加工工程设定”窗口中单击“加工次数”选项，则对应“精加工”选项卡，定义工件精加工的相关参数，在下拉菜单选择“直线”加工策略，即为线性切削，它是平行的直线投影到3D模型上的一种精加工策略，在投影时候刀具的Z位置将会自动进行干涉检查。设置直线精加工具体参数如图7-40所示，将加工角度定义中的“角度”设为45°，并在“交叉精加工”下选择“垂直方向”命令。

SolidCAM能通过指定加工区域控制刀具的切削加工范围，当使用了工作区后，SolidCAM计算整个刀路并删除切削范围之外的刀路轨迹。图7-41所示为精加工程序仿真过程。

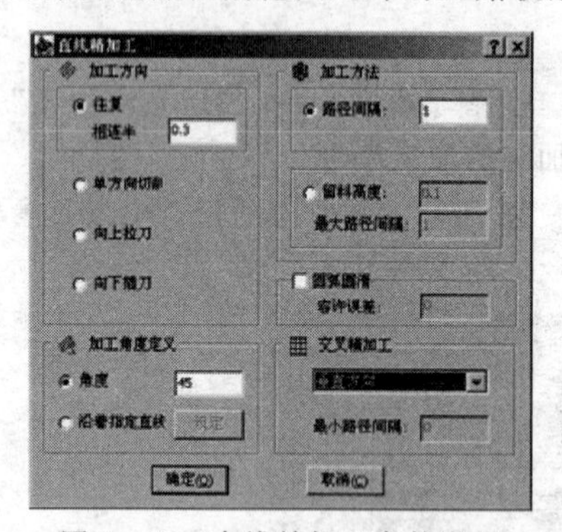

图7-40　直线精加工参数设置

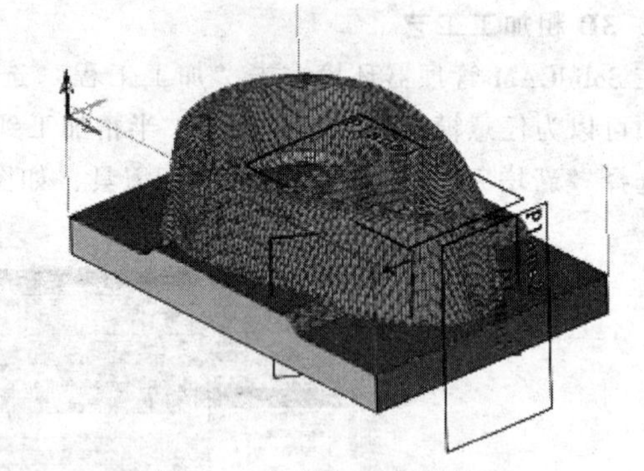

图7-41　精加工程序仿真

9. 更新模型

在SolidWorks界面中切换到设计树环境下，双击DesignModel选项，可以查看实体模型所有的特征。双击任何特征，则特征相关尺寸自动显示，双击相应尺寸，则可在相应对话框中对尺寸数值进行更改。确认按钮进行更改，更改了特征树，单击按钮，对模型进行更新。

10. 更新CAM数据并仿真加工

选择“全部图形对模型检查同步化”命令，SolidCAM检测到模型没有和CAD模型进行同时更新，所有的操作都将以绿色标识。选择“全部图形更新及再计算”命令，刀具路径会根据变化后的CAD模型自动更新刀具路径。执行“模拟”命令，对更新后的刀具轨迹进行各种模式的仿真，如图7-42所示。

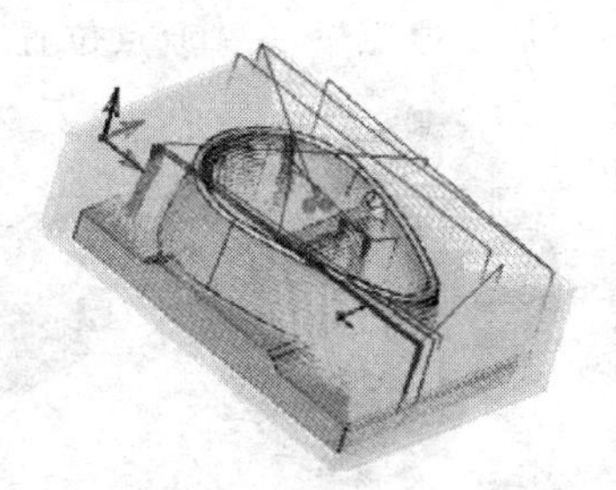
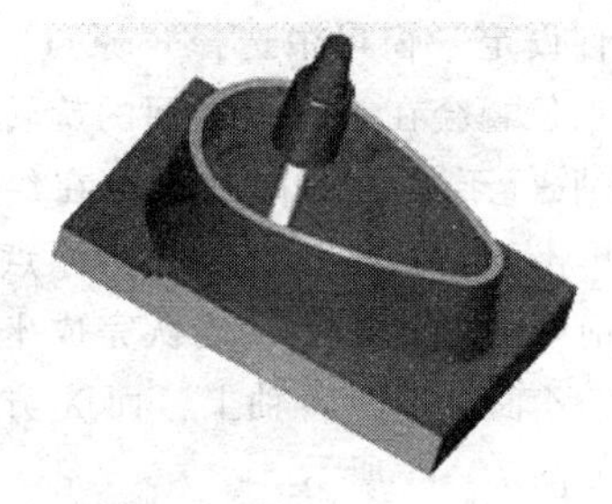

图7-42　更新后刀具轨迹仿真

7.6.3　车削加工

7.6.3.1　基本概念

车削加工就是在车床上，利用工件的旋转运动和刀具的直线运动或曲线运动来改变毛坯的形状和尺寸，把它加工成符合图纸的要求。

车削加工的切削运动主要由工件而不是刀具提供。车削是最基本、最常见的切削加工方法，在生产中占有十分重要的地位。车削适于加工回转表面，大部分具有回转表面的工件都可以用车削方法加工，如内外圆柱面、内外圆锥面、端面、沟槽、螺纹和回转成形面等，所用刀具主要是车刀。

车削的工艺特点如下：

(1) 易于保证工件各加工面的位置精度。

(2) 切削过程较平稳避免了惯性力与冲击力，允许采用较大的切削用量，高速切削，利于生产率提高。

(3) 适于有色金属零件的精加工，有色金属零件表面粗糙度值 *Ra* 要求较小时，不宜采用磨削加工，需要用车削或铣削等。用金刚石车刀进行精细车时，可达较高质量。

(4) 刀具简单，车刀制造、刃磨和安装均较方便。

7.6.3.2　车削加工实例

SolidWorks中的SolidCAM模块提供了完整的CAM解决方案，基于知识的加工贯穿于软件始终，用户可以通过设置所具有的加工特性，对加工方法进行自定义。

通过本实例的操作，掌握车削加工的方式和方法，如图7-43所示。

本实例包含的加工工序：钻中心孔；端面车削；外圆车削；内孔车削；车削内螺纹；精加工外圆表面；工件切断。

图7-43　车削加工实例

1. 加载SolidWorks零件

启动SolidWorks软件，在SolidWorks菜单中选择“文件”→“打开”命令，打开的模型文件。这个实体里面包含了设计实体模型以及车削加工时所需要的草图信息。

2. 启动SolidCAM

选择SolidWorks菜单中的“SolidCAM”→“新增”→“车床”命令。

3. 定义CAM新零件

在“新的车工件”窗口中定义CAM零件的细节，加工零件默认名称和SolidWorks模型名称一致，也可以更改默认名称，单击“确定”按钮。

4. 定义坐标系

在“车床工件设定”窗口中选择“原点”→“加工原点”→“原点位置”→“旋转面的中心”命令，原点位置会在零件前端面的旋转轴上，并且 Z 轴将平行于实体的回转轴。在绘图区，用鼠标左键单击工件的内部曲面，则原点位置会自动加载到前端面的轴心上，确认完成坐标系的定义，此时，Z 轴位于回转轴上，而 X 方向是向上垂直的，如图 7－44 所示。

图 7－44　加工原点及坐标系的设定

5. 定义素材形状

在“素材形状”属性管理器中，选择“指定范围”复选框，并单击“设定”按钮，则弹出“材料范围”属性管理器，单击“设定链结”按钮，则弹出“链结指定”属性管理器。在绘图区选择在草图边界作为毛坯边界，SolidCAM 将会自动绕坐标系轴线旋转毛坯边界完成毛坯加工边界的定义。

6. 定义主轴

在“车床工件设定”窗口中选择“夹具定义”→“主轴”命令，在弹出的“夹具图形”属性管理器中，单击“设定链结”按钮，则弹出“链结指定”属性管理器。在绘图区选择图 7－45 所示的草图封闭边界作为夹具边界，并在“链结指定”属性管理器中选择“连续线上”复选框完成主轴的定义。

7. 定义加工形状

通过该步骤可以定义最后加工零件的形状，这个形状在每个加工环节都是要参考的，因此形状的定义至关重要。

在“车床工件设定”窗口中选择“加工形状”选项卡，在弹出的“加工形状”属性管理器中，单击“设定”按钮，则弹出“3D 图形”属性管理器。在 SolidWorks 中的特征树下，选择 DesignModel 特征，单击选择实体中任意一个面，此时，实体会整体高亮显示在绘图区内。在整个实体轮廓定义过程中，SolidCAM 会自动在 CAM－Part 装配中创建一个封闭的轮廓，如图 7－46所示。

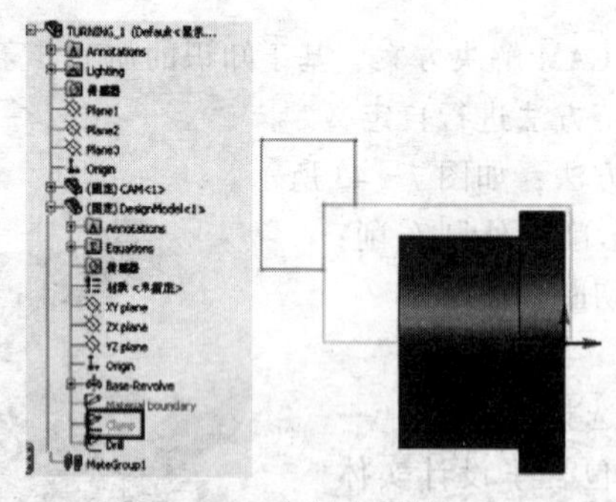

图 7－45　夹具草图的显示

图 7－46　封闭轮廓的产生

8. 定义工件刀具表

要利用原有的刀具信息，可以在 SolidCAM Manager 管理器里右击，选择“刀具”→“工件刀具表”命令，“工件刀具表”对话框可以管理需要的所有刀具，包括对刀具的输入、输出、编辑和定义等等。单击“输入刀具”按钮，系统会将定义的刀具显示在刀具清单中。通过这种方式可以很轻松的定义刀具，提高编程效率。

9. 钻中心孔

在SolidCAM管理器，右击“加工工程”选项，选择“新增”→“钻孔加工”命令，在“钻孔加工工程设定”窗口中选择“刀具”命令，在对应“刀具”选项卡中单击“设定”按钮，弹出“为了加工工程的刀具交换”窗口，选择一号刀具，则刀具的信息都会显示在对话框中，单击“选取”按钮。“钻孔加工工程设定”窗口对应的刀具页面框中，单击“进给”按钮，则弹出如图7－47所示的“车床进给及转速设定”对话框，设置一般转速为2200转/分，进给单位选择mm/分，一般进给速度为10。定义钻孔起点和终点，定义钻孔其他加工参数如钻孔种类、高速深孔循环设定等。

单击“车床加工2D模拟”选项卡，选择“两者”复选框，不但可以观察模拟结果而且还可以看到刀路轨迹。钻孔的模拟过程如图7－48所示。

10. 端面材料去除

在SolidCAM管理器，右击“加工工程”选项，选择“新增”→“内外径加工”命令。在“内外径加工工程设定”窗口中，选择“图形”命令，在对应“图形”选项卡中单击“设定”按钮，来定义需要加工的范围。在“为了加工工程的刀具交换”窗口，选择二号刀具。在“车床进给及转速设定”对话框，设置“一般转速”和“精加工转速”为3000转/分，进给“单位”选择mm/转，“一般进给速度”和“精加工进给速度”为0.2。端面加工的模拟，如图7－49所示。

11. 外径材料去除

在SolidCAM管理器，右击“加工工程”选项，选择“新增”→“内外径加工”命令。在“内外径加工工程设定”窗口中，选择“图形”命令，在对应“图形”选项卡中单击“设定”按钮，来定义需要加工的范围。在“为了加工工程的刀具交换”窗口，仍选择二号刀具。在“车床进给及转速设定”对话框，设置“一般转速”和“精加工转速”为3 000转/分，进给“单位”选择mm/转，“一般进给速度”和“精加工进给速度”为0.2。

12. 内径材料去除

在SolidCAM管理器，右击“加工工程”选项，选择“新增”→“内外径加工”命令。在“内外径加工工程设定”窗口中，选择“图形”命令，在对应“图形”选项卡中单击“设定”按钮，来定义需要加工的范围。在“为了加工工程的刀具交换”窗口，选择三号刀具。在“车床进给及转速设定”对话框，设置“一般转速”和“精加工转速”为3300转/分，进给“单位”选择mm/转，“一般进给速度”为0.1和“精加工进给速度”为0.08。单击工具栏中的Half view，切换视图显示方式，这种方式是观察刀具路径的最佳方式，执行仿真过程，如图7－50所示。

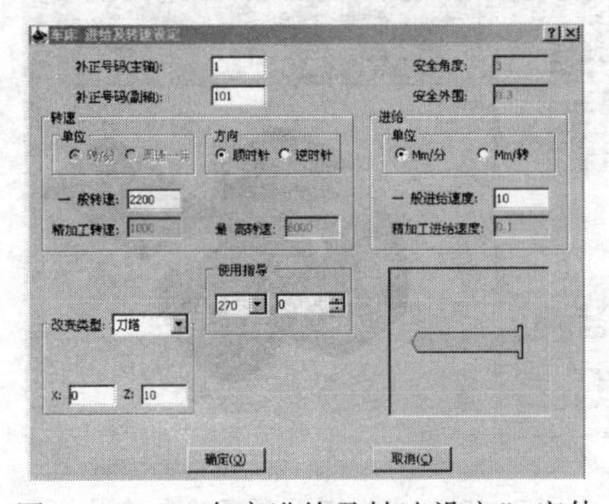

图7－47　“车床进给及转速设定”窗体

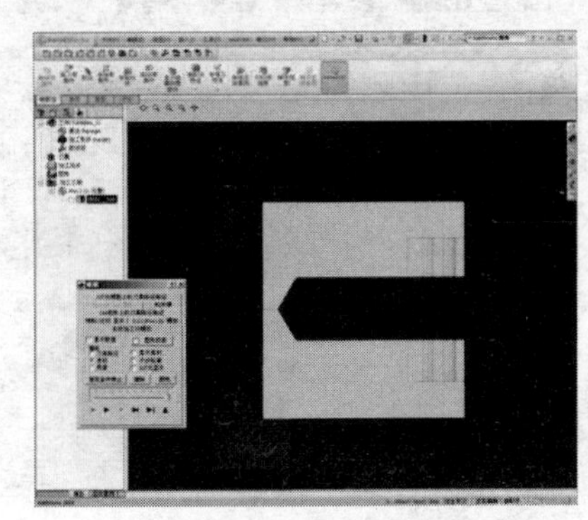

图7－48　钻孔加工的模拟

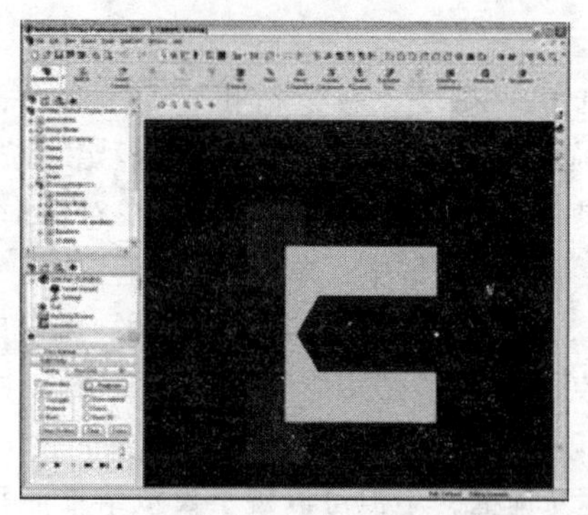

图 7-49　端面加工的模拟

图 7-50　半视图下观察仿真过程

13. 车螺纹

在 SolidCAM 管理器，右击“加工工程”选项，选择“新增”→“车牙加工”命令，弹出“车牙加工工程设定”窗口。定义加工几何轮廓；选择四号刀具；设置“一般转速”为 2000 转/分和“精加工转速”为 3000 转/分。在“车牙加工工程设定”窗口中选择“铣切高度”，在对应的“安全距离”页面框中设置“距离”为 1mm。“第一次进刀量”选项卡中“数值”设为 0.3，其余深度则根据 CNC 控制系统内定参数自动分派。单击“模拟”按钮，完成车螺纹加工的模拟，如图 7-51 所示。

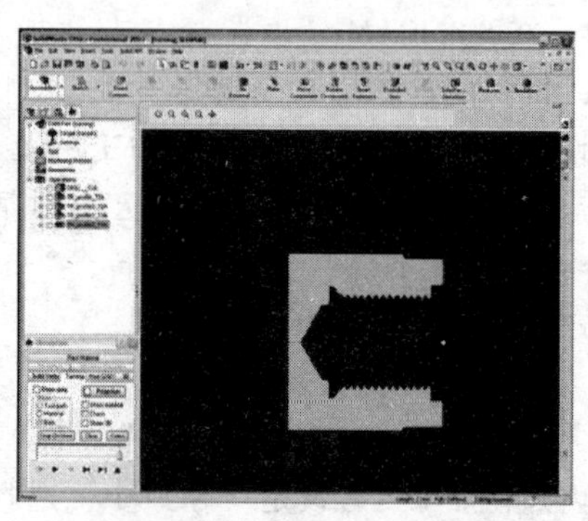

图 7-51　车螺纹加工的模拟

14. 精加工外圆表面

在 SolidCAM 管理器，右击“加工工程”选项，选择“新增”→“内外径加工”命令；定义加工几何轮廓；在“内外径加工工程设定”窗口中选择“刀具”命令，选择 5 号刀具，弹出如图 7-52 所示窗口。设置“安全角度”为 3，设置“一般转速”为 2000 转/分和“精加工转速”为 2200 转/分，进给“单位”选择 mm/分，“一般进给速度”和“精加工进给速度”为 220。定义其他加工参数。在“粗加工”窗口中，对应的“精加工指定方法”下拉菜单中选择“一定距离”，且设置“精修量”为 0.3 mm。在“内外径加工工程设定”窗口中用鼠标左键选中“铣切高度”命令，在对应的“安全距离”页面框中设置“距离”为 2 mm。系统自动计算刀具路径。切换成半视图显示方式，执行仿真过程，如图 7-53 所示。

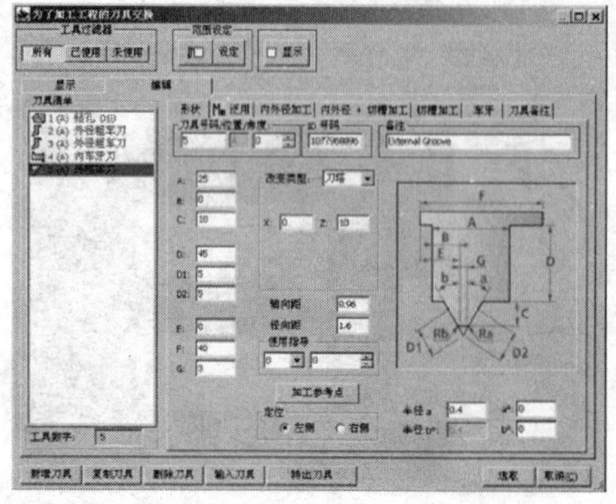

图 7-52　“为了加工工程的刀具交换”窗口

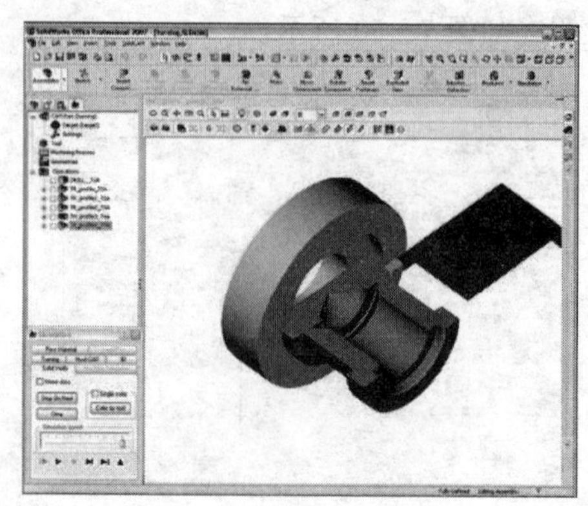

图 7-53　半视图下观察仿真过程

15. 切断工件

在 SolidCAM 管理器，右击“加工工程”选项，选择“新增”→“切槽加工”命令，仍选择 5 号刀具，对工件进行切断。

16. 产生 G 代码

在 SolidCAM 管理器，右击“加工工程”选项，选择“全部产生 G 码”→“产生”命令，在 SolidCAM 中可以通过选择 CNC 控制系统。下面是 Fanuc 控制系统产生的 G 代码程序示例：

```
%
: 11 (TURNING.TAP)
/G28 U0.W0.
M01
N01 (T01)
G28 U0.
T0101
G0 X150.Z200.
G97 S2200 M3
G0 X46.Z2.M8
(DRILL—T1 -DRILL)
G98 G97
G0 X46.Z2.
Z5.
X0.
G74 R0.
M01
```

至此，完成零件的车削编程。

7.7 SolidCAM HSM

高速切削加工技术是本世纪的一种先进制造技术，有着强大的生命力和广阔的应用前景。通过高速切削加工技术，可以解决在常规切削加工中备受困扰的一系列问题。高速加工工艺改变了传统加工所采用的铣削→热处理→抛光等复杂工艺流程，特别是在后续加工中节约 60% 的手工研磨时间，节约加工成本近 30%，表面加工精度可达 1 μm，提高了产品竞争力。

近几年来，美国、德国、日本等工业发达国家高速切削加工技术在大部分模具公司得到广泛应用，85% 左右的模具电火花成形加工工序被高速加工所替代。高速加工技术集高效、优质、低耗等众多优势于一身，已成为国际制造工艺中的主流加工技术。

SolidCAM 软件高速铣削模块（以下简称“SolidCAM HSM 模块”）在多方面是对 CAM 技术的提升，经过市场验证，它使注塑模具、冲压模具、工具和复杂 3D 零件等的真正高速铣削加工成为可能，SolidCAM HSM 模块提供了独特的加工策略，符合现代制造业发展方向，具有广阔的应用前景。

SolidCAM 高速铣削模块能够光顺切削和进退刀路径，保证连续光滑的刀具运动轨迹，满足高速加工中维持高速进给和避免停顿的要求。SolidCAM HSM 模块中，以最小的 Z 向高度退刀，连刀也可以产生倾斜角度，保证中间连接轨迹与工件之间的最小值，有效减少了空切和加工时间，同时产生高效、光顺、无干涉的刀具轨迹，提高曲面加工质量、减少刀具负荷、延长刀具和机床寿命，利于缩短产品生产周期、降低成本和提高质量。

7.7.1 SolidCAM HSM 的基础

在 SolidCAM 管理器右击“加工工程”选项，选择“新增”→HSM 命令，可以建立一个 SolidCAM HSM 加工工艺，例如：高速加工边界加工、高速加工轮廓粗加工和高速加工变体加工等加工方式，进而帮助完成整个零件的加工过程。

如图 7－54 所示为 SolidCAM HSM 的操作界面。

该界面包括加工策略、项目名称、模板、参数页、信息等几个部分。其中，SolidCAM HSM 加工流程由几方面构成：策略定义、几何定义、刀具定义、边界定义、路径参数定义、连接定义、辅助参数定义。

SolidCAM HSM 模块中所涉及到的大部分参数都有默认值，这些默认值是根据特定的公式或算法得到的。当刀具直径、圆角半径、厚度等基本参数给定后，SolidCAM 通过计算修改其他相关参数值。

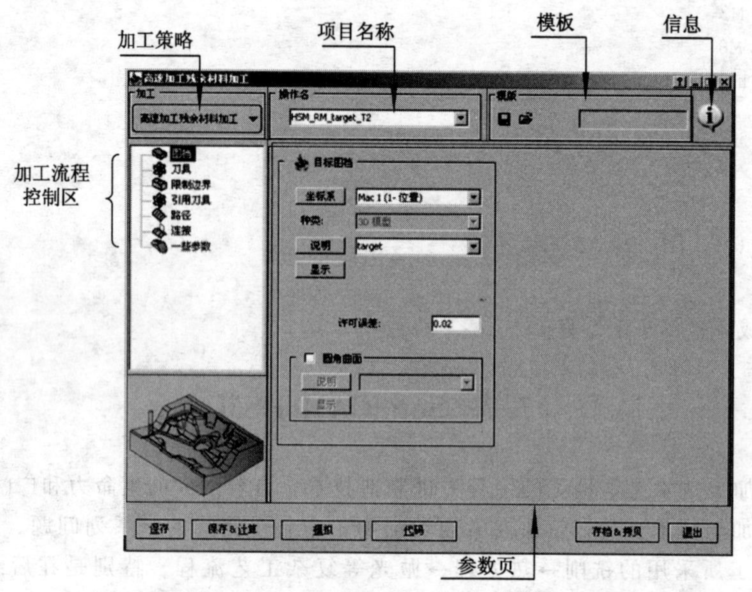

图 7－54　SolidCAM HSM 的操作界面

7.7.2 SolidCAM HSM 的加工策略

SolidCAM HSM 加工流程控制中，首先要选择一种适合当前零件的加工策略或方法。具体加工策略如图 7－55 所示。

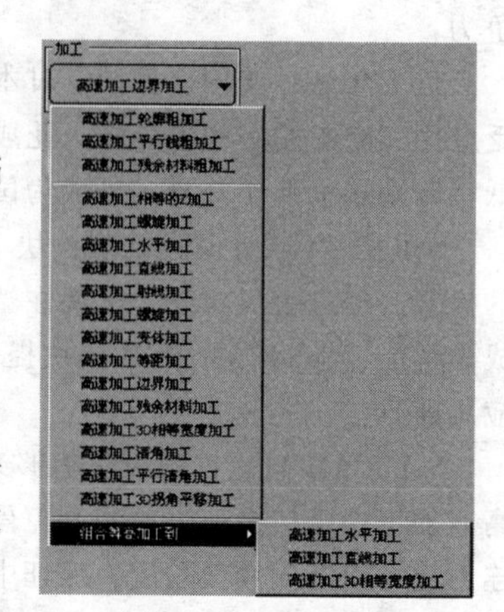

图 7－55　加工策略

7.7.2.1 粗加工策略

粗加工策略包括：

1. 高速加工轮廓粗加工（Contour roughing）

轮廓粗加工是一种去除大量毛坯的高效加工策略。它根据指定的“下切层深”自动产生一系列的路径偏移，并自动计算和最大限度的去除坯料。

切削深度可以自动变化，保障在平缓的区域加工到位。为降低刀具载荷、减少刀具磨损，加工时可采用螺旋下刀和轮廓斜向下刀的进刀模式。无论在不同刀路之间，还是快速连刀都可以自动产生光滑的圆弧，有效地避免刀具停顿、提高刀具进给速度、延长刀具寿命。

2. 高速加工平行线粗加工（Hatch roughing）

采用该粗加工策略，SolidCAM 根据指定的"下切层深"，通过逐层切削方式，在每一等高切层上自动产生类似平行线的刀具路径。由于这种加工策略所承受的切削力较为均匀，因此多数应用于"老式机床"或切削较软的加工材料。

3. 高速加工残余材料粗加工（Rest roughing）

前次粗加工后，残余材料粗加工策略可以确定毛坯上残余的未切削区域，并在这些加工不到位区域产生切削运动。这些刀具路径仍然是以轮廓粗加工的方式产生，只是残余材料粗加工中使用更小尺寸的刀具。因此，对于大零件可以通过减小刀具尺寸进行多次的残余材料粗加工。残余材料粗加工也可以用在铸造零件上以减少切削路径行数，得到相应的毛坯公差。

7.7.2.2　精加工策略

精加工是基于曲面的算法，对于多曲面的模型来说，应尽可能减少抬刀，这就要求产生的刀具路径在同一角度范围内或者在轴向和径向要求具有不同的留量。

精加工策略包括：

1. 高速加工相等的 Z 加工（Constant Z Machining）

该策略即为等高加工，与高速加工轮廓粗加工类似，按照指定的"下切层深"，根据由曲面形状形成的一系列曲面轮廓产生不同 Z 高度切层上的刀具路径。

高速加工相等的 Z 加工，如同对零件几何进行水平切片一样，这种加工策略通常应用于半精加工和精加工具有 30°到 90°倾角的比较陡峭的区域。由于刀轨间的距离是沿着坐标系的 Z 向确定，因此在比较平缓的区域（即表面倾角较小的区域），采用这种加工策略不是很有效，可以通过其他更多的策略加工平缓区域。

2. 高速加工螺旋加工（Helical Machining）

螺旋加工（Helical machining）会根据 3D 模型产生在高度方向上螺旋的刀具路径，此策略加工效果类似于等高加工，但是加工质量比等高加工要好许多。它能够根据 3D 模型曲率的不同，产生不同的 Z 值，在不同的 Z 高度产生封闭的刀路轨迹，从而达到曲面质量一致的要求。但此策略的实际加工时间可能会比等高加工时间要长。

3. 高速加工水平加工（Horizontal Machining）

该加工策略主要是针对平面区域的加工。水平加工策略自动检测所有的平面区域并且在这些区域进行切削，采用该加工策略在当前坐标系中平行于 XY 面的水平面上产生和轮廓粗加工类似的光顺刀路。相邻刀轨间的距离由"偏移"参数确定。

4. 高速加工直线加工（Linear Machining）

直线加工是根据某一给定的角度，产生一组平行于该角度的刀具路径的加工策略。相邻刀轨间的距离由"宽度"参数确定。

5. 高速加工射线加工（Radial Machining）

该加工方式可以产生围绕中心点，射线型式的刀具路径，主要应用于中心圆对称模型的加工，比如瓶模的瓶底等。

6. 高速加工旋涡加工（Spiral Machining）

这种旋涡加工策略能够从给定的目标点产生 3D 螺旋的刀具路径，并在给定的范围内始终保持刀具和被加工工件的接触。这个策略最适合旋转体形成的实体模型加工。

7. 高速加工变体加工（Morphed Machining）

变体加工，即为仿形加工，是通过两个具有方向的驱动边界线控制刀具路径，逼近曲面，并在两控制线中产生一组形状和方向上接近平行的刀具路径，每个刀轨的形状都是由一个轮廓形状向另一个轮廓形状过渡产生的渐变刀具轨迹，其加工范围控制在驱动边界之内。

8. 高速加工等距加工（Offset Cutting）

这种加工方法实际上是变体加工的特殊情况。它将一条驱动曲线作为刀具路径的引导线，在驱动曲线的左侧或右侧跟随曲面趋势产生等距的刀具路径。在模具加工中对于局部修复以及复杂型面加工会比较有效。

9. 高速加工边界加工（Boundary Machining）

边界加工是将定义的"驱动边界"投影到3D模型上产生刀具路径的高效加工策略。该策略能够进行文本刻字，或沿着模型轮廓进行倒角加工。

10. 高速加工残余材料加工（Rest Machining）

残余材料加工策略是在半精加工或精加工之后再对前一把刀具未加工到的地方进行精加工。

11. 高速加工3D相等宽度加工（3D Constant Step Over）

高速加工3D相等宽度加工，即3D等步距精加工是根据模型产生3D等步距刀具路径的一种加工策略，此策略产生的刀具路径是沿曲面等步距路径，而不是前面提到的在XY平面上等步距路径。该策略非常适合根据边界在模型曲面上产生3D等步距路径的精加工情况。

12. 高速加工清角加工（Pencil Milling）

清角加工是根据模型内圆角或小圆弧产生清角刀具轨迹，达到去除模型角落残余材料的精加工方法。如果残留的工件曲面的内圆角半径大于或等于刀具半径时，这种加工策略非常理想。

13. 高速加工平行清角加工（Parallel Pencil Milling）

平行清角加工是清角加工的延伸，它结合了清角加工和3D相等宽度加工策略的功能。首先，SolidCAM计算出一条清角加工的刀具路径，然后对清角加工的刀具路径进行两侧3D偏移。也就是说，将清角加工计算出的路径作为驱动边界，然后向边界两侧做3D相等宽度加工。

14. 高速加工3D拐角平移加工（3D Corner Offset）

3D拐角平移加工类似于平行清角加工策略，也是清角加工策略与3D相等宽度加工策略的组合。3D拐角平移加工先在零件的拐角处创建清角路径，然后对该路径进行3D等曲面步距偏移后，产生若干刀具轨迹。与平行清角加工策略不同的是，刀轨偏移的数量不是由用户设定而是自动确定，以保证边界内的模型均能被加工到。

7.7.2.3 组合加工

SolidCAM支持在一个HSM加工操作中组合两种加工策略的方式。可以将相等Z加工策略与水平加工、直线加工或3D相等宽度加工策略之一组合起来使用。两种加工组合策略共享几何、刀具以及边界定义信息，而两种加工策略可以分别设置不同的加工路径参数、连接参数等工艺信息。

组合等高加工（Combined Strategies）包括：

（1）高速加工水平加工（Constant Z with Horizonatal Machiing）。

（2）高速加工直线加工（Constant Z with Linear Machining）。

（3）高速加工 3D 相等高度加工（Constant Z with 3D Constant step over machining）。

7.7.3　SolidCAM HSM 的加工实例

7.7.3.1　高速铣削粗加工实例

本实例为模具型腔内表面的粗加工，通过使用牛鼻刀对零件进行一次粗加工，也称粗开，加工模型如图 7 - 56 所示。

选择“高速加工轮廓粗加工”→“牛鼻刀”命令，设置“刀具直径”为 10，“光杆直径”为 10，“总长”为 80，“露出长度”为 60，“肩部长度”为 30，“有效切削长”为 24。切换到“3 次元模型上的刀具路径验证”选项卡，可以在多个视图中观察刀具模拟结果，如图 7 - 57 所示。

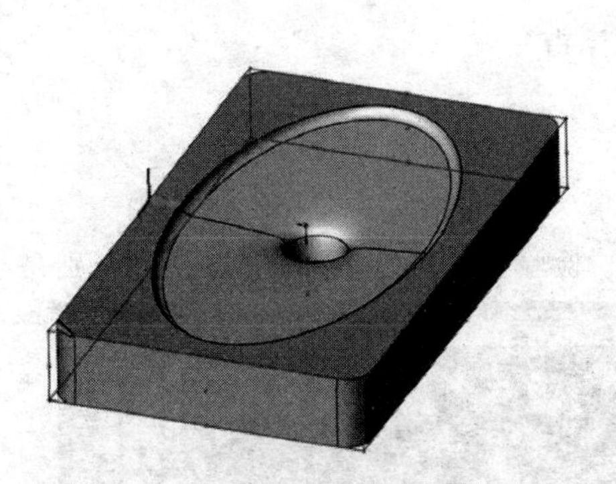

图 7 - 56　高速铣削粗加工模型

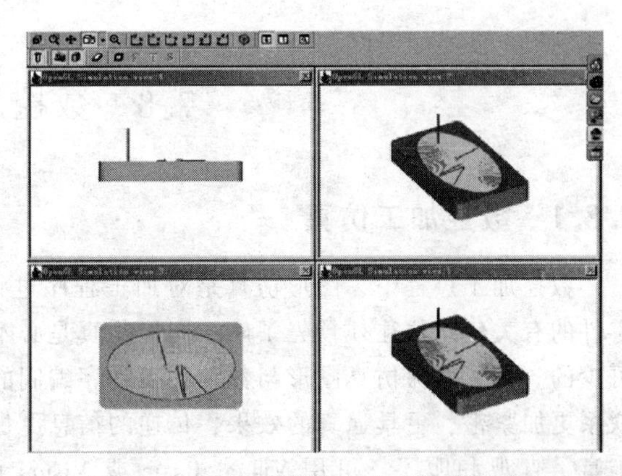

图 7 - 57　3 次元模型上的刀具路径验证

7.7.3.2　高速铣削精加工实例

本实例为模具型腔内表面的精加工，通过使用多种刀具对零件进行粗加工、半精加工和精加工，加工模型如图 7 - 58 所示。

本实例包含的工艺步骤有：

（1）高速加工轮廓粗加工。

（2）高速加工残余材料粗加工。

（3）高速加工 3D 相等宽度加工。

（4）高速加工残余材料粗加工（第二次）。

（5）高速加工残余材料加工。

（6）高速加工 3D 拐角平移加工。

（7）高速加工直线加工。

（8）高速加工 3D 相等宽度加工（第二次）。

（9）高速加工平行清角加工。

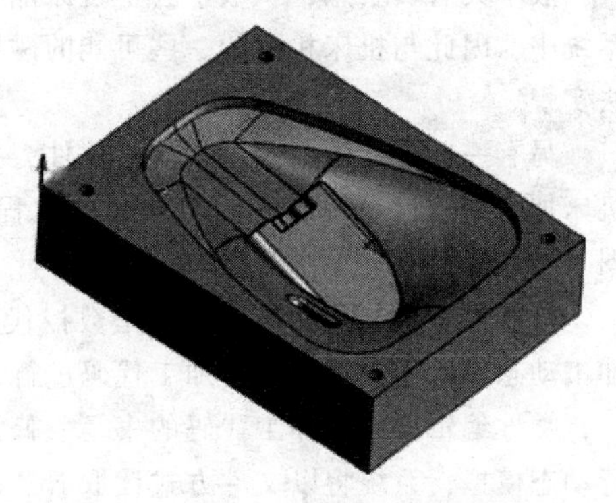

图 7 - 58　高速铣削精加工模型

（10）高速加工 3D 相等宽度（等高）加工工序的刀具路径如图 7 - 59 所示。加工模拟过程如图 7 - 60 所示。其余过程略。

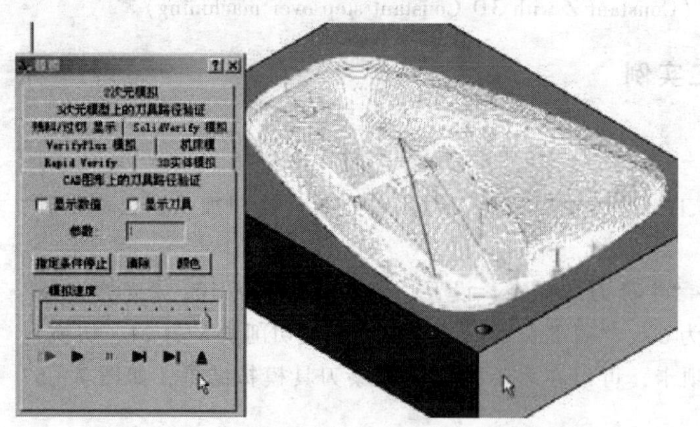

图 7－59　高速加工 3D 相等宽度工序的路径

图 7－60　高速加工 3D 相等宽度工序的加工模拟

7.8　数控加工仿真

7.8.1　数控加工仿真

数控加工过程中，图形仿真是对加工程序进行校核、检验及调试的一个重要环节。特别是零件的有关信息往往须预先了解，图形仿真是必不可少的。为了确保仿真图形与数控加工程序编制的联系更加紧密，更具逼真的效果，传递的信息更加丰富、直观和明了，可用 Visual Basic 或 Visual C 语言为开发环境，运用可视性和面向对象的程序设计方法开发具有 Windows 界面支持的数控加工图形仿真系统，它是检验及调试数控加工程序有力的工具。一般的 CAM 软件都提供有模拟加工过程，但其一般不具有真实感，一般不会把机床加入到仿真系统中，因此与机床相关的一些可能的碰撞检验无法实现。

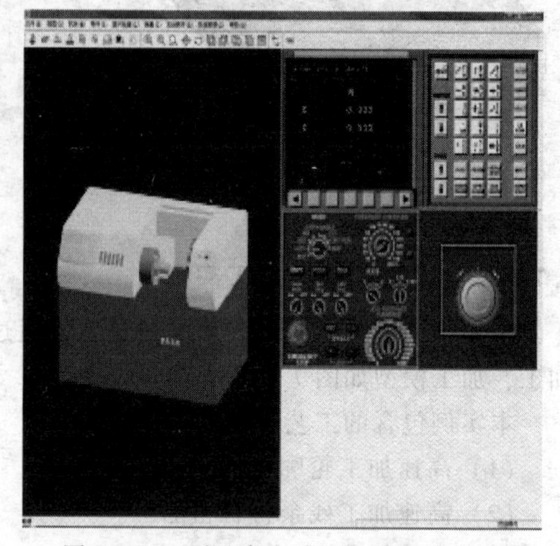

图 7－61　更具真实感的加工过程模拟

另有一些专业的数控加工仿真软件，把真实的机床加入到建模系统，一起参与加工过程的仿真。图 7－61 所示为一车床模拟加工系统。

众所周知数控加工中使用的是数控代码，通过编辑、编译后才能进行零件加工。同样数控加工动态模拟也必须具备对加工代码进行编辑、编译的功能。

文件编辑器完成加工代码的书写、修改并最终以文件的形式保存下来。为调用加工代码进行动态模拟，系统将以文件方式读取 NC（Numerical Control）代码。读文件时每一条 NC 码均以字符串形式寄存于字符数组中，与插补指令相关的坐标位移信息由字符转换为数值语句便可获得。接下来设计与每条 NC 代码对应的子函数。

系统除应具备以上主要功能外，还应包括以下功能模块：①安装工件，通过选择工件类型，输入位置、形状参数安装工件；②刀库浏览，可了解刀具的型号及相关参数；③手动操作，可以用鼠标单击方位按钮控制刀具运动轨迹；④加工代码语法检验，为确保编译加工代码顺利进行，系统将以指定的格式对每一行代码进行语法检验；⑤保存零件图；⑥帮助系统等。

7.8.2 基于 SolidCAM 的仿真应用实例

在 SolidCAM 管理器中，右击 CAM 操作选项“加工工程”，选择“模拟”命令，可以进行仿真。如图 7-62 所示，弹出“模拟”控制面板，在该控制面板中可以选择仿真模式，以及控制加工轨迹仿真过程中的参数。选择不同的选项卡，可以用不同方式对加工过程进行模拟，可以进行路径验证，2 次元模拟、3 次元模拟，实体模拟等。

仿真过程中，可以在面板上切换到“SolidVerify 模拟”窗口，仿真毛坯切削过程，如图 7-63所示。

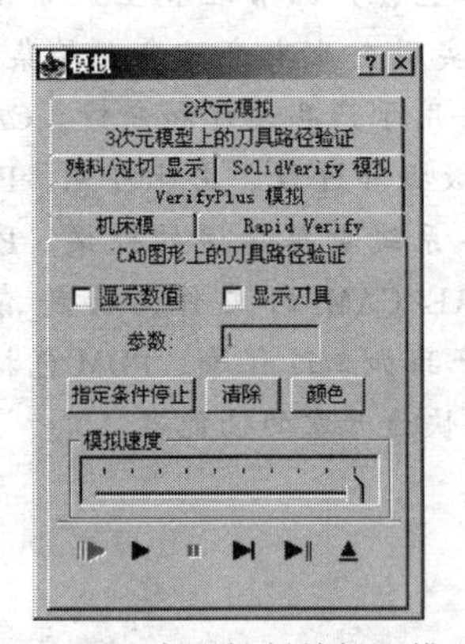

图 7-62 高速铣削精加工模型

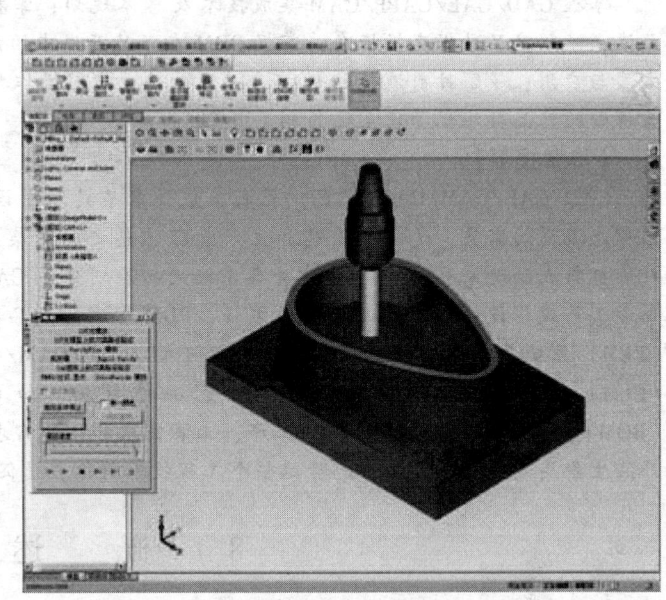

图 7-63 实体加工过程模拟

习 题

1. 试述数控机床手工编程的内容与数控编程方法。
2. 什么是自动编程系统？它用于什么场合？
3. 什么是后置处理程序？并简述其主要内容。
4. 试解释以下 APT 系统中的词汇定义，并以图表示之。
   (1) P_{32} = POINT/XLARGE, INTOF, L_3, C_1
   (2) L_5 = LINE/P_5, PARLEL, LIN1
   (3) C_5 = CIRCLE/CENTER, R_5, TANTD, L_1
5. 试解释刀具在空间运动时三个控制面的概念。

第8章 CAD/CAE/CAPP/CAM集成技术

【教学目标】

掌握CAD/CAE/CAPP/CAM集成技术及总体规划；掌握CAD/CAE/CAPP/CAM数据交换与共享；了解产品数据交换标准，掌握PDM在产品开发中的应用，以及PDM系统中对4C的集成方案与应用；了解目前流行的PDM、PLM软件，能够操作典型的PDM、PLM系统；了解以MBD为核心的产品数字化管理系统的相关概念。

【本章提要】

CAD/CAE/CAM/CAPP之间的信息集成，本质是基于设计、工艺、产品管理和生产等各部门信息流动的需要，是产品信息和生产管理信息之间的集成，即实现企业生产信息全局集成。计算机集成制造系统（CIMS）中，各系统的功能划分为CAD/CAE用于产品设计和分析，CAPP用于工艺规程设计，CAM用于数控编程，PDM管理与产品有关的数据和过程。由此可见，PDM（PLM）系统是产品数据集成的核心，是CAD/CAE/CAM/CAPP各系统数据传递的桥梁。PDM（PLM）所需的基本信息是任何属于产品的数据，如CAD/CAE/CAM的文件、物料清单（BOM）、工艺信息（工艺路线、工序、工装需求和设备需求）和产品加工过程等。PDM包括了产品生命周期的各个方面，能跨越整个工程技术群体，是促使产品快速开发的使能器。

8.1 概　　述

计算机的出现和发展是为了将人类从烦琐、重复的脑力劳动中解放出来。早在三四十年前，计算机就已作为重要的工具辅助人类承担一些单调、重复的劳动，如数值计算、工程图绘制和数控编程等。在此基础上，逐渐出现了计算机辅助设计（CAD）、计算机辅助工艺规程设计（CAPP）、计算机辅助制造（CAM）、计算机辅助工程（CAE）、计算机辅助夹具设计（CAFD）等概念。近年来，这些独立的系统获得了飞速的发展，分别在产品设计自动化、工艺过程设计自动化和数控编程自动化等方面起到了重要的作用。

随着计算机技术日益广泛深入的应用，人们很快发现，采用这些各自独立的系统不能实现系统之间信息的自动传递和交换。例如，CAD系统设计的结果，不能直接被CAPP系统接收，若进行工艺规程设计时还需要人工将CAD输出的图样、文档等信息转换成CAPP系统所需要的输入数据，这不但影响了效率的提高，而且在人工转换过程中难免会发生错误。只有当CAD系统生成的产品零件信息能自动转换成后续环节（如CAPP、CAM等）所需的输入信息，才是最经济的。为此，人们提出了CAD/CAM集成的概念并致力于CAD、CAPP和CAM系统之间数据自动传递和转换的研究，以便将已存在的和正在使用中的CAD、CAPP、CAM等独立系统集成起来。

8.1.1 信息集成技术交换和共享的标准化背景

计算机集成制造环境是信息密集型的环境，围绕一个产品的生命周期，存在着各种各样的大量的产品数据，诸如设计数据、工艺数据、加工数据、图纸、方案、订单、需求报告、手册、目录等。依靠计算机辅助信息处理系统（CIMS/CAx/MRP/ERP、印刷出版系统、PDM等）可以自动地或者交互地处理、创建、发布、传输信息。但是，这些信息处理系统各自服务于CIMS“孤岛”，相互间的信息流动不畅通，即使是同类型的信息，由于信息模型不一致，外部数据交换格式不统一，相互之间也很难交换、共享。于是，不同的信息处理系统不得不重复输入、处理同样的数据，造成人、财、物的浪费，造成信息的不一致。主要原因在如下几方面：

（1）信息共享程度低。企业现有的计算机辅助工具中数据的存储格式常常以不同的格式和介质存储，可能存储于不同的计算机系统中，甚至未有网络交互。结果造成了产品数据仍然无法在设计、工艺和制造等部门之间进行有效的信息共享和交换。

（2）业务管理落后，信息滞后无法及时更新。在众多产品进展如潮的时候，缺乏有效的版本管理和检索手段，都会造成产品数据的更新缓慢。更谈不上反应过程的变化与跟踪整个产品设计和制造的进展情况。

（3）支撑技术不配套，应用集成系统效率不高。对于现有的CAD系统，其智能性依然较差，而企业仍然停留在使用大型商用关系数据库的层次上，它们都不能有效地管理图形、图像等非结构数据，更无法实现过程管理、配置管理以及对应用工具的集成，也就不能满足企业在异构与分布式计算机环境中时间集成、功能集成和过程集成的目标。

（4）企业的信息化过程必然涉及大量的用户，这些用户的专业方向往往不同，应用计算机水平也参差不齐，如何最大限度地降低“木桶原理”在企业信息化过程的影响也非常重要。

因此，企业为了提高竞争力，信息集成的研究和实施仍然是所要面临的一大挑战。或者说，在CIMS环境中，需要利用一切可用的信息，为一切需要它们的人、系统、制造过程所共享；运用信息集成手段，促进制造过程的集成和改善。

8.1.2　集成的概念

集成（Integration）是近二十年来使用频率比较高的一个词。电路设计讲集成，软件系统开发讲集成，制造系统的规划设计也讲集成。由于应用领域的差异，集成的意义有所不同。即便是在同一领域，不同的阶段、不同的层面，其意义也有差别。因此，很难给集成下一个准确完整的定义。对于集成系统来说，应具备以下三个基本特征：

（1）数据共享：系统各部分的输入可一次性完成，每一部分不必重新初始化，各子系统产生的输出可为其他有关的子系统直接接收使用，不必人工干预。

（2）系统集成化：系统中功能不同的软件系统，按不同的用途有机地结合起来，用统一的执行控制程序来组织各种信息的传递，保证系统内信息畅通，并协调各子系统有效地运行。

（3）开放性：系统采用开放式体系结构和通用接口标准。在系统内部各个组成部分之间易于数据交换、易于扩充；在系统外部，一个系统能有效地嵌入另一个系统中作为其组成部分，或者通过外部接口，有效地连接、实现数据交换。

CAD/CAM是制造系统的重要组成部分，正确理解CAD/CAM系统集成的概念，应将CAD/CAM放到整个集成化制造系统中来分析。集成化制造系统是由管理决策系统、产品设计与工程设计系统、制造自动化系统、质量保障系统四个功能子系统以及计算机网络和数据库两个支撑子系统等六个部分有机地集成起来的。

8.1.3　产品数据管理（PDM）的定义

PDM（Product Data Managment）是指企业内分布于各种系统和介质中，关于产品及产品数据信息和应用的集成与管理，产品数据管理集成了所有与产品相关的信息。企业的产品开发效益取决于有序和高效地设计、制造和发送产品，产品数据管理有助于达到这些目的。从产品来看，PDM系统可帮助组织产品设计，完善产品结构修改，跟踪进展中的设计概念，及时方便地找出存档数据以及相关产品信息。

从过程来看，PDM系统可协调组织整个产品生命周期内诸如设计审查、批准、变更、工作流程优化以及产品发布等过程事件。

PDM将所有与产品相关的信息和所有与产品有关的过程集成在一起。与产品有关的信息包括任何属于产品的数据，如CAD/CAE/CAM的文件、物料清单（Bill of Material，BOM）、产品配置、事务文件、产品订单、电子表格、生产成本、供应商状况等。与产品有关的过程包括任何有关的加工工序、加工指南和有关批准、使用权、安全、工作标准和方法、工作流程、机构关系等所有过程处理的程序。它包括了产品生命周期的各个方面，PDM能使最新的数据为全部有关用户应用，包括工程设计人员、数控机床操作人员、财会人员及销售人员都能按要求方便地存取使用有关数据。PDM是依托IT实现企业最优化管理的有效方法，是科学的管理框架与企业现实问题相结合的产物，是计算机技术与企业文化相结合的一种产品。产品数据管理是帮助企业、工程师和其他有关人员管理数据并支持产品开发过程的有力工具。产品数据管理系统保存和提供产品设计、制造所需要的数据信息，并提供对产品维护的支持，即进行产品全生命周期的管理。

PDM是一项不断发展的应用技术。首先，PDM是一个相对较新的概念，尽管类似的概念已经存在很长一段时间了，但真正可用的商业化PDM系统的出现还是20世纪80年代初期的事。随着技术的飞速进步，用来定义PDM基本功能的术语也不断发展。PDM进行信息管理的两条主线是静态的产品结构和动态的产品设计流程，所有的信息组织和资源管理都是围绕产品设计展开的，这也是PDM系统有别于其他信息管理系统，如管理信息系统（Management Information System，MIS）、制造资源计划系统Ⅱ（Manufacturing Resource PlanningⅡ，MRPⅡ）、项目管理系统（Project Management）。其次，PDM以整个企业作为整体，能跨越整个工程技术群体，是促使产品快速开发和业务过程快速变化的使能器。另外，它还能在分布式企业模式的网络上，与其他应用系统建立直接联系的重要工具。

所以，所谓PDM技术，并不只是一个技术模型，也不是一些时髦的技术辞藻的堆砌，更不是简单地编写程序。它必须是一种可以实现的技术；必须是一种可以在不同行业、不同企业中实现的技术；必须是一种与企业文化相结合的技术。因此，它与企业自身密切相关。考察当今PDM实施成功的企业，每个企业都有自己非常具体的奋斗目标和项目名称，从福特的Ford 2000、波音的DCAC/MRM到日产的业务过程革新等，凡取得成就者，无一不是将PDM融汇于企业文化之中。

8.2 CAD/CAE/CAPP/CAM集成总体规划

8.2.1 CAD/CAE/CAPP/CAM信息流

随着CAx技术在企业的推广和应用，产品信息分别存放于CAD/CAPP/CAM等系统中，由于各部门所采用的软件、操作系统及硬件平台不同，产生大量的分布式异构数据。同时企业中对这些数据缺乏有效的管理和控制机制，造成数据十分混乱，如何使数据共享、数据交换通常是3C集成中需要解决的问题。作为3C的集成平台，PDM不仅为CAD/CAPP/CAM系统提供数据管理和协同工作的环境，同时还要为 CAD/CAPP/CAM 系统的集成运行提供支持。

作为数据管理的仓库，PDM 系统中建立了企业基本信息库和产品基本信息库，存储了大量产品生命周期内的全部信息，包括产品对象库、文档对象库、零部件库、设备资源库、典型工艺库、工艺规则库、原材料库等。

首先，分析 PDM 系统与 CAD 系统之间的信息流。PDM 系统管理来自 CAD 系统的产品设计信息，包括图形文件和属性信息。这些图形文件可以是二、三维模型，如二维工程图、三维模型、产品数据版本等；属性信息是指零部件的基本属性及装配关系、产品明细、使用材料等。CAD 系统也需要从 PDM 系统的相关数据库中获取包括设计任务书、技术参数等产品设计信息。CAD 系统与 PDM 系统之间的信息流如图 8－1（a）所示。

由于 PDM 系统中已经建立了企业的基本信息库，如材料库、刀具库、典型工艺库等与产品有关的基本数据，因此在 PDM 环境下 CAPP 系统无须直接从 CAD 系统中获取产品的模型信息、原材料信息、设备资源等信息，而是从 PDM 系统相关库存文档中获取正确的模型信息和加工信息。根据零部件的相似性，从标准工艺库中获取相近的标准工艺，快速生成该零部件的工艺文件，从而实现 CAD 系统与 CAPP 系统的集成。同样，CAPP 系统产生的工艺信息也要送汇给 PDM 系统中的相关文件进行管理。CAPP 系统与 PDM 系统之间的信息流如图 8－1（b）所示。

CAM 系统也通过 PDM 系统从相关文档和数据库中及时准确地获得需要加工产品及零部件的模型信息、加工工艺要求和相应的加工属性。CAM 系统与 PDM 系统之间的信息流如图 8－1（c）所示。

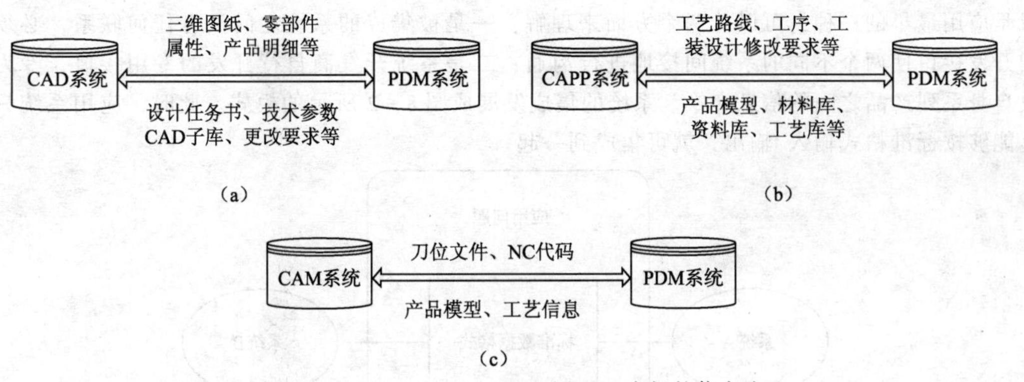

图 8－1　CAD、CAPP、CAM 和 PDM 之间的信息流

8.2.2　CAD/CAE/CAPP/CAM 集成技术

CAD/CAM 集成的关键是指 CAD、CAPP、CAM 和 CAE 之间的数据交换与共享。CAD/CAM 的集成，要求产品设计与制造紧密结合，其目的是保证产品设计、工艺分析、加工模拟，直至产品制造过程中的数据具有一致性，能够直接在计算机间传递，从而减少信息传递误差和编辑出错的可能性。

实现 CAD/CAM 系统集成所涉及的主要技术有以下几种：

（1）集成化技术。在制造系统中仅强调信息的集成是不够的，在开发制造系统时要强调“多集成”的概念，即信息集成、智能集成、串并行工作机制集成、资源集成、过程集成、技术集成及人员集成等。

（2）智能化技术。应用人工智能技术实现产品生命周期（包括产品设计、制造、销售、支持用户到产品报废全过程）各个环节的智能化，实现生产过程（包括组织、管理、计划、调度、控制等）各个环节的智能化，还要实现人与制造系统的融合及人的智能的充分发挥。

（3）网络技术。网络技术包括硬件与软件的实现、各种通信协议及制造自动化协议、信息通信接口、系统操作控制策略等，是实现各种制造系统自动化的基础。

（4）分布式并行处理技术。该技术可以实现制造系统中各种问题的协同求解，获得系统的全局最优解，实现系统的最优决策。

（5）多学科、多功能综合产品开发技术。产品的开发设计不仅涉及机械学科的理论与知识（力学、材料、工艺等），而且还涉及电磁学、光学、控制理论等。不仅要考虑技术因素，还必须考虑到经济、心理、环境、卫生及社会等方面因素。产品的开发要进行多目标全性能的优化设计，以追求产品结构、性能、精度、使用寿命、可靠性、制造成本与制造周期的最佳组合。

（6）虚拟现实技术。利用虚拟现实技术、多媒体技术及计算机仿真技术，实现产品设计制造过程中的几何仿真、物理仿真、制造过程仿真及使用过程仿真，采用多种介质来存储、表达、处理多种信息，融文字、语音、图像、动画于一体，给人一种真实感及身临其境感。

（7）人-机-环境系统技术。将人、机器和环境作为一个系统来研究，发挥系统的最佳效益。研究的重点是人-机-环境的体系结构及集成技术、人在系统中的作用及发挥、人机柔性交互技术、人机智能接口技术、清洁制造等。

CAD/CAM 的集成方法主要有基于专用接口的 CAD/CAM 集成、基于 STEP 的 CAD/CAM 集成、基于数据库的 CAD/CAM 集成。

（1）基于专用接口的 CAD/CAM 集成。在所有 CAD/CAM 集成方法中，基于专用接口的集成是应用最早的一种，可以从两个方面来理解：一是被集成的系统之间没有任何联系，必须专门开发接口使两个不同的系统间接地进行沟通；二是系统开发商自行开发的专用接口，专为解决自身系列产品之间的信息交换。系统的集成发展成图 8-2 所示的模式。此时，应用系统只要是能够按标准格式输入/输出，就可集成到一起。

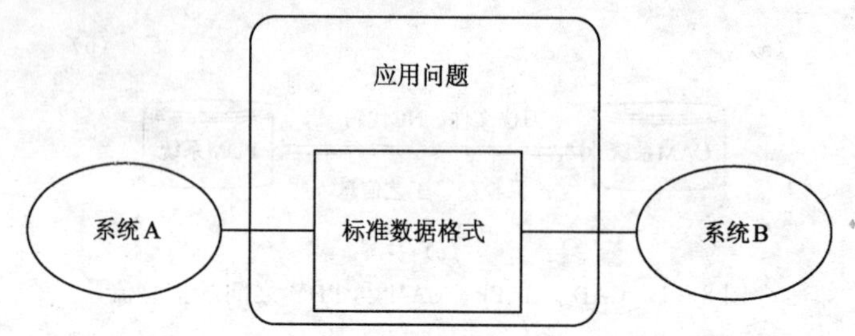

图 8-2　基于标准数据格式的 CAD/CAM 集成

（2）基于 STEP 的 CAD/CAM 集成。STEP（Standard for the Exchange of Product model data）标准提供一种不依赖于具体系统的中性机制，它规定了产品设计、开发、制造，甚至于产品全部生命周期中所包括的诸如产品形状、解析模型、材料、加工方法、组装分解顺序、检验测试等必要的信息定义和数据交换的外部描述。因此，STEP 是基于集成的产品信息模型。

产品数据指的是全面定义零部件或构件所需要的几何、拓扑、公差、关系、性能和属性等数据，主要包括：

① 产品几何描述：如线框表示、几何表示、实体表示以及拓扑、成形及展开等。

② 产品特性：长、宽等体特征，孔、槽等面特征，旋转体等车削件特征等。

③ 公差：尺寸公差与形位公差等。

④ 表面处理：如喷涂等。

⑤ 材料：如类型、品种、强度、硬度等。

⑥ 说明：如总图说明等。

⑦ 产品控制信息。

⑧ 其他：如加工、工艺装配等。

产品信息交换指的是信息的存储、传输和获取。由于交换方式的不同而导致数据形式的差异，为满足不同层次用户的需求，STEP 提供了四种产品数据交换方式，即文件交换、操作形式交换、数据库交换和知识库交换。

(3) 基于数据库的 CAD/CAM 集成方法。CAD/CAM 集成系统通常采用工程数据库。事实上由于工程数据库在存储管理大量复杂数据方面具有独到之处，使得以工程数据库为核心构建的 CAD/CAM 集成系统得到了广泛应用，其系统构造示意如图 8-3 所示，从产品设计到制造的所有环节都与工程数据库有数据交换，实现了数据的全系统的共享。

为了满足系统各个模块的需要，工程数据库一般包括：①全局数据和局部数据的管理；②相关标准及标准件库；③参数化图库；④刀具库；⑤切削用量数据库；⑥工艺知识库；⑦零部件设计结果存放库；⑧NC 代码库；⑨用户接口；⑩其他。

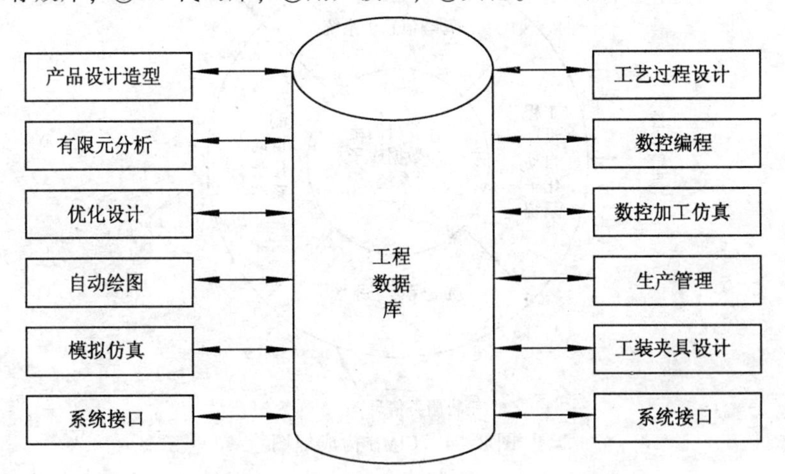

图 8-3 基于工程数据库的 CAD/CAM 集成系统

8.2.3 计算机集成制造系统

计算机集成制造系统（Computer Integrated Manufacturing System，CIMS)，是计算机应用技术在工业生产领域的主要分支技术之一，包括以下两个基本要点：

(1) 企业生产经营的各个环节，如市场分析预测、产品设计、加工制造、经营管理、产品销售等一切的生产经营活动，是一个不可分割的整体。

(2) 企业整个生产经营过程从本质上看，是一个数据的采集、传递、加工处理的过程，而形成的最终产品也可看成是数据的物质表现形式。

8.2.3.1 CIMS 的构成

CIMS 一般可以划分为如下四个功能子系统和两个支撑子系统：工程设计自动化子系统、管理信息子系统、制造自动化子系统、质量保证子系统以及计算机网络子系统和数据库子系统。系统的组成框图如图 8-4 所示。

1. 四个功能子系统

(1) 管理信息子系统，以 ERP/MRP Ⅱ 为核心，包括预测、经营决策、各级生产计划、生产技术准备、销售、供应、财务、成本、设备、人力资源的管理信息功能。

(2) 工程设计自动化子系统，通过计算机来辅助产品设计、制造准备以及产品测试，即CAD/CAPP/CAM 阶段。

(3) 制造自动化（或柔性制造）子系统，是 CIMS 信息流和物料流的结合点，是 CIMS 最终产生经济效益的聚集地，由数控机床、加工中心、清洗机、测量机、运输小车、立体仓库、多级分布式控制计算机等设备及相应的支持软件组成。根据产品工程技术信息、车间层加工指令，完成对零件毛坯的作业调度及制造。

(4) 质量保证子系统，包括质量决策、质量检测、产品数据的采集、质量评价、生产加工过程中的质量控制与跟踪功能。系统保证从产品设计、产品制造、产品检测到售后服务全过程的质量。

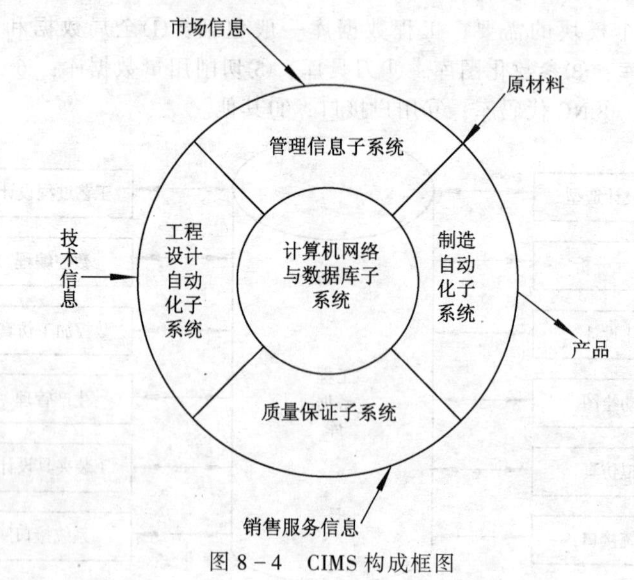

图 8-4　CIMS 构成框图

2. 两个辅助子系统

(1) 计算机网络子系统，即企业内部的局域网，支持 CIMS 各子系统的开放型网络通信系统。采用标准协议可以实现异机互联、异构局域网和多种网络的互联。系统满足不同子系统对网络服务提出的不同需求，支持资源共享、分布处理、分布数据库和实时控制。

(2) 数据库子系统，支持 CIMS 各子系统的数据共享和信息集成，覆盖了企业全部数据信息，在逻辑上是统一的，在物理上是分布式的数据管理系统。

CIMS 的主要特征是集成化与智能化。集成化反映了自动化的广度，把系统空间扩展到市场、设计、加工、检验、销售及用户服务等全部过程；而智能化则体现了自动化的深度，即不仅涉及物质流控制的传统的体力劳动自动化，还包括了信息流控制的脑力劳动自动化。

总之，CIMS 是组织、管理生产的一种哲理、思想与方法，适用于各种制造业，它的许多相关技术具有共性；而 CIMS 则是这种思想的具体实现，它不是千篇一律的一种模式，各国乃至各个企业均应根据自己的需求与特点来发展自己的 CIMS。

8.2.3.2　CIMS 的关键技术

CIMS 是一个复杂的系统，是一种适用于多品种、中小批量的高效益、高柔性的智能生产系统。它是由很多子系统组成的，而这些子系统本身又都是具有相当规模的复杂系统。因此，涉及 CIMS 的关键技术很多，归纳起来，大致有以下五个方面：

1. CIMS 系统的结构分析与设计

GIMS 系统的结构分析与设计是系统集成的理论基础及工具，如系统结构组织学和多级递阶决策理论、离散事件动态系统理论、建模技术与仿真、系统可靠性理论及容错控制，以及面向目标的系统设计方法等。

2. 支持集成制造系统的分布式数据库技术及系统应用支撑软件

其中包括支持 CAD/CAM 集成的数据库系统，支持分布式多级生产管理调度的数据库系统，分布式数据系统与实时、在线递级控制系统的综合与集成。CIMS 的数据库系统通常是采用集中与分布相结合的体系结构，以保证数据的安全性、一致性和易维护性。此外，CIMS 数据库系统往往还建立一个专用的工程数据库系统，用来处理大量的工程数据。工程数据类型复杂，它包含有图形、加工工艺规程、NC 代码等各种类型的数据。工程数据库系统中的数据与生产管理、经营管理等系统的数据均按统一规范进行交换，从而实现整个 CIMS 中数据的集成和共享。

3. CIMS 网络

GIMS 网络是支持 CIMS 各个分系统的开放型网络通信系统。通过计算机网络将物理上分布的 CIMS 各个分系统的信息联系起来，以达到共享的目的。按照企业覆盖地理范围的大小，有两种计算机网络可供 CIMS 采用，一种为局域网，另一种为广域网。任何一个 CIMS 用户都可以按照本企业的总体经营目标，根据特定的环境和条件约束，采用先进的建网技术，自行设计和组建实施本企业专用的计算机网络，覆盖企业的各个部门。它包括设计、生产、销售和决策的各个环节，从而保证生产经营全过程一体化的企业信息流的高度集成。因此，必然要涉及网络结构优化、网络通信的协议、网络的互联与通信、网络的可靠性与安全性等问题的研究，甚至进一步还可能需对能支持数据、语言、图像信息传输的宽带通信网络进行探讨。

4. 自动化制造技术与设备

自动化制造技术与设备是实现 CIMS 的物质技术基础，其中包括柔性制造系统（FMS）、自动化物料输送系统、移动机器人及装配机器人、自动化仓库以及在线检测及质量保障等技术。

5. 软件开发环境

良好的软件开发环境是系统开发和研究的保证。这里涉及面向用户的图形软件系统、适用于 CIMS 分析设计的仿真软件系统以及面向制造控制与规划开发的专家系统。

综上所述，涉及 CIMS 的技术关键很多，制订和开发计算机集成制造系统的战略和计划是一项重要而艰巨的任务。而对计算机集成制造系统的投资则更是一项长远的战略决策。一旦取得突破，CIMS 技术必将深刻地影响企业的组织结构，对制造业产生巨大影响。

8.3　CAD/CAE/CAPP/CAM 数据交换与共享

8.3.1　CAD/CAE/CAPP/CAM 集成数据管理

PDM 以其对产品生命周期中信息的全面管理能力，不仅自身成为 CAD/CAM 集成系统的重要构成部分，同时也为以 PDM 系统作为平台的 CAD/CAM 集成提供了可能。用发展的观点看，这种系统具有很好的应用前景。

以 PDM 作集成平台，包含 CAD、CAPP、CAM 三个主要功能模块的集成。CAD 系统产生的二维图纸、三维模型（包括零件模型与装配模型）、零部件的基本属性、产品明细表、产品零部件之间的装配关系、产品数据版本及其状态等，交由 PDM 系统来管理，而 CAD 系统又从 PDM 系统获取设计任务书、技术参数、原有零部件图纸资料以及更改要求等信息。CAPP 系统产生的工艺信息，如工艺路线、工序、工步、工装夹具要求以及对设计的修改意见等，交由 PDM 进行管理，而 CAPP 也需要从 PDM 系统中获取产品模型信息、原材料信息、设备资源信息等。CAM 系统将其产生的刀位文件、NC 代码交由 PDM 管理，同时从 PDM 系统获取产品模型信息、工艺信息等。

8.3.1.1 CAM 与 PDM 的集成

由于 CAM 与 PDM 系统之间具有刀位文件、NC 代码、产品模型等文档信息的交流，所以 CAM 与 PDM 之间采用应用封装来满足二者之间的信息集成要求。

8.3.1.2 CAPP 与 PDM 的集成

CAPP 与 PDM 之间除了文档交流外，CAPP 系统需要从 PDM 系统中获取设备资源信息、原材料信息等。而 CAPP 产生的工艺信息，为了支持与 MRPII 或车间控制单元的信息集成，也需要分解成基本信息单元（如工序、工步等）存放于工艺信息库中，供 PDM 与 MRPII 集成之用。所以 CAPP 与 PDM 之间的集成需要接口交换，即在实现应用封装的基础上，进一步开发信息交换接口，使 CAPP 系统可通过接口从 PDM 中直接获取设备资源、原材料信息的支持，并将其产生的工艺信息通过接口直接存放于 PDM 的工艺信息库中。由于 PDM 系统不直接提供设备资源库、原材料库和工艺信息库，因此需要用户利用 PDM 的开发工具自行开发上述库的管理模块。

8.3.1.3 CAD 与 PDM 的集成

CAD 与 PDM 的集成是 PDM 实施中要求最高、难度最大的一环。其关键在于须保证 CAD 的数据变化与 PDM 中的数据变化的一致性。从用户需求考虑，CAD 与 PDM 的集成应达到真正意义的紧密集成。CAD 与 PDM 的应用封装只解决 CAD 产生的文档管理问题。零部件描述属性、产品明细表则需要通过接口导入 PDM。同时，通过接口交换，实现 PDM 与 CAD 系统间数据的双向异步交换。但是，这种交换仍然不能完全保证产品结构数据在 CAD 与 PDM 中的一致性。所以要真正解决这一问题，必须实现 CAD 与 PDM 之间的紧密集成，即在 CAD 与 PDM 之间建立共享产品数据模型，实现互动操作，保证 CAD 中的修改与 PDM 中的修改的互动性和一致性，真正做到双向同步一致。目前，这种紧密集成仍有一定的难度，一个 PDM 系统往往只能与一两家 CAD 产品达到紧密集成的程度。

8.3.2 产品数据交换标准

产品数据交换标准 STEP（Standard for The Exchange of Product Model Data）指国际标准化组织（ISO）制定的系列标准 ISO 10303《产品数据的表达与交换》。这个标准的主要目的是解决制造业中计算机环境下的设计和制造（CAD/CAM）的数据交换和企业数据共享的问题。中国陆续将其制定为同名国家标准，标准号为 GB/T 16656（工业自动化系统与集成产品数据表达与交换）。

企业的产品设计采用计算机辅助设计（CAD）技术以后遇到了很大的挑战。首先是由于企业的产品设计产生的 CAD 数据迅速膨胀。这些信息是企业的生命，它们不断地产生出来，不断地被更新改版。这种技术信息在企业的不同部门中和生产过程中流动，重要的档案信息要保存几十年。但是，CAD 设计产生的数据不再像传统的图纸那样随便拿给任何地方的任何人都能阅读。各种 CAD 系统之间的不兼容造成企业不同系统之间的数据不能共享，有时会造成非常严重的经济损失。CAD 系统不能发挥出最大的效益，很大的原因之一就是由于数据交换产生的障碍。

为了解决上述问题，国际标准化组织 ISO/TC184/SC4（以下简称 SC4）工业数据分技术委员从 1983 年开始着手组织制定一个统一的数据交换标准 STEP。到目前为止，该标准的基本原理和主要的二维和三维产品建模应用协议已经成为正式的国际标准，市场上的主要 CAD 软件都已经开始提供商品化的 STEP 的接口。虽然 STEP 标准的制定进展缓慢，但是它已经在一些发达国家的先进企业中得到应用，如飞机、汽车等制造企业。

STEP 标准的体系结构共分四个层次，下层主要是标准的原理和方法，中间两层是标准的资源，最上层是应用协议（AP）。其中，资源是建立应用协议的基础，建立应用协议是制定本标准的目的，是开发 CAD/CAM 数据交换接口的依据。

STEP 标准是一个系列标准，是由若干分标准（或“部分”）组成的。体系结构的矩形框表示了系列标准的分类，其中的编号对应分标准的编号规则。例如，描述方法类分标准的编号是 11、12、13……，应用协议类分标准的编号是 201、202、203……

8.3.2.1　EXPRESS 语言

STEP 标准描述方法中的一个重要的标准是 ISO 10303—11《EXPRESS 语言参考手册》。EXPRESS 语言是描述方法的核心，也是 STEP 标准的基础。该标准是一种形式化描述语言，但不是计算机编程语言。它吸收了现代编程语言的优点，主要目的是为了建立产品的数据模型，对产品的几何、拓扑、材料、管理信息等进行描述。

8.3.2.2　STEP 标准体系结构

EXPRESS 语言为了能够描述客观事物、客观事物的特性、事物之间的关系，它引入了实体（Entity）和模式（Schema）的概念。在 EXPRESS 语言中把一般的事物（或概念）抽象为实体，若干实体的集合组成模式，这意味着小的概念可组成大的概念。事物的特性在 EXPRESS 语言中用实体的属性（Attribute）表示。实体的属性可以是简单数据类型，如实数数据类型可描述实体与数字有关或与几何有关的特性，字符串数据类型可描述实体或属性的名称或需要用文字说明的特性。当然，属性还可以是聚合数据类型或布尔数据类型，用以描述相对复杂的产品特性。

描述实体之间的关系用子类（Subtype）和超类（Supertype）说明的办法。一个实体可以是某一实体的子类，也可以是某个其他实体的超类。EXPRESS 语言还允许定义复杂的函数以描述客观事物中任何复杂的数量关系或逻辑（布尔）关系，并进行相应的几何和拓扑等描述。

为了能够直观地表示所建立的数据模型，在标准中还规定可以用 EXPRESS - G 图表示实体、实体的属性、实体和属性之间的关系、实体之间的关系等。这种表示法主要使用框图和框图之间的连线的办法，非常直观，易于理解。

原则上讲，EXPRESS 语言所引入的机制使得可以对任何复杂的事物进行描述，它的优点是人可以读懂（英文语义），而计算机可以处理。

8.3.2.3　应用协议

应用协议（AP）是 STEP 标准的另一个重要组成部分，它指定了某种应用领域的内容，包括范围、信息需求以及用来满足这些要求的集成资源。STEP 标准是用来支持广泛领域的产品数据交换的，应该包括任何产品的完整生命周期的所有数据。由于它的广泛性和复杂性，任何一个组织想要完整地实现它都是不可能的。为了保证 STEP 的不同实体之间的一致性，它的子集的构成也必须是标准化的。对于某一具体的应用领域，这一子集就被称为应用协议。这样，若两个系统符合同一个应用协议，则两者的产品数据就应该是可交换的。国际标准化组织现在正式发布的应用协议有：

ISO 10303—201《显式绘图》，中国对应的同名国家标准为 GB/T 16656.201—1998，简称 AP201；

ISO 10303—202《相关绘图》，中国对应的同名国家标准为 GB/T 16656.202—2000，简称 AP202；

ISO 10303—203《配置控制设计》，中国对应的同名国家标准为 GB/T16656.203—1997，简称 AP203。

SC4 中目前正在制订的应用协议应该说覆盖了制造业的绝大部分领域，如机械应用、汽车制造、建筑、造船、电工电子等，甚至现在有一个新的标准项目是专门针对家具产品数据的应用协议。值得一提的是 AP214《自动机械设计程序的核心数据》，这个应用协议虽然还没有成为正式标准，但现在已经受到了工业界，特别是汽车工业的极大重视。目前，很多 CAD 软件能够提供的 STEP 数据交换接口主要支持 AP203 和 AP214。

8.3.2.4 集成资源和应用解释构造

在 STEP 标准不同的应用协议中实际上有很多模型的内容可能是相同或相似的。例如，不同领域的几何模型和管理信息模型必定会有共性的方面。这样，在 STEP 标准中把不同领域中有共性的信息模型抽取出来，制定为标准的集成资源或应用解释构造（AIC），以供制定应用协议的时候引用。这些模型可能是不完全的，在制定应用协议的时候还需要增加一定的约束信息。

8.3.2.5 实现方法

STEP 标准的实现方法可分为物理文件的实现方法、标准数据访问接口（SDAI）的实现方法、数据库的实现方法。

物理文件的实现方法主要规定把用 STEP 应用协议描述的数据写入电子文件（ASCII 文件）的格式，这种格式是开发 STEP 接口软件必须要遵循的。标准中规定了 STEP 物理文件的文件头段和数据段的内容、实体的表示方法、数据的表示方法、从 EXPRESS 向物理文件的映射方法等。

SDAI 的实现方法主要规定访问 STEP 数据库的标准接口实现方法。由于不同的应用系统存储和管理 STEP 数据可能用的是不同的数据库，不同的数据库的数据结构和数据操纵方式都是不相同的。采用 SDAI 的目的就是为了在数据库与应用系统之间增加一个标准的访问接口，把应用系统与实际的数据库相隔离，使应用系统在存取 STEP 数据的时候可以采用统一和标准的方法进行操作。

8.4 产品数字化与产品数据管理

产品数据管理（PDM）技术是企业信息化的重要组成部分。PDM 是指企业内分布于各种系统和介质中，关于产品及产品数据信息和应用的集成与管理，包含了所有与产品相关的信息。从产品来看，PDM 系统可以帮助组织产品设计，完善产品结构修改，跟踪进展中的设计概念，及时方便地找出存档数据以及相关产品信息。从过程来看，PDM 系统可以协调组织整个产品生命周期内的事件。

PDM 将所有与产品相关的信息和所有与产品有关的过程集成在一起。与产品有关的信息包括任何属于产品的数据，如 CAD/CAE/CAM 的文件、物料清单（BOM）、产品配置管理、事务文件、产品订单、电子表格、生产成本、供应商状况等。

8.4.1 PDM 在产品开发中的应用

PDM 系统是以产品数据为中心，集成并管理所有与产品相关的信息、过程、人与组织的软件。在产品开发过程的应用中，PDM 系统有一些基本功能，包括图文档管理、产品结构与零部件管理、产品开发过程管理、产品开发项目管理与版本管理等功能。

8.4.1.1 图文档管理功能的应用

1. 图文档管理的对象

PDM 用于图文档管理的对象可以是原始档案、设计文件、工艺文件等，其管理的模型既可以是图形文件、数据文件、文本文件，也可以是表格文件，甚至是多媒体文件。PDM的文档管理能使全部有关用户，包括工程师、NC编制操作人员、财会人员和销售人员等都能按要求方便地存取最新数据。

2. 图文档管理的方法

产品图文档分成两种方法处理，一种方法是保持文件的完整性，这些文件中的数据不能与文件脱离，一旦脱离就失去意义，即所谓的“打包”；另一种方法是可以从文件中提取一些数据，这些数据都具有独立的意义，然后将这些数据分门别类地放在关系型数据库中，以便对文件内容进行检索和统计，即所谓的“打散”。

3. 文件集或文件夹

在产品生命周期内，为了完整地描述产品、部件和零件，将有关的产品、部件或零件的所有文件集中起来，建立一个完整的描述对象的文件目录，称为文件集或文件夹。然后，把它们放在文件柜中，即可查询文件集，也可查询集中的文件。一个文件集中可以包含不同类型的文件。

4. 电子仓库

电子仓库（Data Vault）是在PDM系统中实现某种特定数据存储机制的元数据库及其管理系统，它保存所有与产品相关的元数据和文件的元数据，以及指向物理数据和文件的指针。该指针指定存放物理数据的记录和存放物理文件的文件系统与目录。电子仓库是PDM系统核心，当与产品相关文档在PDM系统管理下，存储于不同介质后，通过权限控制保障文件的安全和集中修改，都必须通过电子仓库方可进行。

8.4.1.2　产品结构与零部件管理

产品结构管理（Product Structure Management，PSM）是以整个企业为整体，以产品为核心，是产品生命周期中各种功能和应用系统建立直接联系的重要工具，也是涉及过程进展的直接体现者。在PDM体系结构中，产品结构管理是重要组成部分，是组织、管理产品数据的一种有效形式。产品结构管理的功能主要是按照产品结构组织产品数据，使用户能够定义产品结构，按照产品结构的关系把产品、部件和零件关联起来，把它们与相关数据资料关联起来，以此支持产品数据的查询，支持自动创建物料清单。

1. 产品建模技术

产品建模技术从最早的二维线框模型开始，可以概括为三大类，分别是几何建模、特征建模和集成产品建模，它们反映了产品建模技术从简单到复杂、从局部到整体、从单一功能到覆盖整个产品生命周期内各种活动的发展过程。

2. 产品对象模型

产品对象是关于产品结构本身的抽象定义与表达。产品对象模型可以分为三层：第一层为产品对象定义元和总体约束信息，是产品对象描述与表达的基本模型；第二层是模型视图；第三层是实例层。

3. 产品结构模型

为了实现产品结构，首先要创建产品零件结构树，产品结构树是整个PDM系统的主体部分，根据产品的装配方式生成零件至部件，乃至于整个产品的树状结构关系是产品结构设计的一条有效途径。在产品结构树中，每个零件、部件对象都有自己的属性，如零（部）件的标志码、名称、版本号、数量、材料、类型等，如图8-5所示。在PDM系统中查询零（部）件时，可以按照单个或多个属性进行单独或联合查询，以获得零件的详细情况。有了这样的产品结构描述，PDM就可以方便、直观地表示与产品相关的信息。

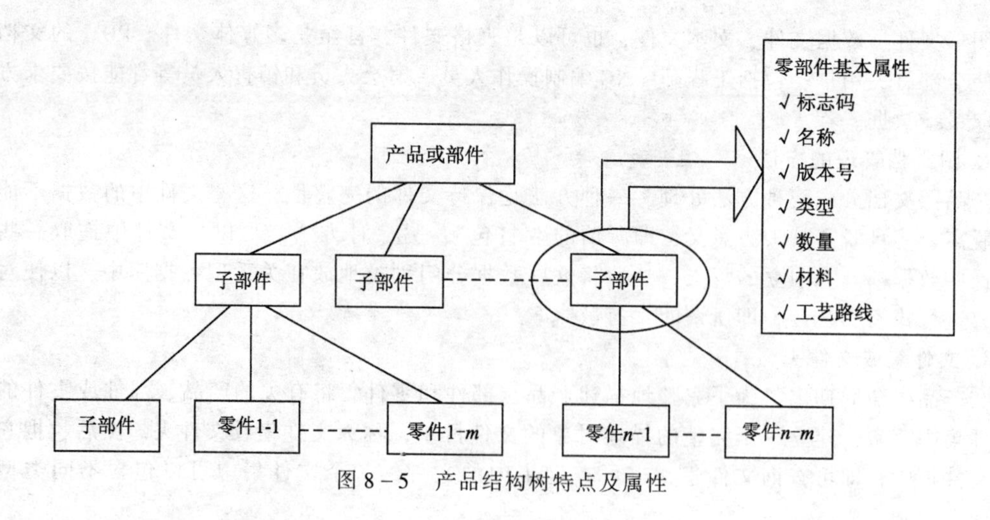

图 8-5　产品结构树特点及属性

8.4.1.3　产品开发过程管理

产品开发过程是指从产品定义到产品批量生产之前这一段时间，包括与产品开发有关的所有相关技术活动和管理活动，它代表了特定组织进行产品开发行为，其中组织为满足某一需求利用各种资源使用工具和方法进行了创造性活动，过程的交付内容包括产品设计相关文档和数据。

1. 基本概念

产品开发过程管理中涉及的基本概念有产品数据的全生命周期、过程和工作流程。

(1) 产品数据的全生命周期。产品数据从生成到报废是由一系列有序状态组成的，典型的工作流程一般从工作状态开始，经过审阅/审批、发放、生产、使用、变更与报废等，这一有序的状态称为产品数据的全生命周期。

(2) 过程。产品数据对象从一种状态变到另一种状态，往往需要经过一定的过程运作。所谓过程即为数据对象在其全生命周期中从一种状态变到另一种状态时应进行的操作或处理的规则集合，它是工作流程的基本构成单元。

(3) 工作流程。将面向某类或某几类数据对象的多个过程的有序组合称为一个工作流程。

2. 工作流程管理的功能

工作流程管理是 PDM 系统的主要功能之一，它是对产品设计流程进行定义并实现对产品的控制，是为实现产品开发过程的自动管理提供的必要支持，也是对生产过程按一定规则进行计算机可处理的形式化定义的模型。例如，新产品开发一般需要经过如图 8-6 所示的几个阶段。在初样设计和定型过程中又包括若干个工作流程。一般产品设计包括设计、校对、标准化检查、会签和批准等五个阶段。工艺设计过程包括设计、校对和批准阶段。

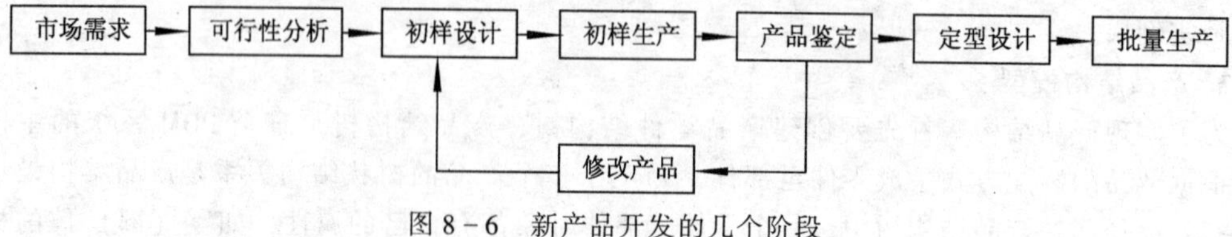

图 8-6　新产品开发的几个阶段

3. 工作流程管理的分类

工作流程管理一般可分为三类，分别是工作管理、工作流管理与工作历史管理。

(1) 工作管理。工作管理提供给用户一个工作环境，在这个环境中，用户可以非常方便地获取到需要的产品数据，而这些数据也包括工作流程管理中从其他设计人员或者其他工作阶段中传递过来的数据。

(2) 工作流管理。工作流管理是将业务流程的各个工作步骤建立成一个过程模型并存放在计算机中，替代原先书面形式的企业内部通信方式，采用电子周转文件夹将有关的工作文档和信息传送到相应的工位。

通常产品设计审批发放过程如图 8-7 所示，当设计人员完成了设计任务后，填写相应的申请表和说明书，将产品数据文件递交给校对和审批人员。校对人员完成签字后，再把该产品数据文件转交给下一阶段的审批人员。

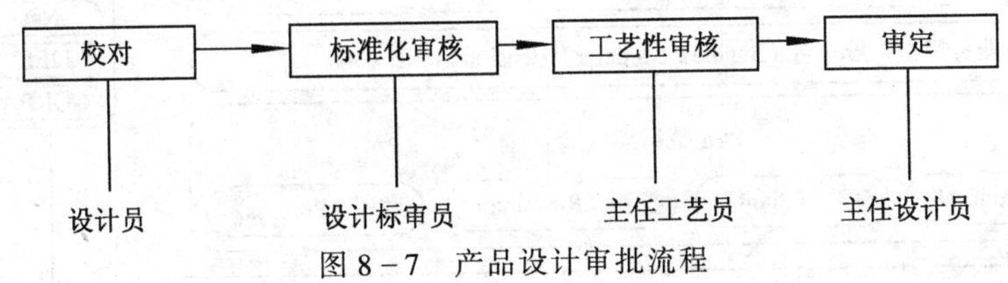

图 8-7　产品设计审批流程

在 PDM 系统中采用的是电子签名，电子会签不是审批人员手工签字或模仿签字，而是有权限审批人员打开审批界面后，依据审批界面上所按的按钮是同意、反对还是弃权来进行表决，其他人无权也无法进入审批界面，更无权去按这个表决按钮。所有审批签字和审批意见都是产品文档的一部分，采用电子记录的方式永久保存。

(3) 工作历史管理。在工作流程管理中，用户或一般的设计人员不仅关心对产品数据的操作功能要求、产品数据的处理状态等项目开发信息，而且可能需要了解产品数据在流动至当前的阶段以前，曾经进行过的处理及其结果的历史状态。工作历史管理提供了这样一种审查记录数据，包括保留和跟踪产品从概念设计、产品开发、生产制造直到停止生产的整个过程中的所有历史记录，帮助用户了解产品项目开发过程中的历史情况。

8.4.2　PDM 开发技术与平台

产品全生命周期管理是在工程数据管理的基础上逐步发展起来的，为计算机集成制造系统提供了新的信息平台和集成框架。PLM 在现代产品开发环境下，是一项为企业设计和生产构筑集成工作环境的关键技术。

在 PLM 领域处于领先地位的 Teamcenter 是 UGS 公司的旗舰产品。Teamcenter 通过统一的数据库进行存储、追踪和管理产品信息及过程，使相关人员能够准确、快捷地获得产品数据。图 8-8 所示为基于 Teamcenter 的 PDM 系统的四层体系架构。

Teamcenter 有两种客户端，分别是胖客户端和瘦客户端；同时也具有两种系统架构，分别是两层和四层。在两层结构中客户端的配置非常烦琐，而四层结构可以通过模板实现自动批量远程配置和自动更新，这样不仅满足系统部署和日常管理要求，使用性能也可以满足不同用户的需求。

Teamcenter 的四层结构具体包括：

(1) 客户层。由 TC 客户端组成。

(2) Web 层。运行 Java EE 应用服务器，负责客户层和企业层的通信。

(3) 企业层。由 TC C ++ 服务进程和一种服务管理器组成，来检索和保存数据到数据库。

(4) 资源层。由数据库服务器、数据库、卷和文件服务器组成。

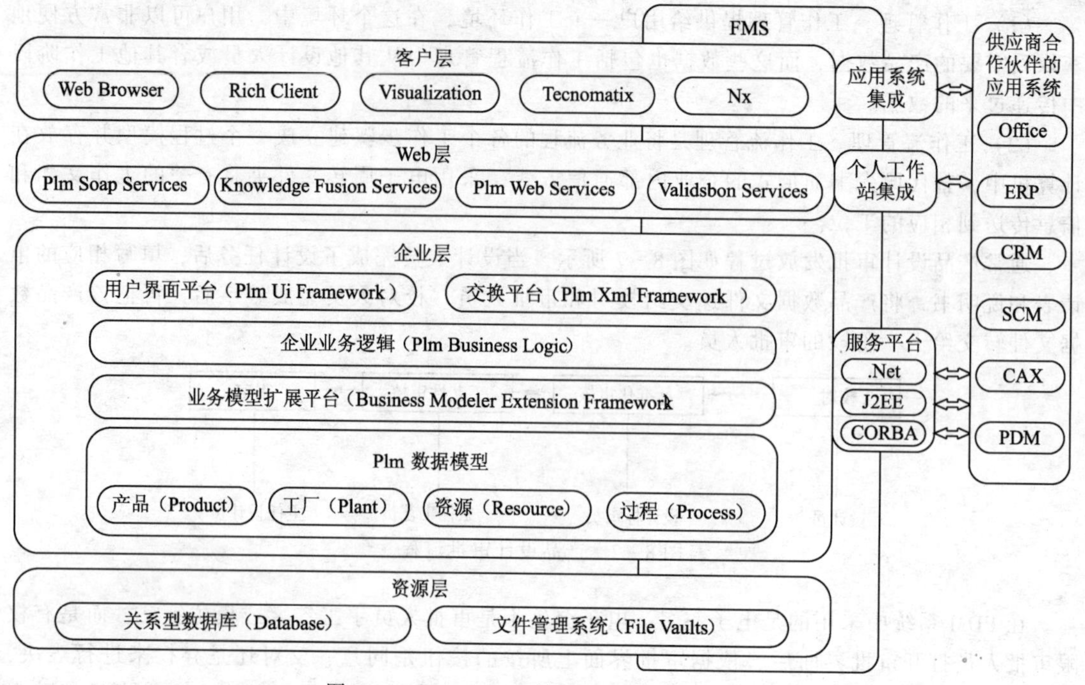

图 8-8　Teamcenter 的 PDM 系统体系架构

在布局时，可以将 Web 层、企业层、资源层放在同一台机器或不同机器上，小站点能将服务器池和服务器管理者运行在 Web 层的主机上，大站点能分布服务器进程在多个主机上，Web 层通过服务器池平衡负荷。

目前的产品数据管理系统所包含的功能不尽相同，各有特色，综合各种产品数据管理系统的功能，其主要功能可概括为以下八个功能模块：

（1）产品数据管理。建立统一的电子数据库，把产品（包括零部件）作为系统中的管理对象，建立统一的数据组织形式，将产品（零件）相关的所有数据，包括图纸、数模、技术文档、属性信息等存储在集中的对象中，数据对象在服务器上统一管理、存储、备份，确保产品数据的安全。同时实现数据的版本管理，能够追溯数据的历史版本。

可按权限进行相应数据的存取、查询，所有存取过程均有记录，可追踪数据访问历史，并通过检入、检出功能，防止用户对文件同时进行交互修改。通过多种数据查询方式，使数据共享透明化、同步化，解决数据取得困难、费时的问题。

（2）产品结构管理。实现可配置的产品结构管理，能够根据产品的不同特性进行差异化产品结构的搭建，必要时能够实现全配置的产品结构管理。实现产品结构与可视化数据关联，管理人员能用可视化工具直接浏览和批注产品数据；实现产品物料清单的维护，能够根据不同视图的产品结构输出相应的物料清单。

（3）产品分类管理。根据产品分类规则创建分类结构树，支持分类属性的定义，支持零部件的分类管理，实现按照分类属性查找零件，实现企业的知识积累，加大零部件的重用率。

（4）数据状态与审批流程管理。能够按照业务规则，区分产品的数据状态，表征产品的成熟度，并根据产品的成熟度执行相应的数据审批流程，实现电子化审批与电子签名功能，签核记录、流程的执行记录能够被翔实记录，并供用户检查。

（5）产品开发项目管理。能够按照项目进行项目进度、里程碑、交付物、阀点的管理，实现项目任务、项目计划的编排与完成情况跟踪。能够按照项目进行用户、角色的划分，实现团队资源分配、费用与成本核算及项目质量控制。支持项目管理统计报表需要的管理汇总报告。

（6）多CAD集成管理。与三维设计软件NX、Pro/E、CATIA、AutoCAD或其他特殊设计软件的集成，实现产品结构、数据属性的同步，支持多种CAD软件间的集成装配，支持多工具同步开发。

（7）电子样机管理。支持CAD数据转化为轻量化、可视化的数据，通过PDM客户端浏览器能直接察看和批注零部件的几何形状。支持轻量化数据的测量、剖切、干涉、虚拟装配等功能，并根据测量结果生成报告。

（8）制造工艺管理。提供工艺BOM的搭建、维护平台，实现工程BOM与工艺BOM的同步开发与协同工作，实现数字化产品工艺结构验证，并能够根据需求生成工艺BOM报表。

8.4.3 PDM技术集成方案

PDM系统的构造框架可分为应用框架和数据框架。这种构架突出强调了系统的功能、界面、标准、方法及结构。

8.4.3.1 应用框架

应用框架涉及PDM系统内部应用的设计和构造，它由三层组成：应用层、系统服务层和网络层。

应用层为用户提供各种应用功能及一致、友好的用户界面。它包括三个应用组件：

1. 应用层

（1）环境管理层全面控制应用功能单元的执行情况，为整个系统提供过程集成。

（2）应用功能单元层提供用户执行各种功能所需要的能力。应用功能单元与其他应用一起构成整个系统应用。

（3）应用服务单元层为系统应用的开发和执行及集成各种非PDM系统应用提供应用服务。应用服务单元独立于应用功能单元，以避免受应用技术变化的影响及减少软件开发费用和时间，提高代码可重用性，并在各应用间共享数据。

2. 系统服务层

系统服务层通过一致的接口以独立的方式提供访问分布式网络层的功能。它为存储在不同物理设备上的数据提供一致的逻辑表述。系统服务层独立于应用层，以避免数据位置变化时受到影响。它为用户提供一致的接口并允许应用层单元是可移植的、可互用的，它对功能和数据的物理位置是透明的。

使用系统服务层可保护在应用层软件上的投资。它允许改变数据表述而不影响应用层组件。系统服务层有五个组件：

（1）通信服务层提供独立于通信网络单元的数据传输服务，它通过通信网络单元传输数据。

（2）计算服务层为系统中的各种计算设备提供接口，它还具有提供监视计算资源使用情况的能力。

（3）表达服务层为所有输入/输出设备提供不依赖于设备的接口，为远程设备通过网络提供通信服务调用。

（4）安全服务层为系统所有单元提供安全和管理功能，如检查、验证、访问存取控制、数据传输及存储保护等。

（5）数据服务层为数据存储设备提供不依赖于设备的接口，这些设备通过网络进行物理配置，为远端设备提供通信服务调用。对于客户机/服务器体系，为应用提供不依赖于物理存储设备的一致的数据逻辑视图。数据服务必须支持在数据框架中所描述的逻辑数据框架组成的主要单元。

3. 网络层

网络层提供基本的计算和通信服务功能及对输入/输出设备的访问功能。这些设备包括数据存储设备和交互式终端及由通信设施互联的各种计算机。这一单元最有可能由于技术的提高而产生变化，因而通过系统服务层提供的标准界面，其特征对于应用层单元必须是不可见的。网络层有三个组件：

（1）输入/输出层提供从系统中发送和接收数据的功能，其硬件允许对各地的计算机系统进行操作。

（2）计算层执行计算机指令，管理、控制指令和过程的执行情况。

（3）通信网络层提供在计算机间和I/O设备间传输数据的功能，该组件包括硬件设备和物理传输媒介，它们将计算机和各种硬件联成一个分布式计算环境。

8.4.3.2 数据框架

数据框架涉及逻辑数据结构的建立。PDM系统内部各应用间的数据基于这一框架实现共享。通过建立和维护一个基于整个企业公共数据模型的应用，以减少数据转换器的使用。这一策略对应用框架内各单元提出了各种要求。数据框架和应用框架构成了一个完整的PDM体系结构。数据框架也分三层：应用层、概念层、物理层。

1. 应用层

应用层展示用户的数据视图。组成这一层的数据模型称为应用数据模型。几个应用可共享同一应用数据模型。应用间的数据共享通过下列方式完成：

（1）数据交换层在不符合公共数据模型的应用间传输数据的过程。中间文件交换协议是不同应用数据模型间的桥梁。应用必须使用转换器以从协议中读写数据。

（2）视图映射层在符合公共数据模型的应用间共享数据的过程。

2. 概念层

概念层的公共数据模型推动应用数据模型的发展。应用层和概念层的视图映射由接口软件提供。概念层表达了贯穿整个企业的公共数据视图，它为所有需要在系统内部应用间共享的数据提供单一、一致的定义和描述。这种公共数据视图比应用层和物理层的视图更稳定。组成概念层的数据模型存储在数据仓库中。应用框架中各单元的配置、运行和管理所需的信息由数据仓库提供一致的定义。这些信息包括系统配置、应用信息和安全策略等。

3. 物理层

物理层表达了数据库管理者的数据视图。这些数据存储在遍及整个企业网络的多个存储设备中，它包括记录或表的定义及在物理层和物理存储设备中移动数据的机制。物理层和概念层的视图映射由接口软件提供。物理层也提供下列信息：

（1）存储分配层分割和复制数据以获得最佳系统性能。

（2）查询分配层将查询和事物处理转换成任何数据服务单元都能理解的格式。

在集成化的开发环境下，PDM作为集成框架的功能非常重要，它使所构建的集成环境具有良好的可伸缩性，使企业可以按需要来定做各种特定系统。通过PDM可实现企业生产和管理上的优化组合，对于企业决策也能提供极大的帮助。CAD/CAPP/CAM集成系统信息复杂、联系紧密。在目前情况下，不同系统之间的数据交换问题尚未完全解决。在不同企业中，有着不同的工艺规范，企业往往依据自身的条件及传统，采用比较成熟的工艺技术。CAPP系统不仅需要产品的设计信息，还需要产品的工艺信息。但在许多CAD/CAPP/CAM系统中，CAPP系统从CAD系统中读取相关信息的能力不足，许多工艺信息仍需用手工方式输入。

在产品开发与生产中，技术人员使用的是二维工程图纸，由于二维图纸的多义性，在设计及生产中不可避免地会出现错误。随着计算机及实体建模技术的飞速发展，以三维实体模型为基础的产品设计及制造成为大势所趋。CAPP、CAM、有限元分析、虚拟装配、运动分析等也需要产品的三维信息。

PDM 系统可以把与产品整个生命周期有关的这些信息统一管理起来，它支持分布、异构环境下不同软硬件平台、不同网络和不同数据库。CAD、CAPP、CAM 系统都通过 PDM 交换信息，从而真正实现了 CAD、CAPP、CAM 的无缝集成。PDM 的核心功能之一是支持工程设计自动化系统。它对下层子系统进行集中的数据管理和访问控制，通过过程管理提供工作流控制。基于 PDM 统一的总控环境下的各功能单元可实现多用户的交互操作，实现组织和人的集成、信息集成、功能集成和过程集成。

由于 PDM 的开放性，可实现产品的异地、异构设计。它对产品提供单一的数据源，并可方便地实现对现有软件工具及新开发软件工具的封装，便于有效管理各子系统的信息。它提供过程的管理与控制，为并行工程的过程集成提供了必要的支持。并行工程包括所有设计、制造、测试、维护等职能的并行考虑，PDM 作为客户/服务器结构的统一信息环境，它提供了支持并行工程运作的框架和基本机制。以 PDM 作为集成框架的 CAD、CAPP、CAM 的面向并行工程的集成将更加有效。

8.5　CAD/CAE/CAPP/CAM 与 ERP 协同应用

产品数据管理系统和企业资源管理系统的集成，使设计、生产、采购和销售等部门间的沟通和交流成为可能，促进不同功能之间的协调，减少手工干预并减少错误。以往，PDM 系统是由工程部控制和支持的，而 ERP 系统被普遍认为是负责生产甚至是所有的业务运行。因为两种系统都有了扩展并扩大了范围，于是就产生了一些问题，特别是重合的部分。最大的重合部分在用户声明和 BOM 表的相关数据上。当两个系统维护它们各自版本的关键数据时，发生冲突的可能性将一直存在。进行集成时必须首先面对这样一个问题：哪一个系统为主导，哪一个系统为从属？PDM 的基本观点是管理与产品有关的从原理设计到产品废除之间的所有信息，早期的系统专注于控制工程变动订单（ECO）的流程，现今的系统有了更多的柔性，并可以支持任何类型的工程设计流程。虽然市场上的许多 PDM 产品的功能各有不同，但有些功能是普遍都存在的：

（1）设计发放管理，包括检入和检出相关的设计数据，建立数据间的联系，设置安全机制和权限控制。

（2）零件清单、BOM 表和产品关系特性的管理。

（3）设计流程，例如变动订单的管理，随时把变化传输到相应的部门加以确认，追踪确认流程中的进展情况。

（4）使用多种查询标准来寻找并得到已存在设计。

8.5.1　典型 PDM 系统

8.5.1.1　开目 PDM 系统概述

基于对制造业企业信息化的深刻理解，开目 PDM 解决方案致力于为企业构建一个从产品概念设计到生产制造、有利于快速产品创新的、易于使用和可升级的、基于协同的虚拟产品开发环境。在该环境中，用户可以对产品的设计、制造、交付和服务的过程进行构思、策划、管理和分析，高效地进行产品开发，提高产品质量，降低成本，并缩短上市周期。

开目 PDM 对复杂的产品数据进行合理组织和有效控制，使企业中的每个人都能方便地访问到正确的产品信息，同时确保数据的完整性、一致性和安全性。帮助企业建立良好的知识体系结构，在充分利用已有知识财富的基础上快速创新。

支持面向模型的模块化、系列化和参数化的产品设计方法，提供快速产品配置和变型设计能力，从而使企业能为客户快速提供个性化的产品。有效管理产品设计和工艺数据，实现设计、工艺、制造的一体化管理。

开目 PDM 的过程管理将产品设计、工艺规程编制、CAM 数据生成、生产制造控制等工作紧密联系起来，实现企业业务流程的规范化和自动化。在项目管理中应用并行工程原理，使分散的团队成员共享各种各样的信息资源，帮助用户在产品全生命周期的各个阶段都能够基于协同平台实现对项目的规划和管理，缩短产品开发周期。工作流管理使诸如文档发布过程、工程更改过程等更加流畅和规范，提高了工作效率，并减少差错。

开目 PDM 在具有高度扩展性的基础架构之上，为企业提供专业化的行业解决方案。例如在军工和航天行业解决方案中，透彻地贯彻了有关标准规范，包括数据格式标准、流程标准和安全控制标准等，强调数据的可靠性和可追溯性；在汽车行业解决方案中，重视产品的模块化、零部件的标准化、灵活的产品配置，最大限度地降低成本；在专业设备制造行业解决方案中，支持快速变型设计，实行并行工程，达到缩短开发周期和快速响应市场需求的目的。

8.5.1.2　开目 PDM 系统的核心功能

开目 PDM 系统是制造业信息化解决方案的核心平台，无缝集成多种 CAx 系统、ERP 系统以及 Office 等其他应用系统，在产品全生命周期内统一管理各种数据资源及设计过程。开目 PDM 是一个柔性的、开放的系统平台，通过快速订制可为企业提供专业化的行业解决方案。如图 8-9所示为开目 PDM 功能模块示意图。

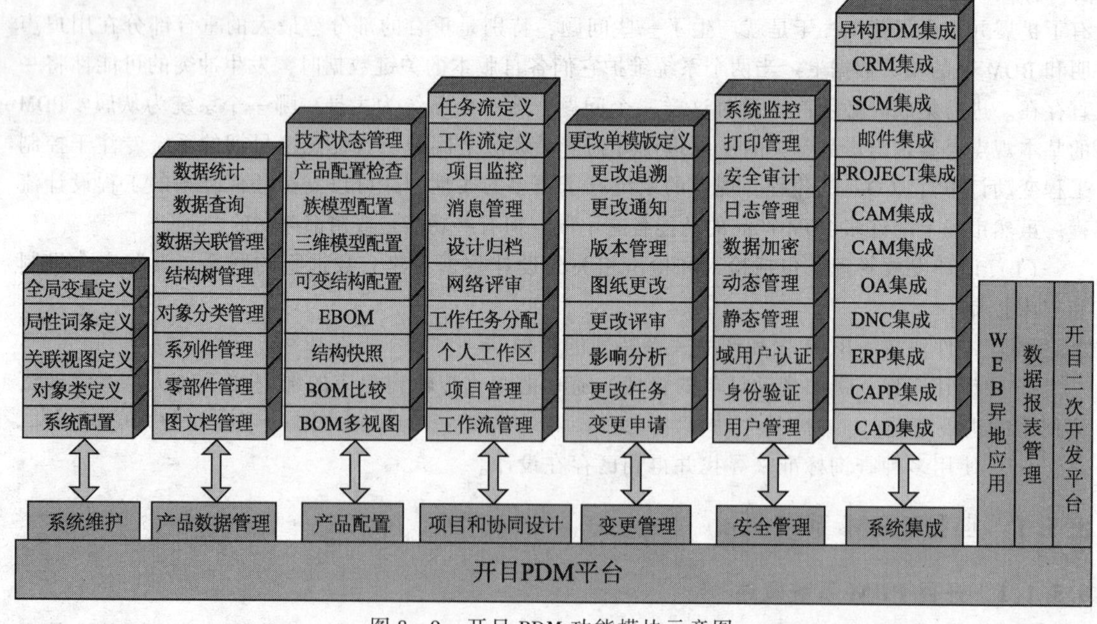

图 8-9　开目 PDM 功能模块示意图

开目 PDM 具有的功能包括对象管理、文档管理、产品结构管理、系列件管理、工艺数据管理等。

1. 对象管理

（1）基于对象模型组织产品数据。开目 PDM 解决方案采用对象模型作为产品信息的基础构架。产品数据被封装成对象，一个对象包含一组彼此之间关系紧密的信息，是逻辑上不可分的整体。开目 PDM 将对象作为一个整体进行管理和操作，确保数据的完整性和一致性。

在开目 PDM 中，将零部件、工艺路线、工艺规程、产品配置快照、NC 程序、质量控制文档、业务单据、汇总报表以及其他文档都封装为对象，实现对产品生命周期各阶段、各方面信息的全面管理。

（2）产品信息分类管理和快速检索。可自定义对象分类体系，可以从不同角度建立对象的多种分类体系。不同类别的对象具有不同的属性集和内在数据结构。将零部件和其他产品数据进行分类，构建企业产品数据库。

以此为基础实现快速检索。数据检索包括分类检索、特征检索等方式，支持模糊查询。在用户进行产品开发时，能通过类别和特征值快速找到与需求相符或相近的零件或其他技术资料，提高知识重用率，促进设计的标准化与规范化。

（3）基于产品结构和对象关联将产品数据联系起来。以产品结构为核心，通过网状的对象关联，将与产品有关的所有设计文档、工艺文档、质量控制文档、NC 程序和其他文档联系起来，成为一个结构清晰、联系紧密、查找方便、易于追溯的有机整体。

（4）对象生命周期管理。一个产品数据对象，从产生到消亡，要经历一系列生命周期过程，包括新建、工作、预发布、发布、废弃等状态，并可在工作流程的驱动下自动改变状态。不同状态下，各种角色的用户对它的访问权限不同。

（5）对象版本管理。一个对象经过修订后产生新版本，每个版本用版本号标志，PDM 系统维护对象的版本关系清晰地反映对象的版本变迁轨迹。

产品各级零部件之间、设计数据与工艺数据等其他类型数据之间，存在版本选配关系。开目 PDM 提供精确版本关联、版本有效性规则、版本批量替换等手段，支持用户不同的版本管理策略，控制对象版本的正确使用。

2. 文档管理

有效管理产品整个生命周期中所有的文档，可以包括 Office 文件、MCAD 工程电子图档、ECAD 设计文档、工艺文件、工程分析及测试、验证数据、图像文件等。对这些列入管理的产品相关数据和文档，可以实现以下操作：

（1）文档创建。可使用定制的多种文档模板，创建具有标准化的格式的文档。

（2）文档编辑。通过激活文档的编辑软件或内置的编辑视图，完成文档内容的编辑。

（3）文档检出/检入。将要编辑的文件检出到本地，并在系统中标识为检出状态，完成编辑后检入文件并解除检出状态，实现文档编辑的并发控制。对于数据库型的文档，则体现为对数据库中相关数据内容的加锁/解锁。

（4）文档浏览。使用浏览器浏览文档内容。KMPDM 集成了多种内部浏览器，可以在 PDM 界面上直接浏览多种文档格式，不需要启动编辑软件。也支持使用外部应用程序浏览文档，浏览时文档是只读的。

（5）文档标注。使用具有标注功能的浏览器或应用程序对文档进行标注，自动维护文档与标注信息之间的关系。支持多角色标注，对某些文档可自定义分角色的标注颜色。

（6）文档打印控制。除了通过常规的权限管理控制文档的打印，KMPDM 还提供专门的打印审批机制，控制重要文档，如图纸和工艺卡片的打印。提供集中的打印队列，实现集中打印，并支持智能拼图打印。

（7）文档下载。将系统数据库中的文档下载到本地。对某些数据库形式的文档，可指定下载时转换成什么文件格式。

（8）文档批量入库。文档批量入库功能能高效处理大量的历史图文档。入库时系统自动判断文档类型，创建文档对象，对可识别的设计、工艺、Office 等类文档可自动提取信息写入对象属性。对二维、三维 CAD 图纸，还可自动创建零部件对象，建立产品结构树和零部件族等复杂数据结构。

3. 产品结构管理

产品结构管理具有为设计和生产的需要创建和操纵 BOM 表的功能，并以图形化的方式提供产品结构的浏览功能。每一个产品结构定义了在产品的特定版本中使用的部件零件的关系模型，而每一个部件或零件与 CAD 模型、CAPP 文件、CAM 文件、Office 文档等都相关联。

（1）模块化的产品结构。产品结构表达了产品是如何由零部件构成的。基于对象模型的产品结构是完全模块化的，这为灵活的产品配置、提高零部件复用率和保证数据一致性奠定了基础。

（2）可变产品结构模型和产品配置。可变产品结构模型用于表达组合产品的多种设计方案，它包含多方面的可变因素，例如选装件、替换件、可变结构数量、可变结构属性等。还可以定义配置变量和配置规则，实现自动化配置。在可变产品结构模型的基础上，可以根据具体的订单要求，进行快速结构选配，生成精确的产品结构，满足客户的个性化需求。

（3）产品结构快照。产品配置的最终结果，是一个精确的产品结构，用于后续的制造过程。将这个精确的产品结构保存为一个产品结构快照，与具体生产批次或订单联系，实现产品结构数据的追溯。

（4）产品结构比较。对于相似的产品结构，例如经过变型设计得到的不同产品型号，或者基于同一个可变产品结构模型产生的不同配置结果，可以进行单层或多层的结构比较，清晰地显示产品结构的差异。

（5）BOM 多视图。产品结构管理贯穿于产品生命周期的各个环节，如设计、工艺、制造、维护等，在产品生命周期不同阶段，不同角色的人员从不同的角度，看到的产品结构关系是不一样的。这就是产品结构的多视图。KMPDM 提供产品结构的不同 BOM 视图，并提供产品结构视图之间的辅助转换和一致性维护功能。

（6）多层对象关联视图。用户可以自定义某种视图，用多层树的方式显示对象之间的多层关联关系。每一个对象的下级节点是该对象的关联对象。根据视图定义的不同，在同一个对象上打开不同的关联视图，看到的关联树是不一样的。满足用户根据不同的需要观察对象之间关联关系的要求。一个对象的某种关联视图，就是对一个对象的全关联树（逐级显示树上每个对象的全部关联对象的多层树）进行筛选，只显示对象的部分关联对象的结果。一个对象要显示哪些下级关联对象，在关联视图定义中按对象类指定要显示的关联关系名称。

（7）零部件何处使用查询。零部件何处使用查询功能帮助用户找到使用了某个零部件的所有产品，并能定位到产品中使用该零部件的每一处结构位置。

4. 工艺数据管理

工艺路线管理设计部门完成图纸后，工艺部门先为零部件制定工艺路线，根据工艺路线分派工艺编制任务，由各专业工艺组编制工艺规程文件。将工艺路线作为联系零部件和工艺规程的纽带、工艺专业分工的依据和零部件车间流转的指导，这种模式称为二级工艺管理。我国大中型制造业企业大多采用这种工艺管理模式。KMPDM 具有方便的工艺路线编制功能，能成批快速编制工艺路线；支持基于工艺路线的自动化工艺编制任务分派。

(1) 设计数据传递到工艺系统 KMPDM 紧密集成设计和工艺过程，将设计信息自动传递给工艺系统，减少数据的重复输入，并自动维护数据一致性。传递给工艺系统的设计数据包括产品结构明细、零部件属性、零部件图纸等。

(2) 典型工艺和工艺知识库管理在 PDM 中建立典型工艺路线库和典型工艺规程库，在编制工艺数据时方便的引用典型工艺数据，可以大幅减少数据输入工作量。KMPDM 支持建立工艺知识库，包括各种工艺规范、标准、图表、计算公式、定额数据等，不仅可以提高工艺编制的效率，还可以保证工艺数据的规范性和准确性，提高工艺质量。

(3) 通用工艺管理有些企业的产品相似性强，没有必要针对每个零部件编制单独的工艺卡，而是使用通用工艺指导生产。KMPDM 的通用工艺管理能帮助用户快速找到适合于新设计的零部件的通用工艺，避免不必要的工艺编制工作。

(4) 参数化工艺在参数化设计的基础上实现参数化工艺，建立参数化工艺模型。编制工艺时可以自动获取设计参数，只需要输入少量工艺参数，即可在参数化工艺模型基础上，自动生成完整的工艺数据，极大地提高工艺编制效率。

5. 工作流管理

KMPDM 系统不仅要管理产品数据，还要管理产品数据的产生过程。规范的过程是企业内不同部门乃至跨企业的人员协调有序地、高效率高质量地工作的保证。借助计算机来管理企业的各种业务过程规范，自动或半自动的执行这些过程，以实现业务过程的规范化和自动化，是工作流管理的目的。KMPDM 系统对与产品定义数据有关的过程进行建模，通过工作流驱动和控制产品数据的处理过程。

(1) 过程建模 KMPDM 系统提供直观的可视化建模工具，定义与不同的产品数据类型和任务类型相对应的工作流模型，将实际的业务过程规范转化为计算机化的过程定义。一个工作流模型包含若干处理步骤，各步骤之间的逻辑顺序关系和触发条件，各步骤的执行者角色和对产品数据的操作权限，产品数据的状态改变，步骤的默认执行者等内容。

(2) 工作流运行控制工作流运行控制完成工作流实例的初始化和执行过程控制，并在需要人工介入的情况下完成与操作人员的交互。一个用工作流驱动完成的任务就是一个工作流实例。在创建任务时，系统选择规定的工作流模型，完成工作流实例的初始化。在工作流的执行过程中，产品数据在各个步骤之间传递，每一步对产品数据进行规定的操作，并改变产品数据对象的状态。工作流的执行伴随着信息流和控制流。工作流引擎判断过程的触发条件，自动推动过程的执行。工作流推进到一个步骤时，自动将该步骤任务发送到执行者的任务信箱，并发送消息通知有关人员。在分派任务的同时，自动进行操作权限的动态授权和回收。PDM 系统保存工作流的执行历史和有关信息，用于过程审计和追溯。

8.5.2　PLM 管理系统

8.5.2.1　ENOVLA MatrixOne PLM 简介

过去十几年，ENOVIA MatrixOne 主要致力于 PLM 策略和解决方案的研究，曾经为 GE、Deere、P&G、TOSHIBA、HONDA 等众多世界顶尖公司提供了 PLM 环境，协助这些公司优化全球产品价值链、降低成本、加快新产品上市的速度。

这些大公司利用 ENOVIA MatrixOne 环境取得成功的关键在于，ENOVIA MatrixOne 方案集成了上文所述的 PLM 方案的五种关键功能，ENOVIA MatrixOne 平台的核心技术以及在此平台上运行的各种基于流程或基于项目任务的应用程序都具备这些功能。其核心部分为 ENOVIA MatrixOne 平台，这一平台应用灵活、升级方便，使得 ENOVIA MatrixOne PLM 成为世界领先的大公司解决方案。

ENOVIA MatrixOne 10 PLM 环境为企业提供了 PLM 所必备的关键功能，它集成了以下四个程序，分别是 ENOVIA MatrixOne PLM 平台、协作应用程序、生命周期应用程序以及 PLM 建模工作室。

8.5.2.2 EN0VIA MatrixOne PLM 平台

ENOVIA MatrixOne 平台是 ENOVIA MatrixOne 10 总体环境的基础，也是 PLM 应用程序、企业流程建模功能及第三方系统集成功能的主要引擎。Matrix PLM 基于标准设计，升级方便，支持全球及企业内部部署，同时支持价值链内的跨企业协作。

ENOVIA Mat ri xOne 提供开放性及基于世界级标准的支持，但并不影响企业价值链的信息安全。且提供高级 LDAP 集成，所有用户只需一次登录即可进行变通认证及管理。此外，还支持数字证书以及使用高级双因子智能卡对所有用户进行验证，从而提供额外的安全保障。这样，公司就可以不断与新的供应商或合作伙伴进行协作而无需为安全问题或知识产权可能受到损害而担心。

因为 ENOVIA MatrixOne PLM 解决方案从众多企业信息系统获取数据并对其进行优化，因此 ENOVIA MatrixOne PLM 平台的关键在于集成。这一平台包括集成交换框架，使各企业可以根据标准，通过多个第三方桌面制作工具（包括 MCAD、ECAD 及办公工具）进行集成，从而大幅降低配置及 IT 支持的成本。此外，各企业可以利用此平台的 XML 通信功能将 ENOVIA MatrixOne 10 连接到 ERP、SCM、CRM 等其他第三方企业系统，从而利用这些系统获取更大利益。

最后，ENOVIA MatrixOne 10 提供 XML API 组，可以与 XML 交换机进行开放式通信，并全面支持经由 WSI 及 WSDL 接口网络服务。

8.5.2.3 ENOVIA MatrixOne 协作应用程序

ENOVIA MatrixOne 协作应用程序允许位于不同地区的团队通过访问有关产品、程序、项目及规格的实时、详尽的信息保持联系。各团队可实时了解与质量密切相关的产品或项目的规格、风险、财务状况、预期与实际状况。所有应用程序的反馈信息集成到一个联机数据库，需通过一个通用接口访问。用户可以轻松组建跨部门的团队，并了解团队成员对活动、任务和依从关系的观点。

由于公司管理人员可以非常便捷得到相关信息，公司可以实时了解多项目运行、执行、资源管理情况，从而可获得以下益处：

（1）更快地做出批准或否决的决策，从而可以放弃那些收益甚微的项目，保证高投资回报率，以及多项目资源管理。

（2）产品/项目结果更具可预见性。

（3）为最重要的项目合理配置资源。

（4）决策周期缩短，产品质量得以提高，创新能力增强。

8.5.2.4 ENOVIA MatrixOne 产品生命周期应用程序

ENOVIA MatrixOne 产品生命周期应用程序为项目管理、产品规划、产品开发、产品采购及生产许可过程中的特定角色提供相应的功能。这些功能的应用程序涵盖了产品由项目、概念的产生到产品发布的整个生命周期，它解决了企业中承担不同角色的知识型工人的具体需求。鉴于这些程序是专为 ENOVIA MatrixOne 平台开发的，相互之间以及与协作程序之间都实现了无缝集成。因此，某一程序对产品相关信息作出的修改可以立即在另一程序得以反映。这对维持价值链中信息的一致性是至关重要的。以下简要介绍基于角色的生命周期的主要应用程序：

（1）ENOVIA MatrixOne Program Central 为企业开展多项目管理，提供项目规划模板、资源冲突管理以及项目分解、项目跟踪、成本管理、风险分析、项目审批等功能，确保企业项目能够实现进行监控和管理。

（2）ENOVIA MatrixOne Product Central 产品中心允许用户在公司及全球价值链中进行电子化定义、编辑、管理和查看产品定义。用户可以利用这一程序创建产品要求和功能，并就此进行协作，也可以创建普通物料清单和与工程部编号、文件、信息和工艺流程有关的产品结构。借助 ENOVIA MatrixOne 产品中心，企业可以保证产品满足客户的全部需求；在产品生命周期的早期交流客户要求并反复验证概念设计，从而降低单位成本；保证产品配置符合最新产品定义，从而降低返工率。

（3）ENOVIA MatrixOne Specification Central 产品规格中心是根据行业最佳实务等行业中的佼佼者的专有技术而开发的。用户可以通过一个全球管理系统管理所有产品规格，也可以设计、修订、审批及发布产品规格。借助 ENOVIA MatrixOne 产品规格中心，用户可以缩短产品及其包装的开发过程；改进产品初次质量，减少产品召回率；协助客户跟踪高成本的物料；避免因为供应商的通信错误导致的错误；在全球公司推行规格标准。

8.5.3　以 MBD 为核心的产品数据管理

MBD（Model Based Definition），即基于模型的定义，有时也被称为数字产品定义，是一种面向计算机应用的产品数字化定义技术，其核心思想是用一个集成的三维实体模型来完整地表达产品定义信息，实现面向制造的设计。MBD 改变了传统的由三维实体模型来描述几何信息，而用二维工程图来定义尺寸、公差和工艺信息的产品数字化定义方法。同时，MBD 使三维实体模型成为生产制造过程中的唯一依据，改变了传统以二维工程图纸为主，而以三维实体模型为辅的制造方法。采用 MBD 技术定义的三维实体模型又叫 MBD 数据集，分为装配模型与零件模型两种，其组织定义如图 8－10 所示。

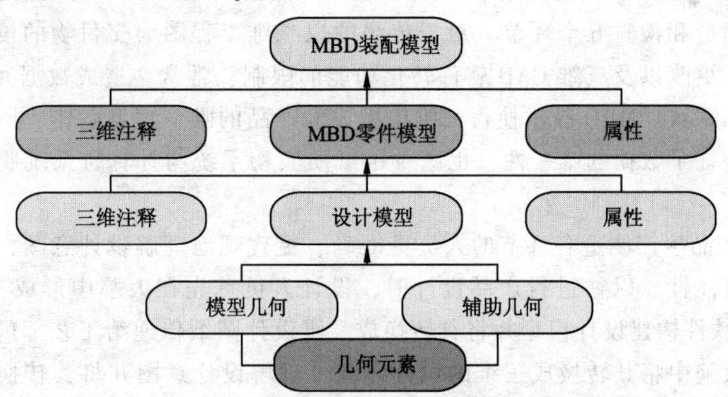

图 8－10　MBD 数据集的组织定义

MBD 零件模型一般由设计模型、三维注释和属性组成。设计模型以简单几何元素构成，并用三维图形的方式描述了产品几何形状信息。三维注释和属性统称为非几何信息，前者包含了产品的尺寸与公差范围、制造工艺和精度要求等生产必须的工艺约束信息，后者则表达了产品的原材料规范、分析数据、测试需求等产品内置信息。而 MBD 装配模型则是由一系列 MBD 零件模型组成的装配零件列表加上以文字表达的非几何信息（包括配合公差、BOM 表等）组成。

1997 年，美国机械工程师协会在波音公司的协助下发起了三维标注技术及其标准化的研究，并最早于 2003 年形成了美国国家标准“ASME Y14.41—2003 Digital product definition data practices"。2006 年，ISO 组织借鉴 ASME Y14.41 制订了 ISO 标准草案 "ISO 16792—2006 Technical product documentation - Digital product definition data practices"，为欧洲以及亚洲等国家的用户提供了支持。2009 年，我国 SAC/TC146 全国技术产品文件标准化技术委员会以 ISO 16792 为蓝本，制定了 GB/T 24734.1 ~ 24734.11—2009《技术产品文件数字化产品定义数据通则》在软件实现方面，国际主流的知名的工业软件供应商 Dassault、Siemens、PTC 等公司分别在自己的 CAD 产品中实现了三维标注等 MBD 相关功能模块，使得产品设计和制造过程最终摆脱二维工程图的束缚成为了可能。在技术应用方面，国外发达国家在航空产品的设计领域，都已实现了 MBD 技术对传统生产方式的改造，如美国空军 JSF 战斗机和空客 A380 的研制都是成功的范例。最典型的是波音公司，作为 MBD 技术的发起者之一，它制定了基于 MBD 技术的应用规范——BDS - 600 系列，并在 2004 年的波音 787 项目中大规模采用了这一技术，使得研发周期缩短了 40%，工程返工减少了 50%，带来了巨大的利益。近年来，波音公司在战神航天运载工具和 C130 中，采用 MBD、MBI 技术使得装配时间缩短了 57%，引发了三维数字化设计制造的第二次浪潮。作为上游企业，波音公司在合作伙伴中也全面推行了基于模型的数字化定义技术。

我国的 MBD 全三维数字化设计也是从波音公司的转包生产中开始逐步发展起来的。如今在我国航空航天工业中，"三维模型下车间" 等设计模式正在如火如荼地展开，基于 CATIA、UG、Pro/E 的全三维设计规范也在不断完善，应用水平也比较高，在飞机、卫星、火箭等典型产品的生产上也基本打通了整个数字化设计制造数据链。同时，在大型装配制造业中，南车集团、北车集团等在高速列车的设计生产中，也正在全面推行 MBD 全三维数字化设计工作。

从国内外 MBD 技术的应用情况中可以清楚地看到，MBD 技术所带来的一系列提升是以往任何技术进步所无法实现的。和传统的以二维工程图为交付物的设计方式相比，MBD 技术有着巨大的优势

（1）MBD 技术摒弃了二维工程图，使三维数字化模型成为生产制造过程中的唯一依据，保证了数据的唯一性，减少了重复劳动。一般来说，产品的研制需要经历产品设计、工艺设计、工装设计、产品制造和检验五个环节。对于传统的以二维工程图为交付物的设计方式，由于设计上游的需求不断更改以及三维 CAD 软件转化功能的限制，常常会造成数据冗余、冲突，导致二维和三维数据不一致。MBD 技术使得三维模型成为产品的唯一信息载体，所有工作都将在三维环境下完成，保证了数据的唯一性，也减少了纸质实物系统与计算机系统脱节而造成的重复性劳动。

（2）可以使产品生产制造各环节的人员更准确、更直观地理解设计意图，降低了因理解偏差而导致出错的可能性。以往进行产品设计时，设计人员首先在大脑中形成三维的设计意图，再利用三维 CAD 软件构建设计模型并将其转换成二维设计图纸传递给工艺部门；工艺人员拿到设计图纸后，在大脑中将其转换成三维的设计印象，理解设计意图并将其转换成二维工艺规程传递给工装设计部门；工装设计人员拿到工艺规程后，同样也要在大脑中形成三维的设计印象，理解设计意图并进行工装设计，最后传递给下游的制造部门；生产现场的操作人员同样根据前面的设计图纸理解设计意图并在头脑中形成三维的设计印象，最终将其加工出来。整个过程烦琐、低效，而且任何一个环节的理解偏差都会导致最终产品不合格。而 MBD 是一种 "所见即所得" 的数字化定义技术，所有技术人员或操作工人无需人工阅读二维图纸，而是从三维模型中直观地理解设计信息，这种三维的数据表达方式更能准确、直接地反映设计者的设计意图，并被其他使用人员所理解，减少理解偏差导致出错的可能性

（3）大大缩短了产品表达的时间，从而缩短研制周期、降低成本。产品设计人员普遍感觉，由于三维建模技术的逐渐成熟，现在三维实体造型、装配非常方便，但是由于软件标注功能的

限制，设计人员往往要花费大量的时间来进行二维工程图的转换和标注，如创建视图、修改图线可见性等等，有的甚至需要重新绘制，这部分工作量大致占整个产品设计工作量的70%以上。而采用MBD技术，设计者就可以直接在三维环境下进行标注，大大缩短了产品表达的时间进而缩短产品研制周期、节约成本、提高资源利用率。

(4) MBD技术带来的便利也极大地推动了并行工程的开展。传统的设计模式中设计、工艺、工装、检验和制造是分离的，而在MBD全三维设计中，工艺、工装、检验和制造等专业技术人员提前介入设计阶段，在一个产品模型上协同工作，实现有效的沟通，既可以及时发现和纠正设计错误，提高设计效率，又可以使产品具有良好的工艺性，提高产品的可制造性。

习　题

1. 简述PDM的概念与定义。
2. 简述PDM与CAD/CAM/CAPP的集成。
3. 简述PDM与ERP的集成。
4. PDM是如何实现工作流程管理的？
5. 开目PDM的主要功能有哪些？
6. 简述以MBD为核心的产品数据管理的概念。

第9章 CAD/CAM领域新技术

【教学目标】

了解CAD/CAM领域最新技术进展和基本原理，掌握其基本概念；通过学习本章内容拓宽CAD/CAM原理与技术知识面。

【本章提要】

本章内容主要涉及参数化设计、虚拟样机、虚拟现实、协同CAE、逆向工程与快速成型、云制造、网络化制造、虚拟制造等CAD/CAM领域新技术的基本概念、基本原理、关键技术、技术应用和发展状况。

9.1 参数化设计

9.1.1 参数化设计概述

传统的CAD系统所构造的模型是几何图素（点、线和圆等）的简单堆叠，仅仅描述设计产品的可视形状，不包含设计者的设计思想，因而很难对模型进行修改以生成新的产品实例。在产品设计初期，由于边界条件的不确定性和人们对产品本身了解的模糊性，很难使设计的产品一次性满足所有设计条件，这就需要不断修改产品的形状和尺寸，以逐渐满足各种条件。因此，在设计中，往往一个微小的修改就会导致之前大量工作的作废，使设计人员陷入大量重复的绘图工作中。

设计过程的上述特点要求产品结构的表达方式应具有易于修改的特性。在传统CAD中，平面图形或三维模型中各几何元素的关系相对固定，不能根据设计意图施加必要的约束。由于没有足够约束，当尺寸变化时容易引起形状失真。因此，修改模型需要使用大量的编辑、删除命令。这种“定量”表达方法具有很低的图形编辑效率。参数化设计方法正是解决这一问题的有效途径。

参数化设计（Prametric Design）是一种全新的思维方式来进行产品的创建和修改设计的方法。它的核心是用约束来表达几何模型的形状特征，定义一组参数以控制实验结果，从而能够通过调整参数来修改设计模型，并能方便地创建一系列在形状或功能上相似的图案。它主要的特点：基于特征、全尺寸约束、全数据相关、尺寸驱动设计修改。目前能处理的几何约束类型基本上是组成产品形体的几何实体公称尺寸关系和尺寸之间的工程关系。

参数化设计与传统方法相比最大的不同在于它储存了设计的整个过程，设计人员的任何修改都能快速地反映在几何模型上，可真正实现按照设计人员的意愿动态的、创造性的进行新产品的设计，从而使设计人员从大量繁重而琐碎的绘图工作中解脱出来，大大提高设计速度。如图9-1所示的参数化模型大小由四个尺寸参数确定，通过改变四个尺寸的值，便可得到不同的三维模型。

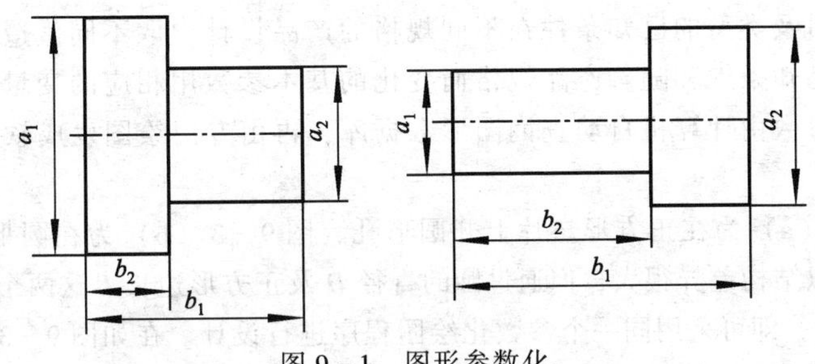

图 9-1　图形参数化

9.1.2　参数化设计原理

进行参数化设计时，首先要分析图形的特点，通常图形的描述可以分成三个部分，包括图形的拓扑关系；图形的几何参数（如点的坐标）；建立几何参数与图形结构参数（如图形的长、宽等）之间的关系，即建立图形几何尺寸和结构尺寸的关系，此时尺寸约束作为变量来定义。在工程设计中，所有图形都可以分解为点、直线、圆和圆弧这四种基本图元，在二维图形中，几何信息表示为图形元素的关键点（如点的坐标、直线的起点和终点、弧的起点和终点和圆的圆心），基本图元用多种参数表示，将这些拓扑关系及控制变量的信息编成程序，即可设计出一组形状功能上具有相似性的产品模型，当修改图形数据库时即可生成不同尺寸的图形实体。参数化设计也可称为参数化编程，其实质就是将图形信息记录在程序中，即用变量记录图形的几何参数；用程序表达几何参数与结构参数之间的关系；用绘图语句来描述图形的拓扑关系，如图 9-2 所示。

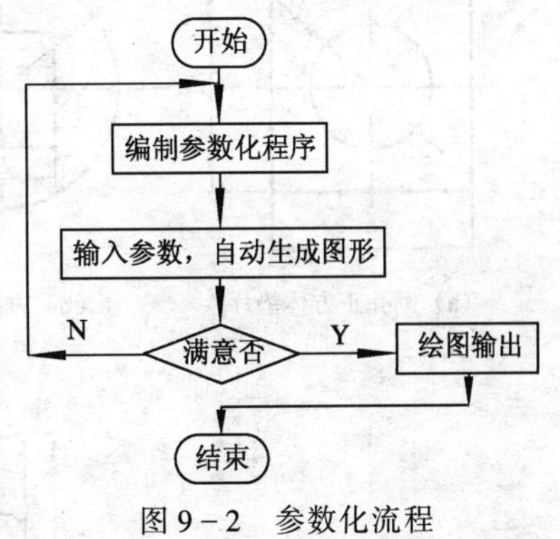

图 9-2　参数化流程

9.1.3　参数化设计主要技术

9.1.3.1　尺寸驱动法

尺寸驱动法（Dimension - driven Method）是指先用一组参数来定义几何图形的尺寸数值并约定尺寸关系，然后提供给设计者进行几何造型使用。其参数的求解较简单，参数与设计对象的控制尺寸有明显的对应关系，设计结果的修改受到尺寸驱动。

尺寸驱动法的主要设计思想是一个确定的几何形体主要由两类约束，即结构约束和尺寸约束构成。其中，结构约束是指那些不可被修改的拓扑或其他约束，例如平行、相切、垂直、对称等；尺寸约束包含了几何形体的度量信息，它控制了图元的坐标、长度或半径以及图元之间的位置与方向等。这些尺寸约束及结构约束反映了设计时要考虑的因素。尺寸驱动法就是根据尺寸约束，用计算的方法自动将尺寸的变化转换成几何形体的相应变化，并且保证变化前后的结构约束保持不变。

尺寸驱动的几何模型由几何元素、几何约束和几何拓扑三部分组成。当修改某尺寸时，系统自动检索该尺寸值进行调整，得到新模型；再检查几何元素是否满足约束，如果不满足，在拓扑关系保持不变的前提下，按尺寸约束递归修改几何模型，直到满足全部约束为止。

对于系列化、通用化和标准化的定型产品（如模具、夹具、液压缸等）这些产品设计所采用的数学模型及产品的结构都是不变的，所不同的是产品的结构尺寸有所差异，而结构尺寸的差异是由于相同数目及类型的已知条件在不同规格的产品设计中取不同值造成的。这类产品进行设计时，可以将已知条件和随着产品规格而变化的基本参数用相应的变量代替，然后根据这些已知条件和基本参数由计算机自动查询图形数据库，再由专门绘图生成软件自动地设计出图形并输出到屏幕上。

例如，图 9-3（a）为在正方形垫片上开圆形孔，图 9-3（b）为在圆形垫片上开方形孔。这两个零件虽然看似结构差异很大，但通过圆的直径 D 及正方形边长 L 这两个变量的变化可以使这两种结构相互转化，即可采用同一个参数化绘图程序进行设计。在如图 9-3(c) 和图 9-3（d）所示，通过设置参数可以改变法兰盘上的孔的数目和排列类型，甚至用圆周分布的其他元素代替孔都可以通过参数来设置。又如图 9-4 所示，图形以 P 为基点，如以常数 H、W、$H/2$、R、A 标注后，图形唯一确定；而将它们作为变量后，赋予变量不同的数值，即改变图形元素间的尺寸约束时，将得到有四段直线和一段圆弧确定的不同形状的图形，但直线间的相交关系、垂直关系、平行关系及直线与圆弧之间的相切关系保持不变，即结构约束不变。

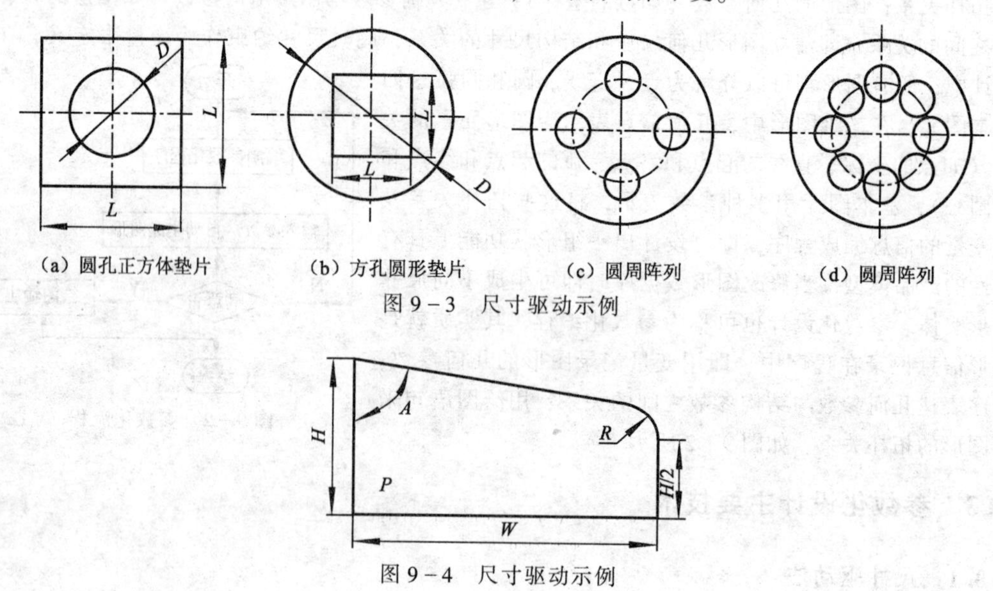

图 9-3　尺寸驱动示例

图 9-4　尺寸驱动示例

9.1.3.2　变量几何法

1. 变量几何法概述

由以上分析可知，尺寸驱动的基本步骤是用户先给定几个参数然后系统根据这些参数计算结果并绘图。例如在计算机输入长方体的长、宽、高后即可生成一个长方体，这其中依赖一个潜在的约束，即“长方体”。在这种潜在约束下，参数设计受到制约，无法修改约束，也无法通过施加约束来实现特定目标（例如在长方体这一参数设计程序中生成一个六面体）。

变量几何法的目标就是通过主动施加约束来实现变量化设计的目的，并且还能解决欠约束和过约束的问题。

变量几何法（Variable Geometric Method）是一种基于约束的代数方法，它将几何模型定义成一系列特征点，并以特征点坐标为变量形成一个非线性约束方程组，当约束发生变化时，利用迭代法求解方程组，就可以求出一系列特征点，从而输出新的几何模型。

2. 约束和自由度

变量几何法的两个重要概念是约束和自由度。约束是对几何元素大小、位置和方向的限制，分为尺寸约束和几何约束两类，如图 9-5 所示。尺寸约束限制元素的大小，并对长度、半径和相交角度的限制；几何约束限制元素的方位或相对位置关系。

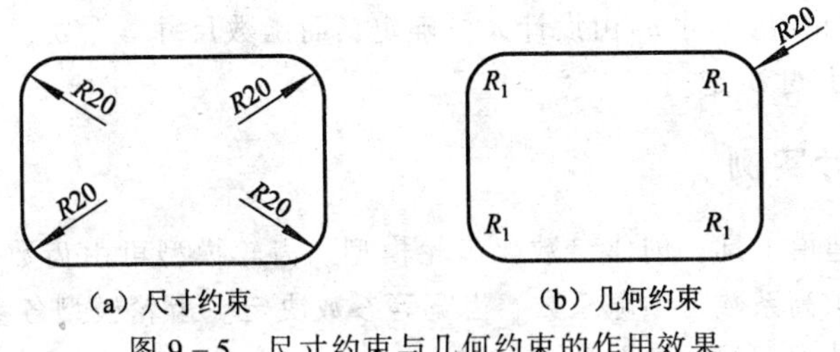

图 9-5　尺寸约束与几何约束的作用效果

自由度衡量模型的约束是否充分。如果自由度大于零，则表明约束不足，或没有足够的约束方程使约束方程组有唯一解，这时几何模型存在多种变化形式。

三维设计软件中约束的对象（即图素）有两种，包括草图绘制的对象和装配中的零件对象。草图绘制的对象是平面上的对象，如直线、矩形、圆等，这些对象称为草图实体。草图实体具有三个自由度，即沿着 X 和 Y 方向的移动，以及围绕垂直于平面的 z 轴的旋转（任意的绘图平面均可以认为是 XY 平面）。移动改变草图实体的位置，旋转改变草图实体的角度。装配中的零件对象是空间中的对象，其有六个自由度。

3. 变量几何法设计原理

变量几何法设计原理如图 9-6 所示。几何图形指构成物体的直线、圆等几何图素；几何约束包括尺寸约束及拓扑约束；几何尺寸指每次赋予系统的一组具体尺寸值；工程约束表达设计对象的原理、性能等；约束管理用来确定约束状态，识别欠约束或过约束等问题；约束分解可将约束划分为较小的方程组；通过独立求解得到每个几何元素特定点（如直线上的两端点）的坐标，从而得到一个具体的几何模型。

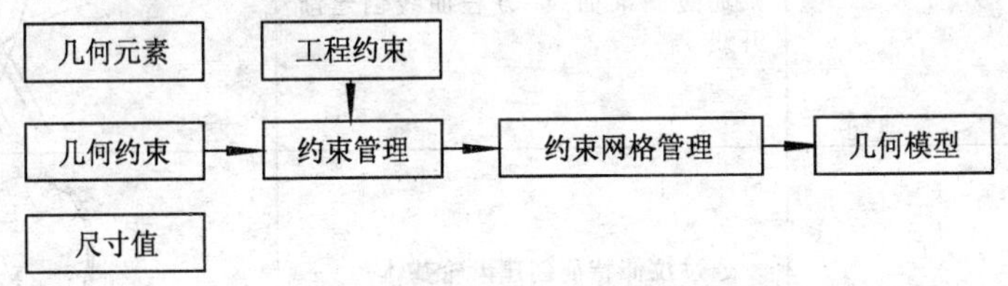

图 9-6　变量几何法设计原理

9.1.4　参数化设计在 CAD 中的应用

在 CAD 中，参数化技术是采用参数预定义的方法建立图形的集合约束集，指定一组尺寸作为参数使其与几何约束集相关联，并将所有的关联式融入到应用程序中，然后以人机交互的方式修改参数尺寸，通过参数化尺寸驱动实现对设计结果的修改。参数化设计过程中，参数与设计对象的控制尺寸有明显的对应关系，并具有全局相关性。正是有了这种参数化建模技术，才使得数据的改变在不同层次（如不同的子装配系统和不同的零件）之间的传递变得唯一和即时。

在 CAD 中要实现参数化设计，参数化模型的建立是关键。通常在 CAD 软件中，通过尺寸、参数和关系式等工具来实现参数化设计。尺寸关系（Relation）是人为建立的尺寸之间的函数关系。当尺寸值变化时，不同尺寸之间的关系仍然保持不变。如图 9-1 所示的形体，可以建立如下尺寸关系

$$a_1 = b_1$$

$$b_2 = 0.25 * b_1$$

$$a_2 = 0.5 * a_1$$

在上述关系中，自变量尺寸 b_1 由设计人员确定，而函数尺寸 a_1、b_2、a_2 由关系确定。即模型大小完全由 b_1 一个尺寸决定。

9.1.5 参数化设计实例

以 Pro/E 软件为建模工具，创建参数化齿轮模型。齿轮模型可由齿数、模数、压力角、螺旋角、变位系数、齿顶高系数、顶隙系数、齿宽等参数决定。齿轮模型各参数的初值如表 9-1 所示，创建该齿轮实体模型的示意图见表 9-2。

表 9-1 齿轮参数表

参数名	参数值	参数名	参数值	参数名	参数值	参数名	参数值
齿数	73	压力角	20	齿顶高系数	1	变位系数	-0.3
模数	12	螺旋角	0	顶隙系数	0.25	齿宽	144

表 9-2 斜齿轮参数化建模示意图

序号	名称	结果
1	创建基准坐标系；通过草绘创建分度圆、齿顶圆、齿根圆、基圆等	
2	通过基准曲线-方程曲线创建渐开线	
3	通过拉伸特征创建齿轮基体	
4	通过可变截面扫描特征创建第一个齿	
5	阵列所有齿	

齿轮建模应用基准坐标系、基准曲线、拉伸、可变截面扫描、阵列等特征建立方法，建模过程中，需输入的所有尺寸参数均可由上述参数计算出来。

应用“参数”功能，建立各参数表达式，如图 9-7 所示。

DA	实数	892.80000000	齿顶圆直径
D	实数	876.00000000	分度圆直径
DF	实数	838.80000000	齿根圆直径
DB	实数	823.17073581	基圆直径
B	实数	144.00000000	齿宽
Z	整数	73	齿数
ALPHAT	实数	20.00000000	端面压力角
ALPHA	实数	20.00000000	压力角
HF	实数	18.60000000	齿根高
M	实数	12.00000000	模数
HA	实数	8.40000000	齿顶高
HAX	实数	1.00000000	齿顶高系数
CX	实数	0.25000000	顶隙系数
BETA	实数	0.00000000	螺旋角
X	实数	-0.30000000	变位系数

图 9-7　齿轮参数

应用“关系”功能，建立各尺寸表达式，建立尺寸关联关系。本例中，建立表达式如下：

```
HA = (HAX + X) * M - DY* M/cos (beta)
HF = (HAX + CX - X) * M
alphat = atan (tan (alpha) /cos (beta))
D = M* Z/cos (beta)
DA = D + 2* HA
DB = D* COS (ALPHAT)
DF = D - 2* HF
D24 = b
d34 = 360/z
p44 = z
d43 = 360/z
d433 = d/2
d432 = 0
```

用“草绘”功能创建齿顶圆、齿根圆、分度圆和基圆，建立表达式如下：

```
sd2 = da
sd3 = df
sd0 = d
sd1 = db
```

用“基准曲线”功能创建渐开线，输入渐开线方程表达式如下：

```
r = DB/2
theta = t* 45
y = r* cos (theta) + r* sin (theta) * theta* pi/180
z = r* sin (theta) - r* cos (theta) * theta* pi/180
x = 0
```

图 9-8　齿轮模型

建立的齿轮模型图 9-8 所示。

9.2　虚拟样机技术

随着世界经济和科学技术的迅猛发展，全球性的市场竞争日益激烈。各国制造业都面临着市场全球化、制造国际化、品种需求多样化的挑战。面对无法预测、持续发展的市场需求，为了提高企业的竞争力，必须要提高产品的创新能力，缩短新产品的研发周期，提高产品设计质量，降低产品的研发成本，这样才能对瞬息万变的市场做出快速反应，从而在市场竞争中获得更多市场份额和利润。虚拟样机技术就是在这种迫切需求的驱动下产生的，它已成为世界各国纷纷研究的热点。

9.2.1 虚拟样机技术的特点

虚拟样机技术（Virtual Prototyping，VP）又称机械系统动态仿真技术，是20世纪80年代发展起来的一项计算机辅助工程技术。虚拟样机技术是一种崭新的产品开发方法，它是一种基于产品的计算机仿真模型的数字化设计方法。它以计算机仿真和建模技术为支持，利用虚拟产品模型，在产品实际加工之前对产品的性能、行为、功能和可制造性进行预测，从而对设计方案进行评估和优化，以达到产品生产的最优目标。虚拟样机技术涉及多体系统运动学、动力学建模理论及其技术实现，是基于先进的建模技术、多领域仿真技术、信息管理技术、交互式用户界面技术和虚拟现实技术等的综合应用技术。

传统的产品开发过程通常是一个串行的工作过程，首先是概念设计和方案论证，然后进行产品零部件的图纸设计，物理（实物）样机试制和样机测试，根据测试结果修改某些设计参数，再重新制造物理样机，再进行样机测试，直到测试参数达到设计要求后才进行正式生产。可以看出，传统的基于实际样机制造、试验的设计方法增加了新产品的研发周期和成本，产品结构越复杂，这种人力、物力、财力的浪费越严重，从而严重制约了产品质量的提高。产品要在异常激烈的市场竞争中取胜，传统的设计方法和设计软件已无法满足要求。虚拟样机技术的出现和逐渐成熟为解决这些问题提供了强有力的工具和手段。

同传统的基于物理样机的设计方法相比，虚拟样机的设计方法具有以下特点：

（1）采用基于并行工程的研发模式。传统的研发方法从设计到生产是一个串行过程，这种方法存在很多弊端。而虚拟样机技术真正实现了系统角度的优化，它以并行工程思想为指导，使产品在概念设计阶段就可以迅速地分析、比较多种设计方案，确定影响性能的敏感参数，并通过可视化技术设计产品，预测产品在真实工况下的特征以及所具有的响应，直至获得最优工作性能。

（2）实现更低的研发成本、更短的研发周期、更高的产品质量。采用虚拟样机设计技术有助于摆脱对物理样机的依赖。虚拟样机技术应用在概念设计和方案论证中，设计师把主要精力投入到样机的虚拟模型构造中，让自身丰富的经验和创造力得到充分发挥，从而显著提高设计效率和质量。通过计算机技术建立产品的数字化模型，可以完成无数次的虚拟试验，而无须制造及试验物理样机就可获得最优的方案，因此不但减少了物理样机的制造数量，而且大大缩短了产品研发周期，提高了产品的质量。

（3）是实现动态联盟的重要手段。动态联盟（即虚拟企业，Virtual Company）是为了适应快速变化的全球市场，克服单个企业资源的局限性，在一定时间内通过Internet（或Intranet）临时组建成的一个虚拟企业，以快速响应某一市场的需求。为了得到最佳的产品方案和缩短产品的设计和制造周期，虚拟企业内各个公司的设计人员和制造工程师必须要相互合作，实现并行设计，因此，参盟企业之间的产品信息交流尤为重要。而虚拟样机是一种数字化模型，通过网络传输产品信息模型，具有传递速度快、反馈及时等特点，从而使动态联盟的活动具有高度的并行性。

9.2.2 虚拟样机技术基础

虚拟样机技术源于对多体系统动力学的研究。工程中的对象是由大量零部件构成的系统，对它们进行设计优化与性态分析时可以分为两类：一类是结构，其特征是在正常的工况条件下构件之间没有相对运动，如房屋建筑、桥梁、车辆壳体及零部件本身；另一类是机构，其特征是系统在运动过程中部件之间存在相对运动，如航空航天器、汽车、机车、操作机械臂、机器人等复杂机械系统。此外，在研究宇航员的空间运动、在车辆的事故中考虑驾驶员的运动以及运动员的动作分析时，人体也可认为是一个躯干与四肢之间存在相对运动的系统。上述复杂机械系统的力学模型是多个物体通过运动副连接的系统，称之为多体系统。

对于复杂机械系统人们关心的问题大致有三类。一是在不考虑运动起因的情况下研究各部件的位置和姿态以及它们变化速度与加速度的关系，即系统的运动学分析；二是当系统受到静荷载时，确定在运动副制约下的系统平衡位置以及运动副静反力，称为系统的静力学分析；三是讨论荷载与系统运动的关系，即动力学问题。

20 世纪 60 年代，由古典的刚体力学、分析力学与计算机相结合的力学分支衍生出多体系统动力学。其主要任务是建立复杂系统的机械运动学和动力学程式化的数学模型，开发实现这个数学模型的软件系统。研究有效的处理数学模型计算方法与数值积分方法，自动得到运动学规律和运动响应。通过人机交互界面，用户只需输入描述系统的最基本数据，计算机就能自动进行程式化的处理，并采用动画、图表或其他方式显示数据处理后的结果。目前，多体系统动力学已形成了比较系统的研究方法。其中主要有工程中常用的以拉格朗日方程为代表的分析力学方法、以牛顿－欧拉方程为代表的矢量学方法、图论方法、凯恩方法和变分方法等。

尽管虚拟样机技术以机械系统运动学、动力学和控制理论为核心，但虚拟样机技术在技术与市场两个方面也与计算机辅助设计（CAD）技术的成熟及大规模推广应用分不开。首先，CAD 中的三维几何造型技术能够使设计师们的主要精力集中在创造性设计上，而把绘图等烦琐的工作交给计算机去做。这样，设计师就有额外的精力关注设计的正确和优化问题。其次，三维造型技术能够使虚拟样机技术中的机械系统描述问题变得简单。再次，由于 CAD 强大的三维几何编辑修改技术，使机械设计系统的快速编辑修改变为可能，在这个基础上，在计算机上的设计、试验、设计的反复修改过程才有时间上的意义。由此可见，没有成熟的三维计算机图形技术和基于图形的用户界面技术，虚拟样机技术也不会成熟。

虚拟样机技术的发展也直接受其构成技术的制约。一个典型的例子是它对于计算机硬件的依赖，这种依赖在处理复杂系统时尤其明显。例如火星探测器的动力学及控制系统模拟是在惠普 700 工作站上进行的，CPU 时间用了 750 h。另外，数值方法上的进步、发展也会对基于虚拟样机的仿真速度及精度有积极的影响。作为应用数学的一个分支，数值算法及时地提供了求解这种问题有效快速的算法。此外，计算机可视化技术及动画技术的发展为虚拟样机技术提供了友好的用户界面，而 CAD/FEA 等技术的发展为虚拟样机技术的应用提供了技术环境。

综上所述，虚拟样机技术是一门综合多学科的技术，它的核心部分是多体系统运动学与动力学建模理论及其技术实现。目前，虚拟样机技术已成为一项相对独立的产业技术，它改变了传统的设计思想，将分散的零部件设计和分析技术（如零部件的 CAD 和 FEA 有限元分析）集成在一起，提供了一个全新研发机械产品的设计方法。它通过设计中的反馈信息不断地指导设计，保证产品寻优开发过程顺利进行，对制造业产生了深远的影响。

9.2.3 虚拟样机开发体系结构

研究体系结构的根本目的是减少虚拟样机开发系统的复杂度，加强系统模块化以及组件的重用性。下面对复杂系统虚拟样机开发的体系结构性能标准和概念模型进行简要介绍。

9.2.3.1 体系结构的关键性能

对设计者来说，了解体系结构的关键性能是建立优良体系结构的基础。与体系结构相关的主要性能标准如下：

（1）可访问性（Accessible）：灵巧产品模型（SPM）应该是可以通过标准的网络接口或客户端服务软件访问的。

（2）可扩展性（Scalable）：SPM 应该可以处理大量并行用户，而性能不会受到严重的影响。

（3）可伸缩性（Extensible）：体系结构应该与新的领域工具相兼容，允许构成联邦化的 SPM，支持必要的新技术的融合。

（4）协同操作性（Interoperable）：体系结构的核心部分应该能够在不同的信息系统和不同平台的机器间进行通信。

（5）可重用性（Reusable）：体系结构的核心部分应该能够在多个工程之间进行重用。

（6）可用性（Available）：体系结构应该支持满足用户需求描述的应用生成。

（7）可配置性（Deployable）：体系结构应该支持跨地域和跨组织配置的应用生成。

（8）可维护性（Maintainable）：体系结构生成的应用应该是易于维护、易于升级的。

9.2.3.2 体系结构的概念模型

快速发展的软件技术、网络技术等相关技术为新概念的体系结构提供了开发基础。目前，典型的虚拟样机体系结构概念和思路主要包括：

1. 互联网体系结构

虚拟样机体系结构的根本要求是高度可扩展性和易升级性。互联网提供了一个高度分布和可扩展的体系结构。它通过简单的机制实现了这种性能，例如跨网络服务的超链接信息获取方式以及超文本传输协议等。网络上的节点可以是客户端或者服务器，它们都可以实现所需要的操作。跨网络、跨客户和服务器漫游的超链接代理功能为体系结构提供了基本的无限制可扩展性。

2. 公共对象请求代理体系结构（CORBA）

CORBA（Common Object Request Broker Architecture，公共对象请求代理体系结构）是一个被软件工业界广泛采纳的分布式对象体系结构。它可以让分布的应用程序完成通信，无论这种应用程序是什么厂商生产的，只要符合 CORBA 标准就可以相互通信。图 9－9 所示描述了基于 CORBA 的体系结构。

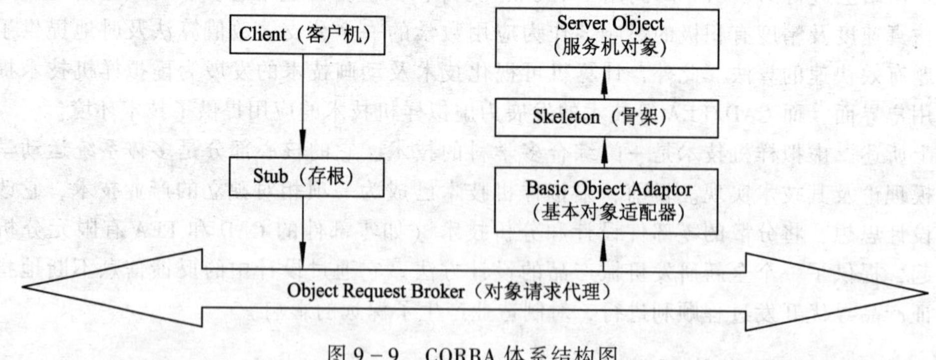

图 9－9　CORBA 体系结构图

CORBA 用接口定义语言（Interface Definition Language，IDL）来描述对象接口，IDL 是一种说明性语言，它的语法类似于 C＋＋。CORBA 的核心是对象请求代理 ORB，它提供对象定位、对象激活和对象通信的透明机制。客户发出要求服务的请求，而对象则提供服务，ORB 把请求发送给对象、把输出值返回给客户。ORB 的服务对客户而言是透明的，客户不知道对象驻留在网络中何处、对象是如何通信、如何实现以及如何执行的，只要他持有对某对象的对象引用，就可以向该对象发出服务请求。

3. 高层体系结构（HLA）

HLA（High Level Architecture，高层体系结构）是 1995 年美国国防部的建模与仿真大纲（DOD M&S Master Plan）中的第一个目标——开发建模和仿真通用技术框架中的首要内容，其主要目的是促进仿真应用的互操作性和仿真资源的可重用性。HLA 最主要的两个特点是支持基于组件（对象）的仿真应用开发模式和将仿真功能与通用的支撑系统相分离的体系结构。它通过提供通用的、相对独立的支撑服务程序 RTI，将应用层同底层支撑环境分离，即将仿真功能实现、仿真运行管理和底层通信传输三者分开，使仿真工作者只集中于仿真功能的开发，而不必涉及有关网络通信和仿真管理等方面的实现细节。同时，HLA 可实现应用系统的即插即用，易于新的仿真系统的集成和管理，并能根据不同的用户需求和不同的应用目的，实现联邦的快速组合和重新配置，保证联邦范围内的互操作和重用。

HLA 将提供一个开放性、灵活性和适应性的体系结构，采用标准的办法解决联邦模式仿真中存在的固有问题，支持用户分布、协同地开发复杂仿真应用系统，最终降低开发新的应用系统的成本和时间。图 9－10 所示描述了基于 HLA 的体系结构模型。

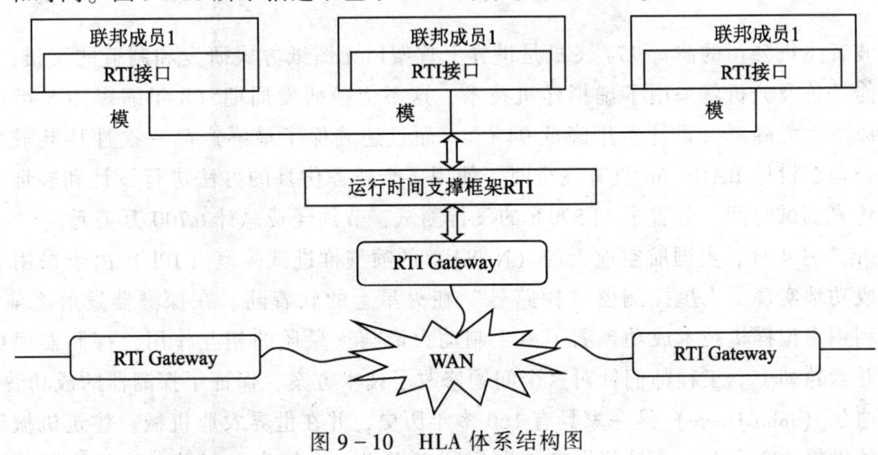

图 9－10　HLA 体系结构图

4. 基于组件的体系结构

体系结构得以实现的一个关键思想是建立模块化组件。体系结构通过定义好的界面分割组件，界面允许多个组件组装成为复杂系统，而这类系统往往是依靠别的方法无法实现的。对象能够依附于多个不同的界面而不需要承担多重继承关系。这种结构也允许自底向上建立信息模型，而不是集成化中惯用的自顶向下的建立模式。基于组件的体系结构对生产力的影响是巨大的，这种设计策略因被信息技术领域所接受而快速发展起来。COM＋和 Java 都采用了基于组件的体系结构。

5. 基于代理（Agent）对象的设计思想

Agent 是一个创新性概念，它是一种在分布式系统或协作系统中能持续自主地发挥作用的计算实体，它为另一个对象对它的控制访问提供了一个中介或预留。Agent 一般具有自主性、交互性、反应性和主动性的特征。智能体处理对它产生的请求，并且将它们导入真实对象以进行进一步的处理；请求经处理后，再由真实对象将结果返回给智能体对象；最后，智能体再将结果导入请求者，如图 9－11 所示。可以看出，客户仅仅与本地的代理对象进行交互，交互细节以及如何处理远程环境对象对他们是透明的。这些智能体与 ORB 中的代理是不同的，但它们可以采用由 ORB 提供的代理对象和服务实现它们的操作。智能体对象为实现方法提供了巨大的适应性，使不同程度的信息复制和适应行为成为可能，从简单的单一资源定位到复杂的紧耦合，智能体能够针对不同层次的复杂性进行实现。

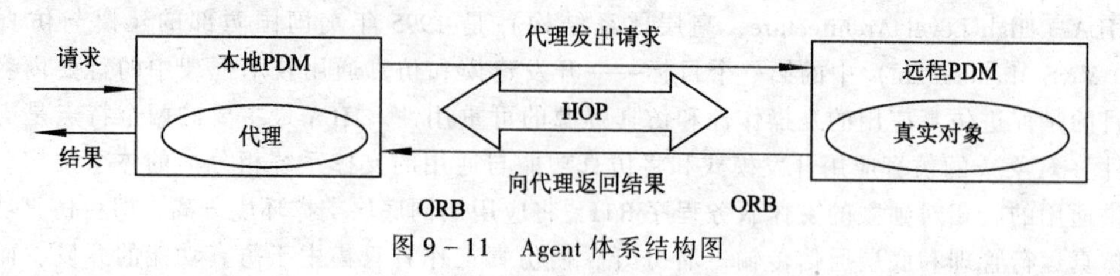

图 9－11　Agent 体系结构图

9.2.4　虚拟样机的国内外应用情况

虚拟样机技术在美国、日本、德国等发达国家已得到广泛应用，应用的范围包括汽车制造、机械工程、航空航天、国防工业、医学及生物力学等各个领域，涉及的产品由简单的照相机快门到庞大的工程机械，从轮船的锚机到火箭。虚拟样机技术使高效率、高质量的设计生产成为可能。

美国波音飞机公司的波音 777 飞机是世界上首架以无图纸方式研发和制造的飞机，其设计、装配、性能评价及分析就采用了虚拟样机技术，这不但使研发周期（8 年缩短为 5 年）大大缩短，研发成本大大降低（设计费用降低 94%），而且还确保了最终产品一次性接装成功。波音西科斯基公司在设计 RAH－66 直升飞机时，使用了全任务仿真的方法进行设计和验证，花费了 4 590 h 的仿真测试时间，节省了 11 590 h 的飞行测试，节约经费总计 6 700 万美元。

1997 年 7 月 4 日，美国航空航天局（NASA）的喷气推进试验室（JPL）由于采用了虚拟样机技术，成功地实现了火星探测器“探路号”在火星上的软着陆。在探测器发射之前，JPL 的工程师们利用虚拟样机技术成功预测了由于制动火箭与火星风的相互作用，探测器很可能在着陆时翻滚并六轮朝上。工程师们针对这个问题修改了技术方案，保证了探测器的成功着陆。

约翰迪尔（John Deere）是一家具有 160 多年历史，并在世界农业机械、建筑机械领域处于领先地位的世界 500 强企业，总部设在美国伊利诺伊州。迪尔公司也是全球柴油发动机大型生产厂商之一。为了解决工程机械在高速行驶时的蛇行现象以及在重载下机械的自激振动问题，工程师们利用虚拟样机技术，不仅找到了原因，而且提出了改进方案，并且在虚拟样机上得到验证，从而大大提高了产品的高速行驶性能和重载作业性能。

日产是日本第二大汽车制造商，也是世界十大汽车制造商之一。该公司除生产各型汽车外，还涉足机床、工程机械、造船和航天技术领域。日产汽车公司利用虚拟样机技术进行概念设计、包装设计、覆盖件设计和整车仿真设计等。

国外虚拟样机相关技术的软件化过程已基本完成，其中影响较大的有美国机械动力公司（Mechanical Dynamics Inc.）的 ADAMS，CADSI 公司的 DADS，德国航天局的 SIMPACK，其他的还有 Working Model、Folw3D、I－DEAS、Phoenics、ANSYS、Pamcrash 等也较为突出。其中 ADAMS 占据了机械系统动态仿真分析软件市场的 50% 以上的份额，现在市场上的大多 CAD 系统都具有标准的 ADAMS 机械系统建模选项，且具有与 ADAMS 全仿真软件包的接口。

我国从 20 世纪 80 年代末开始研究虚拟制造技术，且多数是在原来的 CAD/CAE/CAM 和仿真技术等基础上进行的。开始时，主要集中在虚拟制造技术的理论研究和实施技术准备阶段，系统的研究尚处于国外虚拟制造技术的消化和与国内环境的结合上。由于我国受到 CAD/CAE/

CAM基础软件、仿真软件、建模技术的制约，阻碍了虚拟制造技术的发展，但进入21世纪后，我国虚拟制造技术受到普遍的重视，发展很快，势头强劲。例如清华大学进行了虚拟设计环境软件、虚拟现实、虚拟机床和虚拟汽车训练系统等方面的研究；浙江大学进行了分布式虚拟现实技术、VR工作台和虚拟产品装配等研究；西安交通大学和北京航空航天大学进行了远程智能协同设计研究，天津大学、西北工业大学等单位也进行了这方面的研究。虽然在虚拟现实技术、建模技术、仿真技术、信息技术和应用网络技术单元技术方面的研究都很活跃，但研究的进展和深度还处于初期阶段，与国际水平尚存在一定的差距。

9.3　虚拟现实

虚拟现实（Virtual Reality，VR）技术，又称“灵境技术”“虚拟空间”等，原来是美国军方开发研究出的一种计算机技术，其主要目的是用于军事上的仿真。一直到20世纪80年代末期，虚拟现实技术才开始作为一个较完整的体系受到人们极大的关注。

虚拟现实技术整合了计算机图形学、人机接口技术、图像处理与模式识别、多传感器技术、语音处理与音响技术、网络技术、并行处理技术、高性能计算机系统、人工智能技术等多个信息技术的最新发展成果，为创建和体验虚拟世界提供了有力支持，从而大大推进了计算机技术的发展。

9.3.1　虚拟现实的概念与分类

9.3.1.1　虚拟现实的概念

虚拟现实技术的定义目前尚无统一的标准，有多种不同的定义，主要分为狭义和广义两种。

所谓狭义的虚拟现实技术就是一种先进的人机交互方式。在这种情况下，虚拟现实技术被称之为“基于自然的人机接口”，在虚拟现实环境中，用户看到的是彩色的、立体的、随视点不同而变化的景象，听到的是虚拟环境中的声响，手、脚等身体部位可以感受到虚拟环境反馈给他的作用力，由此使用户产生一种身临其境的感觉。

所谓广义的虚拟现实技术是对虚拟想象或真实的、多感官的三维虚拟世界的模拟。它不仅仅是一种人机交互接口，更主要的是对虚拟世界内部的模拟。人机交互接口采用虚拟现实的方式，对某个特定环境真实再现后，用户通过自然的方式接受和响应模拟环境的各种感官刺激，与虚拟世界中的人及物体进行思想和行为等方面的交流。

虚拟现实技术具有沉浸感、交互性、想象三大特征。沉浸感（Immersion）：能给人们以真实世界的感觉，让人感觉全方位地沉浸在这个虚幻的世界中，难以分辨真假。交互性（Interaction）：虚拟现实与通常CAD系统所产生的模型是不一样的，它不是一个静态的世界，而是可以对使用者的输入作出反应。虚拟现实环境可以通过控制与监视装置影响或被使用者影响。想象（Imagination）：它的应用能解决在工程、医学、军事等方面的一些问题，这些应用是VR与设计者并行操作，为发挥它们的创造性而设计的，这极大地依赖于人类的想象力。

9.3.1.2　虚拟现实的分类

依据虚拟现实技术的三大特征，在实际应用中根据其对“沉浸感”程度的高低和交互程度划分了四种典型类型：桌面式虚拟现实系统、沉浸式虚拟现实系统、增强式虚拟现实系统、分布式虚拟现实系统。其中桌面式虚拟现实系统因其技术非常简单，实用性强，需投入的成本也不高，在实际应用中较为广泛。

1. 桌面式虚拟现实系统

桌面式虚拟现实（Desktop VR）系统也称窗口虚拟现实系统，是利用个人计算机或初级图形工作站等设备，以计算机屏幕作为用户观察虚拟世界的一个窗口，采用立体图形、自然交互等技术，产生三维立体空间的交互场景，通过包括键盘、鼠标和力矩球等各种输入设备操纵虚拟现实世界，实现与虚拟世界的交互。

2. 沉浸式虚拟现实系统

沉浸式虚拟现实系统（Immersive VR）是一种高级的、较理想的虚拟现实系统，它提供一个完全沉浸的体验，使用户有一种仿佛置身于真实世界之中的感觉。它通常采用洞穴式立体显示装置或头盔式显示器设备，首先把用户的视觉、听觉和其他感觉封闭起来，并提供一个新的、虚拟的感觉空间，利用空间位置跟踪器、数据手套、三维鼠标等输入设备和视觉、听觉等设备，使用户产生一种身临其境、完全投入和沉浸于其中的感觉。

沉浸式虚拟现实系统具有以下五个特点：①高度实时性能；②高度的沉浸感；③良好的系统集成度与整合性能；④良好的开放性；⑤能同时支持多种输入与输出设备并行工作。常见的沉浸式虚拟现实系统有基于头盔式显示器的系统、投影式虚拟现实系统、远程存在系统。

3. 增强式虚拟现实系统

在沉浸式虚拟现实系统中强调人的沉浸感，即沉浸在虚拟世界中，人所处的虚拟世界与现实世界相隔离，看不到真实的世界也听不到真实的世界。而增强式虚拟现实（Augmented VR）系统既可以允许用户看到真实世界，同时也可以看到叠加在真实世界上的虚拟对象，它是把真实环境和虚拟环境组合在一起的一种系统，既可减少构成复杂真实环境的开销（因为部分真实环境由虚拟环境取代），又可对实际物体进行操作（因为部分物体是真实环境），真正达到了亦真亦幻的境界。在增强式虚拟现实系统中，虚拟对象所提供的信息往往是用户无法凭借其自身感觉器官直接感知的深层信息，用户可以利用虚拟对象所提供的信息来加强现实世界中的认识。

增强式虚拟现实系统主要具有以下三个特点：①真实世界和虚拟世界融为一体；②具有实时人机交互功能；③真实世界和虚拟世界是在三维空间中整合的。目前，增强现实系统常用于医学可视化、军用飞机导航、设备维护与修理、娱乐、文物古迹的复原等。

4. 分布式虚拟现实系统

分布式虚拟现实（Distributed VR）系统是一个较为典型的实例。分布式虚拟现实系统是VR技术和网络技术发展和结合的产物，是一个在网络的虚拟世界中，位于不同地理位置的多个用户或多个虚拟世界通过网络相连接共享信息的系统，分布式虚拟现实系统的目标是在沉浸式虚拟现实系统的基础上，将分布在不同的地理位置上的多个用户或多个虚拟世界通过网络连接在一起，使每个用户同时参与到一个虚拟空间，计算机通过网络与其他用户进行交互，共同体验虚拟经历，以达到协同工作的目的，它将虚拟现实的应用提升到一个更高的境界。

9.3.2 虚拟现实系统的构成模块与关键技术

9.3.2.1 构成模块

虚拟现实系统和其他类型的应用系统一样，由硬件和软件两大部分组成。在虚拟现实系统中，首先要建立一个虚拟世界，这就必须要有以计算机为中心的一系列设备，同时，为了实现用户与虚拟世界的自然交互，依靠传统的键盘与鼠标是达不到的，还必须有一些特殊的设备才能得以实现。硬件设备主要由三个部分组成：输入设备、输出设备、生成设备。

1. 虚拟现实系统的输入设备

有关虚拟现实系统的输入设备主要分为两大类：一类是基于自然的交互设备，用于对虚拟世界信息的输入；另一类是三维定位跟踪设备，主要用于对输入设备在三维空间中的位置进行判定，并将状态输入到虚拟现实系统中。

2. 虚拟现实系统的输出设备

在虚拟现实系统中，人置身于虚拟世界中，要使人体得到沉浸的感觉，必须让虚拟世界模拟人在现实世界中的多种感受，如视觉、听觉、触觉、力觉、嗅觉、味觉、痛感等，然而基于目前的技术水平，成熟和相对成熟的感知信息的产生和检测技术仅有视觉、听觉和触觉三种。

（1）视觉感知设备。此类设备主要有头盔式显示器、洞穴式立体显示装置、响应工作台显示装置、墙式投影显示装置等，此类设备相对来说比较成熟。

（2）听觉感知设备。听觉感知设备的主要功能是提供虚拟世界中的三维真实感声音的输入及播放，一般由耳机和专用声卡组成。

（3）触觉（力觉）感知设备。从本质上来说，触觉和力觉实际是两种不同的感知。力觉感知设备主要是要求能反馈力的大小和方向，而触觉感知所包含的内容要更丰富一些，例如手与物体相接触，应包含一般的接触感，进一步应包含感知物体的质感、纹理感等。

3. 虚拟世界生成设备

通常虚拟世界生成设备主要分为基于高性能个人计算机、基于高性能图形工作站、超级计算机三大类。虚拟世界生成设备的主要功能应该包括以下几个：

（1）视觉通道信号生成与显示。在虚拟现实系统中生成显示器所需三维立体、高真实感复杂场景，并能根据视点的变化进行实时绘制。

（2）听觉通道生成与显示。该功能支持三维真实感声音生成与播放。所谓三维真实感声音是具有动态方位感、距离感和三维空间效应的声音。

（3）触觉与力觉通道信号生成与显示。在虚拟现实系统中，人与虚拟世界之间自然交互的实现，就必须要求支持实时人机交互操作、三维空间定位、碰撞检测、语音识别以及人机对话的功能。

9.3.2.2　关键技术

虚拟现实的关键技术有视觉技术、听觉技术和触觉技术。

1. 视觉技术

在视觉显示技术中，实现立体显示技术是较为复杂与关键的，因此立体视觉显示技术也就成为虚拟现实的一种极为重要的支撑技术。

立体视觉技术目前常用的有四种：彩色眼镜法，采用戴红绿滤色片眼镜看的立体电影就是其中一种；偏振光眼镜法，目前应用较多；串行式立体显示法，要显示立体图像有两种方法，一种是同时显示技术，即在屏幕上同时显示分别对应左右眼的两幅图像，另一种是分时显示技术，即以一定的频率交替显示两幅图像；裸眼立体显示实现技术，近年来，多个电视公司利用此技术制造了 3D 液晶显示器。

2. 听觉技术

三维虚拟声音的实现技术，在虚拟现实系统中，听觉信息是仅次于视觉信息的第二传感通道，听觉通道给人的听觉系统提供声音显示，也是创建虚拟世界的一个重要组成部分。

声音在虚拟现实中的主要作用：用户和虚拟环境的另一种交互方法；数据驱动的声音能传递对象的属性信息；增强空间信息，尤其是当空间超出了视域范围。

在虚拟声音系统中最核心的技术是三维虚拟声音定位技术，它的主要特征有全向三维定位特性、三维实时跟踪特性、沉浸感与交互性。主要技术有语音识别技术和语音合成技术。

3. 触觉技术

触觉通道给人体表面提供触觉和力觉。当人体在虚拟空间中运动时，如果触到虚拟物体，虚拟显示系统应该给人提供这种触觉和力觉。

触觉感知包括触摸反馈和力量反馈所产生的感知信息。触摸感知是指人与物体对象接触所得到的全部感觉，包括有触摸感、压感、振动感、刺痛感等。触摸反馈一般指作用在人皮肤上的力，它反映了人触摸物体的感觉，侧重于人的微观感觉，如对物体的表面粗糙度、质地、纹理、形状等的感觉；而力量反馈是作用在人的肌肉、关节和筋腱上的力量，侧重于人的宏观整体感受，尤其是人的手指、手腕和手臂对物体运动和力的感受。

9.3.3 虚拟现实的应用领域与常用软件

虚拟现实技术目前在军事与航空、娱乐、医学、机器人方面的应用占据主流，其次是教育及艺术商业方面，另外在可视化计算、制造业等领域也有相当的比重，并且现在的应用也越来越广泛。其中应用增长最快的是制造业。

9.3.3.1 军事与航空航天的应用

在军事上的应用，采用虚拟现实系统不仅提高了作战能力和指挥效能，而且大大减少了军费开支，节省了大量人力、物力，同时保障人员的生命安全。与虚拟现实技术最为相关的应用有军事训练和武器设计制造等。

在航空航天上的应用，可以利用VR技术与仿真理论相结合的方法来进行飞行任务或操作的模拟，以代替某些费时、费力、费钱的真实实验或者真实实验无法开展的场合，利用虚拟现实技术有经济、安全及可重复性等特点，从而可获得提高航天员工工作效率、航天器系统可靠性等的设计对策。

9.3.3.2 工业应用

虚拟制造是采用计算机仿真和虚拟现实技术在分布技术的环境中开展群组协同工作，支持企业实现产品的异地设计、制造和装配，是CAD/CAM等技术的高级阶段。利用虚拟现实技术、仿真技术等在计算机上建立起的虚拟制造环境是一种接近人们自然活动的一种“自然”环境，人们的视觉、触觉和听觉都与实际环境接近。

目前应用主要在以下几个方面：产品的外形设计、产品的布局设计、机械产品的运动仿真、虚拟装配、产品加工过程仿真、虚拟样机。

虚拟现实所涉及到的软件包含了两大类：建模工具软件和开发工具软件。

虚拟现实应用系统中，现阶段技术应用中，主要是有关视觉的建模。关于三维视觉建模的工具软件有很多，除了较为通用的建模软件，如3DS MAX、AutoCAD、XSI、Maya、Pro/E等，还有专门为虚拟现实、视景仿真、声音仿真等的专用建模工具，如Creator、Creator-Pro、Creator Terrain Studio、SiteBuilder3D、PolyTrans、DVE-Nowa等。

9.3.4 虚拟现实的发展趋势与展望

虚拟现实发展前景十分诱人，而与网络通信特性的结合，更是人们梦寐以求的。在某种意义上说它将改变人们的思维方式，甚至会改变人们对世界、自己、空间和时间的看法。它是一项发展中的、具有深远的潜在应用方向的新技术。利用它，可以建立真正的远程教室，在这间教室中可以和来自五湖四海的朋友们一同学习、讨论、游戏，就像在现实生活中一样。使用网络计算机及其相关的三维设备，我们的工作、生活、娱乐将更加有情趣，因为数字地球带给我们的是一个绚丽多彩的三维世界！

计算机硬件技术、网络技术及多媒体技术的融合与高速发展使得 VR 技术获得长足的发展，使 VR 技术能在 Internet 上得以实现和发展。目前，网站使用的均为二维图像与动画网页，而在网站上采用 VRML，则可以设计出虚拟现实三维立体网页场景和立体景物。利用 VR 技术可以制造出一个逼真的“虚拟人”，为医学实习、治疗、手术及科研做出贡献，也可应用于军事领域而设计一个“模拟战场”来进行大规模的高科技军事演习，既可以节省大量费用，又使部队得到了锻炼。在航空航天发射中，也可以制造一个“模拟航天器”，模拟整个航天器生产、发射、运行和回收的全过程。VR 技术还可以应用于工业、农业、商业、教学和科研等方面，其应用前景非常广阔。总之，VRML 是 21 世纪融合计算机网络、多媒体及人工智能为一体的最为优秀的开发工具和手段。

9.4　协　同　CAE

9.4.1　协同与 CAE

“协同”指协调两个或两个以上的不同资源或者个体，协同一致地完成某一目标的过程或能力。“协同”不仅包括人与人之间的协作，也包括不同应用系统之间、不同数据资源之间、不同终端设备之间、不同应用情景之间、人与机器之间、科技与传统之间等全方位的协同。

协同要素表达式：协同 = 角色 + 事件 + 资源 + 规则 + 状态 + 结果，如图 9 - 12 所示。

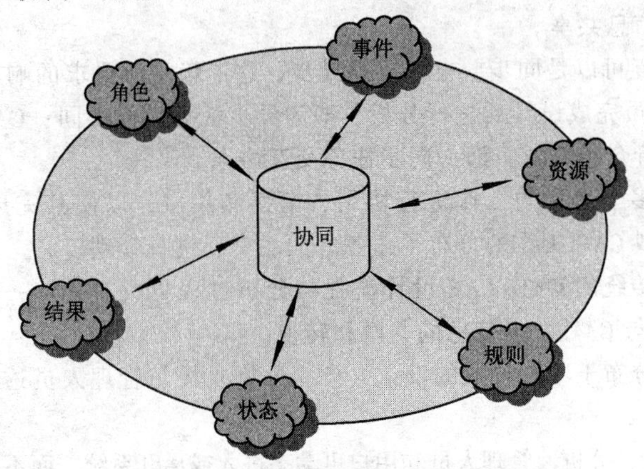

图 9 - 12　协同要素表达式

协同从广义上讲是协调人类活动的一切协同工作，从狭义上讲，是指计算机支持的协同工作（CSCW）。后者再从广义上讲，又是一门同计算机科学、心理学、人类工程学、认知科学和社会学等多个学科领域紧密相关的一个综合性的学科研究领域，它以人类的协同工作为研究对象，从多种学科角度在理论上解释人们的合作和交流，探索计算机技术对人类群体工作的可能支持，同时利用现有技术，特别是多媒体技术、网络与通信技术、分布式处理技术等建立一个协同工作环境。

计算机支持的协同工作在机械工程领域的应用有很多表现形式，其中，“协同 CAE”是机械设计与分析计算领域的重要应用形式。在机械工程协同 CAE 平台或系统中，协同要素中的“角色”定义为人，“事件”为机械设计与分析计算任务，“资源”为相关技术与工具（如 CAD 设计工具、CAE 分析工具与管理工具等），“规则”为协作实现方式或协同策略，“状态”表现为协同平台运行机制，“结果”为最终目标（见图9-12）。

9.4.2 核心技术

协同CAE的关键词有两个：CAE、协同。其中CAE的核心技术与理论基础是有限元理论，因此，协同CAE的第一个基本技术为有限元理论与分析技术。

第二个基本技术表现于协同技术，协同CAE系统会利用大量的工程数据，同时也会产生大量的工程数据。这些数据主要有产品模型数据，包括产品零部件的几何信息、零件整体几何特征及有限元分析特征等信息；有限元分析数据包括有限元力学分析模型信息、材料属性、边界条件、网格划分及分析结果数据等；其他CAE计算信息，如优化设计所产生的结果信息等。

综上所述，协同的核心技术便在于信息处理，包括有限元信息与协同过程所产生的信息，集中表现于数据管理。对于数据管理技术，产品数据管理平台PDM（Product Data Management，产品数据管理）是一项重要的技术。

PDM可以是狭义上的，也可以是广义上的。从狭义上讲，PDM仅仅管理与工程设计相关领域内的信息；从广义上讲，它可以覆盖到整个企业中从产品的市场需求分析、设计、制造、销售、服务直到维护等整体生命周期过程中的信息。

9.4.3 功能特征

协同CAE系统应具备如下功能特征：

（1）分布性。支持多任务的数据与计算的分布，具备并行与分布计算能力，支持不同地域的多用户同时操作和信息共享。

（2）交互性。交互可以是同步，也可以是异步，这依赖于所要求的响应时间。如CAE分析人员等待CAD设计人员完成设计后进行分析，即为异步任务交互协同；CAE分析人员与数据管理人员对分析结果进行合作编辑，即为同步任务交互协同。

（3）协调性。对多个个人的工作进行协调、衔接和集成，以使其完成一个共同的CAE任务；同时，对一组大型CAE工作的分布子任务之间的交互进行管理。

（4）集成性。将传统的CAD/CAE设计流程与分析过程集成在一起，用分析结果来指导和评判设计，实现CAD与CAE数据信息的共享和转换。

（5）透明性。对分布于不同地域的设计人员、分析人员与管理人员透明地进行协作和信息共享，解决共同问题。

（6）开放性。设计、分析、管理人员和用户可动态进入或离开系统，而不影响整个系统的工作。

（7）智能化、模块化、标准化、通用化。针对协同CAE技术中相关CAD/CAE/PDM等相关技术而言，以便提高用户的使用性能和效率。

表9-3所示为协同CAE相对传统CAE的几个显著特点。

表9-3 传统CAE与协同CAE比较

对　比	单机传统CAE	协同CAE
运行环境	单机	单机、局域网、广域网
运行方式	独立运行	交互、协作
系统结构	孤立	分布式
信息处理	单机存储	共享、互操作

9.4.4　集成环境

首先是设计流程的协同集成，主要表现于 CAD/CAE 软件的集成。在系统协同环境中，通过封装、接口等技术手段，主流 CAD/CAE 软件高度集成，可双向传递设计参数，与产品开发设计紧密相关，可随时校验设计并发现问题，以缩短设计周期。应用环境可为设计工程师提供集成于 CAD 环境下的、客户化的 CAE 应用程序，为分析人员提供功能强大的分析工具，为管理人员提供浏览器界面的 CAE 模型和结果检查程序。

其次是数据集成，主要表现于数据及信息处理系统（如 PDM）与 CAD/CAE 的数据集成。要实现数据处理系统与 CAD/CAE 的数据集成，须在数据处理系统各子系统之间构建集成接口，通过集成接口实现系统间数据的交换和通信。集成接口包括 CAD/CAE 端向数据处理系统端的集成和数据处理系统端向 CAD/CAE 端的集成。

9.4.5　物理结构

协同 CAE 物理结构是协同实现方式与应用策略在物理与逻辑上的表达。从物理结构与地理区域角度来讨论，低层次协同 CAE 是面向多任务 CAE 分析的单机协同，中等层次的是局域网内协同，高层次协同 CAE 是面向不同地域的单任务和多任务协同。前者是广义和传统意义的协同，后两者是一般意义与普遍意义的协同，其物理结构为基于 WEB 的分布式协同网络结构，由不同物理地点的计算资源，即不同地域分布的计算结点（工作站、服务器、大型机、机群等）构成，为异地用户提供 CAE 计算与分析服务；其逻辑结构为多学科任务在不同物理地域计算结点上并行执行，地位平等，同时不同物理地域的用户平等的使用其提供的 CAE 服务，且计算结点与网格用户对于中间网格系统也是平等的，彼此没有控制关系与从属关系。同时，它们通过 Internet/Intranet 相互联系并与 Internet/Intranet 本身存在交互关系，如图 9-13 所示。

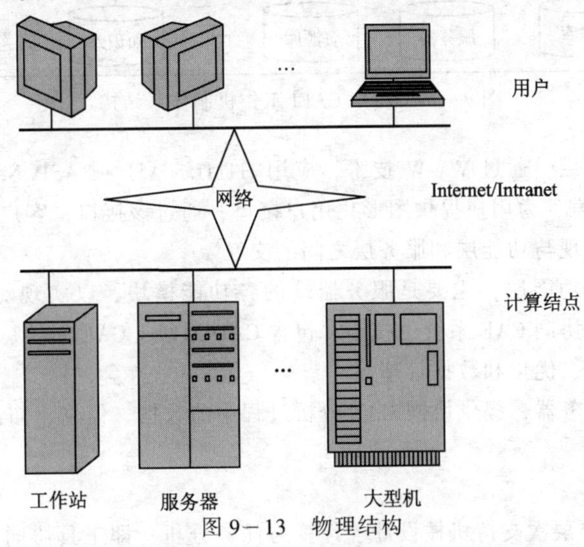

图 9-13　物理结构

9.4.6　体系结构

协同 CAE 中 CAE 技术的应用以及与 CAD/PDM 等技术的集成、组织与管理等，在系统物理结构支持下，构成系统功能框架与体系结构。

协同 CAE 系统以 C/S（Client/Server，客户机/服务器）或 B/S（Browser/Server，浏览器/

服务器）模式为基础，以具体的应用模块实现各协同功能，并完成有效的数据与模型管理。图 9-14 所示为协同 CAE 工作机制体系结构。

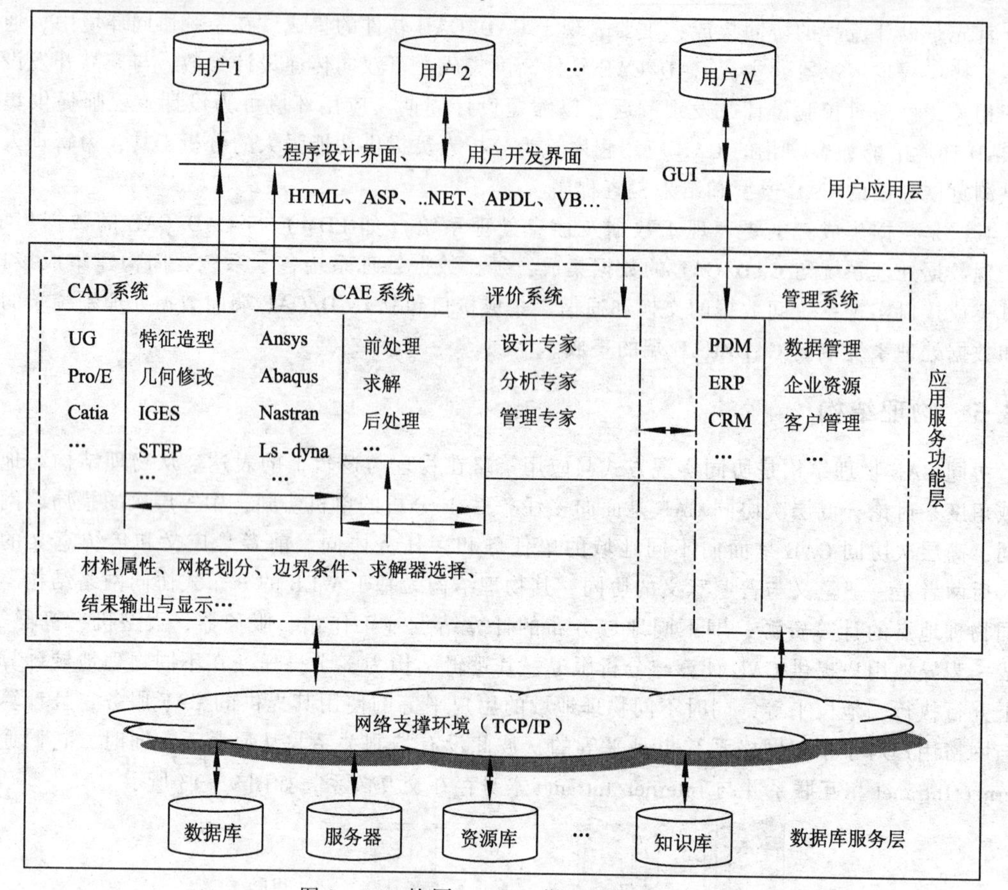

图 9-14 协同 CAEI 工作机制体系结构

第一层为用户应用层，通过 WWW 技术，应用 HTML、ASP 或 ASP. Net 等 WEB 页面，VB、VC、VB. Net 等程序语言，为用户提供图形化用户接口，通过该接口，客户端用户完成对模型和数据的操作、显示，实现与功能层和服务层之间的交互。

第二层是应用服务功能层，主要是服务器端的各功能模块，以实现对模型、数据的存取、检索等应用逻辑，它是协同 CAE 系统的核心，包含 CAD 系统、CAE 系统、评价系统和管理系统等，以实现设计、分析、优化和数据管理等。

第三层是数据库服务器，提供协同 CAE 分析过程中的数据、信息、知识等资源。

9.4.7 协同策略

协同 CAE 可从三个层次支持机械设计、计算与任务分析，即工具协同、任务协同与异地协同（见图 9-15）。

9.4.7.1 工具协同

主要表现于 CAD-CAD、CAE-CAE 以及 CAD-CAE 之间的数据整合、共享与交换。

（1）CAD 软件（UG、Pro/E、SolidWorks 等）和模型数据的整合。通过 CAD 工具软件的协同整合不同设计人员所建立的 CAD 零件模型，并实现统一环境的任意模型装配和 CAE 仿真，得到 CAD 模型库，并通过连接技术实现与 CAD 软件之间的共享。（见图 9-15）。

（2）CAE 软件（ANSYS、NASTRAN、MSC 等）和模型数据的整合。CAE 工具软件进行协同集成后，可解读并转换各种 CAE 软件的模型数据，并转换成分析人员所擅长的 CAE 软件模型数据。即通过 CAE 工具的整合、共享、接口和交换技术，实现对已有分析资源的转换和共享（见图 9-15）。

（3）CAD/CAE 数据共享与交换。CAD/CAE 工具软件以接口、封装或集成的方式共享模型数据，实现双向参数互动。如 CAD 人员修改 CAD 软件中的几何设计参数则立即刷新 CAE 软件中的分析模型（见图 9-15）。

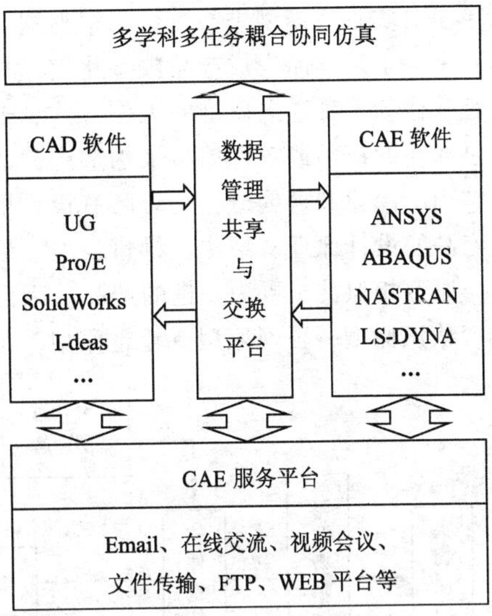

多学科多任务耦合协同仿真
CAD 软件
UG
Pro/E
SolidWorks
I-deas
…
数据管理共享与交换平台
CAE 软件
ANSYS
ABAQUS
NASTRAN
LS-DYNA
…
CAE 服务平台
Email、在线交流、视频会议、文件传输、FTP、WEB 平台等

图 9-15　协同方式

9.4.7.2　任务协同

一项 CAE 任务，可能涉及机械、电子、力学、材料、控制、液压、软件和结构等单领域；或者在某一领域，如机械结构 CAE，可能涉及强度分析、刚度分析、振动分析、接触分析、热分析与耦合分析等。这些不同领域或不同任务之间可能存在着不可忽略的耦合关系，要对其整体系统性能进行评价，必须对其进行多学科或多任务的协同仿真与研究，即任务协同。

9.4.7.3　异地协同

异地协同可分为三个层次，即单机协同、局域网内的协同和异地分布式远程协同仿真与合作设计。前两者为广义的异地协同，后者为一般意义与普遍意义的异地协同。

单机协同是最基本最简单的协同方式，可实现单机内多任务的协作，管理方便，效率较高。但是对于大型复杂 CAE 任务，缺乏资源支持与扩充能力。

局域网内的协同可基于 C/S（Client/Server，客户机/服务器）模式运行，在企业内部网络的应用系统中实现局域网内不同用户的协作与数据共享。不过，传统的 C/S 体系结构在开放性方面只是系统开发一级的开放性，在特定的应用中无论是 Client 端还是 Server 端都还需要特定的软件，不能提供用户真正期望的开放环境。

异地分布式远程协同基于 B/S（Browser/Server，浏览器/服务器）模式，利用跨越平台和提供远距离服务的底层结构如 WWW 进行协作。B/S 结构的前端是以 TCP/IP 协议为基础，企业或研究机构内的 WWW 服务器可以接受安装有 Web 浏览程序的 Internet 终端的访问，作为最终用户，通过 Web 浏览器，各种处理任务都可以调用系统资源来完成，这样大大简化了客户端，减轻了系统维护与升级的成本和工作量，降低了用户的总体应用成本。

9.5　逆向工程与快速成型

9.5.1　逆向工程技术概述

逆向工程（Reverse Engineering，RE）又称为反求工程、反向工程。广义的逆向工程包括形状（几何）反求、工艺反求和材料反求等诸多方面。本文中提及的逆向工程，是指用一定的测量手段对实物或模型进行测量，根据测量数据采用三维几何建模方法重构实物的 CAD 建模的过程；是一个从样品生成产品数字化信息模型，并在此基础上进行产品设计开发及加工制造的全过程。作为一种逆向思维的工作方式，逆向工程技术与传统的产品正向设计方法不同。它是根据已存在的产品或零件原型来构造产品的工程设计模型或概念模型，在此基础上对已有产品进行解剖、深化和再创造，是对已有设计的再设计。开展逆向工程研究，旨在通过对已有的较先进产品的设计原理、结构、材料、工艺装配等方面进行分析研究，研制开发出性能、结构等方面与原型相似甚至更为先进的产品。因此逆向工程是一系列分析方法和应用技术的结合，是一个“认识原型→再现原型→超越原型”的过程（见图 9-16）。

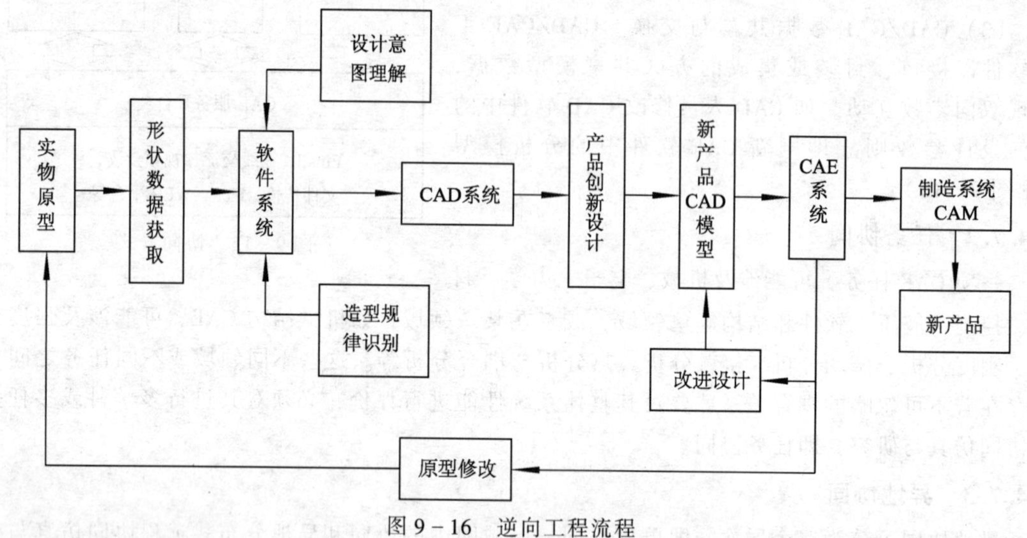

图 9-16　逆向工程流程

逆向工程技术历经几十年的发展，已经成为产品快速开发过程的重要支撑技术之一。它与计算机辅助设计、优化设计、有限元分析、设计方法学等有机组合，构成了现代设计理论和方法的整体。逆向工程可分为数据获取、数据预处理、数据分块与曲面重构、CAD 模型构造以及快速成型等五大关键技术。以下主要介绍逆向工程中的数据测量与处理、快速成型技术。

9.5.2　逆向工程的数据测量与处理

逆向工程不同于传统工程的设计过程，它是从已知事物的有关信息出发对这些信息消化吸收，对实物原型进行数据采集，经过数据处理和三维重构等过程，构造出具有形状结构的原型的三维模型，然后，再对原型进行复制或在原型基础上进行再设计，实现创新。对实物原型的数字化是通过特定的测量设备和测量方法获取零件表面离散点的几何坐标数据实现的，在此基础上进行复杂曲面的建模、评价、改造和制造。高效、高精度地实现事物表面的数据采集，是逆向工程技术实现的基础和关键技术之一。

实物的数字化是逆向工程实现的第一步，是数据处理、模型重建的基础。该技术的好坏直接影响对实物（零件）描述的精确度和完整度，从而影响重构的 CAD 曲面和实体模型的质量，最终影响快速成型或数控加工出来的产品是否真实地反映原始的物体模型，因此，他也是整个原型反求的基础。逆向工程采用的测量方法主要有两种：

（1）接触式测量法，如三坐标测量机（CMM）、机械手。

（2）非接触式测量法，如投影光栅法、激光三角形法、立体视觉法、声波法、工业 CT 扫描法、核磁共振法、自动断层扫描法等（见表 9-4）。

表 9－3　实物数字化方法

数据获取方法								
接触方法		非接触方法						
机械手	CMM	投影光栅法	激光三角形法	立体视觉法	声波法	工业 CT 扫描法	核磁共振法	自动断层扫描法

三坐标测量机、激光三角形法、立体视觉法（双目、多目视觉）作为发展成熟的三种方法，应用非常广泛。

各种测量方法在测量精度、速度、应用条件等方面都不尽相同。对于反求测量而言，数据测量应满足下面的要求：

(1) 采集的数据应满足工程的实际需要，如汽车工业，其最终的整体精度不能低于 0.1mm/m。

(2) 快速的数据采集速度，尽量减小测量在整个逆向工程中所占的时间。

(3) 数据采集要有良好的完整性，不能有缺漏，以免给后面的曲面重构带来障碍。

(4) 数据采集过程中不能破坏实体原型。

(5) 尽可能降低测量成本。

表 9－5 所示给出了几种主要三维测量方法的特点。

表 9－5　各种三维测量方法的特点

测量方法	精　度	速　度	可否测内轮廓	形状限制	材料限制	成本
三坐标测量机	高，±0.2μm	慢	否	无	无	高
投影光栅法	高，±0.2μm	快	否	表面变化不能过陡	无	低
激光三角形法	较高，±0.5μm	快	否	表面不能过于光滑	无	较高
立体视觉法	低	快	否	无	无	较高
工业 CT 扫描法	低，大于 1mm	较慢	是	无	有	很高
逐层切削照相测量	高，±0.25μm	较慢	是	无	无	较高

9.5.3　快速成型技术概述

20 世纪 90 年代以后，制造业的外部形势发生了根本的变化。用户需求的个性化和多变性，迫使企业不得不逐步抛弃原来以“规模效益第一”为特点的少品种、大批量的生产方式，进而采取多品种、小批量、按订单组织生产的现代生产方式。同时，市场的全球化和一体化，更要求企业具有高度的灵敏性，面对瞬息万变的市场环境，不断地迅速开发新产品，变被动适应用户为主动引导市场，这样才能保证企业在竞争中立于不败之地。可见在这种时代背景下，市场竞争的焦点就转移到速度上来，能够快速提供更高性能/价格比产品的企业。将具有更强的综合竞争力。快速成型技术是先进制造技术的重要分支，无论在制造思想上还是实现方法上都有很大的突破，利用快速成型技术可对产品设计进行迅速评价、修改，并自动快速地设计转化为具有相应结构和功能的原型产品或直接制造出零部件，从而大大缩短新产品的开发周期，降低产品的开发成本，使企业能够快速响应市场需求，提高产品的市场竞争力和企业的综合竞争能力。

快速成型制造技术是20世纪80年代中期发展起来的一项高新技术，从1988年世界上第一台快速成型机问世以来，快速成型技术的工艺方法目前已有十余种。在目前所有的快速成型工艺方法中，光固化成型法（SLA）、叠层实体制造法（LOM）、激光选区烧结法（SLS）、熔融沉积法（FDM）得到了世界范围内的广泛应用，快速成型制造工艺的全过程一般为以下三个步骤：

（1）前处理。它包括工件的三维模型的构造、三维模型的近似处理、模型成形方向的选择和三维模型的切片处理。

（2）分层叠加成形。它是快速成形的核心，包括模型截面轮廓的制作与截面轮廓的叠合。

（3）后处理。它包括工件的剥离、后固化、修补、打磨、抛光和表面强化处理等。

以下对几种典型的快速成型技术作简单的介绍。

9.5.3.1　光固化法（SLA，Stereolithography Apparatus）

光固化法（SLA）是目前最为成熟和广泛应用的一种快速成型制造工艺（见图9-17）。这种工艺以液态光敏树脂为原材料，在计算机控制下的紫外激光按预定零件各分层截面的轮廓轨迹对液态树脂逐点扫描，使被扫描区的树脂薄层产生光聚合（固化）反应，从而形成零件的一个薄层截面。完成一个扫描区域的液态光敏树脂固化层后，工作台下降一个层厚，使固化好的树脂表面再敷上一层新的液态树脂然后重复扫描、固化，新固化的一层牢固地粘接在一层上，如此反复直至完成整个零件的固化成型。SLA工艺的优点是精度较高，一般尺寸精度可控制在0.01mm；表面质量好；原材料利用率接近100%；能制造形状特别复杂、精细的零件；设备市场占有率很高。缺点是需要设计支撑；可以选择的材料种类有限；制件容易发生翘曲变形；材料价格较昂贵。该工艺适合比较复杂的中小型零件的制作。

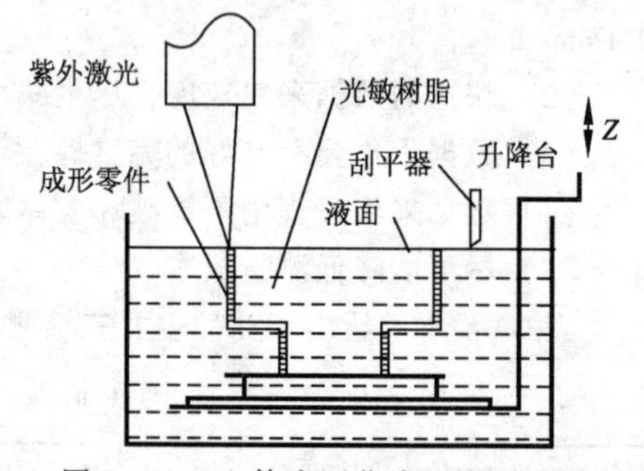

图9-17　立体光固化成型法原理图

9.5.3.2　选择性激光烧结法（SLS，Selective Laser Sintering）

选择性激光烧结法（SLS）是在工作台上均匀铺上一层很薄（100～200μm）的重金属（或金属）粉末，激光束在计算机控制下按照零件分层截面轮廓逐点地进行扫描、烧结，使粉末固化成截面形状。完成一个层面后工作台下降一个层厚，滚动铺粉机构在已烧结的表面再铺上一层粉末进行下一层烧结。未烧结的粉末保留在原位置起支撑作用，这个过程重复进行直至完成整个零件的扫描、烧结，去掉多余的粉末，再进行打磨、烘干等处理后便获得需要的零件。用金属粉或陶瓷粉进行直接烧结的工艺正在实验研究阶段，它可以直接制造工程材料的零件（见图9-18）。

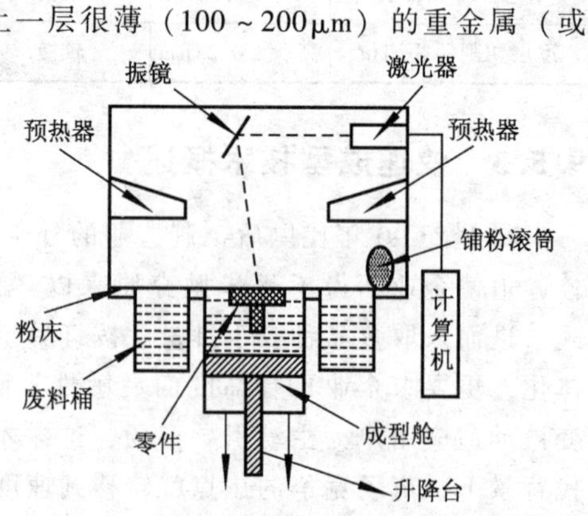

振镜　激光器　预热器　预热器　铺粉滚筒　计算机　粉床　废料桶　零件　成型舱　升降台

图9-18　选择性激光烧结法原理图

SLS工艺的优点是原型件机械性能好，强度高；无须设计和构建支撑；可选材料种类多且利用率高（100%）。缺点是制件表面粗糙、疏松多孔，需要进行后处理；制造成本高。

采用各种不同成分的金属粉末进行烧结，经渗铜等后处理特别适合制作功能测试零件；也可直接制造金属型腔的模具。采用蜡粉直接烧结适合于小批量比较复杂的中小型零件的熔模铸造生产。

9.5.3.3 熔融沉积成型法（Fused Deposition Modeling，FDM）

这种工艺是通过将丝状材料如热塑性塑料、蜡或金属的熔丝从加热的喷嘴挤出，按照零件每一层的预定轨迹，以固定的速率进行熔体沉积（见图9-19）。每完成一层，工作台下降一个层厚进行叠加沉积新的一层，如此反复最终实现零件的沉积成型。FDM工艺的关键是保持半流动成型材料的温度刚好在熔点之上（比熔点高1℃左右）。其每一层片的厚度由挤出丝的直径决定，通常是0.25～0.50mm。

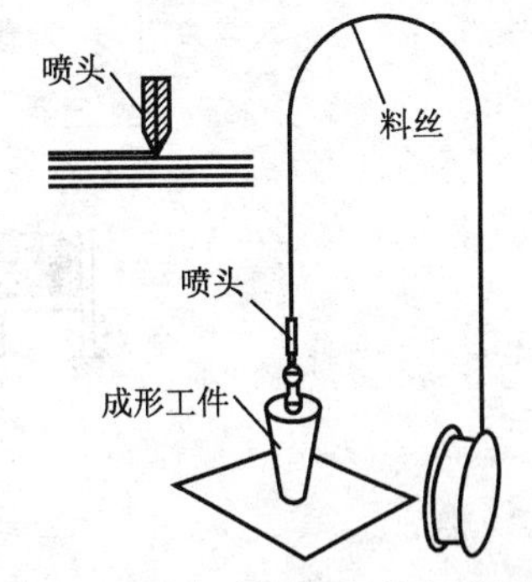

图9-19 熔融沉积成型法原理图

FDM的优点是材料利用率高；材料成本低；可选材料种类多；工艺简捷。缺点是精度低；复杂构件不易制造，悬臂件需加支撑；表面质量差。该工艺适合于产品的概念建模及形状和功能测试，中等复杂程度的中小原型，不适合制造大型零件。

9.5.3.4 分层实体制造法（Laminated Object Manufacture，LOM）

LOM工艺是将单面涂有热溶胶的纸片通过加热辊加热粘接在一起，位于上方的激光切割器按照CAD分层模型所获数据，用激光束将纸切割成所制零件的内外轮廓，然后新的一层纸再叠加在上面，通过热压装置和下面已切割层黏合在一起，激光束再次切割，如此反复逐层切割、黏合、切割……直至整个模型制作完成，如图9-20所示。

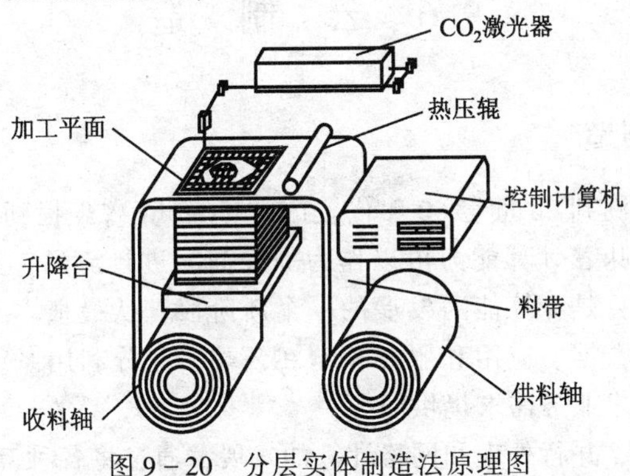

图9-20 分层实体制造法原理图

LOM工艺优点是无需设计和构建支撑，只需切割轮廓；无需填充扫描；制件的内应力和翘曲变形小；制造成本低。缺点是材料利用率低，种类有限；表面质量差；内部废料不易去除，后处理难度大。该工艺适合于制作大中型、形状简单的实体类原型件，特别适用于直接制作砂型铸造模。

9.5.3.5 三维印刷法（Three Dimensional Printing，3DP）

三维印刷法是利用喷墨打印头逐点喷射黏合剂来黏结粉末材料的方法制造原型。3DP的成型过程与SLS相似，只是将SLS中的激光变成喷墨打印机喷射结合剂，如图9-21所示。

该技术制造致密的陶瓷部件具有较大的难度，但在制造多孔的陶瓷部件（如金属陶瓷复合材料多孔坯体或陶瓷模具等）方面具有较大的优越性。

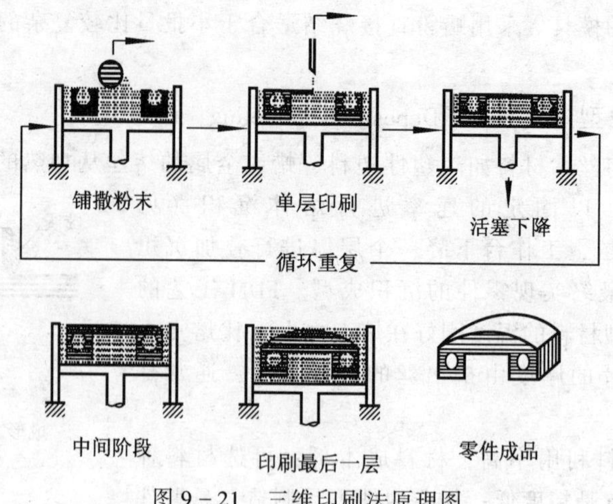

图 9－21　三维印刷法原理图

9.5.3.6　其他快速成型工艺

除以上五种方法外，其他许多快速成型方法也已经实用化，如实体自由成形（Solid Freeform Fabrication，SDM）、形状沉积制造（Shape Deposition Manufacturing，SDM）、实体磨削固化（Solid Ground Curing，SGC）、分割镶嵌（tessellation）、数码累计成型（digital brick laying，DBL）、三维焊接（Three Dimensional Welding，3DW）、直接壳法（Direct Shell Production Casting，DSPC）、直接金属成型（Direct Metal Deposition，DMD）等快速成型工艺方法。

9.6　云　制　造

9.6.1　云计算和云制造

云计算的思想可以追溯到 20 世纪 60 年代，JohnMcCarthy 曾经提到计算迟早有一天会变成一种公用基础设施，这就意味着计算能力可以作为一种商品进行流通，就像煤气、水电一样，取用方便、费用低廉。云计算是计算能力发展的一个新阶段，从最根本上来说，云计算依靠的是虚拟的计算平台，就是将数据、应用和服务存储在云端，充分利用系统计算中心强大的计算能力，依托互联网实现为用户业务需求提供服务。

云计算是分布式处理、并行处理和网格计算的发展，通过将各种互联的计算、存储、数据、应用等资源进行有效整合来实现多层次的虚拟化与抽象，用户只要有一台终端，不管是 PC、笔记本电脑还是手机、PDA 等设备，只需要连接上网络即可方便使用云计算强大的计算和存储能力，不需要自己在终端上安装使用相应的应用软件，也不用为病毒和系统漏洞而引发的安全问题而担忧，而且“云”能提供无限的存储空间，用户可以随时获取，按需使用，随时扩展，按使用付费，既简单、方便、快捷，又安全可靠。

因此，云计算可以定义为一种基于互联网的计算新模式，它通过云计算平台把大量的高度虚拟化的计算资源管理起来，组成一个大的资源池，用来统一提供服务，通过互联网上异构、自治的服务形式为个人和企业用户提供按需随时获取的计算服务。云计算的运营模式是由专业计算机和第三方服务运行商来搭建计算机存储、计算服务中心，把资源虚拟化为“云”后集中存储起来，为用户提供各种服务。若将“制造资源”代以“计算资源”，云计算将可以为制造业信息化所用，为制造业信息化走向服务化、高效低耗提供一种可行的新思路。

云制造就是将虚拟的计算资源用制造资源来代替，同时“复制”云计算的计算模式和运营模式，从而为制造业开辟一种面向服务、高效低耗和基于知识的网络化智能制造新模式。云制造融合现有信息化制造、云计算、物联网、语义 Web、高性能计算等技术，通过对现有网络化制造与服务技术进行延伸和变革，将各类制造资源和制造能力虚拟化、服务化，并进行统一、集中的智能化管理和经营，实现智能化、多方共赢、普适化和高效的共享和协同，通过网络为制造全生命周期过程提供可随时获取的、按需使用、安全可靠、优质廉价的服务。

9.6.2　云制造与其他先进制造技术

9.6.2.1　敏捷制造

为了解决制造业诸如自然资源匮乏、生产环境遭受破坏、区域贸易不平衡、用户需求不断变化等难题，就必须从组织结构、管理策略、管理方法、产品设计到生产销售的全过程进行革新，敏捷制造是一个新的生产管理概念和哲理，企业在全球化市场中的竞争压力和利益驱动下，通过对可重构资源和最佳实践的集成提供用户需求的产品和服务，从而在迅速变化的市场环境中获取竞争优势。敏捷制造采用标准化和专业化的计算机网络和信息集成基础结构，以分布式结构连接各类企业，构成虚拟制造环境；以竞争合作为原则，在虚拟制造环境内动态选择成员，组成面向任务的虚拟公司进行快速生产；系统运行目标是极大限度的满足用户需求。从总体上讲，敏捷制造研究经营过程、信息技术和制造技术，为了达到灵敏性，企业实现敏捷制造需要把经营重点放在满足用户需求上、采用开放式的信息环境、将信息也作为商品、有能力与其他公司竞争与合作等条件。此外在实施敏捷制造过程中，企业不仅要重视经济效益，更要重视社会效益。

9.6.2.2　网络化制造

网络化制造是敏捷制造等模式的延续和发展，敏捷制造曾被认为是网络化制造模式思想的雏形。随着信息技术和网络技术的快速发展，特别是 Web 技术的出现，使得网络化制造被赋予了不同的含义，从而出现了一系列新的概念和思想。网络化制造的定义有广义和狭义之分，广义上是指企业为实现快速响应市场需求和提高竞争力，以信息技术和网络技术为基础，在产品全生命周期各个阶段制造活动中涉及制造技术和制造系统的总称，这种广义定义强调的是一种制造理念，它具有丰富的内涵；狭义上指利用计算机网络技术实现制造资源整合及制造过程网络化的一种制造模式，这种狭义概念主要指通过网络技术实现分布资源的信息共享，并且能够实现生产制造过程中设备之间的信息交互或是与企业外部的通信。

网络化制造在 20 世纪 90 年代中期产生并迅速发展，在欧、美、日等发达国家开展了大量的与网络化制造技术相关的研究实践，并取得了一系列成果：德国 Production 2000 项目研究建立了全球化的产品设计与制造资源信息服务网；美国加州大学伯克利分校集成制造实验室的 CyberCut 项目开发了基于网络的设计与制造系统；英国剑桥大学对“全球制造虚拟网络”进行了研究；……。网络化制造在我国于 20 世纪 90 年代末开始起步，在“九五”“十五”“十一五”期间，在国家“863”计划、国家自然科学基金及国家科技攻关计划等支持下，相关研究课题也取得了许多有价值的成果：由清华大学等 15 家单位参与、张霖主持研发的国内首个网络化制造系统“现代集成制造系统网络（CIMSNET）”；浙江大学祁国宁研究了网络化制造环境中的企业建模、大规模定制等技术；航天二院李伯虎院士等提出了一种新型的分布协同仿真系统——仿真网格，并在某复杂产品研制中得到应用等等。此外，随着网络化制造相关理论研究的深入与技术实施方案的逐渐成熟，出现了一批较为成功的网络化制造平台，特别是基于 ASP 的网络化制造模式在实际应用中取得了良好的效果。

9.6.2.3 面向服务的制造

面向服务的制造主要针对商业领域的应用，是一种能够满足知识集成的社会化科技系统，实现相互依赖、相互作用的产品和服务的高度集成，且用户能够参与到这种产品与服务的集成过程中，通过这种产品全生命周期过程的产品服务共享，使得用户能更多关注其核心的业务，进而创造更多的价值，即产品服务提供者与使用者实现“双赢”。面向服务的制造主要强调了集成过程中产品与服务的相互作用、相互依赖关系，产品与服务作为一个集成化的整体提供给用户。对产品服务的提供者来说，在关注产品本身质量的同时，还需要考虑用户对产品的体验效果，通过为用户提供高质量的产品服务，提升消费者忠诚度，进而开发新的市场空间，并通过用户的充分参与，来提高产品创新能力。而对用户来说，通过专业化的服务共享，能快速吸收高技术含量产品，并降低资本投入，从而能使其关注核心竞争力，满足用户对产品全生命周期业务共享需求的高效支持。

9.6.3 云制造关键技术

云制造涉及的关键技术：云制造模式、体系架构、标准和规范；云端化技术；云服务的综合管理技术；云制造安全技术；云制造业务管理模式与技术。

9.6.3.1 云制造模式、体系架构、相关标准及规范

从系统的整体角度出发，研究云制造系统的服务架构、组织与运行模式，包括用户需求响应协调、资源管理、协同设计服务与支撑、虚拟封装以及服务监控等方面的技术，构建标准性的云制造模式框架，用以指导搭建不同云服务和协同设计平台。研究制定云制造的统一行业标准和规范包括：云制造流程的相关标准、协议、规范等，如云服务接入标准、云服务描述规范、云服务访问协议等；云制造模式下制造资源的交易、共享权限以及具体的服务收费标准；云制造的安全行业标准，如防止不法分子利用云系统以及对用户操作行为规范等。

9.6.3.2 云端化技术

云端化就是利用制造资源虚拟化技术构建规模巨大的虚拟制造资源池，通过相关技术实现物理制造资源（硬件制造资源和软件制造资源）的全面互联，整合与调用反馈控制，并将物理制造资源转化为逻辑制造资源，解除物理制造资源与制造应用之间的紧耦合依赖关系。云端化技术实际上就是数据的交互实现，包括云制造服务提供端各类制造资源的嵌入式云终端封装、接入、分类管理以及云制造服务请求端接入云制造平台，访问和调用云制造平台中服务等技术。具体主要有支持参与云制造的底层终端物理设备智能嵌入式接入技术、云计算互接入技术等；云终端资源服务定义封装、发布、虚拟化技术及相应工具的开发；云请求端接入和访问云制造平台技术，以及支持平台用户使用云制造服务的技术、物联网实现技术等。

9.6.3.3 云服务综合管理技术

实现云服务运营商对云端服务进行接入、发布、组织与聚合、管理与调度等一系列相关管理操作，包括：云提供端资源和服务的接入管理，如统一接口定义与管理、认证管理等；高效、动态的云服务组建、聚合、存储方法；智能化云制造服务搜索与动态匹配技术；云制造任务动态构建与部署、分解、资源服务协同调度优化配置方法；云制造服务提供模式及推广应用，云用户管理、授权机制等。

9.6.3.4 云制造安全技术

云制造一体化流程实施的过程必须保证安全、可靠，包括云制造终端嵌入可信硬件和应用

软件、云制造终端资源的可信接入和组织发布、云制造可依托网络、云制造可信运营管理等关键技术，此外还应包括系统和服务安全可靠性运行、维护等技术。

9.6.3.5　云制造业务管理模式与技术

云制造业务管理模式与技术主要是云制造模式下企业业务和流程管理的相关技术，包括云制造模式下企业业务流程的动态构造、管理与执行技术；云服务的成本构成、定价、议价和运营策略，以及相应的电子支付技术等；云制造模式各方（云提供端、云请求端、运行商）的信用管理机制与实现技术；对业务流程的动态实时监测和记录等。

9.6.4　云制造应用研究与发展

目前，已开展的云制造相关应用主要分为两类：面向集团企业的云制造服务平台和面向中小企业的云制造服务平台，并针对不同类型企业的需求和特点分别开展应用示范工作。

9.6.4.1　面向航天复杂产品的集团企业云制造服务平台

为解决航天复杂产品研制周期长、涉及学科多，且集团企业内资源分布不均等问题，航天科工集团二院联合北京航空航天大学等单位搭建了支持航天复杂产品制造资源和制造能力共享与协同的云制造服务平台，目前已接入20万亿次以上的高性能计算资源，存储了共300T以上的多学科大型分析软件及相关资源，封装了高端数控加工设备、单元制造系统及制造各阶段的专业能力，从而实现了企业或集团制造资源和制造能力的整合，有效提高了集团企业制造资源和制造能力使用率，降低了成本，提高了竞争力。

9.6.4.2　航天科技集团云制造服务平台

为满足航天产品在研制过程中能够高效配置资源、共享研制知识、增强管控能力、降低IT成本等需求，航天科技集团由第三方筹资建设和开发了云制造服务平台。该平台通过为用户提供各类云服务，来实现集团所拥有各类资源和工具的高度共享，主要功能包括集团管理平台、公共应用资源与虚拟化资源管理平台、以及基于航天产品研制过程中的协同工作平台和对外协作门户。该平台采用了商业化的服务模式进行运营，通过为各单位提供有偿服务，收回建设成本，获取收益。

9.6.4.3　面向制造及管理的集团企业云制造服务平台

中国北车股份有限公司简称“中国北车”，是国家轨道交通装备制造业的骨干企业，所拥有的资源具有多样化、数量大、价值高和分布广等特点。为满足集团整合下属企业、工厂的资源和能力，进行统一管理的需求，同时整合各企业及最终客户的分散需求，进行对客户需求的统一管理，搭建了面向制造及管理的集团企业云制造服务平台，带动了产业转型与管理变革，结束了中国北车下属各企业自给自足的组织模式，从而实现了轨道交通装备产品设计、制造、管理的高度协同与深度集成。

9.6.4.4　BISWIT-“成长型企业管理信息化”云应用

为实现中小企业外部资源与企业生产制造过程等核心业务的紧密协作，并满足新一代企业管理信息化服务的需求，如低成本、支持用户量身定制、按用户需求调整以及随用户不断发展而成长等，恩维协同科技有限公司研发了支持企业业务紧密合作的中小企业云制造服务平台。该平台目前已经在装备制造、服装、铸造、陶瓷、灯具照明、家具及电器等行业领域展开了应用，已经为500余家企业提供“云管理”服务应用。该平台主要功能包括制造资源注册、资源需求发布、资源供需多向搜索、资源能力评估协同制造管理和结算管理等内容，能够为用户提供制造全生命周期的服务工具。BISWIT 作为第三方制造服务运营商，能够促进企业间交流与协作，提高企业间资源和能力共享程度，形成新型云制造服务产业链，进而催生一批为中小型制造企业提供服务的服务型企业，创造新的经济增长点。

9.6.4.5　面向模具与柔性材料行业的云制造服务平台

针对当前中小企业产业集群内企业间的业务关联较为松散，普遍存在制造能力的重复建设和不均衡现象，为降低资源闲置和资源浪费，东莞华中科技大学制造工程研究院等单位研发了支持产业集群协作的中小企业云制造服务平台。目前该平台已在模具、柔性材料等行业展开了应用，主要实现包括制造服务、能力注册、服务智能搜索、服务交易、服务评价、模板管理等功能。此外，东莞华中科技大学制造工程研究院还在杭州和东莞建立了云制造示范基地，将该平台在模具和柔性材料产业集群中进行了示范应用，整合了生产加工资源，优化了产业结构，促进模具和柔性材料行业中小型企业从生产型向服务型企业的转变。

9.6.4.6　汽车零部件新产品研发云制造服务平台

快速研发出用户满意的新产品，进而提高核心竞争力已成为中小型制造企业亟待解决的问题。针对上述需求，重庆大学等单位研发了一种能集成各种分散新产品研发服务资源的新产品研发云制造服务平台，该平台的主要功能包括用户统一注册管理、制造资源注册发布、制造服务撮合管理、服务交易管理、业务信用评估与分析、行业性知识聚集与网络服务社区、服务平台管理系统等，目前已累计为重庆市汽车、摩托车等行业的中小企业提供了近 200 项新产品的开发和零部件设计制造服务，提升了应用企业的产品开发能力和市场开拓能力。

9.6.4.7　钢铁产业链协同云制造服务平台

目前钢铁企业间存在的业务协同支持不足、物流服务不完善等问题，不利于企业快速建立响应机制，对此同济大学联合了东方钢铁、第一钢市等企业，建立上海钢铁服务产业联盟，并以此为依托开展应用。该平台整合了物流、加工中心、交易中心等资源，为钢铁生产企业、供应商、销售商、服务商、客户等相关机构提供业务协同的平台，平台提供的服务包括协同供应链服务、物流服务、交易服务、平台基础服务等。

9.6.4.8　面向模具行业云制造服务平台

针对模具行业存在的开发周期长、质量不高、制造成本高，且海外和高端市场拓展能力弱的问题，又充分结合了宁波的模具行业实际情况，浙江大学等单位研发了针对宁波模具行业的云制造服务平台。其主要功能包括模具零件库协同管理、模具企业诚信协同管理、模具知识库协同管理、模具行业协同设计和制造、模具行业协同售后服务管理及模具行业信息技术服务管理，最终通过模具行业联盟组织广大企业参与、协同建设和使用云制造服务平台，形成平台的正反馈发展循环。此外，该平台为产业价值链发展提供组织支持和服务支持，同时产业价值链的发展又进一步促进云制造服务平台的发展。目前该平台正在完善与初步应用阶段。

9.6.5　基于知识的云制造应用研究与发展

在云计算和云制造的研究和应用过程中，知识作为云制造模式下的资源，其重要地位得到了充分的体现。云制造中离不开知识的应用，基于知识的云制造在基础理论上依托并行计算、分布式计算和知识网格，强调产品全生命周期过程中“信息流、知识流、价值流、管理流”发挥最大效用，坚持“知识即服务，平台即服务”的服务模式，特点是数据及知识安全可靠、客户端需求较高、轻松共享知识、网络可能有限多，相比于单纯的云制造，无论是制造体系框架，还是设计的关键技术，基于知识的云制造都要复杂得多。目前，基于知识的云制造应用还处于初级阶段，具体应用包括仿真、协同和共享平台的构建几个方面。例如，基于云制造的多学科虚拟样机协同设计仿真原型平台、面向微小型企业的 B2C 模式云制造平台架构和智能磨削云平台等，这些应用需要不断的深入和完善，此外在安全与隐私、标准与规范、服务组合及应用、运营策略及成本等方面的研究还需要不断加强。

9.7　网络化制造

9.7.1　基本概念

所谓网络化制造是指通过采用先进的网络技术、制造技术及其他相关技术，构建面向企业特定需求的基于网络的制造系统，并在系统的支持下，突破空间对企业生产经营范围和方式的约束，开展覆盖产品整个生命周期全部或部分环节的企业业务活动（如产品设计、制造、销售、采购、管理等），实现企业间的协同和各种社会资源的共享与集成，高速度、高质量、低成本地为市场提供所需的产品和服务。

网络化制造的定义：按照敏捷制造的思想，采用 Internet 技术，建立灵活有效、互惠互利的动态企业联盟，有效地实现研究、设计、生产和销售各种资源的重组，从而提高企业的市场快速反应和竞争能力的新模式。

网络化制造具有丰富的内涵，其理论是在协同论、系统论、信息论和分形论等相关理论的基础上发展起来的。网络化制造模式体现了分散与集中的统一、自治与协同的统一、混沌与有序的统一。

9.7.1.1　分散与集中的统一

网络化制造是通过网络，将地理位置上分散的企业和各种资源集成在一起，形成一个逻辑上集中、物理上分散的虚拟组织，并通过虚拟组织的运作，实现对市场需求的快速响应，提高参与网络化制造的企业群体或产业链的市场竞争能力。另外，参与网络化制造的每个企业，都有其特定的市场定位和企业目标，因此是分散的。但是，在针对一个特定的市场需求时．这些通过网络连接在一起的企业，又具有一个共同的目标。因此，网络化制造在企业的个体目标和群体目标、企业的物理位置和企业联盟的逻辑上，体现了分散与集中的统一。

9.7.1.2　自治与协同的统一

参与网络化制造的每个企业都可能是一个独立的实体，每个企业都有自己独立的组织体系和决策机制，以及独立的运作方式和管理方法，在决定企业的行为和行为方式上，每个企业是高度自治的。但是，当这些企业通过网络化制造的方式联系在一起时，他们又必须是协同的，而且协同的程度越高。企业间合作的效率就越高，联盟企业的经济效益就越好。因此，网络化制造体现了每个企业个体自治与企业间协同的统一。

9.7.1.3　混沌与有序的统一

由于每个企业是独立自治的，因此，每个企业的运行模式和运行状态是不同的，所有这些不同的运行状态构成的状态空间，整体上呈现一种混沌的形态。但是，当这些企业通过网络化制造构成一个虚拟联盟时，联盟的运行又呈现出有序的状态，并且整个联盟将朝着提高产品质量、缩短产品交货期、降低产品成本的方向进化。因此，通过网络化制造，可以实现混沌向有序的转化，体现了混沌与有序的统一。

9.7.2 网络化制造系统

网络化制造系统是指企业在网络化制造模式的指导思想、相关理论和方法的指导下，在网络化制造集成平台和软件工具的支持下，结合企业具体的业务需求，设计实施的基于网络的制造系统。网络化制造系统的体系结构是描述网络化制造系统的一组模型的集合，这些模型描述了网络化制造系统的功能结构、特性和运行方式。网络化制造系统结构的优化有利于更加深入的分析和描述网络化制造系统的本质特征，并基于所建立的系统模型进行网络化制造系统的设计实施、系统改进和优化运行。通过对当前制造业发展现状的分析，可知现代制造企业的组织状态包括以下几种：独立企业、企业集团、制造行业、制造区域和动态联盟等。针对不同组织状态常见的网络化制造系统模式为面向独立企业、面向企业集团、面向制造行业、面向制造区域和面向动态联盟的网络化制造系统等五种模式。

9.7.3 国内外发展现状

迄今为止，关于网络化制造平台开发和研究的具体技术，国内外有不少学者进行了研究，涉及到网络、数据库、软件体系结构、系统基本功能等方面。

国家“863”计划 CIMS 主题专家组较早认识到，网络化制造给制造业带来的变革和机遇，并取得了一系列成果，如分散网络化制造系统（DNPS）、现代集成制造系统网络（CIMSNET）。

华中科技大学的杨叔子院士阐述了网络经济时代制造环境的变化与特点，指出了网络化制造模式的必然性，研究基于 Agent 的网络化制造模式，及基于利益驱动的动态重组机制。重庆大学的刘飞等提出“区域性网络化制造系统”，对网络化制造的定义、内涵特征进行了描述，并归纳出了支撑网络化制造的技术体系，并对绿色制造进行了深入探讨。浙江大学的祁国宁和顾新建教授分析网络化制造的几种发展途径并指出了网络化制造模式在 21 世纪制造业中的重要地位。贵州工业大学的谢庆生教授提出了基于 ASP 模式的网络化制造系统结构，并针对我国的实际着重讨论了基于 ASP 模式网络化制造的发展策略。此外，华中科技大学的李德群、张宜生等人，在模具企业网络化模式方面做了相关研究；清华大学范玉顺教授基于 SOA 的协同管理系统的研究；浙江省制造业信息化生产力促进中心做了浙江省块状经济区域网络化制造系统开发与应用研究等。

国外的应用有美国的“美国企业网—FFA，Factory Ameri can Net”，已经在美国政府资助的“制造系统的敏捷基础设施”项目中得到实施。美国能源部制订了“实现敏捷制造的技术”的计划，美国国防部和自然科学基金会资助 10 个面向美国工业的研究单位，共同制订了以敏捷制造和虚拟企业为核心内容的“下一代的制造”计划。

通用公司的计算机辅助制造网（CAM Net），其目的是建立敏捷制造的支撑环境，使参加产品开发与制造的合作伙伴在网络上协调工作，摆脱距离、时间、计算机平台和工具的影响，可以在网上获取重要的设计和制造信息。

美国国际制造企业研究所发表了《美国-俄罗斯虚拟企业网》研究报告。该项目是美国国家科学基金研究项目，目的是开发一个跨国虚拟企业网的原型，使美国制造厂商能够利用俄罗斯制造业的能力，并起到全球制造的示范作用。

德国 Produktion2000 框架方案旨在建立一个全球化的产品设计与制造资源信息服务网。

欧盟“第五框架计划”将虚拟网络企业列入研究主题，其目标是为联盟内各个国家的企业提供资源服务和共享的统一基础平台。在此基础上“第六框架计划”（2002 ~ 2006 年）的一个主要目标是进一步研究利用 Internet 技术改善联盟内各个分散实体之间的集成和协作机制。

2000 年 2 月，通用汽车公司、福特汽车和戴姆勒 - 克莱斯勒、雷诺 - 日产公司终止各自的零部件采购计划，转向共同建立零部件采购的电子商务市场（采购环节的动态联盟）。

日本提出了社会信息化系统，目的在于实现日本社会真正向 IT 社会转型，不再追求工业化制造时代局部的高效率，而是要实现日本整个社会在未来保持最佳状态。

波音在设计波音 787 客机中，通过全球协同网络环境（GCE），采用这一最先进的网络协同方式。使用 DOORS IGE - XAO、CATIA V5、DELMIA V5、ENOVIA 和 Teamcenter 等不同软件作为产品建模和数据管理的工具，用来构建逻辑相关的单一产品数据源 LSSPD（Logical Single Source of Product Data）。LSSPD 使波音 787 飞机不仅具有完整的几何数字样机，而且具有性能样机、制造样机和维护样机，便于波音公司与分布在全球的合作者通过网络能顺利地进行产品各项功能的协同研制工作。

空客公司从 2004 ~ 2007 年，组织欧洲多个国家的 63 个公司参加了 VIVACE（Value Improvement through a Virtual Aeronautical Collaborative Enterprise）系统研究项目，共经历了四年时间，构建了多学科协同研制 MDO 的系统框架，并在三个航空领域——直升机、飞机和发动机，从可行性研究、概念设计直到详细设计的全生命周期里进行了应用性研究。在空客 A380 的研制过程中，充分利用了多学科网络协同研制的思想进行飞机的设计。

著名的 JSF 项目（新一代联合攻击战斗机）的研制，完全建立在网络化环境上，采用数字化企业集成技术，联合美国、英国、荷兰、丹麦、挪威、加拿大、意大利、新加坡、土耳其和以色列等几十个航空关联企业，提出“从设计到飞行全面数字化”的产品研制模式。

这些研究成果，在推进我国网络化制造系统研究和应用方面，起到了重要作用。“十二五”计划建成国家制造资源网. 建立一批应用示范系统. 为提高制造资源的利用率、实现制造资源的共享、提高企业对市场的反应速度、增强制造业的国际竞争力提供理论框架、系统框架、实施方法与步骤以及推广应用经验。

9.7.4　网络化制造的技术组成

网络化制造技术群包括：

基于网络的制造系统管理和营销技术群；基于网络的产品设计与开发技术群；基于网络的制造过程技术群。

通常由下列几个功能模块组成：

（1）基于网络的分布式 CAD 系统。

（2）基于网络的工艺设计系统。

（3）开放结构控制的加工中心。

9.7.5　网络化制造的关键技术

网络化制造系统关键技术，主要有：网络化制造通讯技术（JAVA、COM、COM +、DCOM、CORBA、EJB 和 Web Service、XML、IEGS、STEP）、优化管理技术、安全技术、有效集成与协同等。

清华范玉顺将网络化制造涉及的技术分为总体技术、基础技术、集成技术与应用实施技术。图 9 - 22 所示给出了网络化制造涉及的关键技术分类，以及每个技术大类的含义与主要内容。

（1）总体技术。总体技术主要是指从系统的角度，研究网络化制造系统的结构、组织与运行等方面的技术，包括网络化制造的模式、网络化制造系统的体系结构、网络化制造系统的构建与组织实施方法、网络化制造系统的运行管理、产品全生命周期管理和协同产品商务技术等。

(2) 基础技术。基础技术是指网络化制造中应用的共性与基础性技术，这些技术不完全是网络化制造所特有的技术，包括网络化制造的基础理论与方法、网络化制造系统的协议与规范技术、网络化制造系统的标准化技术、产品建模和企业建模技术、工作流技术、多代理系统技术、虚拟企业与动态联盟技术和知识管理与知识集成技术等。

(3) 集成技术。集成技术主要是指网络化制造系统设计、开发与实施中需要的系统集成与使能技术，包括设计制造资源库与知识库开发技术、企业应用集成技术、ASP 服务平台技术、集成平台与集成框架技术、电子商务与 EDI 技术、WebService 技术，以及 COM +、CORBA、J2EE 技术、XML、PDML 技术、信息智能搜索技术等。

(4) 应用实施技术。应用实施技术是支持网络化制造系统应用的技术，包括网络化制造实施途径、资源共享与优化配置技术、区域动态联盟与企业协同技术、资源（设备）封装与接口技术、数据中心与数据管理（安全）技术和网络安全技术等。

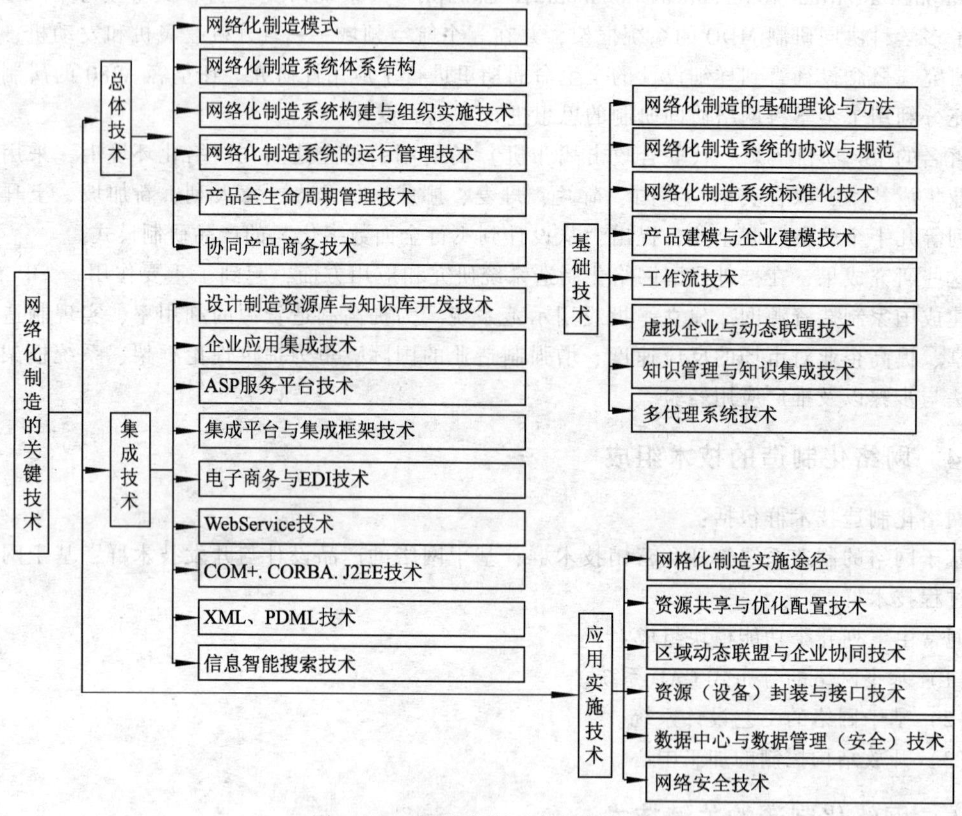

图 9－22　网络化制造的关键技术

9.8　虚拟制造

9.8.1　虚拟制造的定义

虚拟制造（Virtual Manufacturing，VM）是 1993 年由美国首先提出的一种全新制造概念。虽然此概念从提出到现在已有 20 多年的历史，但迄今为止国内外对于虚拟制造概念的含义还没有一个统一的认识。国内外许多学者曾经从不同的角度出发，对虚拟制造做出了相应的定义，比较有代表性的有以下几种：

佛罗里达大学 Gloria J. Wiens 的定义：虚拟制造是实际一个在计算机上执行的制造过程。其中虚拟模型是在实际制造之前用于对产品的功能及可制造性的潜在问题进行预测。

美国空军 Wright 实验室的定义：虚拟制造是仿真、建模和分析技术及工具的综合应用，以增强各层制造设计和生产决策与控制。

马里兰大学 Edward Lin&etc 定义：虚拟制造是一个用于增强各级决策与控制的一体化的、综合性的制造环境。

Kimura 的定义：虚拟制造是指通过对制造知识进行系统化组织与分析，对整个制造过程建模，在计算机上进行设计评估和制造活动仿真。

Marinov 的定义：虚拟制造是一个系统，在这个系统中，制造对象、过程、活动和准则的抽象原型被建立在基于计算机的环境中，以增强制造过程的一个或多个方面的属性。

清华大学肖田元的定义：虚拟制造是实际制造过程在计算机上的本质实现，即采用计算机仿真与虚拟现实技术，在计算机上实现产品开发、制造，以及管理与控制等制造的本质过程，以增强制造过程各级的决策与控制能力。

显然，从以上定义可以看出，各国学者对于虚拟制造是一个什么性质的概念这一基本问题存在着分歧。有些定义认为虚拟制造指的是一个过程（如 Kimura、Wiens 和肖田元的定义），有些定义认为虚拟制造指的是一个系统或环境（如 Lin 和 Marinov 的定义），还有少数定义则认为虚拟制造是其他性质的一个概念（如美国空军 Wright 实验室的定义）。我们倾向于认为虚拟制造一词指的是一个过程，而不是一个系统或环境，更不是其他。对于承担虚拟制造这一过程的实际系统而言，则用虚拟制造系统（Vitual Manufacturing System）一词来表示。

综合上述定义，可将虚拟制造概念归纳定义为虚拟制造是利用计算机仿真和虚拟现实（VR）技术，采用群组协同作业模式，在高性能计算机及互联网的支持下，利用制造系统各个层次、不同侧面的数学模型，对包括产品设计、工艺规划、加工制造、性能分析、质量检验及产品管理和控制、销售等各个环节的产品全生命周期的各种技术方案和技术策略，实现产品实际制造的本质过程。其目的是在产品设计或制造之前，就能实时、并行地模拟出产品的未来制造全过程及其对产品设计的影响，预测产品的性能、成本和可制造性，从而有助于更有效、更经济和更灵活地组织生产，使工厂和车间的资源得到合理配置，使生产布局更合理、更有效，以达到产品的开发周期和成本的最优化、生产效率的最高化。

9.8.2　虚拟制造的特点

虚拟制造具有集成性、反复性、并行性和人机交互性等特点。

（1）集成性。集成性首先表现在虚拟制造并不是一个单一的过程，它是一个具有不同目的的各类虚拟子过程的综合。这一特点是由实际制造过程的多样性决定的。实际的制造过程既要完成产品的设计，还要完成生产过程的规划、调度和管理等事务。与此相应，虚拟制造包含了虚拟设计、虚拟加工、虚拟装配等子过程，以完成产品的设计、生产过程的优化调度等任务。其次，虚拟制造的集成性还表现在诸多子过程并不是独立运行的，而是彼此之间相互影响、相互支持，共同完成对实际制造过程的分析与仿真。

（2）反复性。反复性指的是虚拟制造大多数环节都遵循一个“方案拟订→仿真评价→方案修改”的一个多次反复的工作流程。在虚拟设计环节中、设计人员在网络和虚拟现实环境、根据自己积累的经验以及计算机提供的各种知识，同时借助于计算机提供的各种设计工具，首先拟订出产品的设计方案。而产品可制造性和可装配性评价，是在对产品建模和对加工过程建模的基础上，通过仿真和虚拟来进行的。最后，可制造性和可装配性评价结果反馈给设计者，作为设计者修改设计方案的依据。一个成功的设计方案是上述过程多次反复而不断完善的结果。

（3）并行性。并行性指的是分布在不同结点的工程技术人员、计算仿真资源和数据知识资源，在计算机网络和分布式虚拟现实环境下，针对生产中的某一任务，群组协调工作。虚拟制造过程的这种并行性一方面是由虚拟制造系统中的人员、资源的分布性决定的，另一方面也是受目前的硬件条件限制，必须采取的提高仿真和计算速度的一种策略。目前凭单一的计算机完成对复杂的实际制造系统的虚拟和仿真是不可能的，必然采用分布式计算和仿真理论，利用计算机网络，群组协调工作，完成实际制造系统的虚拟和仿真任务。

（4）人机交互性。虚拟制造通过虚拟现实环境将计算机的计算和仿真的过程与人的分析、综合和决策的过程有机地结合起来。

9.8.3 虚拟制造的分类

虚拟制造的研究都与特定的应用环境和对象相联系，在虚拟制造的研究过程中，由于应用的不同要求，各有不同的侧重点。根据研究的侧重点不同，可以将虚拟制造分为以设计为中心的虚拟制造、以生产为中心的虚拟制造和以控制为中心的虚拟制造三种类型。

9.8.3.1 以设计为中心的虚拟制造

快速虚拟设计是虚拟制造中的主要支撑技术。由于产品设计过程的复杂性，以及设计对制造全过程的重大影响，因此需要设计部门与制造部门之间在计算机网络的支持下协同工作。整个设计过程是在一种虚拟环境中进行的。由于采用了虚拟现实技术、通过高性能、智能化的仿真环境，可使操作者与虚拟仿真环境有全面的感官接触与交融，使其产生身临其境之感，从而可以直接感受所设计产品的性能、功能并不断加以修正，尽可能使产品在设计阶段就能达到一种真正的性能优化、功能优化和可制造性优化。此外还可通过快速原型系统输出设计的产品原型，进一步对设计进行评估和修改。

9.8.3.2 以生产为中心的虚拟制造

它涉及虚拟制造平台和虚拟生产平台乃至虚拟企业平台，它贯穿于产品制造的全过程，包括与产品有关的工艺、工具、设备、计划以及企业等。通过对产品制造全过程的模型进行模拟和仿真，实现制造方案的快速评价以及加工过程和生产过程的优化，进而对新的制造过程模式的优劣进行综合评价。产品制造全过程的模型主要包括虚拟制造环境下产品过程模型和制造活动模型，这是现实制造系统中的物质流和信息及各种决策活动在虚拟环境下的映射。包括生产组织、工艺规划、加工、装配、性能、制造评估等制造过程信息及相应活动。

9.8.3.3 以控制为中心的虚拟制造

为了实现虚拟制造系统的组织、调度与控制策略的优化以及人工现实环境下虚拟制造过程中的人机智能交互与协同，需要对全系统的控制模型及现实加工过程进行仿真，这就是以控制为中心的虚拟制造。它利用仿真中的加工控制模型，实现对现实产品生产周期中的优化控制。

一般来说，以设计为中心的虚拟制造过程为设计者提供了产品设计阶段所需的制造信息，从而使设计最优；以产品为中心的虚拟制造过程则主要是在虚拟环境下模拟现实环境中产品制造全过程的一切活动，对产品制造及制造系统的行为进行预测和评价，从而实现产品制造过程的最优；而以控制为中心的虚拟制造过程则更偏重于现实制造系统的状态、行为、控制模式和人机界面。

9.8.4 虚拟制造的应用

随着全球制造业竞争的激烈化，企业面临持续发展和快速多变的市场需求，要想赢得竞争，就必须以市场和用户为中心，根据市场需求及时地对自身的生产做出合理的调整和规划，以快速地满足用户的需要。换句话说，就是要以最短的产品开发周期（Time），最优质的产品质量（Quality），最低廉的制造成本（Cost）和最好的技术支持与售后服务（Service），即“TQCS”来赢得用户和市场。作为一种全新制造体系和模式的代表，虚拟制造采用数字化的虚拟产品开发策略，以用户的需求为第一驱动，以迅猛发展的计算机软硬件技术及网络技术为强有力支撑，将用户的各种需求转化为最终产品的各种功能特征。

虚拟制造技术已先后在军事、航空航天、汽车、舰船、电子、家用产品、精密机床、农业机械等众多领域中获得不同程度的研究和应用。许多工业发达国家，如美国、德国、日本等处于国际研究的前沿，并已获得了不少成功应用的实例。

在我国，清华大学、北京航空航天大学、哈尔滨工业大学、华中科技大学和武汉理工大学等高等院校和科研机构也已经开展了这一领域的研究工作。目前，虚拟制造技术主要应用在以下几个方面：

9.8.4.1 外形设计与布局设计

外形设计和布局设计是产品设计的一个重要环节。在飞机、汽车、建筑装修、家用电器等产品的外形设计中，采用虚拟制造技术，可根据仿真效果和用户的需求，对设计方案随时进行直观的修改和评测。方案确定后的建模数据可直接用于冲压模具设计、仿真和加工，甚至可用于广告和宣传。在复杂产品的布局设计以及工厂车间设计小的机器布置中，通过虚拟制造技术可以直观地进行设计和位置调整，避免可能出现的干涉和其他不合理问题。在各种不同直径、不同长度的油、气、水等复杂管道的系统设计中，采用虚拟制造技术，设计者可以“进入其中”进行管道布置，并检查可能的干涉等问题。

9.8.4.2 机械运动与动力学仿真

对于具有机械运动构件的产品，需要对其运动范围进行设计，对可能的运动干涉进行检查，从而解决产品工作时的运动协调关系。此外，还要对其动力学性能、强度、刚度等进行考察，使产品能稳定、可靠地运行。采用虚拟制造技术，可以对产品的运动和动力学性能进行仿真，从而再现产品的运动情况，方便检查出机构运动的干涉情况。

9.8.4.3 热加工工艺模拟

材料热加工（包括金属材料的铸造、锻压、焊接、热处理和高分子材料的注塑）是将材料制成机械零部件的成形与改性方法。热加工工艺模拟技术也称热加工虚拟制造，它以过程的精确数学建模为基础，以数值模拟及相应的精确测试为手段，能够在计算机逼真的拟实环境中动态模拟热加工过程，预测加工工件的组织性能质量，从而实现热加工工艺的优化设计。材料热加工工艺模拟研究始于铸造过程的模拟，进入 20 世纪 70 年代后，材料热加工工艺模拟从铸造工艺的模拟逐步扩展到锻造、焊接、热处理工艺的模拟。目前，很多国家（中国从 20 世纪 70 年代末期开始）已加入到这个研究行列。

9.8.4.4 产品加工和装配过程仿真

产品设计的合理性、可加工性和可装配性，可经仿真进行分析。若用传统的设计方法，要到产品加工和装配时才能发现问题，容易导致产品的报废和工期的延误，从而造成巨大的经济损失和信誉损失。采用虚拟加工和虚拟装配技术，可以在设计阶段就对设计的合理性进行验证，确保产品设计一次成功，避免造成不必要的损失。

9.8.4.5 虚拟样机与产品工作性能预测

按照传统的设计方法，一种新的产品上市需通过多次设计、重新制造等一系列的反复试制过程后才能达到要求，试制周期较长，费用高，显然不能满足目前激烈的市场竞争需求。而采用虚拟制造技术，首先将设计产品进行实体建模，然后将虚拟产品模型置于虚拟环境中进行加工仿真、控制和分析，预测产品的工作性能，并可不断修改结构参数，解决大多数问题，提高一次试制成功率。

9.8.4.6 虚拟企业的可合作性仿真和优化

虚拟制造技术可为虚拟企业提供可合作的分析和支持，为合作伙伴提供协同的工作环境、优化的动态组合以及运行支持环境。虚拟制造可将异地的、各具优势的开发力量，通过网络和视频系统联系起来，进行异地开发和制造。从用户订货、产品的创意和设计、零部件生产、总成装配、销售以及售后服务等产品制造全过程进行仿真，为虚拟企业动态组合提供支持。

习　题

1. 简述参数化设计在 CAD 中的应用。
2. 简述虚拟样机技术的特点。
3. 简述虚拟现实系统关键技术。
4. 简述协同 CAE 的核心特征、功能与物理结构。
5. 简述快速成型制造的典型工艺。
6. 简述云制造的关键技术。
7. 什么是网络化制造？简述其技术组成。
8. 简述虚拟制造技术的应用。

参考文献

[1] 葛友华．机械 CAD/CAM [M]．西安：西安电子科技大学出版社，2008.

[2] 常明，纪俊文．计算机图形学 [M]．武汉：华中科技大学出版社，2009.

[3] 宁汝新，赵汝嘉．CAD/CAM 技术 [M]．北京：机械工业出版社，2007.

[4] 周海波，郭士清．CAD 技术基础 [M]．北京：机械工业出版社，2011.

[5] 蔡颖，薛庆，徐弘山．CAD/CAM 原理与应用 [M]．北京：机械工业出版社，2012.

[6] 杜晓增．计算机图形学基础 [M]．北京：机械工业出版社，2004.

[7] 宁汝新，赵汝嘉．CAD/CAM 技术 [M]．2 版．北京：机械工业出版社，2011.

[8] 高伟强，陈思源，胡伟，等．机械 CAD/CAE/CAM 技术 [M]．武汉：华中科技大学出版社 2012.

[9] 刘极峰．计算机辅助设计与制造 [M]．北京：高等教育出版社，2004.

[10] 张瑞亮．计算机三维机械设计基础 [M]．北京：国防工业出版社，2013.

[11] 蒋志伟，张瑞亮．Pro/E 二次开发技术在型材快速设计功能中的应用 [J]．机械管理开发，2012 (2)：192-193.

[12] 冯辛安主编．CAD/CAM 技术概论 [M]．北京：机械工业出版社，1995.

[13] 王贤坤．机械 CAD/CAM 技术、应用与开发 [M]．北京：机械工业出版社，2001.

[14] 傅永华．有限元分析基础 [M]．武汉：武汉大学出版社，2003.

[15] 倪晓宇．面向机床结构设计的协同 CAE 系统研究 [D]．南京：东南大学，2005.

[16] 孙新民，张秋玲，丁洪生．现代设计方法实用教程 [M]．北京：清华大学出版社，2009.

[17] 周长城，胡仁喜，熊文波．ANSYS11.0 基础与典型范例 [M]．北京：电子工业出版社，2011.

[18] 刘伟，高维成，于广滨．ANSYS12.0 宝典 [M]．北京：电子工业出版社，2011.

[19] 王金龙，王清明，王伟章．ANSYS12.0 有限元分析与范例解析 [M]．北京：机械工业出版社，2011.

[20] 杨亚楠，史明华，肖新华．CAPP 的研究现状及其发展趋势 [J]．机械设计与制造，2008 (7)：223-226.

[21] 郭小芳，刘爱军，樊景博．知识获取方法及实现技术 [J]．陕西师范大学学报，2007，35 (S2)：187-189.

[22] 孙丽，王秀伦，景宁．CAPP 系统中基于实例的推理及检索方式的研究 [J]．机床与液压，2001 (6)：158-159.

[23] 曾芬芳，严晓光．CAPP 的现状与发展趋势 [J]．机械制造与自动化，2004 (3)：12-14.

[24] 张志平，朱世和，董黎敏．基于特征的派生式 CAPP 系统研究 [J]．组合机床与自动化加工技术，2004 (3)：38-40.

[25] 姚平喜，李文斌，牛志刚，等．计算机辅助设计与制造 [M]．北京：兵器工业出版社，2001.

[26] 任军学，田卫军．CAD/CAM 应用技术 [M]．北京：电子工业出版社．2011.

[27] 赵罘，龚堰珏，卢顺杰．Solid CAM 中文版计算机辅助加工教程 [M]，北京：清华大学出版社，2010.

[28] 王隆太，朱灯林，戴国洪，等．机械 CAD/CAM 技术 [M]．北京：机械工业出版社，2012.

[29] 何法江．机械 CAD/CAM 技术 [M]. 北京：清华大学出版社．2012.

[30] 葛江华，吕民，王亚萍．集成化产品数据管理技术 [M]. 上海：上海科学技术出版社，2012.

[31] 葛江华，隋秀凛，刘胜辉．产品数据管理（PDM）技术及其应用 [M]. 哈尔滨：哈尔滨工业大学出版社，2007.

[32] 胡小强．虚拟现实技术基础与应用 [M]. 北京：北京邮电大学出版社，2009.

[33] 张德丰，周灵．VRML 虚拟现实应用技术 [M]. 北京：电子工业出版社，2010.

[34] 任启振，葛建兵，陈才．MBD 数据集的数字化定义 [J]. 航空科学技术 2012（5）：63-65.